FISIOLOGÍA
DE LOS CÍTRICOS

Manuel Agustí
Catedrático
Universidad Politécnica de Valencia

Eduardo Primo-Millo
Profesor de Investigación
Instituto Valenciano de Investigaciones Agrarias

Manuel Agustí · Eduardo Primo-Millo

FISIOLOGÍA DE LOS CÍTRICOS

MP

© 2024, MundiPrensa, un sello del Grupo Paraninfo

C/ Sierra de Guadarrama 35. Naves 2, 3, 4 y 5
Polígono Industrial San Fernando II,
28830 San Fernando de Henares, Madrid
Teléfono: 914 463 350
clientes@paraninfo.es / www.paraninfo.es

© 2024, Manuel Agustí
Eduardo Primo-Millo

Impresión: Liberdigital (Casarrubuelos, Madrid)
ISBN: 978-84-19934-27-7
Depósito legal: M-16057-2024

Impreso en España

PRÓLOGO

Mi amigo y compañero Manuel Agustí Fonfría me solicitó unas líneas que sirvieran de presentación a un libro sobre la Fisiología de los Cítricos que, próximo a aparecer en las librerías, estará firmado por él mismo y por Eduardo Primo-Millo, en el que se recogen todas sus experiencias acumuladas a lo largo de su dilatada vida profesional.

Fui muy gratamente sorprendido y agradecido por esta petición, por lo que no tardé en responder afirmativamente. Además, nos conocemos muy bien, personal y profesionalmente, desde hace muchos años, y hemos compartido proyectos, trabajos e ilusiones.

Este libro no es fruto de la improvisación. Se gestó hace mucho tiempo, pues, aunque trabajaban en organismos diferentes, como luego veremos, ambos participaban de una vida dedicada a la investigación sobre los cítricos, colaborando conjuntamente en numerosas publicaciones tanto científicas como de divulgación. Necesariamente, y por la gran amistad que les unía, todo ello debía converger en un libro como el que tienen en sus manos.

Tras la forzosa jubilación de ambos, sus encuentros relacionados con los cítricos no se interrumpieron. Recuerdo que muchos sábados se reunían para desayunar, y tras una amena conversación sobre diversos temas, siempre acababan hablando del asunto que les vinculaba: la Citricultura. Además, existía una mutua confianza que facilitaba el intercambio de ideas. Yo mismo fui testigo de alguno de esos almuerzos que recuerdo con satisfacción. Basta decir que fruto de esas reuniones fue un libro editado recientemente titulado *La práctica del cultivo de los cítricos en el área mediterránea*.

Casi al mismo tiempo, les surgió la idea de escribir conjuntamente otro libro, esta vez sobre la Fisiología de los Cítricos. Disponían de una gran experiencia sobre este asunto y no podían quedar en el olvido sus valiosos conocimientos. Además, conocían el campo en todos sus aspectos ya que lo frecuentaban continuamente, y no solo en España sino también en otros países con distintos climas, lo que les permitía interpretar mejor las respuestas de la planta a los estímulos recibidos. Así pues, se repartieron los diferentes capítulos para, finalmente, poder discutirlos y sistematizarlos.

Cuando algunos capítulos del libro estaban casi terminados, ocurrió un triste y lamentable suceso, ya que desgraciadamente falleció Eduardo Primo-Millo. Fue una trágica pérdida. Todo quedó paralizado. La Citricultura perdió una valiosa persona y un gran investigador.

No obstante, los conocimientos acumulados durante tantos años no podían perderse. Afortunadamente, dos años más tarde, se recuperó la información que sobre este asunto estaba guardada en el ordenador de Eduardo Primo. Aunque no fue una tarea fácil, Manuel Agustí fue capaz de compaginarla, ordenarla, concluirla y hacerla fácilmente comprensible con un lenguaje claro y sencillo.

Hay excelentes libros de Fisiología Vegetal, pero ninguno dedicado específicamente a los cítricos. Incluso en la mayoría de los tratados de Citricultura, el tema de la Fisiología se suele tratar someramente, y por lo general de forma dispersa en varios capítulos. Por eso se trata de un libro único y valioso, escrito por dos investigadores dedicados toda la vida a desentrañar la vida íntima de los cítricos. Dos investigadores que, me consta, han disfrutado con su trabajo y han sentido la satisfacción de haber resuelto muchos problemas de distinta naturaleza que se presentaban en el cultivo de los agrios, y de ver reflejado su trabajo en prestigiosas revistas, indexadas y de divulgación. Tiene además un valor añadido y es el de que los autores lo han escrito tras muchos años de dedicación, lo que les ha permitido ver el mundo de los cítricos desde una perspectiva muy amplia. Sin duda su forzosa jubilación les llegó demasiado pronto.

Por último, desearía felicitar a los autores por este magnífico tratado. A Eduardo Primo-Millo (1948-2021), Dr. Ingeniero Agrónomo, que desarrolló su actividad investigadora en el Instituto Valenciano de Investigaciones Agrarias (IVIA), llegando a ser Jefe del Centro de Citricultura y Producción Vegetal y posteriormente Director del IVIA, jubilándose como Profesor de Investigación, y a Manuel Agustí Fonfría, Dr. Ingeniero Agrónomo, vinculado a la Escuela Técnica Superior de ingeniería Agronómica y del Medio Natural de la Universidad Politécnica de Valencia (UPV), Catedrático de Universidad de Producción Vegetal, fundador y director del Instituto Agroforestal Mediterráneo, y actualmente Catedrático Emérito de la UPV.

No me cabe la menor duda de que este libro se leerá con gusto, y descubrirá, tanto desde el punto de vista científico como práctico, muchos interrogantes que a menudo nos presentan estas extraordinarias plantas.

Valencia, diciembre de 2023.

Salvador Zaragoza Adriaensens
Dr. Ingeniero Agrónomo
Investigador jubilado del IVIA

ÍNDICE

CAPÍTULO 7
EL AGUA EN EL ÁRBOL   209

CAPÍTULO 8
NUTRICIÓN MINERAL   229

CAPÍTULO 9
FISIOPATÍAS 287

CAPÍTULO 10
DESÓRDENES FISIOLÓGICOS 323

CAPÍTULO 1
Propagación por semillas

1.1. Introducción

Los cítricos, como otras especies frutales, se pueden reproducir sexualmente por semilla o mediante multiplicación asexual, principalmente por injerto. El objetivo agronómico es obtener árboles similares a la planta de la que proceden, semejantes entre sí, y que produzcan frutos de las mismas características.

En la reproducción por semillas los embriones sexuales dan lugar a una amplia variabilidad en la descendencia, lo cual limita su utilización en la multiplicación de los cultivares (variedades). Los cítricos, sin embargo, se distinguen de otros frutales porque las semillas de muchas de sus especies y variedades son poliembriónicas. Esta característica se debe a que las células de la *nucela* son capaces de generar embriones, que por proceder de un tejido somático, tienen el mismo genotipo que el de la planta de la que proceden. Esta característica permite, por tanto, obtener plantas por semilla genéticamente idénticas a la planta madre.

De acuerdo con ello, la multiplicación por semilla se utiliza ampliamente en la propagación de portainjertos, pero no es adecuada para propagar variedades por tres motivos: a) las plantas procedentes de embriones de cualquier tipo presentan caracteres juveniles (véase Cap. 3, apt. 5.3.2), lo que conlleva un largo periodo improductivo, b) las variedades de mayor valor agronómico no producen semillas, y c) en cualquier caso, el injerto de un cultivar sobre un portinjerto permite la mejor combinación posible para resistir mejor las condiciones adversas del medio. A pesar de estos inconvenientes, la propagación sexual por semilla se utiliza para obtener variabilidad genética en los programas de mejora, aunque cuando se emplean semillas poliembriónicas los embriones sexuales deben extraerse tempranamente para hacerlos evolucionar "in vitro".

Los procedimientos de multiplicación vegetativa dan lugar a plantas que reproducen fielmente las características de la planta madre, ya que sus constituciones genéticas son idénticas. A veces las plantas propagadas vegetativamente son menos vigorosas y longevas que las obtenidas por vía sexual, pero en cambio mejoran la calidad y homogeneidad de la cosecha.

1.2. Morfología, estructura y composición de la semilla madura

1.2.1. Morfología

Al finalizar su desarrollo, las semillas de los cítricos alcanzan tamaños muy variables, presentando considerables diferencias entre especies. Así, por ejemplo, las de limonero (*Citrus limon*) suelen ser de pequeño tamaño (alrededor de 5 x 3 mm) mientras que las de pomelo (*C. paradisi*) o pumelo (*C. grandis*) suelen ser mayores (alrededor de 7 x 4 mm). Las de otras especies como naranjo amargo (*C. aurantium*), naranjo dulce (*C. sinensis*) o mandarino (*C. reticulata*) presentan tamaños intermedios. No obstante, también se aprecia una notable irregularidad en el tamaño de estos órganos dentro de un mismo cultivar, e incluso dentro de un mismo fruto.

Las semillas pueden presentar también formas muy diversas, fusiformes, cuneiformes, aperadas, abombadas, redondeadas, etc. (Foto 1.1).

Fotografía 1.1. Variabilidad en las formas y tamaños de las semillas de los cítricos.

El número de semillas producidas por un fruto difiere mucho entre cultivares. Así, aquellos cuyos gametos son estériles, tales como los del grupo 'Navel' de naranjo dulce o del grupo de la mandarina Satsuma, raramente tienen semillas, mientras que los cultivares fértiles auto-compatibles suelen presentar un elevado número. Algunas variedades antiguas de este último grupo, como la naranja 'Comuna' y el mandarino común, pueden llegar a producir, por término medio, 15 semillas por fruto, y hasta sobrepasar las 20, respectivamente. Un caso particular es el de las variedades partenocárpicas auto-incompatibles, entre las que se encuentran las mandarinas Clementinas y algunas mandarinas híbridas ('Fortune', 'Nova', 'Nadorcott', 'Moncada', etc.), que cuando están aisladas cuajan frutos sin semillas, pero cuando se encuentran próximas presentan polinización cruzada y pueden generarlas en una proporción que depende de las condiciones en que se efectúa el proceso, es decir, proximidad entre ellas, abundancia de polen, presencia de insectos polinizadores, condiciones climáticas favorables a la polinización, etc. En el caso de las variedades comerciales, la presencia de semillas en los frutos es un factor de calidad adverso, que suele ser causa de rechazo del producto por parte de los consumidores y, consecuentemente, de depreciación en los mercados.

La semilla posee dos cubiertas, dentro de las cuales se encuentra el embrión o los embriones, que, en la semilla madura, ocupan todo el espacio interior (Foto 1.2). La cubierta externa, denominada *testa*, es gruesa, consistente y de textura correosa, siendo su color amarillento-grisáceo pálido, crema o marfil, lo que le da un aspecto apergaminado (Foto 1.3). Frecuentemente, esta cubierta aparece arrugada y su superficie cubierta de mucílago que la hace escurridiza al humedecerse. La *testa* suele extenderse por el extremo de la semilla correspondiente al *micropilo*, formando una punta más o menos cónica.

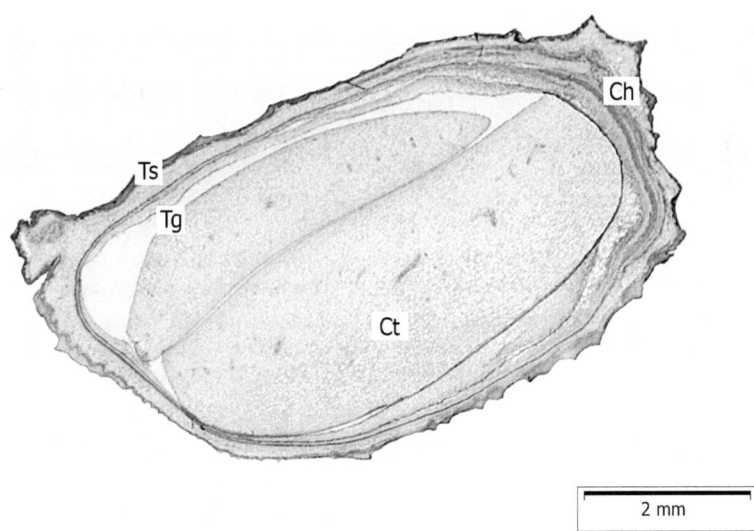

2 mm

Fotografía 1.2. Sección longitudinal de una semilla madura. Tegumento externo o testa (Ts), tegumento interno o tegmen (Tg), cotiledones (Ct), chalaza (Ch). Tomada de Martínez-Alcántara *et al.*, 2015

La cubierta interna, llamada *tegmen*, es una delgada membrana que envuelve estrechamente los embriones (Foto 1.3). Su color puede presentar distintas tonalidades de marrón-rojizo, debido a la pigmentación de las células procedentes de la epidermis interior del tegumento interno del óvulo. La coloración del extremo correspondiente a la *chalaza* es también más oscura que la del resto, debido a que debajo de esta zona se encuentran varias capas de células coloreadas (Foto 1.3 A). El pigmento que produce este color se encuentra en las vacuolas y se ha considerado como un carácter taxonómico.

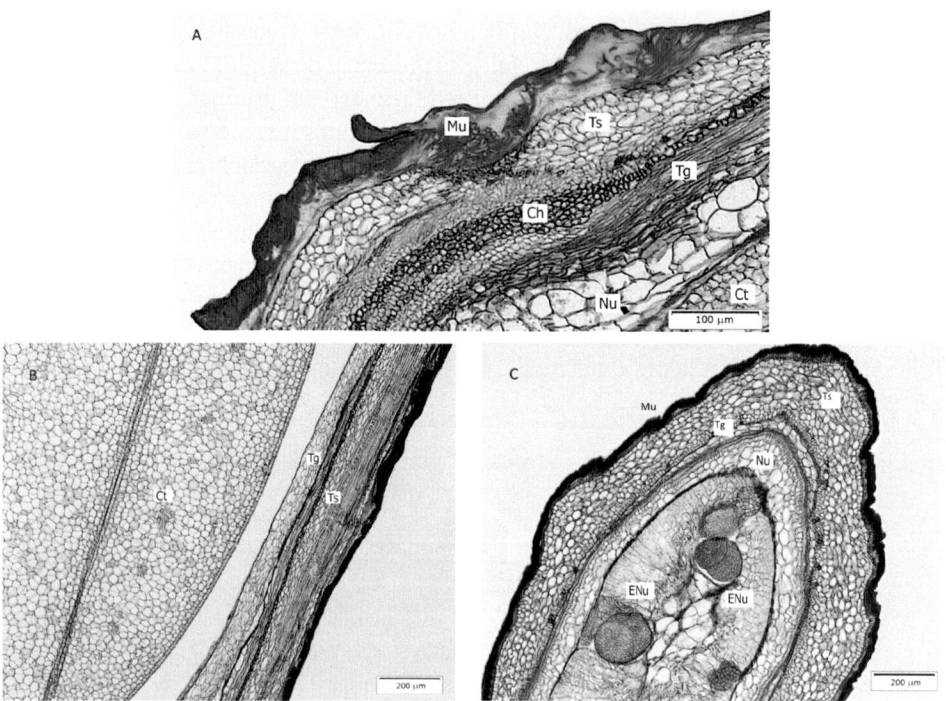

Fotografía 1.3. Sección de la zona chalazal de las cubiertas **(A),** embrión en estado avanzado de desarrollo **(B),** y de una semilla inmadura con embriones nucelares en diferentes estados de desarrollo **(C).** Mucílago (Mu), testa (Ts), tegmen (Tg), nucela (Nu), chalaza (Ch), cotiledones (Ct), embrión nucelar (Enu). Tomada de Martínez-Alcántara *et al.*, 2015.

El embrión está constituido en su mayor parte por los *cotiledones* que están unidos a un corto *hipocótilo*, en cuyo extremo opuesto se encuentra una *radícula* rudimentaria. Situada justo entre los cotiledones está la *plúmula*, la cual, hasta que se inicia la germinación, permanece como un cono diminuto, en el que todavía no se han desarrollado las primeras hojas verdaderas. Los embriones suelen estar orientados con las radículas apuntando hacia el *micropilo* y los cotiledones hacia el extremo chalazal.

Los cotiledones son órganos voluminosos, con la superficie suave (Foto 1.3 B), de color amarillento o verdoso, y formas diversas, aunque en los que están bien desarrollados predominan las ovaladas o redondeadas. Cuando la semilla contiene un solo embrión, este tiene los cotiledones grandes e iguales, pero en el caso de semillas poliembriónicas la forma y el tamaño de los cotiledones varía mucho de unos embriones a otros. Esto se debe a que cuando se encuentran varios embriones en la misma semilla estos se desarrollan diferentemente, dando lugar a una amplia variabilidad, dentro de la cual, junto a embriones relativamente grandes y bien conformados, se encuentren algunos con cotiledones de pequeño tamaño. Es muy frecuente que los cotiledones de un mismo embrión sean de distinto tamaño y forma, hasta el punto de que alguno de ellos esté casi completamente atrofiado; a veces, pueden observarse algunos embriones con tres cotiledones. En las semillas poliembriónicas, el conjunto de los cotiledones forma una masa compacta en la que los más pequeños ocupan las oquedades que dejan los cotiledones más grandes de otros embriones. También aparecen semillas con cubiertas formadas normalmente, pero cuyo interior está vacío posiblemente debido a la muerte prematura de los embriones.

Como se ha dicho, muchas variedades de cítricos son poliembriónicas, debido principalmente a la presencia de embriones somáticos que se originan a partir de divisiones mitóticas de células de la *nucela* durante el desarrollo de la semilla, sin que intervenga ninguna célula sexual; se les denomina *embriones nucelares* (Foto 1.3 C), al igual que las plantas, nucelares, a las que dan lugar. En dichas variedades, el número medio de embriones por semilla suele oscilar entre 3 y 6, aunque es muy variable y fluctuante. Así, se han observado grandes diferencias entre especies y variedades, entre árboles de una misma variedad en distintas localidades, y dentro de un mismo árbol de un año a otro. Esto indica que el número de embriones por semilla es afectado por factores ambientales o de cultivo.

1.2.2. Constitución histológica

La cubierta externa, o *testa*, procede de la epidermis exterior del tegumento externo del óvulo, cuyas células, durante los últimos estadios de la maduración de las semillas, desarrollan paredes celulares secundarias lignificadas (Foto 1.3 A, B y C). Estas células son alargadas, con extremos en forma de cuña afilada que encajan con los de las células adyacentes. Las paredes celulares que dan al exterior presentan papilas y están cubiertas por la capa de mucílago (Foto 1.3 A y C).

La cubierta interna, o *tegmen*, proviene del tegumento interno del óvulo y está constituida por varias capas de células no lignificadas (Foto1.3 A, B y C).

El extremo micropilar del tegmen está compuesto de los vestigios de la nucela, el tegumento interno y la parte interior del tegumento externo.

Los cotiledones están constituidos por una masa homogénea de tejido parenquimático de reserva, recubierto de una fina epidermis (Foto 1.3 B).

1.2.3. Compuestos de reserva

Las semillas contienen reservas nutricionales para mantener el crecimiento y desarrollo de la plántula durante la germinación hasta que esta es capaz de nutrirse por sí misma. En los cítricos dichas reservas se encuentran almacenadas en los cotiledones, y son mayoritariamente lípidos, que suponen más del 50 % de su peso seco, y proteínas, cerca del 20 % del mismo. La concentración de carbohidratos es muy baja —el almidón representa únicamente el 0,04 % del peso seco— lo que indica que no disponen de este tipo de reservas. Los cotiledones también contienen elementos minerales formando parte de compuestos orgánicos e inorgánicos; estos se utilizan para aportar nutrientes esenciales a la plántula antes de que la radícula sea capaz de absorberlos por sí misma de la solución externa del suelo.

Los lípidos de reserva de las semillas son ésteres de glicerol y ácidos monocarboxílicos de cadena larga que forman triglicéridos. Entre ellos pueden encontrarse ácidos grasos saturados e insaturados. Los ácidos grasos saturados tienen un número par de átomos de carbono, comprendido entre 4 y 24. El más abundante de ellos es el ácido palmítico (n = 14). Sin embargo, los ácidos grasos predominantes son los insaturados, especialmente el oléico (n = 18:1) y el linoléico (n = 18:2) que suponen cerca del 60 % del peso del aceite de la semilla.

Las principales proteínas de reserva son globulinas (solubles en soluciones salinas), que constituyen aproximadamente el 26 % de las proteínas totales, y en menor proporción albúminas (solubles en agua) con cerca del 8 %. Dentro de las primeras el principal componente, la citrina, se disocia en dos subunidades con pesos moleculares próximos a 22 y 33 kD. Este último polipéptido supone cerca del 28 % del total de globulinas. Las globulinas contienen proporciones relativamente altas de glutamina, asparagina, arginina y lisina, que suponen entre todos ellos más del 50 % del peso de estas proteínas, las cuales, además, característicamente, carecen o tienen un bajo contenido en cisteína y metionina. En la fracción de albúminas destaca un componente, de aproximadamente 12 kD, que supone cerca del 30 % de dicha fracción. En ella, los aminoácidos mayoritarios son la glutamina, la lisina y la arginina.

Los cotiledones de la semilla latente poseen un contenido relativamente bajo en aminoácidos libres totales (2,3 % respecto al peso seco), siendo los mayoritarios la prolina, el ácido glutámico, la arginina y la asparagina.

1.2.4. Localización ultraestructural de las reservas

Las reservas almacenadas en los cotiledones se encuentran en su mayor parte formando cuerpos intracelulares que contienen lípidos y proteínas. El estudio ultraestructural de sus células muestra abundantes cuerpos, esferoidales u ovoides, que constituyen vesículas en las que se depositan los triglicéridos de reserva. Estos cuerpos tienen un tamaño comprendido entre 0,6 y 1,6 μm de diámetro y ocupan una gran parte del espacio interior de la célula no ocupado por otros orgánulos.

Las proteínas de reserva también se localizan en cuerpos bien definidos, de sección oval o circular, con un tamaño comprendido entre 1,0 y 2,25 μm de diámetro. Estos cuerpos proteicos están rodeados por una membrana unitaria lípido-proteica y frecuentemente se observan en ellos inclusiones con formas cristaloides o globoides. Las primeras se deben a proteínas singulares y las segundas se han descrito como lugares de deposición de sales orgánicas.

En las semillas latentes no se aprecian granos de almidón en las células de los cotiledones. El citoplasma de estas células está confinado a una estrecha franja próxima a la pared celular y el resto del volumen está lleno de cuerpos lipídicos y proteicos. En dicho estado, en el citoplasma no se aprecian apenas orgánulos con excepción de ribosomas dispersos y algunas vesículas pequeñas de retículo endoplásmico (Foto 1.4).

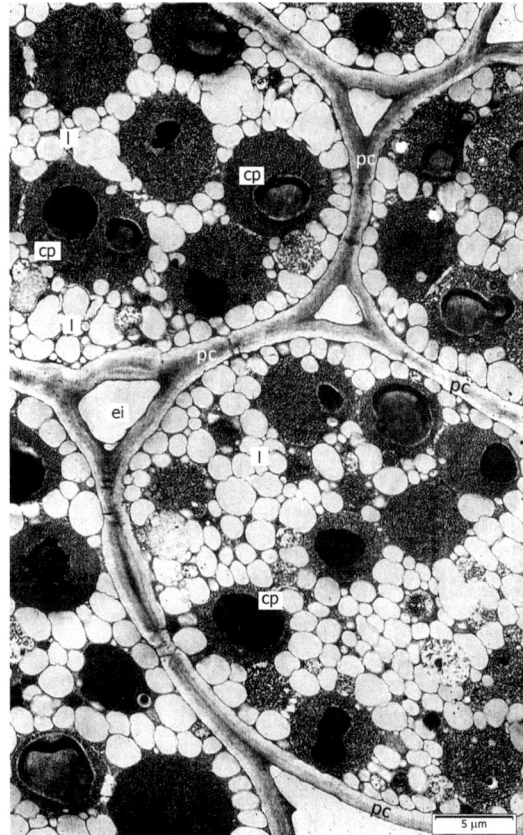

Fotografía 1.4 Células del tejido de reserva de los cotiledones antes de iniciarse la germinación. Pared celular (pc), espacio intercelular (ei), cuerpo proteico (cp), vesículas de lípidos (l). Tomada de Martínez-Alcántara *et al.*, 2015.

1.3. Fisiología de la germinación

En los cítricos, las semillas no requieren de estímulos ambientales, como bajas temperaturas o determinadas condiciones de iluminación, para romper la latencia, como sucede en otras especies. En ellos, la germinación de la semilla comprende una secuencia de procesos fisiológicos que comienza con la imbibición de agua y culmina con la emergencia de la plántula a través de las cubiertas.

La absorción de agua por la semilla desencadena cambios metabólicos que incluyen la activación de la respiración, la síntesis proteica y la movilización de las reservas. Posteriormente, la división y alargamiento celular en la radícula provocan la rotura de las cubiertas y la emergencia de la plántula.

Por tanto, para que tenga lugar la germinación tan solo es necesario que se den algunas circunstancias externas, como son:

- Un sustrato húmedo.
- Suficiente disponibilidad de oxígeno para permitir la respiración aeróbica.
- Una temperatura adecuada para activar el metabolismo del embrión y el desarrollo de la plántula.

1.3.1. Imbibición de agua

La absorción de agua por la semilla es el primer paso de la germinación, sin el cual este proceso no puede producirse. En un suelo o sustrato húmedo, la capacidad de hidratación de la semilla al inicio de la germinación depende en gran parte del potencial hídrico de la semilla (ψ), al que contribuye mayoritariamente el de las células de los cotiledones. Dicho potencial tiene tres componentes fundamentales:

$$\psi = (-)\,\psi_\pi + (-)\,\psi_m + \psi_p$$

donde:

ψ_π = potencial osmótico
ψ_m = potencial mátrico
ψ_p = potencial de turgencia

El valor de los dos primeros es negativo mientras que el del tercero es positivo. En la semilla seca, la suma de los tres términos es negativa, debido principalmente al componente mátrico. Por otra parte, el agua está unida al suelo o sustrato donde germina la semilla con una determinada fuerza y, por tanto, la diferencia entre el potencial hídrico de la semilla y el del sustrato determina, en gran medida, la intensidad del flujo de agua que entra en ella desde el medio externo.

Al inicio de la imbibición el potencial hídrico de la semilla es muy inferior al del suelo o sustrato, si este está bien humectado, lo que produce un fuerte flujo de agua hacia el interior de aquella y hace que aumente de volumen. Sin embargo, a medida que la humedad de la semilla aumenta, su potencial hídrico se incrementa (se hace menos negativo), mientras que el del entorno próximo suele disminuir. Ello hace que ambos potenciales tiendan a igualarse y que, consecuentemente, el flujo de imbibición disminuya. Este flujo (F_i) puede expresarse según la siguiente función:

$$F_i = \frac{\psi_e - \psi_i}{c_e + c_i} \cdot f_{sc}$$

donde:

ψ_e = potencial hídrico del suelo o sustrato (exterior).
ψ_i = potencial hídrico de la semilla (interior).
c_e = conductividad hidráulica del suelo o sustrato (exterior).
c_i = conductividad hidráulica de la semilla (interior).
f_{sc} = factor dependiente de la superficie de contacto entre las partículas del suelo o sustrato y la semilla.

Por consiguiente, cuando las semillas germinan en condiciones óptimas muestran un sistema de absorción de agua en tres fases:

- La primera es de absorción rápida y se produce mayoritariamente como consecuencia de las fuerzas mátricas, debidas a la capacidad de hidratación de las macromoléculas de las paredes y el interior de las células de la semilla.
- La segunda constituye un periodo de absorción de agua mucho más lento, como consecuencia del incremento del potencial hídrico de las células de la semilla y de la resistencia que ofrecen las cubiertas al paso del agua.
- La tercera fase, en la que se reactiva la absorción de agua, se asocia a la emergencia de la radícula, que al provocar la rotura de las cubiertas facilita el paso del agua a los embriones. Este flujo está asociado al incremento negativo del potencial osmótico de los cotiledones producido por los solutos que se generan en la hidrólisis de las reservas. Otro componente de esta fase es la absorción de agua por la plántula en desarrollo.

La duración de cada una de estas fases depende de ciertas propiedades inherentes a la semilla, entre las que destacan su contenido en compuestos hidratables y la permeabilidad de las cubiertas al agua y al oxígeno. Estas fases también están afectadas por las condiciones del medio, tales como el nivel de humedad, las características y composición del sustrato, la temperatura, etc. La eliminación de las cubiertas seminales acelera, lógicamente, el proceso de imbibición de agua.

Otro aspecto interesante es la relación de estas fases con el metabolismo de la semilla. La primera fase es independiente de la actividad metabólica, por lo que se produce de forma semejante en semillas viables y no viables, sin ser apenas afectada por la temperatura. En la segunda, la hidratación activa el metabolismo previo a la germinación. Y la tercera fase se produce solo en semillas viables y se asocia a una fuerte actividad metabólica que comprende la movilización de las reservas y el inicio del crecimiento de la plántula. Esta última fase, por tanto, es activada por la temperatura.

1.3.2. Respiración

La semilla requiere que, durante su germinación, el medio esté suficientemente aireado, para que no se vea comprometida la disponibilidad de oxígeno.

La semilla "seca" muestra una escasa actividad respiratoria, que se estimula cuando se inicia la imbibición de agua. A partir de ese momento el proceso respiratorio de las semillas puede dividirse en cuatro fases:

- **Fase I:** caracterizada por un rápido incremento de la respiración que, generalmente, se produce antes de transcurridas 12 h desde el inicio de la imbibición. El aumento es proporcional al incremento de la hidratación de los tejidos de la semilla y probablemente se debe, en parte, a la activación de las enzimas de las rutas respiratorias que se produce con la entrada del agua en las células. Puesto que el contenido en sacarosa, y otros azúcares solubles, es muy bajo en las semillas de los cítricos, los sustratos utilizados en esta fase son, posiblemente, cetoácidos (tales como α-cetoglutarato y piruvato) formados por desaminación y transaminación de aminoácidos.

- **Fase II:** en ella la actividad respiratoria se estabiliza entre las 12 y 24 h desde el inicio de la imbibición y, como en la anterior, las cubiertas seminales, que todavía permanecen intactas, limitan la entrada de oxígeno, produciéndose un cierto grado de respiración anaeróbica, con activación del enzima alcohol deshidrogenasa para formar etanol a partir del acetaldehído. Esta fase respiratoria estacionaria también puede reflejar el tiempo necesario para el desarrollo de un sistema respiratorio mitocondrial más eficiente que reemplace al que opera en los momentos iniciales de la germinación. La eliminación de la testa puede acortarla o anularla.
- **Fase III:** consiste en un segundo incremento de la actividad respiratoria que se asocia a la mayor disponibilidad de oxígeno como consecuencia de la ruptura de la testa producida por la emergencia de la radícula. La actividad de las mitocondrias recientemente formadas en las células en división del eje embrionario puede contribuir a este aumento respiratorio. En esta fase predomina la respiración aeróbica.
- **Fase IV:** tras la desintegración de los tejidos propios de la semilla (cubiertas, cotiledones, etc.), únicamente permanece la respiración propia de la plántula en desarrollo.

1.3.3. Síntesis de proteínas

Al iniciarse la germinación de la semilla se produce una activación de la síntesis proteica que da lugar, entre otras proteínas, a la formación de enzimas hidrolíticos que producen la movilización de las reservas. Así pues, la síntesis de proteínas, que es prácticamente nula en las semillas secas, comienza cuando las células están suficientemente hidratadas.

Los cotiledones secos almacenan cantidades importantes de mARN, cuya función es la síntesis de enzimas en la primera fase de la germinación. En esta, la síntesis proteica se activa durante un corto periodo inicial de la imbibición para atender funciones específicas, y posteriormente, durante los primeros días de la germinación, se reactiva *de novo* en los embriones. Además, en esta fase inicial se observan numerosos ribosomas en las células de los cotiledones, que forman polisomas con el ARN. Todo ello indica una activa síntesis de las proteínas que se requieren en los estados tempranos de la germinación.

La síntesis proteica se centra en dos funciones fundamentales: la inicial se dirige al desarrollo de todo el sistema enzimático y metabólico para la movilización de las reservas contenidas en los cotiledones; la siguiente es la que conlleva el crecimiento, desarrollo y metabolismo del eje embrionario.

1.3.4. Movilización de las reservas contenidas en los cotiledones

La movilización de las reservas requiere un proceso previo de hidrólisis para liberar compuestos de menor peso molecular que puedan ser utilizados durante el crecimiento inicial de la plántula. En muchos casos, los productos de la hidrólisis sufren una serie de transformaciones metabólicas antes de ser transportados al eje embrionario en desarrollo.

1.3.4.1. Movilización de los lípidos de los cotiledones durante la germinación

En la movilización y metabolismo de las reservas de lípidos de las semillas están implicados tres tipos de orgánulos: las vesículas de aceite (cuerpos lipídicos), los glioxisomas y las mitocondrias. Este proceso se produce en varias fases:

I. Lipólisis, para rendir ácidos grasos y glicerol. Se produce en los cuerpos proteicos por acción de las lipasas.
II. Oxidación de los ácidos grasos a acetil CoA y posterior formación de succinato en los glioxisomas.
III. Conversión de succinato a oxalacetato en las mitocondrias.
IV. Formación de sacarosa a partir de oxalacetato en el citoplasma.

En los cítricos, la degradación de los lípidos en los cotiledones comienza inmediatamente después de la imbibición, desarrollándose de forma paulatina durante la semana siguiente Posteriormente, esta función se acelera durante las 2.ª y 3.ª semanas de germinación, produciéndose una fuerte lipólisis, metabolizándose cerca del 60 % de estos compuestos. Después de este periodo el proceso se ralentiza.

La hidrólisis inicial de los lípidos se debe a la actividad de las lipasas. En los cotiledones de cítricos se encuentran dos lipasas diferentes, una con una actividad óptima a pH 5 (lipasa ácida) y otra con un pH óptimo entre 7,5 y 8 (lipasa alcalina). La actividad de la lipasa ácida se ha detectado mayormente en la capa de grasa sobrenadante obtenida a partir de extractos crudos de cotiledones y, por ello, a semejanza de otras semillas, se asume que puede estar localizada en la membrana de las vesículas lipídicas. La lipasa alcalina se asocia a la membrana de los glioxisomas.

La actividad de ambas enzimas muestra un modelo de evolución paralelo durante la germinación, de forma que en ambos casos es baja en los cotiledones secos y aumenta desde el inicio de la imbibición hasta los 15-20 días de germinación, cuando alcanza un máximo (Figura 1.1). El desarrollo de esta actividad se corresponde inversamente con la disminución en el contenido en lípidos.

En lo que respecta al control de la movilización de los triglicéridos en los cotiledones de cítricos, se observa que la lipólisis es notablemente superior en los cotiledones unidos al eje embriónico que en los que se han separado de este. Esto indica que el eje embriónico controla, en parte, la tasa de movilización de los triglicéridos de reserva. Este proceso podría estar regulado por la actividad de la isocitrato liasa, que es un enzima clave en el ciclo del glioxilato, y cuya actividad aumenta acusadamente en los cotiledones durante la germinación. La eliminación del eje embriónico inhibe parcialmente el desarrollo de la actividad de dicho enzima en los cotiledones, lo que apoya la función de este en la regulación de la lipólisis.

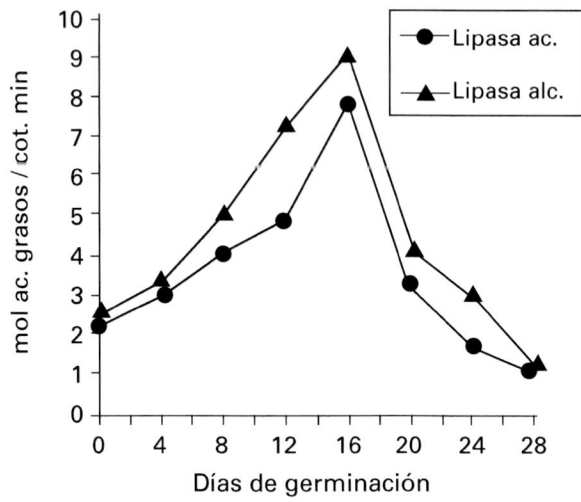

Fígura 1.1. Evolución de la actividad lipasa ácida y alcalina durante la germinación de las semillas de los cítricos.

Los mecanismos a través de los cuales el eje embrionario ejerce el control de las actividades enzimáticas son de dos tipos:

a) Control hormonal.
b) Control por eliminación de productos finales.

En el primer sistema las hormonas producidas por el eje embrionario en desarrollo son transportadas a los cotiledones, donde mantienen la actividad de las enzimas que actúan en la movilización de las reservas. Por consiguiente, la actividad de estos enzimas debe permanecer a niveles bajos en ausencia del eje embrionario (Figura 1.2). Es más, la presencia de este puede ser sustituida por la incubación en ácido giberélico (GA_3) de cotiledones aislados que estimula la actividad de isocitrato liasa, aunque sin alcanzar los niveles de los cotiledones intactos (Figura 1.2).

En el segundo caso, el eje embrionario en desarrollo puede controlar la movilización de los compuestos de reserva actuando como un sumidero que elimina los productos finales de la degradación de estos, manteniéndolos a un nivel bajo en los tejidos de almacenamiento. Esta regulación de la actividad enzimática podría llevarse a cabo mediante un sistema de retro-inhibición (*feed-back*) de algún enzima de la ruta catabólica por los productos finales. Según esto, el eje embrionario en desarrollo ejercería un control sobre la lipólisis, al consumir la glucosa y la sacarosa que se forman como productos finales de la oxidación de los ácidos grasos y que han mostrado un efecto inhibidor sobre la actividad de la isocitrato liasa. No obstante, la inhibición de la actividad isocitrato liasa, que se observa en cotiledones de cítricos separados del eje embrionario no puede explicarse por el modelo fuente-sumidero, ya que las concentraciones de glucosa y sacarosa son menores en los cotiledones separados que en los intactos (Figura 1.3).

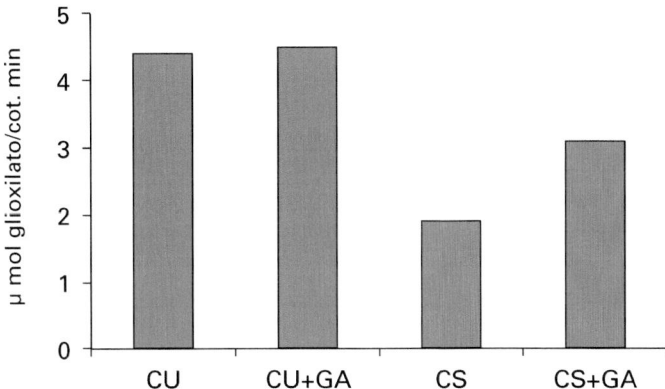

Figura 1.2. Efecto de la eliminación del eje embrionario y de la aplicación exógena de ácido giberélico (GA, 10^{-5} M), sobre la actividad isocitrato liasa en los cotiledones de cítricos después de 8 días de incubación. CU: cotiledones unidos al eje embrionario; CS: cotiledones separados del eje embrionario.

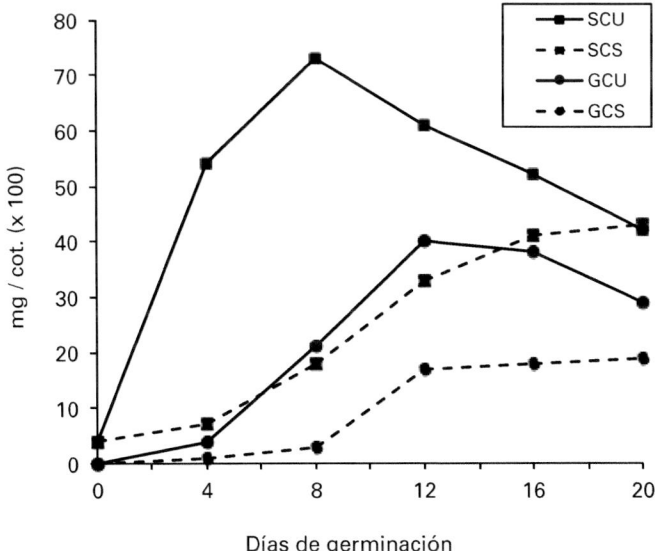

Días de germinación

Figura 1.3. Efecto de la eliminación del eje embriónico sobre las concentraciones de sacarosa y glucosa en cotiledones de cítricos durante la germinación de la semilla. SCU: [sacarosa] en cotiledones unidos al eje embrionmario; SCS: [sacarosa] en cotiledones separados del eje embrionario; GCU: [glucosa] en cotiledones unidos al eje embrionario; GCS: [glucosa] en cotiledones separados del eje embrionario.

1.3.4.2. *Movilización de las proteínas de los cotiledones durante la germinación*

La movilización de las reservas proteicas de los cotiledones comienza durante la primera semana de imbibición, y antes de que se detecte crecimiento en la radícula. Su contenido disminuye progresivamente y entre los 8 y los 20 días su concentración se reduce a la mitad. En este periodo el principal componente de reserva de las globulinas (33 Kd) prácticamente desaparece. Posteriormente la degradación de las proteínas es mucho más lenta (Figura 1.4).

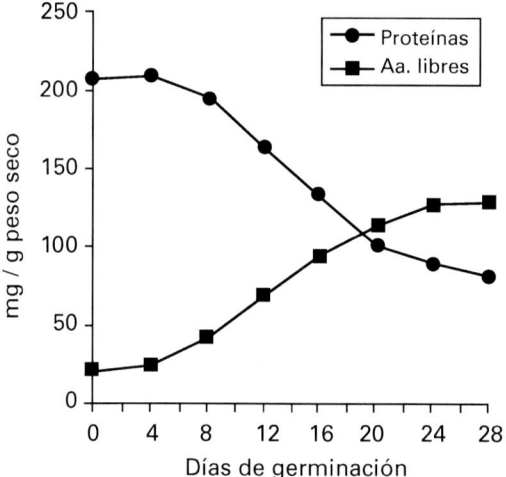

Figura 1.4. Evolución de la concentración de proteínas y aminoácidos libres en los cotiledones de cítricos durante la germinación de las semillas.

La hidrólisis de las proteínas de reserva está catalizada por enzimas proteolíticas, endopeptidasas y exopeptidasas, que las descomponen en péptidos de menor peso molecular y aminoácidos. Las endopeptidasas rompen los enlaces internos de las cadenas polipeptídicas, dando lugar a péptidos más pequeños. Las exopeptidasas rompen la cadena polipeptídica secuencialmente por el aminoácido terminal, dando lugar, por tanto, a aminoácidos libres.

La actividad endopeptidasa sufre un fuerte incremento a partir de la imbibición, alcanzando el máximo al 4.º día desde el inicio de la germinación. Este pico de actividad se relaciona con el inicio de la digestión de los cuerpos proteicos que ocurre antes de que comience el crecimiento de la planta. Las exopeptidasas alcanzan el máximo de actividad más tarde, hacia el día 16 desde el inicio de la germinación, coincidiendo con el periodo de mayor tasa de catabolismo de proteínas en los cotiledones.

Por tanto, en el transcurso de la germinación, la hidrólisis de las proteínas de reserva produce un aumento en la concentración de aminoácidos libres de los cotiledones, mayoritariamente durante los primeros 20 días de germinación (Figura 1.4). Una pequeña proporción de ellos es reutilizada para la síntesis proteica o para proporcionar energía mediante la oxidación de su esqueleto carbonado, después de su desaminación. El amonio producido en la desaminación se fija en los ácidos glutámico y aspártico para dar glutamina y asparagina, impidiendo la acumulación de este ion a niveles tóxicos. Pero la mayor parte de los aminoácidos libres son translocados vía floema a la plántula en crecimiento.

El transporte de aminoácidos desde los cotiledones hacia el eje comienza a los 8 - 10 días de iniciada de la germinación, justo cuando comienza a desarrollarse la radícula. El proceso continua durante varias semanas, hasta que se desintegran los cotiledones, y va acompañado por un incremento en el contenido en aminoácidos libres y proteínas en la plántula. La asparagina es el aminoácido que alcanza una mayor concentración en el cotiledón durante la proteólisis, constituyendo cerca del 60 % de los aminoácidos libres totales a los 40 días de germinación (Figura 1.5). Este aumento se refleja, a su vez, en los tejidos de la plántula en los que alcanza también más del 60 % del total de aminoácidos libres (Figura 1.5). Todo ello demuestra que el producto de transporte mayoritario del hidrolizado de proteínas de reserva es la asparagina.

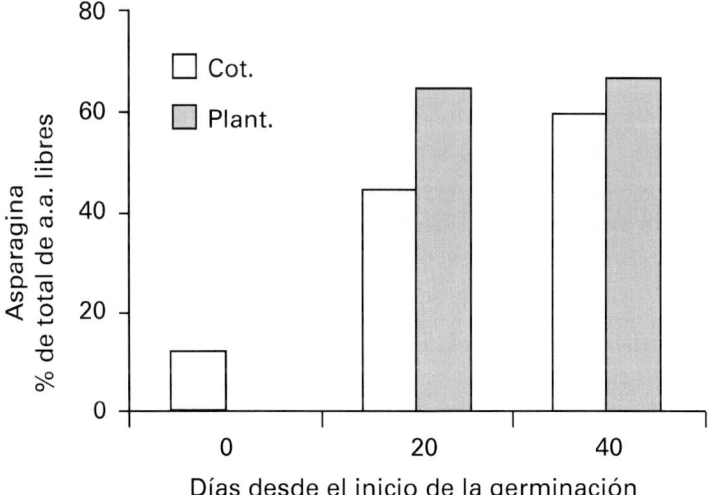

Figura 1.5. Contenido en asparagina libre en los cotiledones (Cot.) y en la plántula en desarrollo (Plant.) durante la germinación de las semillas de cítricos. Valores expresados en % sobre los aminoácidos libres totales.

1.3.4.3. *Cambios en las fracciones hidrocarbonadas de los cotiledones durante la germinación*

La concentración de azúcares solubles aumenta en los cotiledones durante las dos primeras semanas de germinación. La concentración de sacarosa muestra un rápido incremento inicial, seguido por la de glucosa y fructosa, que alcanzan un menor nivel. Tras su valor máximo, la concentración de azúcares solubles disminuye, probablemente como consecuencia de su translocación al eje embrionario en desarrollo. El contenido en almidón también aumenta fuertemente en las dos primeras semanas de germinación y luego se mantiene constante hasta al menos 40 días (Figura 1.6). Para la síntesis de azúcares solubles y almidón se utiliza el exceso de carbono producido en el metabolismo de los lípidos.

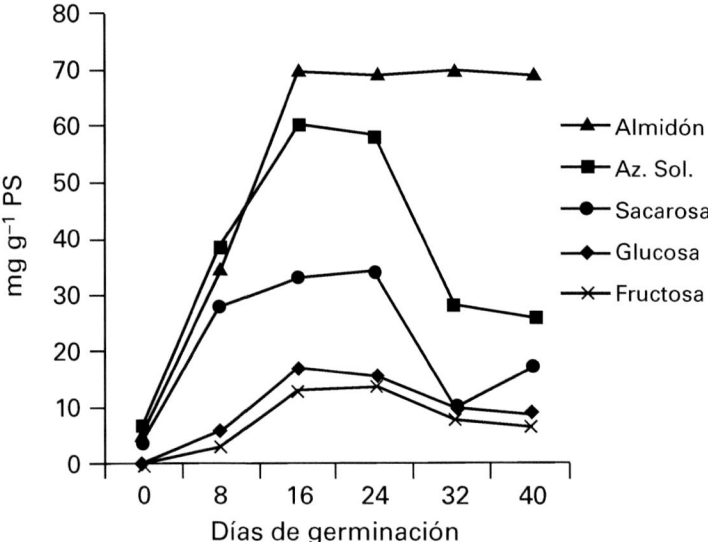

Figura 1.6. Evolución en la concentración de los azúcares solubles y almidón en los cotiledones de cítricos durante la germinación de las semillas.

1.3.4.4. Cambios ultraestructurales en los cotiledones durante la germinación

Algunos orgánulos subcelulares aparecen mejor definidos después de la imbibición de agua, observándose los siguientes cambios:

- En el citoplasma aparecen cisternas de retículo endoplasmático de mucho mayor tamaño.
- Aumenta el número de ribosomas, muchos de los cuales aparecen agrupados (posiblemente formando polisomas).
- Las mitocondrias se desarrollan estructuralmente en su totalidad, presentando numerosas crestas.
- Los glioxisomas se juntan estrechamente con las vesículas de aceite.

La progresiva digestión de los lípidos de reserva contenidos en las vesículas causa una gradual disminución de su tamaño, hasta su total desaparición cuando se agota su contenido. Seis días después de la imbibición se observan algunas vacuolas en el lugar que ocupaban los cuerpos lipídicos consumidos. A medida que progresa la germinación, las vacuolas se hacen más grandes y se fusionan. A los 20 días se forma una gran vacuola central, y los restantes cuerpos lipídicos se sitúan en las proximidades de las paredes celulares. Después de la hidrólisis total de las reservas de triglicérídos, la vacuola ocupa casi completamente el citoplasma (Foto 1.5).

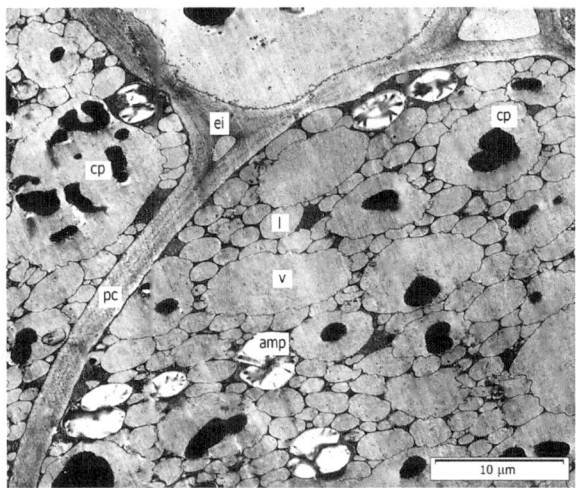

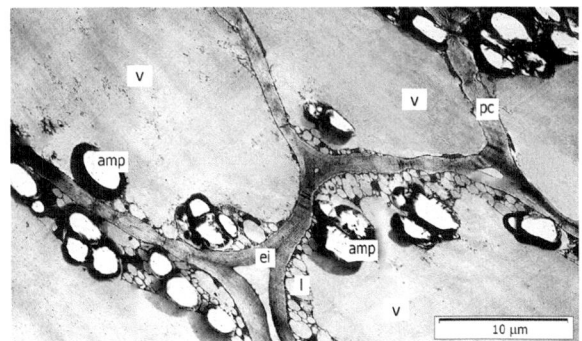

Fotografía 1.5. Células de cotiledones después de una (arriba) y tres semanas (abajo) de iniciado el proceso de germinación. Pared celular (pc), espacio intercelular (ei), cuerpo proteico (cp), vesículas de lípidos (l), vacuola (v), amiloplastos (amp). Tomada de Martínez-Alcántara *et al.*, 2015

La degradación de los cuerpos proteicos comienza muy pronto tras la imbibición. A los 6 días de germinación, en algunas células ya se observa la desaparición de, al menos, el 50 % de estos cuerpos, mientras que en otras no se aprecia ningún cambio. A los 14 días, más del 75 % de los cuerpos proteicos ha desaparecido y a los 20 días solo son detectables muy pocos de ellos. La digestión de los cuerpos proteicos suele comenzar por las células del centro del cotiledón y gradualmente se extiende hacia la periferia de este. A medida que desaparecen los cuerpos proteicos las vesículas resultantes forman vacuolas (Foto 1.5).

Con el progreso de la germinación comienzan a aparecer granos de almidón, que aumentan de tamaño y en número con el transcurso del tiempo. La máxima densidad de granos de almidón se detecta entre la 2.ª y 3.ª semanas de germinación, tendiendo a disminuir después a medida que las células se vacuolizan. En estados avanzados (40 días de germinación), las células de las capas externas de los cotiledones pueden presentar cloroplastos con granos de almidón y sistema tilacoidal.

Todos estos cambios se mantienen en las células de los cotiledones hasta que deviene su senescencia y las células se vacuolizan en casi su totalidad, lo que ocurre a partir de los 40 días de iniciada la germinación.

1.3.5. Desarrollo de la plántula

Cuando la semilla se entierra en un suelo o sustrato húmedo absorbe rápidamente agua, con lo cual los cotiledones se ablandan. Posteriormente, si la temperatura es adecuada, la *radícula* comienza a crecer y su ápice emerge rompiendo el extremo micropilar de la testa, que si ofrece resistencia provoca su curvatura. Por otra parte, es frecuente, especialmente en semillas poliembriónicas, que la posición del embrión obligue a la radícula a retorcerse para buscar el suelo. Después, continúa creciendo rápidamente formando una raíz primaria relativamente gruesa. Mientras tanto, la *plúmula*, que aparece en un estado rudimentario en la semilla latente, alarga su primer entrenudo (*epicótilo*) y comienza a desarrollar sus dos primeras hojas verdaderas. Los cotiledones son normalmente hipogeos, lo que significa que permanecen en el suelo durante la germinación, y pueden sufrir un ligero alargamiento durante este proceso. Cuando la raíz alcanza un desarrollo considerable, la plúmula emerge por el desgarro de la testa, creciendo posteriormente hacia arriba. Es característico que su ápice permanezca doblado mientras empuja a través del suelo, pero, en cuanto emerge, se endereza rápidamente. A continuación, las dos primeras hojas verdaderas, que se mantienen amarillas bajo la superficie del suelo, toman color verde y se expanden, ocupando posiciones opuestas a ambos lados del tallo. Estas hojas son diferentes en su forma a las hojas que se generan posteriormente (Foto 1.6).

Fotografía 1.6. Desarrollo de una plántula de cítrico.

Las raíces secundarias comienzan a aparecer cuando la raíz primaria ha alcanzado un tamaño próximo a los 8-10 cm y las primeras hojas están próximas a alcanzar su tamaño definitivo. Cuando ello ocurre, la germinación se ha completado. La evolución del peso seco de los cotiledones y de la plántula durante el inicio de su desarrollo se muestra en Figura 1.7.

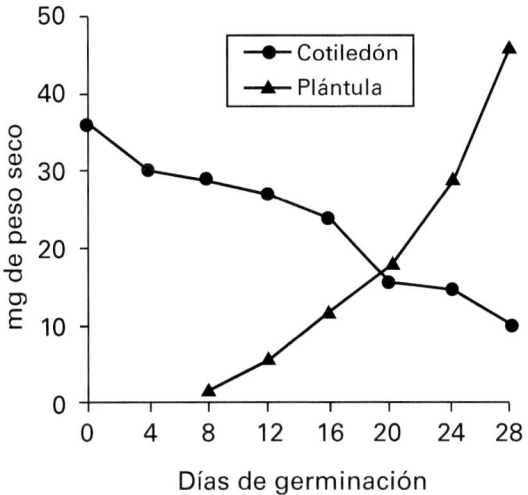

Figura 1.7. Evolución del peso de los cotiledones y de la plántula durante la germinación de las semillas de los cítricos.

No todos los embriones de las semillas poliembriónicas germinan, ya que los más pequeños solo se hinchan y, en algunos casos, emiten una pequeña raíz, pero no pueden proseguir su desarrollo. En general solo los embriones más grandes —con un tamaño superior a los 5 mm— son capaces de evolucionar totalmente. A pesar de ello, la mayoría de estas semillas solo producen una plántula, y en muy pocos casos llegan a desarrollar un máximo de dos o tres.

La proporción de embriones zigóticos y nucelares que germinan es muy variable y depende de la variedad y de factores inherentes a su propio desarrollo. No obstante, parece demostrado que cuanto menor es el número de embriones por semilla, mayor es la probabilidad de que se desarrollen plántulas híbridas, y viceversa.

Desde el punto de vista de la multiplicación, la poliembrionía tiene una gran importancia, ya que los embriones nucelares tienen un origen somático y, por tanto, las plántulas que se desarrollan a partir de ellos tienen la misma constitución genética que la del árbol del que proceden las semillas, salvo en el caso de que se haya producido alguna mutación. La forma de propagación asexual, posibilitada por la embrionía nucelar, ha tenido una gran repercusión en la evolución, la mejora y el cultivo de esta especie.

1.3.6. Caracteres juveniles

Las plantas procedentes de semilla, ya sea por vía sexual (embrión zigótico) o asexual (embriones nucelares) muestran, durante sus primeros años de vida, una serie de rasgos típicos denominados caracteres juveniles. Entre estos, el más notable, posiblemente, es la presencia de espinas de gran tamaño en el tronco, ramas y brotes, que son más fuertes en los brotes con mayor desarrollo, especialmente en los genotipos vigorosos (Foto 1.7 A y C)

Los árboles que proceden directamente de una semilla, así como los propagados a partir de ellos por medios de multiplicación vegetativa, al envejecer tienden a reducir el número y el tamaño de las espinas en los nuevos brotes (Foto 1.7 B y C). Este efecto es especialmente acusado en los brotes más externos, donde, a veces, llegan a desaparecer, mientras que el tronco y las partes bajas de las ramas principales conservan durante muchos años la capacidad de producir brotes espinosos.

Fotografía 1.7. Caracteres morfológicos asociados a la juvenilidad: **A)** fragmento de un brote procedente de una planta juvenil con fuerte espinosidad; **B)** ídem de una planta envejecida, sin espinas; **C)** segmentos de tallo de una planta juvenil (izquierda) y de otra envejecida (derecha).

Por consiguiente, las variedades envejecidas, es decir, aquellas para las que ha transcurrido mucho tiempo desde su última reproducción por semilla, tienen generalmente pocas espinas y estas son pequeñas y débiles. Así, cuando se injertan yemas de una planta juvenil, los brotes que generan presentan grandes espinas que persisten durante mucho tiempo en las sucesivas brotaciones; sin embargo, cuando la yema injertada procede de una variedad envejecida, aunque las espinas suelen reaparecer en los primeros brotes, disminuyen rápidamente en las siguientes brotaciones.

El número de espinas y su tamaño varía con la especie y variedad, así como con el vigor y la posición del brote. Según se tomen las yemas de un brote con o sin espinas, los árboles que se obtengan del injerto de las mismas serán también espinosos o no; la selección de yemas en este aspecto permite, tras sucesivos injertos, la obtención de variedades o líneas sin espinas.

Dentro de la misma variedad, los árboles juveniles son más vigorosos que los envejecidos y, asimismo, en los primeros el crecimiento tiende a ser más erecto que en los segundos.

Los frutos de las líneas juveniles suelen ser de mayor tamaño y su corteza tiende a ser más gruesa y rugosa que los de las líneas envejecidas. Si los frutos producen semillas, estas son menos numerosas en los de los árboles juveniles.

Logicamente, los caracteres juveniles se van perdiendo con el tiempo, aunque en algunas especies son más persistentes que en otras. Así, por ejemplo, el mandarino Satsuma los pierde en unos 5-7 años, mientras que los naranjos tardan entre 15-20 años.

La juvenilidad se caracteriza también por la incapacidad de los árboles para florecer y, en el caso de que produzcan algunas flores, para cuajar frutos. La deficiente floración asociada a la juvenilidad de los cítricos se ha estudiado molecularmente y los conocimientos actuales se presenta en el Capítulo 3, apt. 3.5.3.2.

Bibliografía consultada

Agustí M, Mesejo C, Reig C. 2020. *Citricultura*, 3.ª ed., Ed. Mundi-Prensa, Madrid, España. 488 pp.

Bewley JD. 1997. Seed germination and dormancy. *The Plant Cell*, 9: 1055-1066.

Bewley JD, Black M. 1983. *Physiology and biochemistry of seeds in relation to germination. Vol. 1. Development, germination and growth.* Springer-Verlag, Berlin, Heidelberg, 375 pp.

Frost HB, Soost, RK. 1968. Seed reproduction: development of gametes and embryos. En: W Reuther, LD Batchelor, HJ Webber (Eds.), *The Citrus Industry. Vol. II*. University of California, Div. Agric. Sciences, CA, EEUU, pp. 290-324.

García-Agustín P, Primo-Millo E. 1989. Ultrastructural and biochemical changes in cotyledon reserve tissues3. *Journal of Experimental Botany* 40: 383-390.

García-Agustín P, Primo-Millo E. 1990. Changes in some nitrogenous components during the germination of citrus sedes. *Scientia Horticulturae* 43: 69-81.

García-Agustín P, Benaches-Gastaldo MJ, Primo-Millo E. 1991. Control by the embryo axis of the breakdown of storage proteins in cotyledons of germinating seeds of *Citrus limon. Journal of the Science of Food and Agriculture* 56: 435-443.

García-Agustín P, Benaches-Gastaldo MJ, Primo-Millo E. 1992. Lipid mobilization in *Citrus* cotyledons during germination. *Journal of Plant Physiology* 140: 1-7.

parte de su rigidez. Posteriormente, el aumento del volumen celular es debido al incremento del potencial de turgencia producido por la entrada del agua en la célula.

El alargamiento celular está regulado por diversas hormonas, entre las que se encuentran las auxinas y las giberelinas, y está mediado por la activación de las expansinas, que son proteínas que promueven la pérdida de rigidez de las paredes celulares de los órganos en crecimiento. Las expansinas interrumpen la adhesión no – covalente de los polisacáridos de la matriz a la celulosa o a otros elementos de la estructura de la pared celular, liberando así a los polímeros de esta para que se muevan en respuesta a las fuerzas mecánicas generadas por la turgencia celular (Figura 2.1). El posterior aumento de la consistencia de la pared hace que la elongación sea irreversible, siendo este, además, un proceso polarizado, según el cual las células se alargan en una dirección predeterminada.

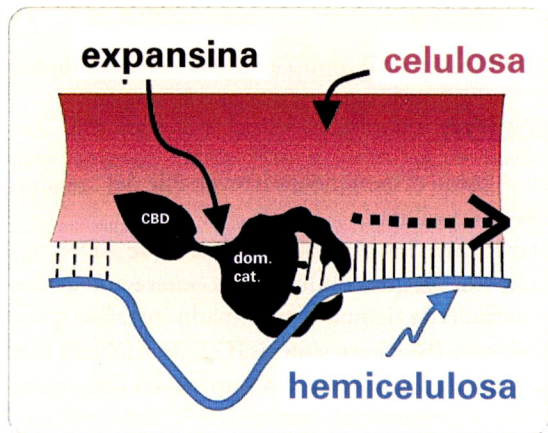

Figura 2.1. Esquema propuesto por Cosgrove (2000) de cómo la expansina podría inducir el alargamiento la pared celular rompiendo los enlaces no – covalentes (puentes cortos) entre la celulosa (barra grande) y la hemicelulosa (línea curva). El presunto dominio de unión ('CBD', esbozado como una cola) se hipotetiza para anclar la expansina a la superficie de la celulosa, mientras que el dominio catalítico ('dom. cat.') podría interactuar con la hemicelulosa en la superficie de las microfibrillas o en la matriz entre las microfibrillas. La flecha punteada indica la dirección del movimiento de expansión, que sería impulsado por la liberación de energía de tensión mecánica en los polímeros de la pared. La unión de la hemicelulosa a la celulosa es reversible (puentes cortos, líneas quebradas) y da como resultado un movimiento de la hemicelulosa similar al de un gusano y a una relajación de las tensiones de la pared.

No obstante, para que se formen los diferentes órganos y tejidos, además de crecer, las células deben diferenciarse, lo que significa adquirir propiedades metabólicas, estructurales y funcionales distintas a las de sus células madres. En este sentido, las células son capaces de reconocer señales (hormonales o de otra naturaleza) que activan una ruta concreta de diferenciación. Las células adquieren así un estado de determinación que marca su especialización según un programa genético. Este estado de determinación puede adquirirse por diversos mecanismos:

- **División desigual:** mediante esta, una célula polarizada genera dos células hijas que siguen caminos diferentes.
- **Plano de división**: determina, en gran parte, la posición de las células hijas en el tejido y en la planta, lo cual tiene gran trascendencia en el destino final de estas.
- **Señalización:** normalmente, las células vegetales están en estrecho contacto con las de su alrededor y el comportamiento de cada una de ellas está estrechamente coordinado con el de sus vecinas, dependiendo de su posición y función específicas dentro del tejido y órgano al que pertenecen. Determinados componentes de la pared celular, particularmente las proteínas arabinogalactanos (AGP), pueden comunicar información posicional a las células contiguas, y ello determinará su destino final. También se produce una comunicación simplástica a través de los plasmodesmos, por donde se transmiten señales en forma de proteínas reguladoras y ARN. Algunas rutas de señalización utilizan proteínas quinasas. Estas son enzimas dependientes de ATP que fosforilan proteínas concretas y, de esta forma, regulan su actividad.
- **Regulación genética:** la expresión de genes que codifican factores de transcripción determina la identidad de la célula. Los factores de transcripción son proteínas que tienen la capacidad de unirse específicamente a secuencias de ADN para controlar la expresión de otros genes.
- **Control hormonal:** en otros casos, las hormonas (auxinas, citokininas, etc…) inducen la formación de órganos, lo que implica que inicialmente actúan también en la diferenciación celular. Este fenómeno se pone claramente de manifiesto en los cultivos "in vitro" de tejidos de entrenudos (Foto 2.1), en los cuales una alta

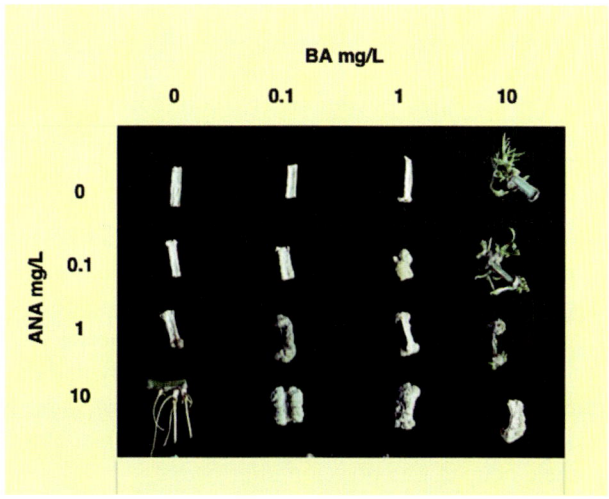

Fotografía 2.1. Control hormonal de la generación de tallos y raíces en segmentos de entrenudos de cítricos.

concentración de citoquinina en el medio genera yemas que desarrollan brotes vegetativos. Algunas auxinas, como el ácido naftalenacético, promueven la formación de raíces, siendo este efecto inhibido por las citoquininas. Finalmente, una alta relación auxina/citoquinina produce un callo indiferenciado.

Por consiguiente, el concepto de desarrollo comprende el conjunto de eventos que integradamente contribuyen a la progresiva formación del árbol. El desarrollo incluye el crecimiento y la diferenciación celular, que están coordinados por un gran número de señales, entre las que se encuentran las hormonas.

2.2. Latencia y actividad vegetativa

Los cítricos, como otras especies leñosas, no se desarrollan de forma continua, sino que, a lo largo del año, alternan periodos de crecimiento con otros de inactividad vegetativa. Estos cambios se deben a las variaciones climáticas estacionales. Cuando las condiciones climáticas son desfavorables las plantas entran en latencia, es decir, reducen su actividad vegetativa, como un mecanismo de defensa ante circunstancias que podrían poner en riesgo su supervivencia, y cuando vuelven a ser favorables se recupera la actividad. Esta depende, principalmente, de la temperatura ambiente y la humedad del suelo, de forma que cuando la primera es inferior a 12 °C o la disponibilidad de agua es insuficiente para cubrir las necesidades de la planta, los árboles detienen su desarrollo.

En la zona mediterránea, donde el cultivo es en regadío, las plantas entran en latencia al descender las temperaturas, lo cual suele suceder a partir de mediados del otoño. A finales del invierno o principios de la primavera las temperaturas vuelven a subir y la planta recupera la actividad vegetativa, lo cual se manifiesta con el inicio de la brotación. Por tanto, las circunstancias climatológicas en estas épocas pueden adelantar o retrasar la entrada y salida de la latencia. Mientras las plantas están paradas, sus órganos vegetativos, especialmente raíces, ramas y tronco, son mas resistentes a las bajas temperaturas, pudiendo soportar sin daños valores por debajo de los −10 °C durante muchas horas. Los brotes más tiernos y las hojas, especialmente las de las últimas brotaciones, pueden helarse con temperaturas algo más altas que las anteriores, aumentando su sensibilidad si las plantas están activas. El fruto maduro es muy sensible a las heladas, que pueden causar graves daños en la cosecha independientemente del estado de la planta.

En las zonas tropicales, donde la temperatura se mantiene alta y la amplitud térmica estrecha durante todo el año, los cítricos solo detienen su actividad vegetativa por la falta de agua durante la estación seca, a menos que sean regados.

La intensidad de la latencia varía entre especies y se manifiesta por la mayor o menor facilidad que presentan para recuperar la actividad después de un corto periodo cálido durante el invierno. Por ejemplo, el *Poncirus trifoliata* tiene una latencia profunda, mientras que el limonero, limero y cidro la tienen suave, y el naranjo dulce, mandarino y pomelo ocupan una posición intermedia.

Al pasar del estado de latencia al de actividad vegetativa los cítricos brotan y, en general, florecen. Una latencia profunda durante un largo tiempo suele traducirse, a veces, en una abundante floración en primavera, en detrimento de la brotación vegetativa.

Por otra parte, en este periodo tiene lugar un calentamiento progresivo del suelo que propicia el desarrollo radicular aumentando la absorción del agua y los nutrientes minerales que la planta necesita para iniciar su desarrollo vegetativo.

2.3. El tallo

Una función fundamental del tallo es la de soportar mecánicamente la parte aérea del árbol, permitiendo su desarrollo vegetativo y fructificación. Pero su función esencial es poner en comunicación las raíces con las hojas, ya que ambos órganos son claves para la nutrición del árbol. Así pues, por el interior del tallo suben el agua y los elementos minerales absorbidos del suelo por la raíz, y por la zona externa se distribuyen los fotoasimilados producidos en las hojas.

Las plantas procedentes de semilla suelen presentar inicialmente un solo tallo, con sección aproximadamente cilíndrica. No obstante, la base de los troncos de árboles adultos puede presentar un aspecto acanalado, debido a que se engruesa por encima de la zona de inserción de las raíces laterales mayores. El tallo principal, cuando es muy joven, es de color verde, que pronto cambia a marrón grisáceo o pardo, debido a la formación de súber en la corteza. Esta presenta una superficie lisa, aunque con pequeñas fisuras longitudinales.

Al alcanzar una determinada altura, entre 0,75 y 1 m, el tronco emite ramas laterales que constituirán el armazón principal del árbol. De estas surgen ramas secundarias, que a su vez dan lugar a las terciarias, y así sucesivamente. Los tallos que brotan de ramas de rango superior, lo hacen formando ángulos con ellas, cuya amplitud depende, en gran medida, de la especie o variedad. Así, cuando el ángulo de inserción de los brotes en el tronco o las ramas tiende a ser agudo, el árbol tendrá un aspecto erecto, mientras que si dicho ángulo es más abierto su aspecto será globoso. Otros caracteres que contribuyen al aspecto general de los árboles son la densidad de las ramas y ramillas o el desarrollo relativo de las ramas interiores y exteriores. No obstante, aunque la altura, la distribución, la densidad y la orientación de las ramas en el tronco pueden modificarse con la poda, normalmente el árbol tiende a mantener el porte característico de la especie/variedad a la que pertenece.

Las ramas verticales presentan una sección circular, mientras que la de las horizontales e inclinadas es más o menos elipsoidal.

Los tallos de los brotes muy jóvenes son tiernos y presentan una forma angulosa, debido a la zona engrosada que aparece bajo el punto de inserción de las hojas, la cual va disminuyendo, paulatinamente, hasta desaparecer cerca de su punto de inserción a la hoja adulta situada en la axila. Este engrosamiento hace que la sección transversal de los brotes jóvenes sea triangular (Foto 2.2 A), pero con el crecimiento secundario se redondea (Foto 2.2 B).

El color de los tallos es verde pálido, que pasa a verde oscuro después de dos o tres brotaciones sucesivas. Este color lo mantienen durante algún tiempo, hasta que, al crecer en grosor, toman un color marrón grisáceo o pardo.

Fotografía 2.2. Morfología de los brotes del los cítricos. **A:** brote joven (menor de un año) con tallo de sección triangular; **B:** brote del año anterior con tallo de sección redondeada debido al crecimiento secundario.

2.3.1. Estructura primaria del tallo

Histológicamente el tallo primario está formado por un conjunto de tejidos que, vistos en sección de fuera a dentro, constituyen el tejido dérmico o *epidermis*, que recubre todo el órgano, el *córtex* que se encuentra inmediatamente debajo, el *cilindro vascular*, que queda envuelto por el anterior, y la *médula*, que ocupa la parte central (Foto 2.3).

La **epidermis** tiene como principal función la protección del órgano frente a agentes externos, tanto de tipo biótico como abiótico. Este tejido está constituido principalmente por una capa de células tubulares dispuestas de forma compacta; vistas de frente tienen forma irregular y en su exterior se deposita una gruesa capa de *cutícula*. Estas células retienen su capacidad de dividirse y estirarse tangencialmente durante un cierto tiempo para acomodarse al aumento inicial de la sección del brote. En el tejido epidérmico se encuentran también *estomas* y pelos (*tricomas*).

El **córtex** contiene típicamente un parénquima (*parénquima cortical*) cuya principal función es el almacenamiento de sustancias de reserva, especialmente carbohidratos en forma de almidón, y también aminoácidos y proteínas. En este tejido se pueden distinguir dos partes: las células parenquimáticas de las capas exteriores, que son pequeñas con paredes delgadas y un abundante citoplasma que contiene cloroplastos, y las de la parte interior que, por el contrario, son de gran tamaño, tienen las paredes gruesas, y están altamente vacuoladas; entre estas últimas los espacios intercelulares son muy acusados. Inmediatamente debajo de la epidermis aparecen intercaladas células que contienen cristales de oxalato cálcico (*idioblastos*). En el córtex pueden aparecer *células esclerenqui-*

máticas, cuya principal función es la de sostén. También se encuentran dentro del córtex numerosas *glándulas* de aceites esenciales; estas tienen forma esférica, son muy voluminosas y rozan la epidermis en algún punto.

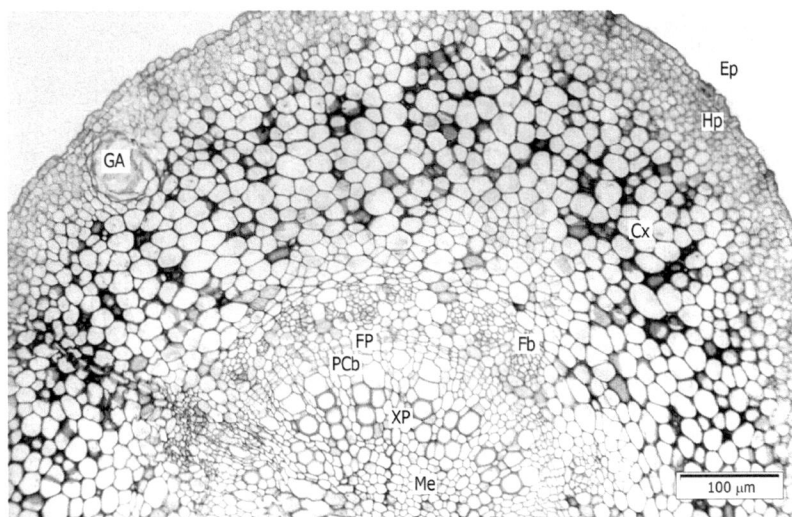

Fotografía 2.3. Sección transversal de un tallo primario. Epidermis (Ep), hipodermis (Hp), glándula de aceite (GA), córtex (Cx), fibras del protofloema (Fb), metafloema (FP), procambium (PCb), metaxilema (XP), médula (Me). Tomada de Martínez-Alcántara *et al.*, 2015b.

La endodermis es la capa de células más interior del córtex. Estas células, aunque tienen aspecto parenquimático, se disponen de forma compacta y sus paredes presentan características distintivas que indican su mayor grado de especialización. La más notable de estas es el alto contenido en *suberina* de las paredes radiales, que da lugar a la denominada *banda de Caspary*. En los tallos más viejos se puede depositar una lámina de suberina sobre toda la superficie de la pared.

El periciclo es una capa de tejido parenquimático que se encuentra entre la endodermis y los tejidos vasculares.

Los tejidos conductores o vasculares, *floema* y *xilema*, son los que realizan las funciones fundamentales de este órgano. La función del **floema** es el transporte de fotoasimilados, azúcares u otros compuestos orgánicos, desde las hojas, donde se elaboran, hasta otros órganos (frutos, raíces, etc…), donde serán consumidos o almacenados. Los componentes fundamentales del floema son los *elementos cribosos*, las *células anejas* o *acompañantes*, las células parenquimáticas y las fibras esclerenquimáticas.

Los miembros o elementos de los tubos cribosos son células muy especializadas que se unen formando series longitudinales, a través de las cuales se efectúa el transporte. La especialización funcional de los elementos cribosos se pone de manifiesto en el desarrollo de áreas y *placas cribosas* (Foto 2.4) sobre sus paredes y en las características de sus protoplastos. Las áreas cribosas son zonas deprimidas de la membrana provistas de perforaciones o poros, a través de los cuales se comunican los protoplastos de los elementos cribosos adyacentes. Los poros atraviesan dos paredes celulares primarias, que corresponden a dos células vecinas, y la lámina media que está entre ellas. Los poros están recubiertos en su interior por una capa del polisacárido calosa (un β-1,3-glucano), que puede formar también una delgada capa en la superficie del área cribosa. En los elementos cribosos jóvenes la capa de callosa es delgada, pero, a medida que envejecen, esta se va haciendo más gruesa dentro de los poros (Foto 2.4), con lo cual las conexiones entre los citoplasmas se compriman. Los depósitos de callosa también se van acumulando sobre la superficie del área cribosa, de forma que sobresalen de la membrana. Cuando el elemento criboso deja de ser funcional, las áreas cribosas son bloqueadas por masas de callosa. Cuando el protoplasto de un elemento criboso inactivo se desintegra las conexiones citoplásmicas también desaparecen.

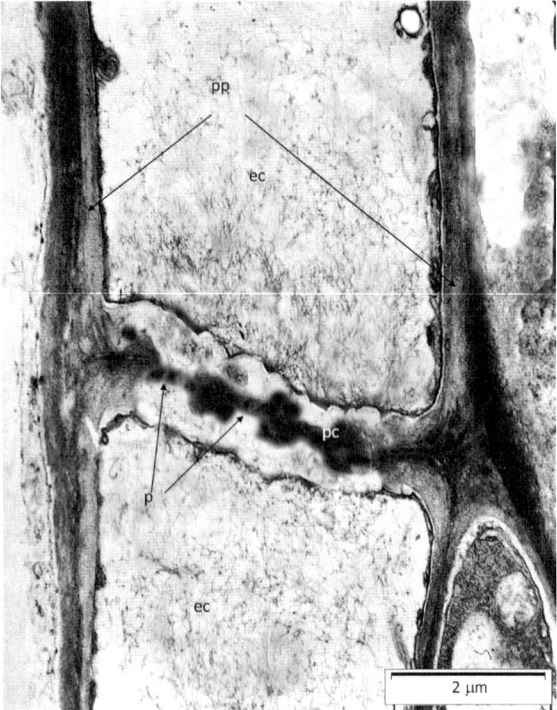

Fotografía 2.4. Detalle en microsopía electrónica de transmisión de un tubo criboso mostrando los poros de su placa cribosa recubiertos de callosa. pp (pared primaria), citoplasma (ec), poros (p), pared celular (pc). Tomada de Martínez-Alcántara *et al.*, 2015b.

En los miembros de los tubos cribosos algunas de las áreas cribosas están más especializadas y diferenciadas formando las *placas cribosas*. Estas se presentan principalmente sobre las paredes de los extremos, las cuales suelen tener una cierta inclinación.

Las paredes de los miembros de los tubos cribosos son de naturaleza celulósica y su protoplasto carece de núcleo durante su madurez funcional. Las células jóvenes también poseen vacuolas limitadas por un tonoplasto; sin embargo, al alcanzar la madurez el tonoplasto se desintegra, con lo cual el límite entre el citoplasma y la vacuola desaparece.

Las células acompañantes son células parenquimáticas muy especializadas que se encuentran asociadas a los miembros de los tubos cribosos para darles soporte metabólico. Las paredes celulares entre estas y los elementos cribosos son delgadas y de naturaleza celulósica; en ellas se encuentran abundantes plasmodesmos que comunican los citoplasmas de ambos tipos de células. Las células acompañantes conservan su núcleo después de alcanzar la madurez. Cuando los miembros de los tubos cribosos pierden su funcionalidad y sus protoplastos se desorganizan, las células acompañantes mueren.

El floema contiene, además, abundantes células parenquimáticas, cuya función principal es el almacenamiento de sustancias de reserva, tales como el almidón. En el floema primario, estas son alargadas en sentido vertical y tienen membranas primarias no lignificadas, con abundantes campos de puntuaciones primarias que conectan las células contiguas.

Las fibras esclerenquimáticas tienen como función proporcionar al brote la resistencia necesaria ante los esfuerzos mecánicos que debe realizar. Estas fibras, cuya forma es de huso alargado, desarrollan paredes secundarias muy gruesas y fuertemente lignificadas.

La función fundamental del **xilema** es transportar el agua y las sustancias disueltas en ella desde la raíz a todas las partes de la planta. Algunas células del xilema realizan también funciones de sostén y otras de almacenamiento de sustancias, tales como almidón o aminoácidos.

Estructuralmente el xilema es un tejido complejo constituido por diferentes tipos de células o elementos traqueales: las traqueidas y los elementos de los vasos, así como células parenquimáticas y fibras. La maduración de los elementos de los vasos y de las traqueidas conlleva la muerte celular, de modo que las células conductoras de agua funcionales solo poseen paredes celulares gruesas y lignificadas.

Los elementos de los vasos y las traqueidas son células alargadas, mucho más las segundas que los primeros, que se unen unas con otras por las paredes de sus extremos, perforadas en ciertas áreas de contacto, formando largos tubos huecos (vasos o *tráqueas*) por los que fluye el agua empujada por la suma de la presión radicular (consecuencia de la diferencia de potencial hídrico entre el interior de la raíz y la solución acuosa del suelo, favorable a la primera) y la tensión de transpiración (consecuencia de la diferencia de potencial hídrico entre el interior de la hoja y la atmósfera, favorable a esta). El alargamiento de estos elementos ocurre antes de formarse las paredes secundarias, y cuando termina se van depositando capas sucesivas de lignina formando engrosamientos en forma anular, helicoidal o reticulada. La longitud de estos vasos es muy variable y pueden medir desde unos 20 cm de longitud hasta cerca de 1m. Como cada vaso (constituido por una serie de elementos unidos por sus extremos) tiene una longitud limitada, para que el movimiento del agua no quede interrumpido se conecta con otros a través de zonas no perforadas de sus paredes, que son permeables a las soluciones acuosas, pero no a los gases. Por otra parte, en los lugares en los que las paredes secundarias laterales de los elementos de los vasos alcanzan mayor grado de desarrollo se presentan *punteaduras* microscópicas que coinciden con las de las traqueidas adyacentes, constituyendo una vía de movimiento de agua entre ellas de baja resistencia.

Las fibras del xilema son semejantes a las fibras esclerenquimáticas anteriormente descritas en el floema. Su principal característica es su especialización como tejido de sostén y, para ello, desarrollan paredes secundarias muy gruesas y lignificadas.

En su conjunto, el tejido conductor primario consiste en un haz vascular, en el cual el floema rodea completamente al xilema, formando entre ambos un eje continuo que discurre longitudinalmente por la parte central de los nudos y entrenudos (Foto 2.3). En la sección transversal de un tallo en desarrollo el haz vascular presenta una sección triangular, como consecuencia de las protuberancias producidas por las trazas foliares, es decir por las desviaciones del tejido conductor del tallo que conectan con las hojas a través de sus pedúnculos. Del cilindro vascular del brote se derivan también trazas que lo conectan con las yemas axilares y las espinas. Estas divergen del mismo por encima de donde lo hacen las trazas foliares y, al igual que estas, forman un pequeño cilindro después de la derivación.

El sistema vascular primario deriva del procambium (véase Foto 2.3) que, a su vez, se diferencia a partir de células derivadas del meristemo apical. Las células procambiales, cuya forma es alargada, experimentan repetidas divisiones longitudinales para dar lugar a los tubos cribosos, a los elementos traqueales y a las demás células que componen el cilindro vascular primario. Las células que componen el floema y el xilema se forman en los lados externo e interno del procambium, respectivamente. En los primordios foliares, yemas axilares y espinas se encuentran extensiones del procambium.

El floema primario puede dividirse en *protofloema* y *metafloema* (véase Foto 2.3), atendiendo al orden en que se forman en el árbol. El protofloema se encuentra en las partes de la planta que están en crecimiento activo. Sus tubos cribosos solo permanecen funcionales durante un corto periodo de tiempo, ya que al alargarse las células contiguas son destruidos. También, al desarrollarse los tejidos circundantes los comprimen hasta el punto de aplastarlos. Este fenómeno se denomina *obliteración*. El metafloema alcanza la plena madurez cuando los órganos han completado su crecimiento en longitud y, por tanto, se conserva funcional durante más tiempo que el protofloema. Los elementos cribosos del metafloema son más largos y más anchos que los del protofloema. El metafloema generalmente carece de fibras, aunque mientras se mantiene activo se pueden formar a partir de células parenquimáticas del protofloema, que se alargan y desarrollan paredes secundarias lignificadas.

El xilema primario contiene abundantes células parenquimáticas con forma alargada en sentido vertical, cuya función principal es el almacenamiento de sustancias de reserva, y se puede subdividir en *protoxilema* y *metaxilema* (véase Foto 2.3). El protoxilema se diferencia en los órganos y madura antes de que estos hayan completado su crecimiento. Los elementos traqueales del protoxilema son alargados, con extremos afilados, que se solapan con los de otros elementos semejantes. Normalmente, los engrosamientos de la pared secundaria son anulares o espiralados. Puesto que el tallo, la hoja y la raíz crecen fuertemente en longitud después de su iniciación por los meristemos apicales, los elementos conductores maduros y no vivos del protoxilema no son capaces de adaptarse al crecimiento del tejido circundante y, por tanto, sufren un estiramiento que puede llegar a destruirlos. En tal caso las paredes primarias se rompen, mientras que las secundarias se deforman, quedando los anillos separados entre sí y las hélices extendidas.

El metaxilema aparece después del protoxilema y su proceso de diferenciación se produce mientras los órganos están alargándose. Este tejido madura cuando ha terminado dicho crecimiento en longitud y, por tanto, sus elementos no son destruidos.

La distribución del metaxilema en los órganos es más amplia que la del protoxilema y su estructura más compleja, estando constituida por miembros de los vasos, abundantes células parenquimáticas y algunas fibras. Los miembros de los vasos del metaxilema presentan paredes transversales perforadas en sus extremos y engrosamientos escalariformes. A medida que se van diferenciando a partir del procambium forman filas radiales, en las que los vasos que van apareciendo sucesivamente son cada vez más anchos en sección transversal. Entre estas filas radiales se sitúan las células parenquimáticas.

La médula está formada por un cilindro sólido de células parenquimáticas, que ocupa la parte central del tallo (Foto 2.3). Estas células desarrollan paredes celulares gruesas que, con el tiempo, se lignifican, con lo cual la médula ejerce de tejido de sostén para dar consistencia al tallo.

2.3.2. Desarrollo del tallo

El meristemo apical, que procede del embrión, genera los tejidos primarios del tallo. Dicho meristemo se localiza en el extremo superior del brote y tiene forma de cúpula; a sus lados sobresalen los primordios foliares que recubren el meristemo, formando en conjunto el ápice caulinar (Foto 2.5). El meristemo apical está formado por pequeñas células isodiamétricas que mantienen las características embrionarias. Este órgano contiene unas células denominadas iniciales (o células madre) que se dividen continuamente durante el periodo de actividad vegetativa. Después de cada división, una de las células descendientes no se diferencia y mantiene la capacidad para dividirse indefinidamente, permaneciendo como tal célula inicial y regenerando continuamente el meristemo. La otra, denominada derivada, sufre posteriores divisiones y, al ir separándose del ápice, crece y se diferencia siguiendo una pauta concreta, para pasar a formar parte del correspondiente tejido. Las células iniciales suelen dividirse lentamente mientras que las derivadas lo hacen rápidamente, y antes de que finalicen las divisiones ya puede apreciarse su diferenciación como células específicas de tejidos concretos.

El meristemo apical consta de tres capas celulares, superpuestas, que se distinguen por los distintos planos de división de las células que las integran. La más externa (L1) está formada por un único estrato de células, que se dividen según un plano anticlinal (perpendicular a la superficie). La segunda capa (L2) está formada por varios estratos de células, que se dividen anticlinalmente en la zona central y periclinalmente (según un plano paralelo a la superficie) en las zonas laterales. Las células de la capa más interna (L3) muestran planos de división en todos los sentidos. Cada capa tiene sus propias células iniciales.

Las células de la capa más externa (L1), al dividirse anticlinalmente, hacen que el tejido crezca superficialmente formando la *protodermis*, cuyas células se diferencian para dar lugar a la epidermis. Las células de la capa L3 se dividen en diversas direcciones, para

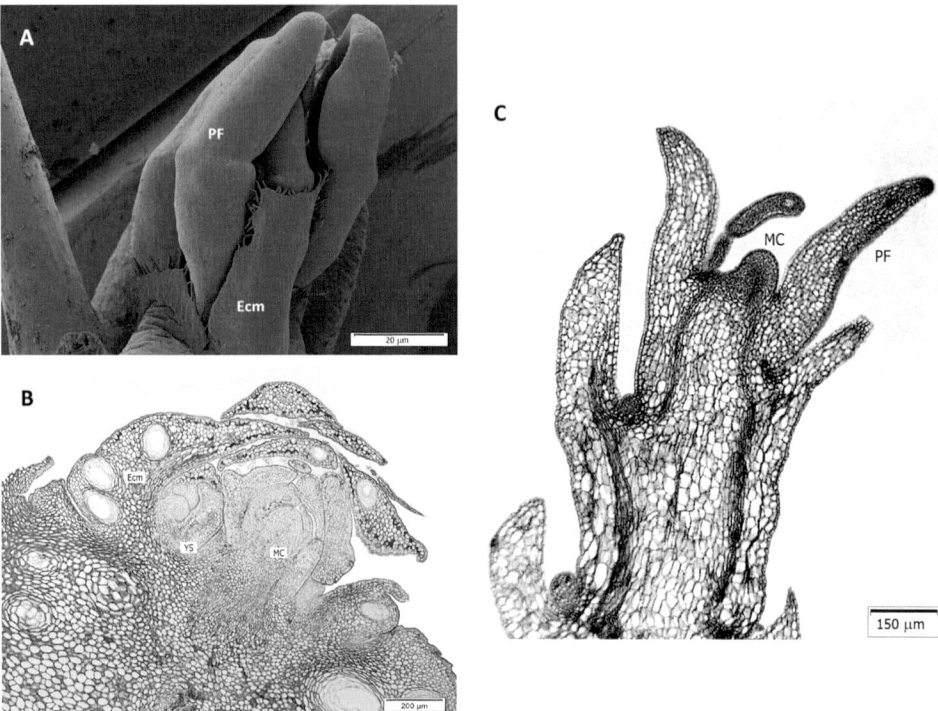

Fotografía 2.5. Desarrollo del tallo. Yema axilar mostrando los primordios foliares y las escamas **(A)**, y sección longitudinal de una yema **(B)** y del ápice de un tallo en crecimiento activo **(C)** de naranjo dulce. Primordios foliares (PF), escamas (Ecm), meristemo caulinar (MC), yemas secundarias (YS). Vistas en microscopía electrónica de barrido (A) y microscopía óptica (B y C). Tomada de Martínez-Alcántara *et al.*, 2015b.

producir un crecimiento en volumen dentro de la planta. De esta capa se derivan, a través de zonas meristemáticas intermedias, la médula y el tejido vascular. Complementariamente, entre el cilindro provascular y la protodermis, aparece otra zona meristemática intermedia, procedente de la capa L2, cuyas células son de mayor tamaño y al diferenciarse producen los parénquimas del córtex y de las hojas.

El meristemo apical presenta actividad estacional, más intensa, normalmente, en primavera, disminuyendo durante el verano y principio del otoño, hasta entrar en latencia a final de esta estación.

Este meristemo va produciendo, a intervalos regulares, primordios foliares (Foto 2.5 B y 2.6 A), que posteriormente se convertirán en hojas, así como yemas axilares y espinas, que se insertan en los nudos (Foto 2.6 B). Posteriormente, la actividad de los meristemos intercalares, que se localizan en la base de los entrenudos, hace que estos crezcan en longitud.

Las yemas axilares que se encuentran en las base de las hojas originan los brotes laterales. Dichas yemas contienen un meristemo apical con primordios foliares, cubierto por varias escamas y, a un lado, completando el conjunto, suele haber otro meristemo

Fotografía 2.6. Desarrollo de un brote. **A:** extremo apical en fase de crecimiento activo; **B:** formación de yemas y espinas en las axilas de las hojas.

que produce espinas, desplazados ambos entre sí en un patrón filotáctico en espiral (Foto 2.6 B). Se han identificado dos genes, *THORN IDENTITY1* (*TI1*) y *THORN IDENTITY2* (*TI2*), que codifican diversos factores de transcripción, como necesarios para la finalización de la proliferación de meristemos y la producción concomitante de espinas. Finalmente, en las axilas de las escamas que cubren la yema se forman otras yemas menores, con lo cual de la axila de cada hoja pueden surgir varios brotes. Estos crecen formando un cierto ángulo con el brote del que proceden (véase Foto 2.2 B), tendiendo a desaparecer y enderezarse al crecer el tallo en grosor.

El crecimiento de la yema apical inhibe la emergencia de las yemas laterales, hasta una cierta distancia. Este fenómeno se conoce como dominancia apical. El mecanismo propuesto se basa en que en plantas intactas el flujo de AIA reprime la expresión del gen *IPT* (adenosin fosfato-isopenteniltransferasa), que regula la síntesis de citoquininas (CK) y promueve la brotación, mantiene la expresión del gen *PIN* (*PIN-FORMED PROTEIN*), que regula el transporte de AIA, al mismo tiempo que el gen *CKX* (cytoquinin oxidasa), que inactiva la acción de las CK, se está expresando en el tallo, y en consecuencia no hay brotación lateral. Por el contrario, en plantas decapitadas el flujo de AIA disminuye, cesa la represión de *IPT*, y el que se reprime es el gen *CKX* permitiendo la acción de las CK, y la yema brota. El nuevo brote sintetiza AIA en su ápice terminal y se reinicia la represión de *IPT* y la expresión de *CKX*.

El despuntado, o la eliminación de las hojas más apicales, detiene el transporte basípeto de AIA y promueve la brotación de las yemas. En apoyo de esto, la aplicación localizada de AIA sobre un brote decapitado sustituye a la yema apical en el mantenimiento de la inhibición de las yemas axilares, y la de un inhibidor del transporte de la auxina

(TIBA; ácido triiodobenzoico) bajo el ápice caulinar, libera a las yemas axilares de la dominancia apical. Pero un rayado impide la brotación de las yemas que quedan por encima, luego la ausencia de auxina por sí sola no es suficiente para provocar la brotación. Las hojas que sustentan dichas yemas deben producir alguna señal que promueva la brotación. En efecto, la defoliación de brotes despuntados desactiva el mecanismo y las yemas tampoco brotan, luego las hojas son absolutamente necesarias para la brotación.

Bajo el punto de vista nutricional, a las pocas horas del despunte la cantidad de sacarosa que llega a las yemas laterales aumenta espectacularmente, mientras que la de glucosa permanece estable, lo que indica que esta no se sintetiza localmente a partir del almidón sino que llega de otras partes de la planta. Esto se demostró suministrando ^{14}C-sacarosa a una hoja y viendo como el despunte dobló el transporte de ^{14}C a los nudos más cercanos, es decir, aumentó el suministro de C endógeno a las yemas en tiempo suficiente para promover su brotación. Es más, la adición de sacarosa a plantas intactas reprime la expresión del gen *BRANCHED 1* (*BRC1*), el regulador transcripcional que mantiene a la yema en reposo, y provoca la brotación en intensidad similar a la de las plantas despuntadas. Por lo tanto, es la demanda de azúcares, y no el AIA, el regulador inicial de la dominancia apical, de modo que la capacidad sumidero de los ápices terminales activos de los brotes impiden que las yemas laterales reciban carbohidratos y estas requieren del reinicio de su síntesis para poder brotar, de modo que cuando alcanzan un valor umbral, lo hacen. En resumen, los carbohidratos regulan el inicio de la brotación mientras que el AIA está implicado en el crecimiento de los nuevos brotes.

Este concepto de dominancia apical tiene una aplicación práctica de importancia en fruticultura. Así, en muchas especies frutales, cuando se quiere cambiar de variedad, tras el sobreinjerto en plancha de una yema se realiza un rayado justo por encima (Foto 2.7), lo que impide que el AIA, que se está transportando basipetamente por la rama, alcance

Fotografía 2.7. El rayado por encima de una yema injertada hace que esta eluda la dominancia apical y favorece su brotación.

la yema injertada e impida su brotación. Con ello, pues, se facilita que la yema brote y lo haga antes, mejorando la eficacia de la técnica del sobreinjerto para la reproducción vegetativa de variedades.

2.3.3. Crecimiento secundario del tallo

Los tejidos vasculares se renuevan y aumentan su extensión mediante la actividad del cambium vascular, que es el causante del crecimiento en grosor de los tallos. El procambium permanece en estado meristemático después de terminar el crecimiento primario y se transforma en el *cambium*. Este meristemo está formado por dos tipos de células: las iniciales, fusiformes, que son alargadas y afiladas, generan el sistema longitudinal o vertical del xilema y del floema. Las células iniciales radiales, que son casi isodiamétricas y relativamente pequeñas, originan las de los radios medulares, que forman el sistema transversal u horizontal del xilema y del floema. En el tallo el cambium adopta la forma de un cilindro continuo que se prolonga longitudinalmente por todo él. Cuando un tronco se ramifica, el cambium de este se continua con el de las ramas derivadas.

Los tejidos vasculares se originan a partir de divisiones periclinales de las células iniciales del cambium y las continuas divisiones celulares en este sentido determinan la ordenación de las células derivadas según filas radiales. Como el cilindro xilemático aumenta en grosor con el crecimiento secundario, el cambium también debe ampliar su circunferencia mediante divisiones longitudinales anticlinales.

El cambium permanece indefinidamente en la misma posición relativa, entre el xilema y el floema, produciendo floema secundario hacia el exterior y xilema secundario hacia el interior.

El *floema funcional* es el que se encuentra más próximo al cambium, ya que es el que se ha desarrollado durante los últimos periodos de actividad vegetativa. En este tejido las células derivadas de las iniciales fusiformes del cambium se diferencian en tubos cribosos, células anexas o acompañantes, células parenquimáticas y fibras esclerenquimáticas. Las placas cribosas de sus tubos cribosos, con varias áreas cribosas en los extremos, apenas presentan callosa, ni siquiera durante la parada invernal, y este es el primer síntoma que indica la degeneración y pérdida de funcionalidad de los tubos cribosos. Se estima que el floema puede mantener su funcionalidad durante unos dos años desde su generación a partir del cambium.

El *floema no funcional* se encuentra abundantemente en los troncos y ramas de cierta edad, ocupando la parte más externa del tejido conductor. Este floema está constituido por tubos cribosos colapsados con sus correspondientes células anejas también muertas, células parenquimáticas vivas y haces de fibras.

La formación de las fibras suele producirse durante las paradas temporales de la actividad cambial, lo que normalmente ocurre a la entrada de la latencia, aunque también pueden aparecer en otros momentos en los que esporádicamente se detiene la actividad vegetativa. Las fibras se encuentran formando grupos separados dentro del tejido floemático, los cuales, vistos en sección transversal, se disponen en círculos concéntricos. En sección longitudinal los grupos de fibras forman bandas verticales paralelas a los tubos cribosos.

El xilema que se produce durante el crecimiento secundario está compuesto por vasos, células parenquimáticas, radios medulares y fibras. Los vasos quedan envainados por células parenquimáticas vivas. Cuando, al final del otoño, está terminando el crecimiento por causa del frío, el cambium forma una estrecha banda de células parenquimáticas pequeñas junto con algunos vasos estrechos, que permiten distinguir los anillos de crecimiento anual. No obstante, como consecuencia de determinadas adversidades climáticas, el crecimiento puede detenerse durante el periodo de actividad vegetativa, dando lugar a falsos anillos. Con el tiempo el leño pierde agua y nutrientes de reserva almacenados, al tiempo que sus células van acumulando otras sustancias orgánicas que impregnan las paredes de las células o se infiltran en su interior; con ello, el xilema más viejo presenta un color más oscuro.

Al producirse el crecimiento secundario, el anterior xilema y la médula resultan recubiertos por el nuevo tejido conductor, mientras que el anterior floema es empujado hacia la parte exterior, con lo cual sufre una compresión que produce su obliteración, excepto en las bandas de fibras. Por su parte, el córtex y la epidermis deben adaptarse al aumento de circunferencia, obligados por el crecimiento en grosor de los tejidos internos. Algunas células del parénquima cortical más interior mueren aplastadas mientras que en el resto de este tejido son estiradas tangencialmente y muchas de ellas se dividen en sentido anticlinal. En los tallos viejos, la dilatación del córtex se produce mediante formaciones meristemáticas —denominadas *meristemos de dilatación*— que se disponen radialmente, extendiéndose desde los radios del floema secundario hasta el felógeno. A partir de las células derivadas de los meristemos de dilatación se diferencian células parenquimáticas y esclereidas.

Cuando se inicia el crecimiento secundario de los tallos jóvenes, en algunas zonas de su superficie la cutícula y las paredes de la epidermis se rompen, dando lugar a la aparición de grietas verticales. Debajo de estas se forma el *cambium suberoso* o *felógeno*, con función de protección, y que reemplaza a la epidermis cuando esta se destruye. Este meristemo proviene de la desdiferenciación de las células corticales subepidérmicas. A partir del felógeno se produce el *súber* hacia el exterior, que está constituido por células muertas con paredes suberizadas; en sentido opuesto, es decir, hacia el interior de la planta, se genera la felodermis, que está formada por unos pocos estratos de células parenquimáticas.

La actividad del felógeno y la de los meristemos de dilatación suelen ir asociadas, con lo cual la nueva peridermis aparece en bandas verticales enfrentadas a los meristemos de dilatación, de forma que ambos meristemos se disponen perpendicularmente.

2.3.4. Desarrollo de las brotaciones

Como ya se ha dicho, en las zonas templadas el desarrollo vegetativo de los cítricos es un proceso discontinuo, que se reinicia todos los años después de un periodo de reposo invernal. Al final del invierno – principio de la primavera, con el aumento de la temperatura ambiental, se produce un fuerte descenso de ABA que provoca que la yema se libere de la latencia, y un elevado incremento de la biosíntesis de reguladores de crecimiento (auxinas, giberelinas, citoquininas, etc…) que induce la división y el alargamiento celular, reiniciándose, de este modo, la actividad en los meristemos de las yemas. A medida que estas células generadas en el meristemo se alejan de este y son desplazadas hacia la parte basal, se produce su diferenciación.

La aparición y el desarrollo de los nuevos brotes a lo largo del año se produce en periodos bien definidos y separados por otros de inactividad, de forma que cuando una brotación ha terminado su crecimiento, transcurrido un tiempo, comienza la siguiente (Figura 2.2). El número de brotaciones anuales varía entre 2 y 4, siendo generalmente de 3 en los árboles bien cultivados del área mediterránea.

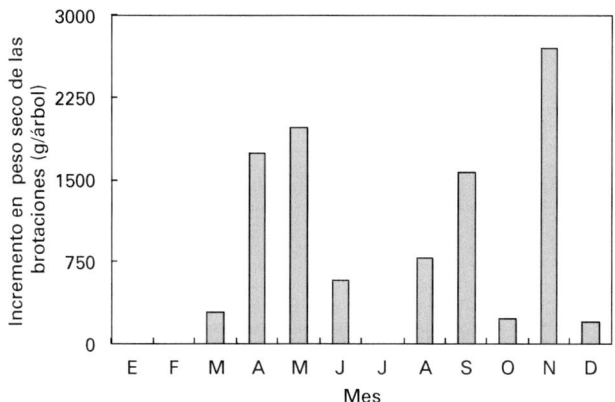

Figura 2.2. Desarrollo de las brotaciones vegetativas de los cítricos a lo largo del año. Valores correspondientes al incremento de peso seco.

La primera brotación es la más abundante en cuanto al número de brotes generados, y es la única en la que en las condiciones de Clima Mediterráneo se producen, también, brotes florales. Esta brotación suele comenzar a finales del invierno y continúa desarrollándose durante la primera mitad de la primavera. La segunda brotación se desarrolla al inicio del verano y la última en el otoño, produciendo, en ambos casos, únicamente brotes vegetativos. La intensidad de una brotación suele condicionar la siguiente, de forma complementaria. Así pues, si la de primavera es muy abundante, la de verano es más escasa y viceversa. Lo mismo sucede con las de verano y otoño, aunque esta última difiere de las anteriores en que sus hojas son de mayor tamaño. En las condiciones mediterráneas, generalmente, los brotes vegetativos de primavera son más numerosos y de menor tamaño, mientras que en verano u otoño se producen menos brotes, aunque estos son más grandes (Figura 2.3). Estas brotaciones, sin embargo, son la suma de nuevos brotes y de recrecimiento de los ya existentes, de modo que el desarrollo vegetativo de la brotación de primavera se ralentiza hasta casi detenerse por la competencia por carbohidratos con el desarrollo de las flores y su cuajado, y cuando la caída fisiológica de frutos ha quedado superada, a principios del verano, la competencia por parte de estos prácticamente desaparece, se reinicia la brotación y brotan nuevas yemas. De nuevo el crecimiento vegetativo cesa con el aumento de la temperatura durante el verano, y una vez superado este, a principios – mediados de septiembre, se reinicia el crecimiento y hay nuevas yemas que brotan.

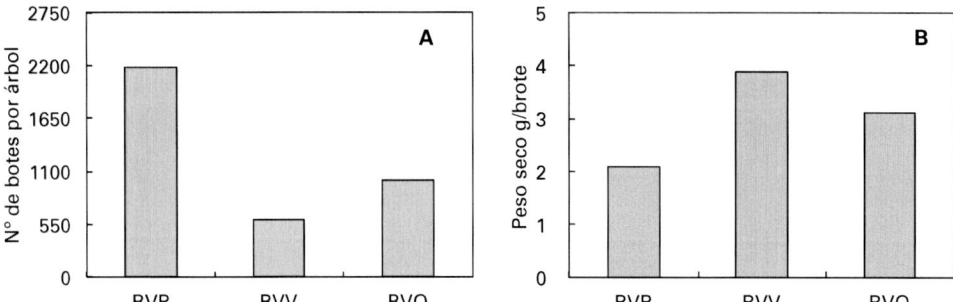

Figura 2.3. Número de brotes vegetativos por árbol **(A)** y peso seco individual de los mismos **(B)** en las brotaciones de primavera (BVP), verano (BVV) y otoño (BVO) del naranjo dulce.

El momento en que se inicia cada una de estas brotaciones varia de un año a otro para un mismo árbol, dependiendo de las condiciones ambientales. En los climas templados, la temperatura es, como se ha dicho, el principal factor que determina la época de desarrollo, si bien la zona de cultivo y la variedad también influyen considerablemente en el proceso.

El desarrollo de los brotes puede representarse como una curva de tipo sigmoide, ya que es paulatino al principio, luego aumenta gradualmente su velocidad, y se hace más lento al final (Figura 2.4). En los árboles jóvenes los periodos de desarrollo de las brotaciones no están tan bien definidos, y más bien estas se suceden de forma continua. Por

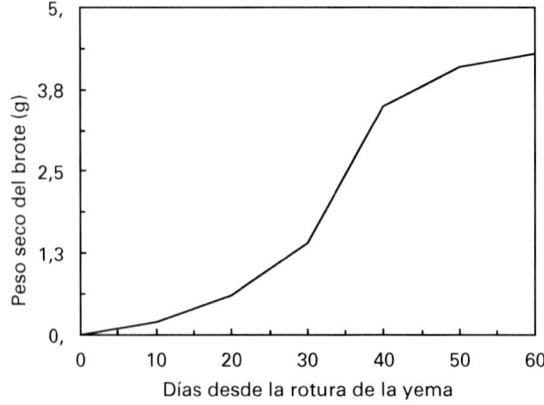

Figura 2.4. Evolución temporal del crecimiento de un brote de naranjo dulce.

otra parte, a medida que el árbol envejece la brotación de primavera está constituida principalmente por brotes reproductivos cortos, es decir, inflorescencias con y sin hojas, con lo cual, el árbol depende de las brotaciones posteriores (verano y otoño) para desarrollarse vegetativamente.

En condiciones tropicales, con alta temperatura y humedad, el crecimiento de los brotes se produce de forma ininterrumpida sin que se aprecie una separación entre las brotaciones. Estas solo se detienen cuando sobrevienen periodos de sequía. El limonero, limero y cidro retienen su carácter tropical incluso en las zonas más frescas, produciendo nuevos brotes sin solución de continuidad durante el periodo de actividad vegetativa.

2.3.5. Factores determinantes del desarrollo vegetativo

La **temperatura** influye fuertemente sobre la distribución y el tamaño de los brotes en los cítricos. En las zonas templadas, la brotación de primavera, en la que la temperatura media oscila entre 12 y 20°C, produce un gran número de brotes con entrenudos cortos. En verano, en cambio, con una temperatura media entre 25 y 35°C, se producen menos brotes, pero con entrenudos más largos. En las regiones tropicales, con altas temperaturas durante todo el año, la planta brota sin interrupcción si el agua entre una estación húmeda y otra seca no es limitante. En este caso, se producen un gran número de brotes, en los cuales la longitud de los entrenudos está determinada por el estado hídrico de la planta.

La **disponibilidad de carbohidratos** es crucial en el desarrollo de las nuevas brotaciones. Por consiguiente, para que este proceso ocurra con normalidad es necesario que las hojas mantengan una alta tasa de asimilación de CO_2. El máximo de este parámetro se alcanza con intensidades luminosas entre 700 y 1000 μmol m^{-2} s^{-1}. Con iluminaciones más bajas, como suelen darse en el interior de la copa, los brotes son más débiles.

Los **niveles hormonales** endógenos del brote (especialmente de auxinas y giberelinas) regulan su crecimiento. Esto se pone de manifiesto en plantas de citrange Carrizo modificadas genéticamente para sobreexpresar, en sentido normal o en antisentido, el gen *CcGA$_{20}$ox1* que codifica el enzima el GA_{20}-oxidasa en la ruta de síntesis de giberelinas. Estas plantas son de mayor porte que las plantas normales, en correspondencia con su mayor nivel de la giberelina activa GA_1 en el tallo en desarrollo. En estas líneas transgénicas la división celular está más afectada que la elongación celular.

Puesto que el desarrollo de los brotes vegetativos está asociado a altos niveles de auxinas y giberelinas endógenas en los ápices, se ha ensayado la aplicación de sustancias inhibidoras de la biosíntesis de estas fitohormonas para reducir la elongación de los entrenudos de los brotes y controlar el excesivo crecimiento vegetativo. Entre ellos, el más utilizado es el paclobutrazol o PP333 [1-(4-clorofenil)-4,4-dimetil-2-(1H-1,2,4-triazol-1-yl)pentan-3-ol], que actúa inhibiendo la actividad del enzima kaureno oxidasa, bloqueando la conversión del ent-kaureno en ácido ent-kaurenoico y, con ello, la síntesis de giberelinas desde sus primeros pasos metabólicos. También se han utilizado algunos retardadores del crecimiento, como el AMO-1618 (cloruro de 4-hidroxil-5-isopropil-2-metilfenil-trimetilamonio-piperidina carboxilato), el CCC (cloruro de 2-cloroetil-trimetilamonio) y el SADH (2,2-dimetilhidrazida del ácido succínico), que también actúan interrumpiendo la biosíntesis de giberelinas, y algunos inhibidores del transporte del AIA, como el BTOA (2-oxiacetato de benzotiazol) y el TIBA (ácido triiodobenzoico), todos ellos, sin embargo, con resultados erráticos y no siempre reproducibles.

El paclobutrazol muestra buena eficacia sobre la longitud de los tallos. Su aplicación foliar (500-000 mg/L) reduce la longitud de los entrenudos y el crecimiento de la planta. Por otra parte, su aplicación al suelo (2,5-10 g/árbol) es más eficaz, en ocasiones, que por vía foliar.

La cantidad de biomasa producida por las distintas brotaciones presenta una relación inversa con la **intensidad de la floración**, en el caso de la de primavera, y con la **cuantía de la cosecha**, en el caso de las de verano y otoño. En general, una fructificación elevada reduce el desarrollo vegetativo, afectando las tres brotaciones, tanto en número de brotes como en su desarrollo individual.

El **estrés hídrico** reduce el desarrollo de los brotes vegetativos. Esto se debe a que un déficit hídrico moderado aumenta el nivel de ABA en las hojas, causando el cierre de los estomas. La consecuencia es una disminución de la asimilación neta de CO_2 y, por tanto, del crecimiento. Para déficits hídricos intensos se puede producir, en primer lugar, una pérdida de turgencia y después el marchitamiento de las hojas, con lo que la fotosíntesis global disminuye y el crecimiento es prácticamente nulo.

Una **fertilización nitrogenada** deficiente reduce el desarrollo de las brotaciones, mientras que, por el contrario, un aporte excesivo de nitrógeno tiende a aumentar el vigor de las mismas.

Las **deficiencias minerales** de la mayoría de los elementos esenciales reducen el desarrollo vegetativo del árbol en general y de los brotes afectados en particular.

Los árboles con un **sistema radicular** amplio y profundo tienden a producir brotaciones más vigorosas y de mayor tamaño que aquellos con escaso desarrollo radicular.

Los **suelos** sueltos, profundos y bien aireados, favorecen el desarrollo radicular y, con ello, el crecimiento de los brotes.

Cuando se reduce la **relación copa/raíces** por efecto de una práctica cultural (poda, sobreinjerto …) o un accidente meteorológico (helada…), el vigor de las brotaciones aumenta.

Aquellas **plagas y enfermedades** que afectan a las raíces (nemátodos, *Phytophtora*, virosis, etc…) producen debilidad vegetativa en el arbolado.

Algunos **patrones** (p.e. *C. macrophylla*, limon rugoso y citrange Carrizo) inducen un fuerte vigor en la variedad injertada, mientras que otros (p.e. mandarino Cleopatra y naranjo amargo) lo reducen. Este hecho está fuertemente relacionado con la conductividad hidráulica de las raíces, que es un factor fuertemente implicado en el movimiento del agua a través del sistema suelo – planta. Los patrones vigorosos tienen una mayor conductividad hidráulica que los menos vigorosos, que presentan valores más bajos de conductancia estomática y de tasa de transpiración. Estos factores están fuertemente relacionados con la anchura y la densidad de los vasos del xilema, cuyos valores suelen ser mayores en los patrones vigorosos.

Los patrones denominados enanizantes permiten obtener plantas de reducido tamaño de cualquier variedad. El patrón enanizante más conocido en los cítricos es el *Flying*

Dragon (FD), que es un mutante del *P. trifoliata*. Mediante hibridaciones experimentales se han obtenido otros patrones con capacidad enanizante, algunos de los cuales, al igual que el FD, reducen hasta en un 75 % el volumen de los árboles.

Esta acción enanizante se atribuye a las relaciones hídricas de los árboles injertados sobre ellos. Así pues, cuando las condiciones climáticas demandan una alta transpiración, el potencial hídrico de las hojas es menor en la variedad injertada sobre un patrón enanizante que sobre un patrón de vigor normal, lo que está relacionado con la menor **conductancia hidráulica** que presentan los patrones enanizantes en las raíces y en la zona de la unión con el injerto. Puesto que la conductancia hidráulica de la raíz y del tallo determinan la capacidad de transportar agua, en condiciones de elevada transpiración este parámetro limita el flujo de esta hacia la copa, provocando una disminución del potencial hídrico. Esto, a su vez, induce el cierre de los estomas para impedir la cavitación en los vasos del xilema y que se produzcan daños en el sistema hidráulico. Con respecto a la relación de todo este proceso con la reducción del crecimiento de las variedades inducida por los patrones enanizantes, existen dos posibilidades: una de ellas es que las variaciones diurnas en el potencial hídrico de la parte aérea influya en la elongación del tallo. La otra es la disminución del intercambio gaseoso como consecuencia de la menor conductancia estomática que, a su vez, está regulada por el estado hídrico de la hoja; ello causaría una reducción de la asimilación neta de CO_2 que tendría efectos adversos en el crecimiento.

La conductancia hidráulica de las raíces, que aparece como factor determinante de la acción enanizante de los patrones, está fuertemente relacionada con la anchura de la sección transversal de los vasos del xilema (distribución de diámetros) o con su densidad (n.º de vasos por unidad de superficie de tejido xilemático).

Otro factor que debe tenerse en consideración es la acusada disminución de la conductancia hidráulica en la zona de unión del injerto con el patrón enanizante, que puede ser debida a deformaciones vasculares como consecuencia de uniones defectuosas. Esta anomalía no solo contribuye a la alteración de las relaciones hídricas, sino que aumenta la resistencia al transporte de sacarosa, causando una reducción de su translocación desde las hojas a las raíces, con la consiguiente disminución de la concentración de azúcares solubles y almidón por debajo de la zona de unión del injerto. El deficiente aporte de carbohidratos a las raíces de los patrones enanizantes reduce el desarrollo de estas, con la subsiguiente repercusión negativa en el vigor del árbol. Por la misma razón, la disponibilidad de nutrientes en la parte aérea es mayor, con lo que se produce una mayor translocación de carbohidratos hacia los frutos. Esto explica que, a pesar de la menor asimilación neta del CO_2 en las variedades injertadas sobre patrones enanizantes, se mantenga la eficiencia productiva de estas, ya que los recursos hidrocarbonados se distribuyen de forma diferente, siendo el fruto el principal sumidero.

Los **caracteres genéticos** de especies y variedades influyen fuertemente en su desarrollo vegetativo. Así, por ejemplo, algunas variedades del grupo Satsuma (tipo Wase), como son la 'Clausellina' y la 'Okitsu', presentan un tamaño reducido, rápida entrada en producción y maduración precoz. El escaso desarrollo vegetativo de estas va unido a una alta eficiencia productiva [relación entre el peso de la cosecha y el volumen de copa (kg/m^3)]. Por el contrario, los pomelos y los limoneros son especies que suelen alcanzar un gran porte.

Los genes *CENTRORADIALIS* (*CEN*) y *TERMINAL FLOWER1* (*TFL1*) mantienen los meristemos indeterminados en muchas especies de plantas antagonizando con los reguladores de identidad floral. En los cítricos, en árboles adultos en condiciones de campo, la expresión de *CsTFL1* solo se ha detectado en los meristemos de los brotes vegetativos y se ha relacionado con su crecimiento, como demuestra su parálogo *CsCEN* que interactúa con *CsFD* y mantiene indeterminado el meristemo axilar vegetativo. Este patrón de coexpresión de *CsCEN* y *CsFD*, y sus interacciones, sugieren que estos genes actúan juntos para regular el desarrollo de las yemas axilares.

2.4. La hoja

Las hojas de las especies del género *Citrus* están formadas por un solo limbo con un peciolo relativamente corto que lo une al tallo. Según la especie, la hoja adquiere una forma y tamaño distintos y el limbo adopta formas más o menos elípticas, ovaladas o lanceoladas, con el margen ligeramente dentado en algunas de ellas (limonero, limero …) (Foto 2.8). Todos estos caracteres dependen de diversos factores, entre los que destaca el vigor del brote en el que se ubican. El color del limbo es verde oscuro en la parte superior (haz) y verde pálido en la inferior (envés).

Fotografía 2.8. Hojas de diferentes especies de cítricos.

En la mayoría de las especies el peciolo es alado; en el naranjo amargo y en el pomelo las alas son relativamente grandes, mientras que en el naranjo dulce son estrechas y el limonero carece de ellas (Foto 2.8). En el *P. trifoliata* las hojas son trifoliadas al igual que en sus híbridos (citranges, citrumelo, etc..) (Foto 2.8).

Los cítricos son especies perennifolias y, por tanto, no pierden las hojas durante la parada invernal. La duración de la vida normal de una hoja depende de su situación en el árbol: las situadas en ramas fructíferas viven alrededor de 15 meses, mientras que las que se encuentran en brotes vegetativos suelen durar más de dos años. Como las hojas se van generando con las sucesivas brotaciones vegetativas que se desarrollan a lo largo del periodo de actividad (véase apt. 2.3.4), conviven hojas de diferentes edades y, consecuentemente, la abscisión de las hojas más viejas se va produciendo a lo largo de todo el año. No obstante, la caída de hojas suele ser más intensa durante la floración (abril-mayo), aunque también es muy acusada durante el otoño. Solamente el *P. trifoliata*, que no es propiamente un cítrico, es de hoja caduca, de modo que los árboles de esta especie se defolian durante el otoño.

Las hojas se disponen en el tallo siguiendo un esquema geométrico predeterminado, denominado filotaxis; según este, la inserción de cada hoja se desplaza respecto de la inmediatamente inferior según una disposición helicoidal alrededor del tallo (Foto 2.9), de tal forma que la sombra producida por las hojas nuevas apenas interfiere con las que están debajo, afectandlo lo menos posible su actividad fotosintética. En el naranjo dulce la filotaxis es de 3/8, lo que significa que para encontrar dos hojas en la misma vertical del tallo hay que darle a este 3 vueltas de espiral hasta alcanzar la 8.ª hoja.

Fotografía 2.9. Crecimiento de un brote mostrando su filotaxis. Para ello, sígase la disposición de las hojas en el tallo. En los cítricos es de 3/8, esto es, para encontrar dos hojas en la misma vertical hay que dar 3 vueltas de hélice y contar 8 hojas.

Por debajo de la base de cada peciolo aparece una elevación prominente en el tallo que se prolonga varios centímetros a lo largo del mismo. Dentro de la misma se encuentra la traza foliar, que conecta el tejido conductor del brote con el de la hoja. Esta configuración hace que la sección del brote no sea circular, sino que presente una forma triangular.

2.4.1. Estructura de la hoja adulta

La anatomía de la hoja está adaptada a la fotosíntesis, transpiración y exportación de compuestos fotoasimilados, principales funciones de este órgano.

Vista en sección (Foto 2.10 A), una hoja madura de citrus presenta los siguientes tejidos:

- **La epidermis superior** está constituida por una capa de células tubulares recubiertas por una capa de cutícula; esta capa es de grosor variable y contiene, fundamentalmente, cutina y ceras. La cutina está formada por ácidos grasos insaturados que se sintetizan en la célula epidérmica y son luego secretados a la pared. Las ceras se depositan en la superficie de la cutícula (por lo que se denominan epicuticulares) y pueden tener forma de placas,

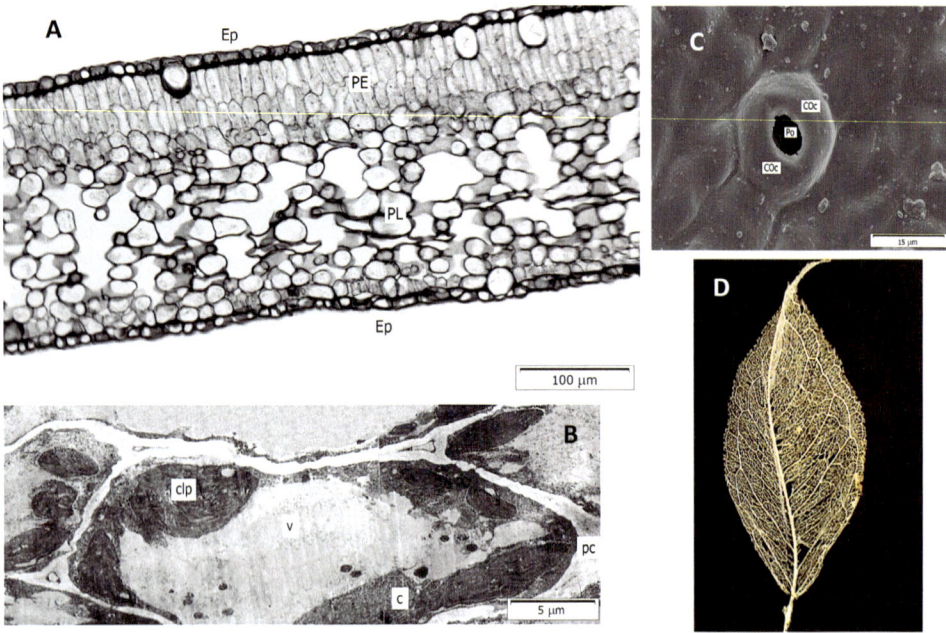

Fotografía 2.10. Estructura de la hoja. **A:** sección transversal del limbo; **B:** célula del parénquima en empalizada; **C:** Estoma en la epidermis del envés; **D:** entramado de nerviaciones del sistema vascular. Epidermis (Ep), parénquima en empalizada (PE), parénquima lagunar (PL), pared celular (pc), citoplasma (c), vacuola (v), cloroplasto (clp), poro u ostiolo (Po), células oclusivas (Coc). A, B y C tomadas de Martínez-Alcántara *et al.*, 2015b.

bastoncillos o gránulos. La limitación de la transpiración por la epidermis es debida, en gran parte, a la capa de cutícula y a la impregnación de las paredes celulares por la cutina. El grosor de la cutícula aumenta con la edad de la hoja, aunque depende también, en gran medida, de las condiciones ambientales, siendo mayor en condiciones de escasez de humedad prolongada en el suelo o en la atmósfera. No obstante, la epidermis no es completamente impermeable y permite una pequeña transpiración cuticular. En esta epidermis no se encuentran estomas.

- **El mesófilo** está formado por distintos tipos de células, de las cuales las más abundantes son las de los parénquimas clorofílicos, que realizan la fijación del carbono atmosférico a través de la fotosíntesis. Su localización entre las epidermis, formando una delgada banda de células que se extiende por toda la superficie interior de la hoja, facilita el intercambio gaseoso y la penetración de la luz en este tejido. Sus células contienen abundantes cloroplastos que pueden contener almidón o no.

El parénquima en empalizada está formado por dos o tres capas de células cilíndricas dispuestas de forma muy compacta (Foto 2.10 A y B). Cuando se presentan tres capas, las células de la más interna son más cortas que las de las otras. Dentro de este parénquima, justo debajo de la epidermis en la que se introducen parcialmente, se observan células más voluminosas que contienen cristales de oxalato cálcico denominadas *idioblastos*.

El parénquima lagunar tiene, aproximadamente, ocho capas de células, que presentan formas irregulares con protuberancias que se unen a las de las células contiguas, dejando entre ellas amplios espacios intercelulares (Foto 2.10 A). Las capas de células de este parénquima que se encuentran cerca de la epidermis inferior son más pequeñas y carecen de protuberancias, por lo que su forma es casi esférica. Su disposición compacta deja escasos espacios intercelulares, con excepción de las que están alrededor de los estomas.

Las glándulas de aceites esenciales son formaciones esféricas que se hallan en el interior del mesófilo, inmediatamente debajo de la epidermis. Las glándulas están recubiertas por dos o tres capas de células con paredes delgadas que se ordenan concéntricamente en su exterior. Estas formaciones son más abundantes en el haz que en el envés.

- **La epidermis inferior** está constituida por células tabulares entre las que se intercalan los estomas (400 – 700 por mm^2), que comunican los tejidos internos de las hojas con el exterior, facilitando la salida o entrada de los gases (dióxido de carbono, oxígeno y vapor de agua) requeridos en los procesos de fotosíntesis, respiración y transpiración.

- **Los estomas** están formados por dos células estomáticas (*células oclusivas*), de forma arriñonada, que se disponen simétricamente y se acoplan dejando entre ambas una apertura, *poro* u *ostiolo* (Foto 2.10 C). Mediante cambios en su forma y tamaño, las células oclusivas controlan la apertura del ostiolo, regulando de esta forma el intercambio gaseoso. Al lado de las células oclusivas se encuentran las células anexas, que son también modificaciones de las células epidérmicas.

- **El sistema vascular** de la hoja está constituido por una red de nerviaciones que se extienden por todo el limbo (Foto 2.10 D); a través de este entramado el agua y los elementos minerales llegan a las células de la hoja, y, a su vez, por él se exportan las sustancias sintetizadas en las mismas a los demás órganos.

La hoja se comunica con el tallo y con el resto de la planta mediante el haz vascular que discurre por el interior del peciolo. Visto en sección, en la parte central de esta estructura se encuentra la médula, formada por células parenquimáticas dispuestas de forma compacta. Alrededor de la médula se encuentra un anillo de varias capas de células xilemáticas que, a su vez, está rodeada por otro de floema. Entre ambos tejidos conductores encontramos una capa de células meristemáticas procambiales. Todo este conjunto está empaquetado por bandas de fibras esclerenquimáticas, con paredes muy engrosadas, que aportan rigidez al peciolo. La parte más exterior de este está ocupada por células parenquimáticas recubiertas por una epidermis. En continuidad con el peciolo está el nervio central de la hoja que recorre el limbo desde la zona de unión con este hasta el ápice de la hoja (Foto 2.10 D). El nervio central es más grueso en la base del limbo, donde sobresale notablemente de este, y se va haciendo más fino a medida que se aproxima al ápice. La estructura del nervio central es semejante a la del peciolo.

Las dos medias partes del limbo están recorridas por los nervios laterales secundarios que se derivan del nervio central (Foto 2.10 D). En su tramo inicial, estos nervios secundarios sobresalen ligeramente de la superficie del envés de la hoja, efecto que desaparece cuando se bifurcan cerca del margen. Su estructura consiste en un haz de xilema cuya mitad inferior está recubierta por el floema; este, a su vez, está protegido por haces de fibras esclerenquimáticas, que se disponen en forma de media luna. De los nervios laterales se derivan otros de menor rango, que a su vez se ramifican y anastomosan (Foto 2.10 D), formando un entramado de nerviaciones entre las cuales hay zonas de mesófilo.

Las nerviaciones menores están totalmente incluidas dentro del parénquima lagunar del mesófilo y constan de un haz de xilema adyacente a otro de floema, que está bordeado por una capa de fibras esclerenquimáticas. A medida que los nervios se van haciendo menores, como consecuencia de las sucesivas ramificaciones, el número de vasos y tubos cribosos se reduce. Esta red de nerviaduras de diferentes órdenes incluye pequeñas áreas de mesofilo en el interior de las cuales los nervios más finos acaban ciegos. Su final consiste en una simple traqueida o en un grupo de células parenquimáticas en estrecho contacto con un pequeño haz vascular (véase Foto 7.4B).

2.4.2. Desarrollo de las hojas

El meristemo apical, situado en el extremo del brote vegetativo, genera los primordios foliares, que se disponen en estrecha sucesión, formando una espiral alrededor del mismo, de manera que los más jóvenes se encuentran siempre más próximos al ápice. Los primordios recién formados aparecen superpuestos y curvados sobre el meristemo apical, pero a medida que se van desarrollando van adquiriendo una posición más erecta.

Las auxinas desempeñan un papel fundamental tanto en la iniciación de los primordios como en la determinación de su posición en el ápice caulinar. Así pues, en determinados puntos del meristemo se localiza una mayor concentración de AIA que precede a la iniciación de un nuevo primordio. Este efecto puede explicarse por el transporte de la auxina hacia los primordios preexistentes, lo cual reduce la concentración de auxina en las células que los rodean, inhibiendo la emergencia de nuevos primordios vecinos. Por el contrario, la concentración del AIA será más elevada en puntos alejados de los primordios, que es donde se generarán los nuevos. Por este sistema las auxinas inducen la formación de los primordios y determinan su posición.

La superficie de los primordios foliares está cubierta por una capa de células meristemáticas (protodermis), que es una continuidad de la capa L1 y que al madurar formarán la epidermis.

Las capas de células que se encuentran por debajo de la protodermis se derivan de la capa L2 del meristemo apical, formando un meristemo interior que genera el mesófilo. Los tejidos vasculares de la hoja proceden de la capa L3 que da lugar al procambium.

Al desarrollarse los primordios foliares se forma el limbo, el peciolo y las alas de este. En la zona de unión del peciolo con el limbo aparece una constricción que se asocia a la formación de una capa de abscisión. Las glándulas de aceites esenciales comienzan a diferenciarse tempranamente a partir del meristemo interior que forma el mesófilo.

Las yemas axilares tienen su origen en nichos de células iniciales que se activan en el ángulo interior de las axilas de los primordios foliares emergentes.

Las hojas se expanden durante el periodo de elongación del tallo en el que están insertadas. En un estado temprano de desarrollo, estas son finas y de color verde claro; al cabo de unos dos meses, cuando alcanzan su tamaño definitivo, toman un color verde oscuro y se hacen más gruesas y consistentes. En las hojas jóvenes el contenido en materia seca es del orden del 30 %, que pasa a cerca del 45 % en las hojas maduras de más de un año de edad. Este efecto se debe a la deposición de grandes cantidades de materiales en las paredes celulares, así como a la acumulación de almidón y otros polisacáridos de reserva.

2.4.3. Abscisión de las hojas

La abscisión de las hojas es el proceso mediante el cual la planta se desprende de aquellas que han envejecido o sufrido daños, mediante mecanismos que provocan su caída. Con ello, el árbol renueva las hojas sustituyendo las más viejas, que ya no cumplen plenamente con sus funciones, por otras nuevas generadas en brotaciones más recientes, adaptando su estructura a los cambios debidos a su propio desarrollo y manteniendo íntegra, de forma permanente, su capacidad productiva. Con ello, además, disminuye el área de exposición y se reducen los efectos nocivos que ejercen sobre la planta algunos tipos de estrés, tales como la sequía, el viento o el ataque de determinados patógenos. El desprendimiento de las hojas es, también, un medio para eliminar parte de la carga de iones tóxicos (Cl^-, B) que se acumulan en estas cuando se encuentran a concentraciones excesivas en la solución del suelo. Al avanzar el proceso de senescencia de la hoja, antes de que se produzca su abscisión, una proporción importante de los elementos minerales más móviles que se encuentran en las mismas (N, P, K…) se exportan a los nuevos órganos, donde se reciclan.

2.4.3.1. Zonas de abscisión

Las hojas se desprenden por el peciolo. La mayoría de las especies frutícolas tienen, al menos, una zona de abscisión (ZA), entre el peciolo y el tallo (BA-ZA), caso de los frutales de hueso y de pepita, o dos, esta y entre el limbo y el peciolo (LA-ZA), que es el caso de los cítricos (Foto 2.11 A).

Fotografía 2.11. Zonas de abscisión de la hoja. **A:** limbo-peciolo (LA-ZA) y peciolo-rama (BA-ZA); **B:** Corte transversal de la LA-AZ, y expansión de las células de la línea de separación entre el limbo y el peciolo **(C)**. Epidermis (Ep), glándula de aceite (GA), zona de abscisión (ZA), parénquima (P), haz vascular (HV). B y C tomadas de Merelo *et al.*, 2017.

La BA-ZA se activa únicamente cuando la hoja entra en senescencia al haber completado su ciclo vital. Por el contrario, la LA-ZA puede activarse por el etileno y, también, por condiciones medioambientales adversas.

Morfológicamente, la LA-ZA presenta un estrangulamiento o acanaladura en la que la cutícula es muy delgada. En la parte interna del estrangulamiento se encuentran entre 10 y 15 capas o estratos de células corticales que forman un cilindro que rodea al haz vascular. Estas células, que esencialmente constituyen la ZA, se distinguen morfológicamente de las de las capas superiores e inferiores por ser isodiamétricas y de menor tamaño (Foto 2.11 B). Ultraestructuralmente, las primeras presentan un citoplasma denso, interconectado con los de las células vecinas mediante numerosos plasmodesmos ramificados. En su interior se encuentran abundantes granos de almidón, en contraste con las células corticales adyacentes que se encuentran prácticamente desprovistas de acúmulos de este polisacárido. Las paredes de las células de la ZA son de naturaleza celuló-sica y no disponen de pared secundaria lignificada. En esta zona no se forman fibras floemáticas o xilemáticas ni esclereidas; los tubos cribosos y vasos que atraviesan esta zona lo hacen con una trayectoria zigzagueante.

2.4.3.2. El proceso de abscisión

La activación del proceso de abscisión de la hoja requiere una serie de eventos previos a su caída. Así, el envejecimiento de las hojas es el principal factor desencadenante natural de su abscisión, cuando los árboles crecen en condiciones normales. La senescencia de este órgano se caracteriza por la pérdida de capacidad de asimilación neta de CO_2 y la degradación de sus proteínas. Los aminoácidos liberados en la hidrólisis de estas constituyen la forma en que el N almacenado en las hojas viejas se exporta a los nuevos órganos. Aunque las hojas de los cítricos envejecen lentamente (muchas de ellas viven dos o más años), con el tiempo su funcionalidad va disminuyendo, hasta el momento en que se predisponen para la abscisión. Por otra parte, determinados estreses - tanto abióticos como bióticos – esto es, el déficit hídrico, la salinidad, los niveles tóxicos de determinados elementos (B; Fe…), las carencias nutricionales, los daños mecánicos o la incidencia de determinadas plagas, pueden provocar defoliaciones que, en muchos casos, constituyen un mecanismo de defensa para evitar la muerte de la planta.

Antes de la abscisión, la hoja experimenta cambios internos, principalmente de naturaleza hormonal, que actúan como señales inductoras de las reacciones metabólicas que conducen a la rotura de la ZA. Se ha propuesto un modelo de control hormonal de la abscisión en el cual el etileno y el ácido indol-3-acético (AIA) desempeñan un papel fundamental. El etileno promueve la abscisión y, para ello, debe unirse a receptores específicos. Contrariamente, el AIA inhibe la abscisión al hacer que el tejido sea insensible al etileno.

El AIA sintetizado en el limbo foliar se mueve en sentido polar hacia la ZA. Mientras el flujo de AIA desde el limbo hacia el peciolo es suficiente, esta se mantiene inalterada, pero cuando desciende, por ejemplo por el envejecimiento de la hoja, su sensibilidad al etileno aumenta y la hoja se desprende. Esto significa que las células de dicha zona adquieren la capacidad de responder a concentraciones bajas de etileno —tanto endógeno como exógeno— que es el desencadenante del proceso de abscisión. De ahí que los tratamientos que permiten mantener un nivel alto de auxinas en la hoja retrasen su abscisión. El etileno inhibe el transporte de auxinas por el nervio central de las hojas; este efecto puede desempeñar una importante función en la promoción de la abscisión por el etileno, ya que favorece la reducción del nivel endógeno de AIA en la ZA. La inhibición del transporte del AIA por el etileno se ha relacionado con el incremento en la formación de conjugados del primero con moléculas orgánicas, principalmente con glucosa (IAGlu). El etileno altera también la ruta metabólica del AIA, incrementando su catabolismo. Con ello, se forma ácido indol-3-carboxilico (ICA), que rápidamente se une a la glucosa para rendir el glucósido ICCGlu. Tanto la conjugación como el catabolismo del AIA reducen la cantidad de esta hormona en forma libre que se puede trasladar a la ZA.

El ácido abscísico (ABA) no parece actuar directamente sobre la abscisión de las hojas, ya que cuando se pulveriza por vía foliar a árboles intactos no provoca la abscisión de aquellas, excepto si el tratamiento se efectúa con concentraciones muy altas, que pueden producir una defoliación limitada. El ABA a concentraciones de 10 mM o superiores, aplicado a explantos de hojas, induce la producción de etileno, que incrementa la actividad de los enzimas hidrolíticos de la pared celular que, finalmente, causan la abscisión. Determinadas condiciones de estrés hídrico o salino pueden incrementar la concentración de ABA en las hojas, la cual induce la producción de etileno a través del incremento de la actividad del enzima ACC sintasa y, con ello, de la síntesis de ACC (ácido 1-aminociclopropano-1-carboxílico), precursor del etileno. En estos casos el ABA endógeno ejerce un efecto directo en la biosíntesis de etileno que, a su vez, provoca la abscisión de las hojas.

Aunque la ZA se diferencia en un estado temprano del desarrollo de la hoja, su función se mantiene reprimida hasta que una señal, que puede ser inducida por diferentes causas, tanto internas como externas, promueve la respuesta e inicia el proceso de separación. El mecanismo efector es la hidrólisis de las paredes celulares de unas pocas capas de células que se encuentran dentro de la ZA, en lo que se denomina *zona de separación*. Estas células son consideradas como células "diana" que responden a los estímulos (tales como el etileno) sintetizando y secretando los enzimas hidrolíticos que degradan el esqueleto de celulosa de la pared celular y las pectinas que le dan consistencia.

De acuerdo con todo ello, el modelo del proceso de abscisión aceptado actualmente es el propuesto por Patterson en 2001 (Figura 2.5) y que comprende 4 etapas: i) la *ontogenia* de la zona de abscisión a partir de tejido indiferenciado, esto es, los órganos que se pueden desprender desarrollan un tejido especializado, el que hemos llamado ZA (véase apt. 2.4.3.1), localizada en lugares anatómicamente concretos y predeterminados; ii) la *adquisición de com*petencia de la ZA para responder a la(s) señal(es) de abscisión, que

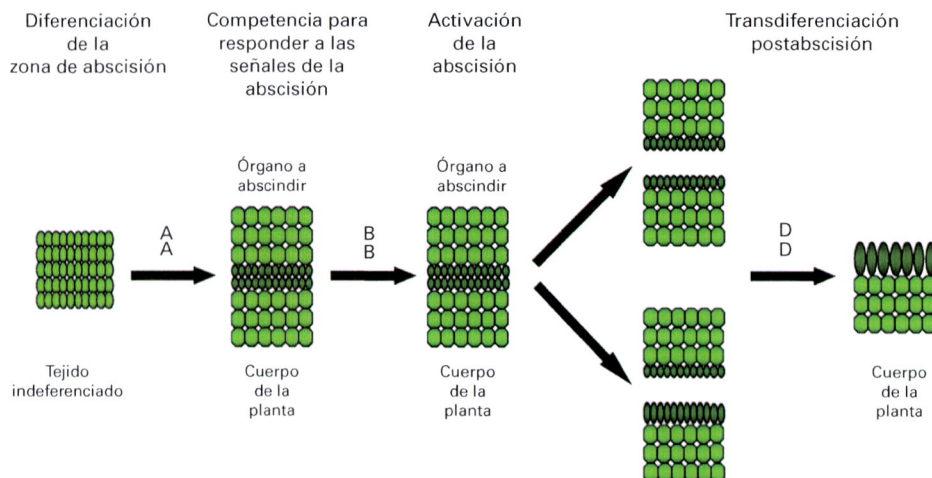

Figura 2.5. Etapas del proceso de abscisión. Adaptado de Patterson (2001).

pueden ser de tipo ambiental, fisiológico u hormonal; iii) la *activación* de la maquinaria *de abscisión* que conduce a la separación celular efectiva y la consecuente separación del órgano tras recibir la ZA las señales adecuadas, y que en algunas especies, como es el caso de los cítricos, finaliza con la elongación de las células de la superficie de abscisión (Foto 2.11 C); y iv) la *transdiferenciación de una capa protectora post-abscisión* que sella la herida que queda en el cuerpo de la planta y la protege de ataques patológicos.

En el proceso de la activación de la separación celular se han identificado diversas familias de genes que se expresan en la ZA. Estas incluyen genes que codifican para proteínas que modifican la pared celular (poligalacturonasas, pectinmetilesterasa, pectato liasa, y β-galactosidasa), transportadores de lípidos (*lipid transfer proteins,* LTP), biosíntesis y degradación de proteínas (transglucosilasas), e inducción de expansinas. Aquellas familias de genes cuya expresión se asocia preferentemente al peciolo conforman una estrategia de defensa programada en la que se incluye la acción de radicales libres con capacidad de producir estreses oxidativos (ROS o especies reactivas del oxígeno; peroxidasas, catalasas y deshidrogenasas), los genes de defensa que codifican para proteínas PR (pathogenesis-related proteins), y para la síntesis y deposición de lignina y pectina, asociadas a la formación de la capa de protección en el tejido que queda en el árbol.

2.4.3.3. Cambios anatómicos y ultraestructurales en la zona de abscisión

El primer cambio histológico en la ZA es la formación de la zona de separación que afecta solo a algunas de las capas de células (de 1 a 5) próximas al estrangulamiento.

En el interior del citoplasma de estas células aparecen abundantes lisosomas y los granos de almidón disminuyen a medida que el proceso de abscisión progresa. Antes de la separación aparecen numerosas vesículas procedentes del retículo endoplasmático y del aparato de Golgi. Estas se unen al plasmalema para excretar los enzimas hidrolíticos que contienen y, con ello, provocar la digestión de la pared celular.

En la zona de separación, las células de una de las capas aumentan de volumen (hasta unas 3 veces) y la lámina media que se encuentra entre las células de esta capa y la adyacente se disuelve, con lo cual se inicia la fractura. La capa de células que crece es la más próxima al tallo de la planta, mientras que la adyacente es la más próxima a la lámina de la hoja. Posteriormente las paredes celulares toman una apariencia gelatinosa, síntoma de que se está produciendo su degradación. Al final del proceso la pared primaria se disuelve, mientras que el plasmalema permanece intacto; con ello, los protoplastos quedan libres.

La fractura del peciolo por la zona de separación se produce por efecto del viento, u otro factor de tipo mecánico, que debe romper también el haz vascular que normalmente sufre pocos cambios durante el proceso. Con la escisión del peciolo se culmina el proceso de abscisión al desprenderse el limbo foliar del resto de la planta. Posteriormente, la herida cicatriza por la deposición de lignina, suberina y otras sustancias gomosas que obturan los extremos descubiertos de los vasos.

Otro efecto digno de consideración es el que promueve el etileno con la deposición de callosa en el floema del nervio de la hoja, lo que se ha relacionado con la reducción del transporte de auxinas y otros asimilados hacia la zona de abscisión, constituyendo una de las causas de activación del proceso.

2.5. La raíz

La raíz constituye la parte subterránea de la planta y tiene como principales funciones la absorción de agua y elementos nutrientes del suelo, así como el anclaje del árbol al mismo. Además, la raíz constituye un importante órgano de almacenamiento de reservas hidrocarbonadas (almidón) y los ápices radiculares activos sintetizan hormonas (giberelinas, citokininas, ácido abscísico...), que se transportan a los órganos aéreos vía xilema.

La raíz primaria se desarrolla a partir del meristemo radical del embrión, formando un órgano pivotante que penetra verticalmente en el suelo. A medida que va creciendo se van formando las raíces laterales, secundarias, que tienden a desarrollarse horizontalmente y a escasa profundidad. De estas, las más jóvenes son las que están más cerca del meristemo apical de la raíz primaria, mientras que las más viejas son las más próximas al cuello de la raíz. Frecuentemente, y por diversas razones, el meristemo apical de la raíz principal suele dañarse; cuando esto ocurre, deja de crecer, siendo asumidas sus funciones por las raíces laterales. Estas, a su vez, se van ramificando para constituir el sistema radicular de la planta. Las raíces que se derivan directamente de la primaria son las de primer orden o secundarias, las que salen de estas son las de segundo orden o terciarias, y así sucesivamente. A medida que las raíces se van ramificando su diámetro disminuye. Las raíces primarias y las laterales experimentan crecimiento secundario.

A partir de la raíz primaria, en los árboles jóvenes, y de las laterales, en los adultos, se forman multitud de raíces finas, llamadas también fibrosas. Estos grupos de raíces poseen una raíz principal de la que proceden sus ramificaciones, que a medida que se separan de esta, se van haciendo más finas (Foto 2.12). Las raíces fibrosas desempeñan la función absorbente de agua y elementos minerales del suelo y presentan un alto grado de mortalidad.

Fotografía 2.12. Morfología de la raíz de una planta cítrica joven, con los diferentes órdenes de raíces: principal, secundarias y fibrosas.

2.5.1. Estructura primaria

Histológicamente, la raíz primaria está constituida por tejidos que, vistos en sección transversal, forman capas concéntricas. Desde fuera hacia dentro, estos son la epidermis, la exodermis, el córtex, la endodermis, el periciclo, el cilindro vascular y la médula.

La **epidermis** está formada por una sola capa de células en disposición muy compacta que recubre el órgano. En estas se desarrollan puntos mitóticos que dan lugar a pelos radicales en una zona comprendida entre uno y varios cm, aproximadamente, de distancia al extremo de la raíz. En las partes más viejas de la raíz estos pelos mueren.

La **exodermis o hipodermis** es una capa de células subepidérmicas diferenciada como tejido protector. La característica más importante de estas células es que sus paredes periclinales externas y la parte exterior de las anticlinales está engrosada. Las células hipodérmicas desarrollan paredes suberificadas y lignificadas que bloquean los plasmodesmos, provocando la degeneración del protoplasto. En la hipodermis se encuentran, también, células vivas con paredes delgadas —sin suberina ni lignina— distribuidas entre las otras con una cierta frecuencia (aproximadamente 1 de cada 8-10, vistas en sección transversal). Estas se denominan *células pasaje* y, se piensa, son los lugares principales por los que los iones son absorbidos por el simplasto, desplazándose después a través de los plasmodesmos que conectan las *células pasaje* con las corticales y estas entre sí hasta la estela.

El **córtex** está formado, principalmente, por parénquima cortical, cuyas células se disponen en capas concéntricas, dejando entre ellas amplios espacios intercelulares. No obstante, las células corticales maduras más externas difieren de las situadas en las capas internas en que son más pequeñas, su pared es más fina, están menos vacuoladas y contienen mas órganulos citoplásmicos.

La **endodermis** procede de la diferenciación de la capa cortical más profunda. Esta capa está provista de una franja suberificada, denominada *banda de Caspary*, que se localiza en las paredes transversales y radiales. La suberina es una sustancia fuertemente hidrófoba que actúa de barrera impidiendo el movimiento del agua y los solutos, interrumpiendo su ruta apoplástica. En la zona de la raíz próxima al ápice la banda de Caspary apenas se distingue y las células de la endodermis presentan conexiones plasmodésmicas entre ellas y con las del parénquima cortical y las del periciclo. En las células más maduras, que se encuentran aproximadamente a 0,5-1 cm del ápice, la banda de Caspary ya se puede distinguir en las paredes celulares de la endodermis. A partir de 1 cm desde el ápice comienza a depositarse una lámina secundaria de suberina que se inicia en las células opuestas al floema primario, extendiéndose después hacia los polos del xilema. Finalmente, la suberización afecta a todas las células endodérmicas con la excepción de determinadas *células pasaje*. Salvo en estas, en las demás células endodérmicas los plasmodesmos se bloquean con la suberización secundaria y se produce la degeneración de los contenidos celulares, del mismo modo que se ha descrito en la hipodermis.

Cuando la peridermis se desarrolla en el periciclo, la endodermis puede ser separada de la raíz junto con el córtex. Si la peridermis se forma superficialmente y la parte interior del córtex se conserva, la endodermis puede dividirse para acomodarse a la expansión del cilindro vascular o, en caso contrario, puede ser estirada y aplastada.

El **periciclo** se encuentra inmediatamente por debajo de la endodermis y está formado por una o varias capas de células parenquimáticas vivas que rodean el cilindro vascular. Estas células presentan paredes primarias delgadas atravesadas por numerosos plasmodesmos. Este tejido se relaciona con actividades meristemáticas, ya que las raíces laterales se originan en el mismo. Además, al iniciarse el crecimiento secundario tanto una parte del cambium vascular como del felógeno se forman a partir de las células del periciclo.

El **floema primario** de la raíz se presenta en forma de cordones separados que se distribuyen por la zona periférica del cilindro central. El **xilema primario** forma también cordones discretos que alternan con los floemáticos.

El **protofloema** y el **protoxilema**, al diferenciarse más precozmente, se localizan en la periferia del cilindro central. Más tarde se forman el **metafloema** y el **metaxilema**, generados por el **procambium** hacia el interior donde se diferencian, mientras los tejidos circundantes completan su crecimiento. Los puntos donde se localizan las primeras células del protofloema y protoxilema se denominan **polos** (del floema y del xilema, respectivamente) y hay tantos de uno como del otro. El número de polos xilemáticos suele oscilar entre 4 y 8, variando en función de la especie y del diámetro del cilindro vascular, de forma que cuanto mayor es este más elevado es el número de polos.

Frecuentemente, el número de cordones vasculares aumenta en la zona próxima al cuello de la raíz con respecto a la zona apical. Vistos en sección transversal los elementos del xilema más próximos a los polos son de menor diámetro que los más centrales, aunque la transición entre los estrechos y los anchos es gradual.

Entre las células conductoras del floema y xilema primario se encuentran abundantes células parenquimáticas.

2.5.2. Crecimiento de las raíces

Durante el periodo de actividad vegetativa, el crecimiento de las raíces se intensifica por etapas. En estas, la mayoría de los ápices radiculares están activos simultáneamente, pero desde que finaliza una etapa de fuerte crecimiento hasta que comienza la siguiente transcurre un cierto periodo de tiempo. El crecimiento intensivo se manifiesta, inicialmente, por la emergencia de un gran número de raíces fibrosas, que más tarde aumentan su tasa de elongación.

Las raíces jóvenes, en crecimiento activo, son de color blanquecino, pero a medida que envejecen van tomando un color marrón claro. Las raíces fibrosas, de color marrón oscuro, normalmente están muertas.

La raíz crece y se desarrolla a partir del ápice radical que se encuentra en su extremo. En este se distinguen cuatro partes: la **caliptra** o **cofia**, el **meristemo apical**, la **zona de elongación** y la **zona de maduración** (Foto 2.13). En su conjunto, el ápice tiene una longitud de unos 2 mm desde el extremo de la raíz, aunque su límite superior es difuso, al igual que sucede entre las diferentes partes, a excepción de la cofia.

La **caliptra o cofia** es una masa de tejido en forma de cono que cubre el extremo y los lados del meristemo apical (Foto 2.13). Se considera como una estructura que protege a este meristemo y facilita la penetración de la raíz en el suelo durante su crecimiento. Las formaciones mucilaginosas en las paredes de las células más externas de la caliptra reducen la fricción entre el extremo de la raíz en crecimiento y la tierra. La caliptra está constituida por células de naturaleza parenquimática, con una fuerte consistencia mecánica para poder apartar las partículas duras del terreno. A medida que las células iniciales producen nuevas células, las más viejas son desplazadas progresivamente hacia el extremo. Al alargarse la raíz estas células son comprimidas contra el suelo, con lo cual pueden romperse o desprenderse del tejido. Cuando las células de la cofia se diferencian adquieren polaridad, esto es, la capacidad de percibir los estímulos de la gravedad.

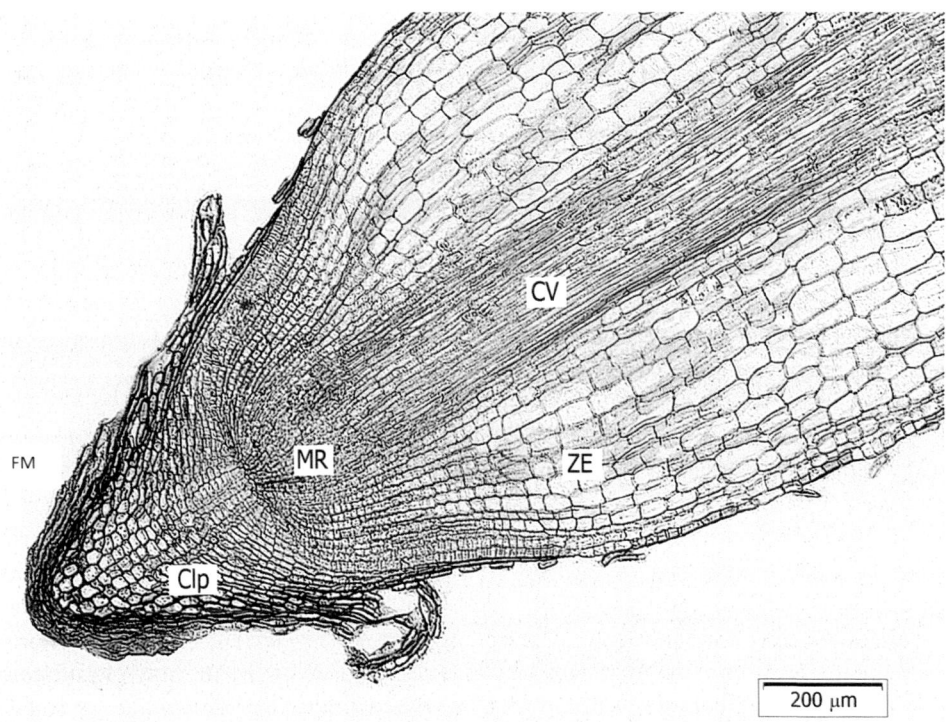

Fotografía 2.13. Sección longitudinal de un ápice radicular de naranjo dulce en crecimiento. Caliptra (Clp), formaciones mucilaginosas (FM), meristemo apical radicular (MR), zona de elongación (ZE), cilindro vascular (CV). Tomada de Martínez-Alcántara *et al.*, 2015b.

El **meristemo apical** de la raíz se localiza justo por debajo de la cofia y su función es la de generar las células que formarán la raíz (Foto 2.13). Se estructura alrededor de un grupo reducido de células que conforma un núcleo en el centro del ápice radicular, denominado **centro quiescente** (CQ), cuya frecuencia de división es muy baja. Las células iniciales rodean el CQ y producen filas longitudinales de células derivadas. Este meristemo no forma raíces laterales.

El grupo de células iniciales que está debajo del CQ produce columnas de células hacia el exterior mediante divisiones periclinales. Estas se alargan axialmente y maduran formando las células de la caliptra, que son de naturaleza parenquimática y no sufren divisiones posteriores. No obstante, las células situadas a ambos lados de las células iniciales sufren divisiones oblicuas para formar las partes curvadas del ápice y posteriormente se dividen anticlinalmente formando una región de intensa actividad meristemática denominada **protodermis**. Las células de este tejido se siguen dividiendo anticlinalmente, con lo que crece superficialmente y, al ir madurando desde el ápice a la zona basal, generan la **epidermis**.

Alrededor del CQ se encuentra un anillo de células que se dividen periclinalmente para establecer las capas que darán lugar al córtex y a la endodermis. Posteriormente, las células generadas mantienen una alta actividad meristemática y mediante divisiones anticlinales de cada una de ellas se derivan columnas monoestratificadas de células que posteriormente se alargan axialmente y se diferencian en células corticales. La capa de células más externa origina la hipodermis y la más interna la endodermis.

Las células iniciales que se encuentran inmediatamente por encima del CQ sufren divisiones anticlinales, formando columnas de células que generan los tejidos del cilindro central.

La capa de células externa origina el periciclo y dentro de este se diferencian los tejidos provasculares.

El CQ reprime la diferenciación de las células iniciales, ya que si es eliminado o inactivado (mediante láser o irradiación) las células iniciales se diferencian rápidamente y el meristemo se colapsa.

Durante los periodos de letargo solo se perpetúa como tejido meristemático la parte apical, ya que los tejidos próximos maduran, formando los correspondientes de la raíz primaria.

La **zona de elongación** constituye la transición desde el meristemo apical al cuerpo primario maduro de la raíz; está situada sobre la zona de activa división celular y en ella las células se alargan rápidamente (Foto 2.13). Aunque algunas células pueden continuar dividiéndose mientras se alargan, su tasa de división se va reduciendo hasta la nulidad a medida que se separan del meristemo. En esta zona, las células epidérmicas inmediatamente derivadas de la protodermis aumentan considerablemente en longitud, mientras su anchura tiende a disminuir. Es frecuente que en este estado se formen pelos radiculares. Simultáneamente, las células hipodérmicas adyacentes a las anteriores sufren también un fuerte alargamiento que puede ser superior al de las células epidérmicas. Las células corticales también crecen axialmente, aunque su diferenciación es más lenta que la de las anteriores.

El etileno induce la expansión radial de los ápices radiculares cambiando la polaridad del crecimiento, con lo cual se producen células corticales más cortas y anchas. Las GA endógenas contrarrestan y modulan este efecto al fomentar la elongación de las células.

La **zona de maduración** es aquella en la que las células desarrollan los caracteres propios de su especialización, después de cesar su división y elongación. La diferenciación se puede iniciar mucho antes pero no se completa hasta que las células no alcanzan su madurez.

2.5.3. Crecimiento secundario de la raíz

La raíz primaria y las laterales presentan crecimiento secundario, es decir, aumentan de grosor durante los sucesivos ciclos de actividad vegetativa. Las raíces fibrosas principales presentan una baja tasa de crecimiento secundario, y en las que se derivan de estas, a modo de ramificaciones, el crecimiento secundario es prácticamente nulo.

En las primeras, el cambium vascular se presenta inicialmente sobre el borde interno de los cordones floemáticos, donde genera algunos elementos secundarios. Al mismo tiempo, las células del periciclo, que quedan en la parte exterior de los polos del protoxilema, se dividen, de manera que las células internas derivadas de estas divisiones unen las bandas de cambium localizadas en la cara interna de los cordones floemáticos, formando un cilindro completo de cambium.

Al entrar el cambium en actividad, los tejidos vasculares secundarios forman un anillo que envuelve completamente al xilema primario. Los tubos cribosos del floema primario son aplastados y algunas células del parénquima floemático axial se diferencian en fibras. Estas últimas también aparecen en el floema secundario. El cambium, que se origina en el periciclo por fuera de los polos del xilema, forma radios medulares.

El crecimiento secundario ejerce una presión sobre los tejidos epidérmicos y corticales de la raíz, variable en función de su magnitud. En las raíces fibrosas que no crecen en grosor estos tejidos permanecen inalterados durante toda la vida de la raíz. Cuando su crecimiento secundario es moderado, parte de las células corticales se adaptan al mismo estirándose, mientras que otras se colapsan. Así, el parénquima cortical se estrecha mientras que el cilindro vascular se ensancha. Es frecuente, en estos casos, que se produzcan grietas longitudinales en la superficie de la raíz que afectan a la epidermis, hipodermis y capas externas del córtex. Debajo de estas grietas se forma una peridermis a partir de las células de la hipodermis o de las de la parte más externa del córtex, la cual se puede extender lateralmente a corta distancia. No obstante, este tipo de raíces suele conservar la mayor parte de su córtex.

En las raíces fibrosas que presentan un fuerte crecimiento en grosor se genera una peridermis a partir de divisiones periclinales de las células del periciclo, formando varias capas de células que preceden a su formación. El felógeno, que se origina a partir de las células más externas del periciclo proliferado, produce tejido suberoso hacia el exterior y felodermis hacia el interior. Después de este proceso, el córtex, junto con la endodermis, se desprende empujado por el crecimiento secundario. Es frecuente que primero se forme una peridermis subsuperficial y, más tarde, otra más profunda derivada del periciclo.

2.5.4. Desarrollo de las raíces laterales

Las raíces laterales se originan a partir del periciclo y se desarrollan a una cierta distancia del meristemo apical de una raíz de mayor rango. Durante la iniciación de una raíz lateral un grupo de células del periciclo experimenta divisiones en diversas direcciones, dando lugar a la formación de una protuberancia, que es el primordio de una raíz lateral. Al crecer, la incipiente raíz atraviesa el córtex de la principal, pero antes de que emerja a la superficie el meristemo apical y la caliptra aparecen ya diferenciados. En esta fase, la endodermis se divide anticlinalmente y forma una capa de células sobre la superficie del primordio, aunque poco antes de que la nueva raíz salga al exterior el tejido derivado de la endodermis se desintegra.

Los sistemas vasculares de la raíz principal y la lateral no son totalmente independientes ya que, al iniciarse la segunda en el periciclo de la primera, el espacio que separa sus tejidos conductores es pequeño y en este aparecen unas células intermedias derivadas del periciclo que, al diferenciarse en células conductoras, comunican ambos sistemas vasculares. Las auxinas están implicadas en la formación de las raíces laterales y son necesarias específicamente para que se produzcan las divisiones asimétricas iniciales que dan origen al primordio de raíz lateral. Así pues, la iniciación de las raíces laterales es precedida por una acumulación de AIA. Es más, la aplicación localizada de auxinas sintéticas, tales como ácido indolbutírico (IBA) o ácido naftalenacético (ANA), favorece el enraizamiento (Foto 2.14).

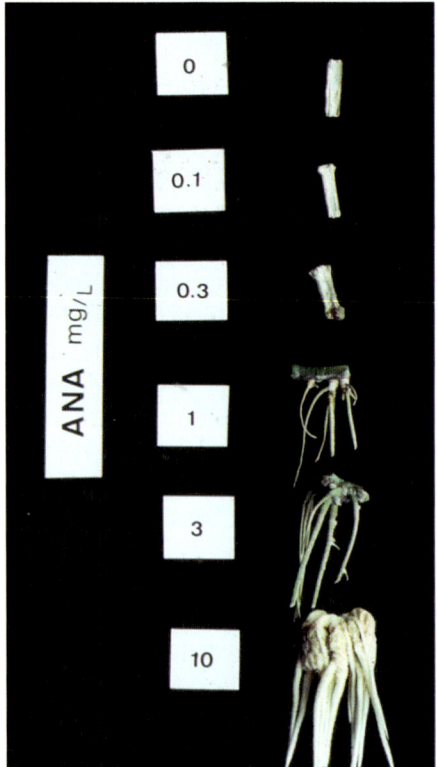

Fotografía 2.14. Efecto de la concentración de ácido naftalenacético (ANA) en el medio de cultivo sobre la formación in vitro de raíces laterales en los cítricos.

El desarrollo de las raíces laterales está regulado por el factor de transcripción *NAC formado por cinco miembros*. De ellos *NAC1* está envuelto en la transmisión de la señal auxínica para el desarrollo de las raíces laterales y actúa, también, aguas abajo del *TRANSPORT INHIBITOR RESPONSE1* (*TIR1*); este es un receptor de la señal auxínica para promover la emergencia de raíces laterales, existiendo una correlación alta entre su nivel de expresión y el número de raíces laterales formadas. El papel del meristemo apical en el control del proceso también está en estudio ya que su eliminación estimula la formación de los primordios de raíces laterales.

2.5.5. Distribución de las raíces

La distribución del sistema radicular de los árboles adultos varía considerablemente con el suelo, el patrón y el sistema de riego. No obstante, en condiciones que no limiten su expansión, las raíces siguen una pauta general de distribución. En la capa más superficial del suelo, a una profundidad de 30-40 cm, se encuentra más del 70 % de la masa radicular formada por un entramado de raíces laterales que dan soporte a una amplia red de raíces fibrosas. A mayor profundidad aparece otra capa de raíces que se forma a partir de raíces laterales que crecen hacia abajo, más o menos verticalmente. De estas se derivan grupos de raíces fibrosas que se desarrollan por debajo de los 40 cm de profundidad. En sentido longitudinal, en un radio de unos 50 cm alrededor del tronco, predominan las raíces más gruesas, mientras que desde este hasta un radio de 2 m, aproximadamente, se encuentran principalmente raíces laterales medianas y pequeñas, junto con la mayoría de las fibrosas.

La estructura del sistema radicular descrita representa una estrategia adaptativa según la cual las raíces fibrosas superiores absorben rápidamente el agua y los nutrientes aplicados sobre la capa superficial del suelo; la capa inferior actúa en condiciones de estrés hídrico, absorbiendo agua de las capas más profundas del suelo y los nutrientes lixiviados (como es el caso del nitrato).

La capa de raíces más profunda es cuantitativamente mucho menos importante que la superficial y en algunas circunstancias se encuentra muy escasamente desarrollada. Tal es el caso de los suelos poco profundos o arcillosos, en los que prácticamente todas las raíces son superficiales.

La introducción al cultivo de los cítricos del riego localizado, junto con las técnicas de fertirrigación, ha provocado grandes cambios en la estructura del sistema radicular, a pesar de lo cual las raíces se han adaptado rápidamente a estas nuevas condiciones, formando densas masas de raíces fibrosas activas alrededor de los emisores de agua.

2.5.6. Factores que afectan al desarrollo radicular

En los cítricos, el desarrollo de las raíces depende de factores ambientales, atmósfericos **y edáficos,** y de la propia planta. Entre ellos merecen destacarse:

1. En condiciones adecuadas de aireación y humedad, el crecimiento de las raíces depende de la temperatura del suelo. Es por ello que el proceso comienza en primavera, cuando dicha temperatura sobrepasa los 13 °C. Entre 18 °C y 30 °C el crecimiento aumenta linealmente, y para valores superiores tiende a estabilizarse.

Con temperaturas por debajo de 18 °C y por encima de 36 °C el crecimiento radicular se ve muy restringido.

2. El crecimiento de las raíces es muy sensible al déficit de humedad del suelo, de forma que cuando se interrumpe el riego y el potencial mátrico desciende por debajo de –0,05 MPa el crecimiento se detiene. Al rehidratar el suelo el crecimiento de las raíces se recupera, si bien para un suelo muy seco deben pasar unas 48 h antes de que emerjan nuevas raicillas. Por consiguiente, si los riegos son poco frecuentes, se suelen producir detenciones y reinicios sucesivos del crecimiento de raíces.

3. El desarrollo del sistema radicular es mayor en terrenos arenosos que arcillosos. Ello se debe a la mejor aireación, mayor capacidad de calentamiento y menor resistencia a la penetración que presentan los primeros con respecto a los segundos.

4. La presencia de una brotación vegetativa en desarrollo reduce el crecimiento radicular, de ahí que los periodos de intenso desarrollo radicular sucedan a los de desarrollo vegetativo. Estos ciclos de crecimiento alternantes indican la existencia de una competencia entre raíces y brotes por los nutrientes disponibles. Por otra parte, después de una fuerte poda las ramas brotan intensamente en detrimento del crecimiento de las raíces, lo cual indica que en este proceso competitivo los brotes vegetativos tienen prioridad sobre las raíces.

5. La fructificación afecta fuertemente el desarrollo del sistema radicular. Así, en los árboles que presentan una alta cosecha el crecimiento de las raíces es muy escaso, posiblemente como consecuencia de la depleción de carbohidratos en las mismas en tales condiciones.

Bibliografía consultada

Agustí J, Merelo P, Cercós M, Tadeo FR, Talón M. 2008. Ethylene-induced differential gene expression during abscission of citrus leaves. *Journal of Experimental Botany* 59: 2717-2733.

Agustí J, Merelo P, Cercós M, Tadeo FR, Talón M. 2009. Comparative transcriptional survey between laser-microdissected cells from laminar abscission zone and petiolar cortical tissue during ethylene-promoted abscission in citrus leaves. *BMC Plant Biology* 9: 127.

Agusti M, Mesejo C, Reig C. 2020. *Citricultura*. 3.ª ed. Ed. Mundi-Prensa, Madrid, España. 488 pp.

Addicott FT. 1982. *Abscission*, University of California Press. London. UK. 369 pp.

Bevington KB, Castle WS. 1985. Annual root growth pattern of young citrus trees in relation to shoot growth, soil temperature, and soil water content. *Journal of the American Society for Horticultural Science* 110: 840-845.

Brown KM. 1997. Ethylene and abscission. *Physiologia Plantarum* 100: 567-576.

Castle WS. 1978. Citrus roots systems: their structure, function, growth, and relationship to tree performance. *Proceedings of the International Society of Citriculture* 1: 62-69.

Castle WS, Krezdorn AH. 1979. Anatomy and morphology of field-sampled Citrus fibrous roots as influenced by sampling depth and rootstock. *HortScience* 14: 603-605.

Cosgrove DJ. 2000. Expansive growth of plant cell walls. *Plant Physiology and Biochemistry* 38: 109-124.

Cutter EG. 1969 a. *Plant Anatomy: Experiment and Interpretation. Part 1. Cells and Tissues*. Ed. Edward Arnold Publishers Ltd. London. UK. 326 pp.

Cutter EG. 1969 b. *Plant Anatomy: Experiment and Interpretation. Part 2. Organs*. Ed. Edward Arnold Publishers Ltd. London. UK. 352 pp.

Esau K. 1972. *Anatomía Vegetal*. Ed. Ediciones Omega. Barcelona. España. 779 pp.

Estornell LH, Agustí J, Merelo P, Talón M, Tadeo FR. 2013. Elucidating mechanisms underlying organ abscission. *Plant Science* 199-200: 48-60.

Fahn A. 1967. *Plant Anatomy*. Ed. Pergamon Press. Oxford. UK. 534 pp.

Forner-Giner MA, Rodríguez-Gamir J, Primo-Millo E, Iglesias DJ. 2011. Hydraulic and chemical responses of citrus seedlings to drought and osmotic stress. *Journal of Plant Growth Regulation* 30: 353-366.

Gómez-Cadenas A, Tadeo FR, Talón M, Primo-Millo E. 1996. Leaf abscission induced by ethylene in water-stressed intact seedlings of Cleopatra mandarin requires previous abscisic acid accumulation in roots. *Plant Physiology* 112: 401-408.

Goren R. 1993. Anatomical, physiological, and hormonal aspects of abscission in citrus. *Horticultural Reviews,* 15: 145-182.

Huberman M, Goren R, Zamski A. 1983. Anatomical aspects of hormonal regulation of abscission in citrus. The shoot-peduncle abscission zone in the non-abscising stage. *Physiologia Plantarum* 59: 445-454.

Martínez-Alcántara B, Iglesias DJ, Reig C, Mesejo C, Agustí M, Primo-Millo E. 2015a. Carbon utilization by fruit limits shoot growth in alternate-bearing citrus trees. *Journal of Plant Physiology* 176: 108-117.

Martínez-Alcántara B, Tadeo FR, Mesejo C, Martínez-Cuenca MR, Ruíz M, Reig C, Forner-Giner MA, Iglesias DJ, Talon M, Agustí M, Primo-Millo E. 2015b. *Anatomía de los Cítricos*. E. Primo-Millo, M. Agustí (Eds.) Gráficas Agulló, Cocentaina, Alicante. España. 173 pp.

Martínez-Fuentes A, Mesejo C, Reig C, Agustí M. 2010. Timing of the inhibitory effect of fruit on return bloom of 'Valencia' sweet orange [*Citrus sinensis* (L.) Osbeck]. *Journal of the Science of Food and Agriculture* 90: 1936-1943.

Merelo P, Agustí J, Arbona V, Costa ML, Estornell LH, Gómez-Cadenas A, Coimbra S, Gómez MD, Pérez-Amador MA, Domingo C, Talón M, Tadeo FR. 2017. Cell Wall Remodeling in Abscission Zone Cells during Ethylene-Promoted Fruit Abscission in Citrus. *Frontiers in Plant Science* 8: 126.

Osborne DJ, Morgan PW. 1989. Abscission. *Critical Reviews on Plant Science* 8: 103-129.

Patterson SE. 2001. Cutting loose. Abscission and dehiscence in Arabidopsis. *Plant Physiology* 126: 494-500.

Primo-Millo E. 1976. Estudio de los factores que afectan la división celular y la rizogénesis en tejidos de limonero (*C. limon*. Burn). *Revista de Agroquímica y Tecnología de Alimentos* 16: 546-556.

Primo-Millo E, Agustí M. 2020. Vegetative growth. En: M Talón, M Caruso, FG Gmitter Jr. (Eds.), *The Genus Citrus*. Elsevier, Duxford. UK. Pp 193-216.

Sagee O, Goren R, Riov J. 1980. Abscission of citrus leaf explants: Interrelationships of abscisic acid, ethylene, and hydrolytic enzymes. *Plant Physiology* 66: 750-753.

Schneider H. 1968. The anatomy of citrus. En: W Reuther, LD Batchelor, HJ Webber (Eds.), *The Citrus Industry*, vol II, University of California Press. vol. 2, pp. 1-85.

Sexton R, Roberts JA. 1982. Cell Bilogy of abscission. *Annual Reviews of Plant Physiology* 33: 133-162.

Syvertsen JP, Graham JH. 1985. Hydraulic conductivity of roots, mineral nutrition, and leraf exchange of citrus rootstocks. *Journal of the American Society for Horticultural Science* 110: 865-869.

Syvertsen JP, Lloyd J. 1994. Citrus. En: B Schaffer B, PC Andersen (Eds.), *Handbook of Environmental Physiology of Fruit Crops*. Vol. 2. CRC Press, Inc. Boca Ratón, Florida. EEUU. pp. 65-99.

Tudela D, Primo-Millo E. 1992. 1-Aminocyclopropane-1-carboxylic acid transported from roots to shoots promotes leaf abscission in Cleopatra mandarin (*Citrus reshni* Hort. ex Tan.) seedlings rehydrated after water stress. *Plant Physiology* 100: 131-137.

Verreynne JS, Lovatt CJ. 2009. The effect of crop load on budbreak influences return bloom in alternate bearing 'Pixie' mandarin. *Journal of the American Society for Horticultural Science* 134: 299-307.

CAPÍTULO 3
Floración

3.1. Introducción

En el género *Citrus*, la época de floración y su intensidad dependen de la especie, de la edad del árbol y de las condiciones climáticas. El número de flores puede alcanzar las 250.000 por árbol, aunque generalmente menos del 1 % de ellas llega a fruto maduro. Algunas especies y cultivares florecen una o más veces (por ejemplo, *Citrus limon*) al año (*cosecha regular*). Otras alternan años de elevada floración y cosecha con años de muy baja o nula floración (*alternancia de cosechas*).

Antes de que se desarrollen los órganos florales, las yemas deben ser activadas por la interacción de factores exógenos y endógenos para que se promuevan los cambios necesarios para la formación de estructuras específicas, tales como inflorescencias. Al cambio de un meristemo vegetativo a meristemo reproductivo o inflorescencia se le denomina *inducción floral*, y si bien se inicia en las hojas con la síntesis de nuevas proteínas, tiene su acción en las yemas, controlando la *identidad del meristemo* y la fase de transición de desarrollo vegetativo a reproductivo y la formación de flores (*diferenciación floral*). Estas tres fases, inducción, diferenciación y *organogénesis*, están reguladas de modo distinto e independiente.

3.2. El proceso de la floración

En los cítricos, la inducción y diferenciación floral ocurren 2-3 meses antes de la brotación y en el momento de esta, respectivamente. Al principio, en la transformación de meristemo vegetativo a yema de flor, la cúpula de dicho meristemo se hunde y se ensancha, dando lugar al *receptáculo* de la flor y a la formación de los primordios de los pétalos, estambres y carpelos. Cuando las yemas salen de la latencia, estos primordios florales aparecen como dedos emergentes del meristemo, se curvan sobre sí mismos, y dan lugar al botón floral (Foto 3.1).

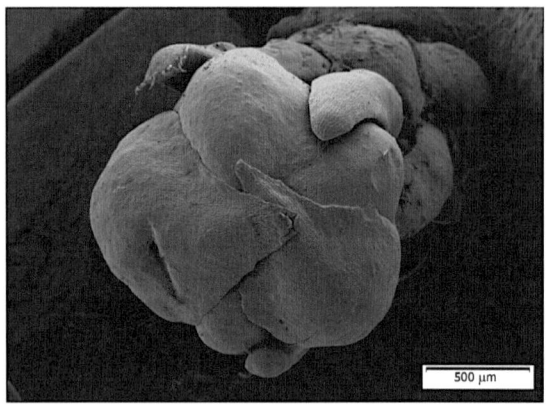

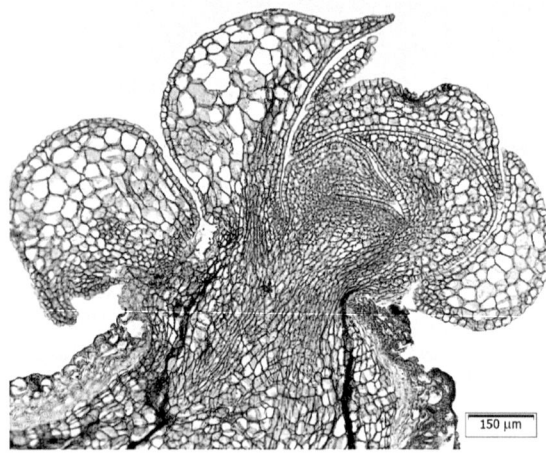

Fotografía 3.1. Botón floral bajo microscopía electrónica de barrido y sección longitudinal de una yema de flor bajo microscopía óptica. Tomadas de Martínez-Alcántara *et al.*, 2015.

La organogénesis floral ocurre de modo acrópeto, es decir, desde los órganos más externos a los más internos, de modo que cada uno de los verticilos se forma por encima y dentro del que le precede (Foto 3.2). Así pues, los *sépalos* son los primeros en formarse, seguidos de los *pétalos* y, más tarde, interna y concéntricamente a aquellos, los *estambres* que forman un solo verticilo; a continuación se forma el *pistilo* en la zona más interna (Foto 3.2). Este posee un *ovario*, con un verticilo de 8-10 *carpelos* que contienen 2-3 óvulos cada uno, sobre el que se forma un solo *estilo* que culmina con un *estigma* papilado (Foto 3.2 y 3.3). Entre el verticilo de carpelos y los estambres se sitúa el *disco nectarífero*, sobre el que apoya el ovario (Foto 3.3). En este, las células papilares de la placenta, que forman un contínuo con las células del canal estilar, ayudan a que los tubos polínicos alcancen los óvulos.

Al inicio del desarrollo floral los sépalos cubren completamente el botón floral (Foto 3.2 A). Más tarde, comienzan a ser visibles los pétalos, al mismo tiempo que, en su interior, las anteras de los estambres se hallan a la altura del estigma. El crecimiento continuo de los

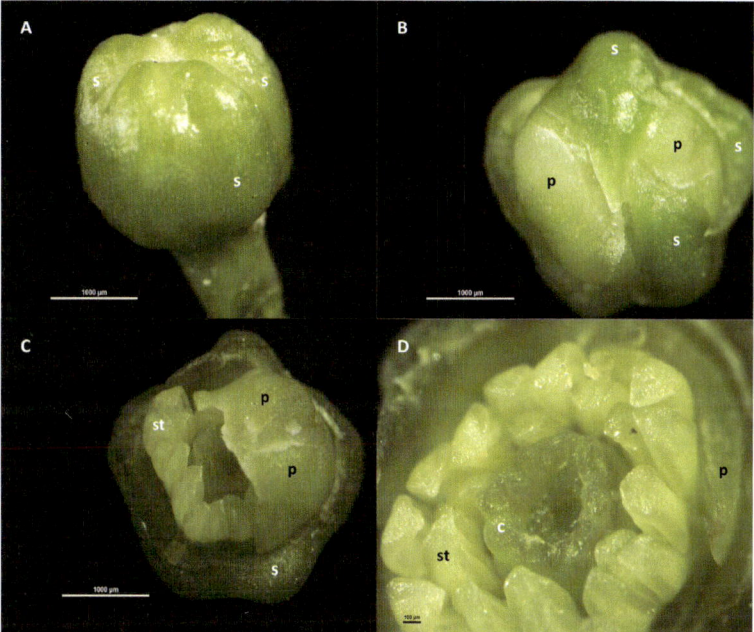

Fotografía 3.2. Organogénesis floral en *Citrus sinensis*. **(A)** Botón floral con sépalos y pétalos en su interior; **(B)** yema floral con dos sépalos eliminados, mostrando el verticilo de primordios de pétalos; **(C)** botón floral con dos sépalos y tres pétalos separados, mostrando el verticilo de primordios de estambes; **(D)** botón floral con los sépalos y pétalos eliminados, mostrando el verticilo de primordios de estambre y los carpelos iniciándose. c: carpelo, p: pétalo, s: sépalo; st: estambres. Tomada de Agustí *et al.*, 2022.

pétalos empuja a los sépalos hacia fuera y hace que los superen en crecimiento. Al mismo tiempo, el estigma sobresale de las anteras. Próximos a alcanzar su tamaño definitivo, los pétalos siguen solapados unos con otros, formando una especie de globo que alberga al androceo, cuyos estambres han crecido considerablemente, y al gineceo; posteriormente tiene lugar la antesis (Foto 3.3), los pétalos se abren, las anteras se muestran dehiscentes y el estigma es receptivo al polen. La receptividad del estigma en las mandarinas Clementinas (*Citrus clementina*) y el naranjo dulce (*Citrus sinensis*), y la receptividad del óvulo en la mandarina Satsuma (*Citrus unshiu*), determinan el periodo de polinización efectiva.

Desde el momento de la brotación hasta la antesis transcurren unos dos meses, dependiendo de la variedad y de las condiciones climáticas del año, de modo que en el área mediterránea los árboles suelen tener la mayor parte de sus flores abiertas en abril.

3.3. La flor

La flor de los cítricos es hermafrodita, es decir, posee órganos masculinos y femeninos. En algunos casos el pistilo puede degenerar, convirtiéndose en una flor estaminada. Además,

Fotografía 3.3. Botón floral **(A)**, androceo y estigma **(B)** y pistilo y disco nectarífero **(C)** de una flor de naranjo dulce 'Salustiana'.

es verticilada y tetracíclica, es decir, está formada por cuatro verticilos, dos protectores, el *cáliz* y la *corola* (Foto 3.3 A), que forman el periantio, y dos reproductores, el de estambres, que constituye el *androceo*, y el pistilo, o *gineceo* (Foto 3.3 B y C). En su conjunto la flor asienta sobre el *receptáculo* que, a su vez, apoya sobre el *pedúnculo* que la une al brote (Foto 3.3 C). Sus dimensiones oscilan entre 1 y 2 cm de longitud y 1 y 3 cm de diámetro en antesis.

El **pedúnculo** crece a medida que lo hace la flor. Es de color verde y alcanza una longitud entre 1 y 2 cm, y un diámetro basal de 1 cm y de 1.5 cm en la zona próxima al cáliz. Este órgano es importante porque une vascularmente la planta con la flor y, posteriormente, el fruto. Se halla recorrido por haces xilemáticos y floemáticos, responsables de su nutrición, envueltos por células parenquimáticas y una epidermis (Foto 3.4 A). Además, determina los puntos de caída de flores y frutos. El punto de unión del pedúnculo al tallo y un segundo punto situado entre el ovario y el disco, constituyen las zonas de abscisión de la flor. Las flores terminales, lógicamente, solo presentan la segunda zona. En su parte superior, se engrosa formando el **receptáculo floral**, que distribuye los haces vasculares hacia las diferentes partes de la flor y le sirve de asiento a esta.

El **cáliz** está formado por 5 *sépalos* distribuidos alrededor del receptáculo (Foto 3.3). Son de color verde y están soldados por su base y unidos al disco. Su anatomía es simple, estando formados por dos capas epidérmicas entre las que se encuentra un parénquima por el que discurren los haces vasculares (Foto 3.4 B). La epidermis expuesta presenta glándulas de aceites esenciales. La zona de unión de esta estructura al fruto constituye una tercera zona de abscisión por la que se desprende el fruto durante su caída fisiológica y cuando alcanza la maduración.

La **corola** está formada por 5 *pétalos* (Foto 3.3 B), libres, carnosos, ligeramente solapados entre sí y alternando con los sépalos. Son de color blanco, salvo en el limonero y en la lima que tienen una tonalidad rosada. Hasta la antesis están curvados hacia el eje de la flor formando una cavidad globosa que contiene en su interior al resto de verticilos florales (Foto 3.3 A), y una vez se ha producido esta su curvatura es hacia el exterior mostrando los órganos sexuales para facilitar la polinización (Foto 3.3 B). Su anatomía es similar a la de los sépalos (Foto 3.4 B), estando su epidermis fuertemente cutinizada, lo que les confiere un aspecto céreo.

3.3.1. El androceo

El **androceo** está formado por un número variable de estambres, entre 20 y 40 según la especie, de filamento blanco y anteras amarillas o blancas (Foto 3.3). Pueden ser libres o estar soldados en grupos de tres (o más) por su base. El *filamento* está formado por un tejido parenquimático, envuelto por una epidermis de aspecto ceroso, y recorrido longitudinalmente por un haz vascular que alcanza las *anteras*. Estas tienen dos tecas con dos lóculos de microsporofitos cada una, *microsporangios*, que completan su formación antes de que elongue el filamento y que pueden fusionarse en uno solo en la madurez. Están formadas por una epidermis (*exotecio*) que envuelve una masa de tejido parenqui-

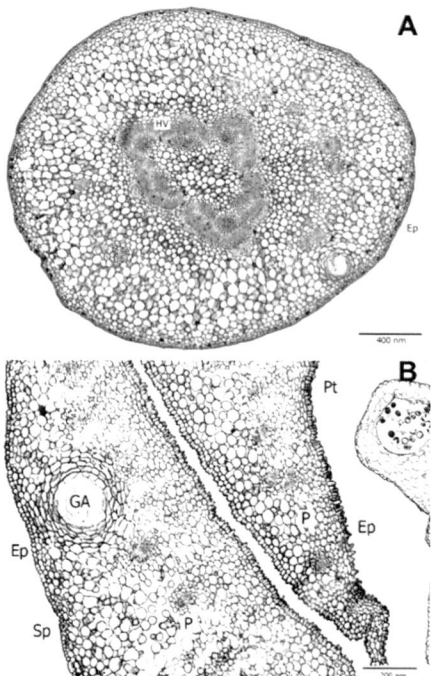

Fotografía 3.4. Sección tranversal del pedúnculo **(A)** y de un sépalo y un pétalo **(B)** de un botón floral. Epidermis (Ep), parénquima (p), haces vasculares (HV), sépalo (Sp), pétalo (Pt), glándula de aceite (GA). Tomadas de Martínez-Alcántara *et al.*, 2015.

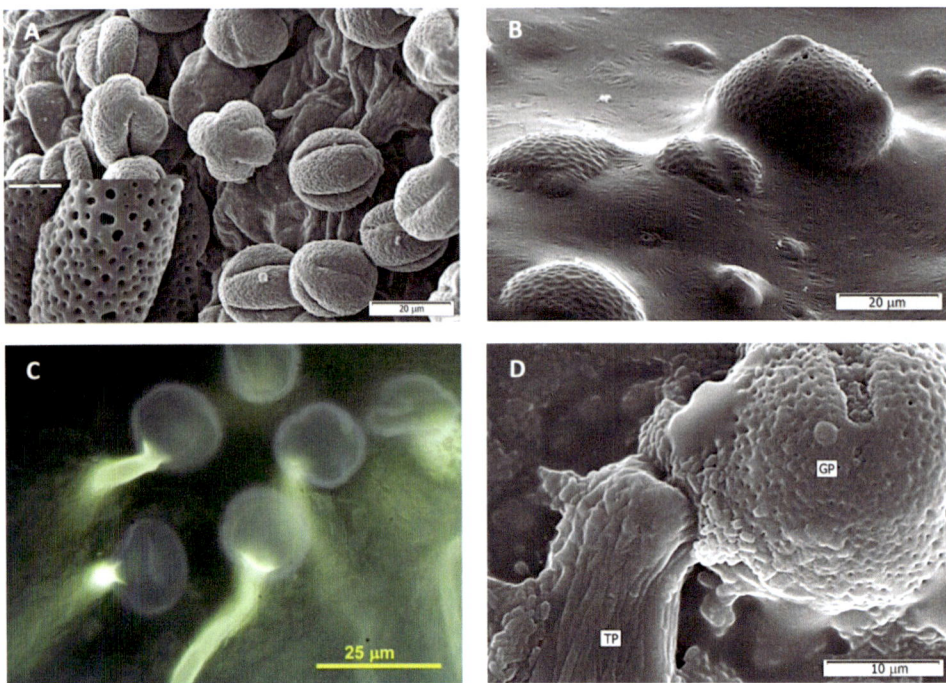

Fotografía 3.5. Granos de polen maduros **(A)** germinando adheridos al fluido estigmático **(B)** y emitiendo el tubo polínico, visto en microscopía de fluorescencia **(C)** y electrónica de barrido **(D)**. Grano de polen (GP); tubo polínico (TP). Tomadas de Martínez-Alcántara *et al.*, 2015.

mático (*endotecio*) y una capa más interna que rodea a los lóculos (*tapetum*). En su interior se encuentran los granos de polen que cuando maduran le confieren el color amarillo a las anteras y si son estériles o no producen polen, el color blanco. Las paredes de las anteras se van resecando con el tiempo, se contraen y, alrededor de la antesis, se agrietan entre los lóbulos y liberan el polen en forma de un polvo amarillo y pegajoso.

El **grano de polen** de los cítricos es esférico u ovalado, de color amarillo, reticulado y tetracolpado (recorrido por cuatro colpos o surcos) (Foto 3.5 A). Está rodeado de dos capas, la *exina*, externa, muy consistente, formada por una sustancia lipoide denominada esporopolenina, y con abundantes poros, y la *intina*, interna, poco consistente y formada por polisacáridos. La germinación del grano de polen se produce tras su hidratación sobre el estigma al verter las papilas estigmáticas su contenido (Foto 3.5 B), y consiste en la emergencia del tubo polínico por uno de los poros de la exina (Foto 3.5 C y D). Dicha germinación es autótrofa y depende del almidón y las proteínas acumuladas en el grano de polen durante la microesporogénesis.

3.3.2. El gineceo

El **gineceo**, o pistilo, se forma en la cara interna del verticilo de estambres y consta de un estigma, un estilo y un ovario súpero (Foto 3.3 C).

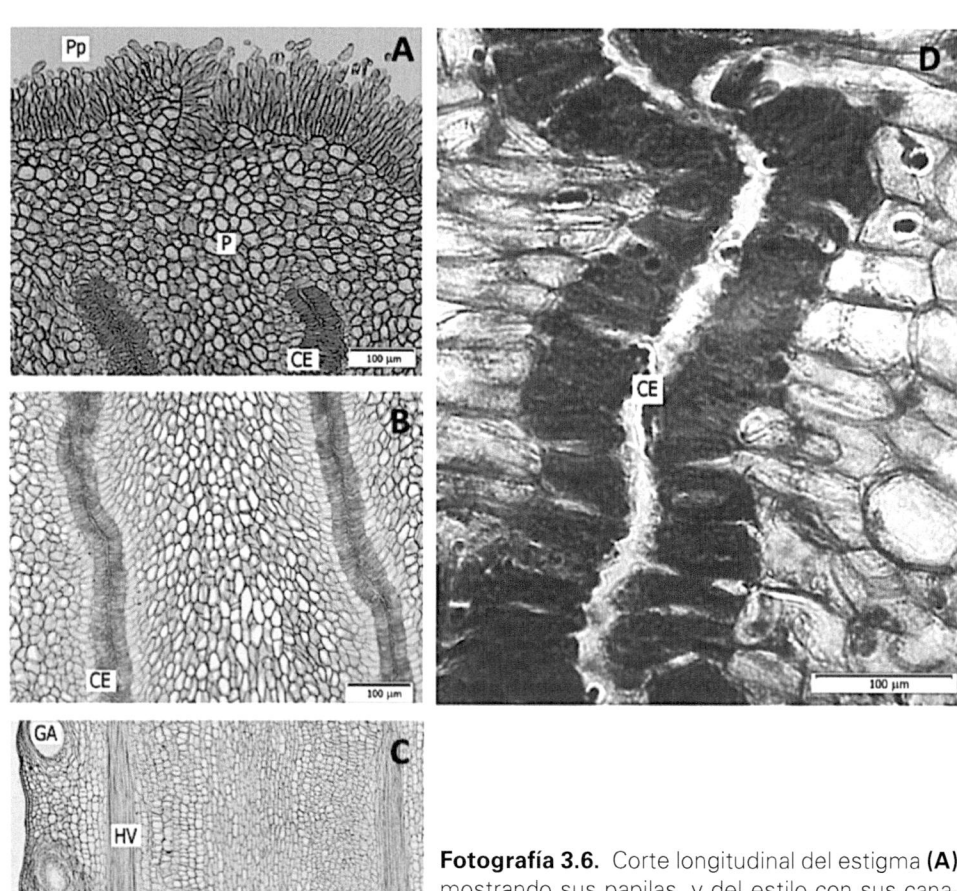

Fotografía 3.6. Corte longitudinal del estigma **(A)** mostrando sus papilas, y del estilo con sus canales estilares **(B)** y haces vasculares **(C)**. Detalle de un canal estilar **(D)**. Papilas estigmáticas (Pp), parénquima (P), canal estilar (CE), haz vascular (HV), glándula de aceite (GA), epidermis (Ep). Tomadas de Martínez-Alcántara *et al.*, 2015.

El estigma es una estructura esférica situada en el extremo superior del estilo (Foto 3.3 B y C). Su epidermis presenta unas vellosidades o *papilas*, que varían en tamaño y en número de células (Foto 3.6 A). En su interior se encuentran el inicio de los canales estilares y los haces vasculares, ambos con continuidad en el estilo y envueltos por células parenquimáticas (Foto 3.6 B y C). Las papilas se encuentran en estrecho contacto, a través de numerosos plasmodesmos, con sus células parenquimáticas vecinas, que contienen abundantes reservas de almidón en sus plastos y que van perdiendo gradualmente a medida que madura el estigma. Las células más alejadas de las papilas presentan pocos amiloplastos y dejan amplios espacios intercelulares entre ellas.

Las papilas estigmáticas segregan un líquido azucarado y viscoso procedente de la hidrólisis del almidón de sus células vecinas, que retiene a los granos de polen (Foto 3.5

B). El tiempo de secreción está limitado en el tiempo, desde poco antes de la antesis hasta la caída de pétalos, de modo que mientras dura tiene lugar el periodo de receptividad del estigma, en el que el grano de polen queda sepultado por las secreciones de las papilas, que lo hidratan, facilitan su germinación y nutren las primeras fases del crecimiento del tubo polínico. El papel del estigma es, por tanto, recibir al grano de polen e iniciar el proceso de la fecundación.

El **estilo** es cilíndrico y está formado por un tejido parenquimático de células cilíndricas y de paredes delgadas, y contiene glándulas de aceites variables en número (Foto 3.6 B). En su interior hay tantos canales como lóculos tiene el ovario, y se extienden desde el estigma hasta estos, permitiendo que los tubos polínicos los alcancen y fecunden los óvulos. Sus haces vasculares son la continuación y fusión de los haces vasculares marginales y septales del ovario, se localizan entre los canales estilares y se prolongan hasta el estigma, donde se ramifican y acaban en su superficie. Las paredes del canal estilar están tapizadas de células secretoras de sustancias mucilaginosas encargadas de nutrir al tubo polínico durante su crecimiento (Foto 3.6 D).

El **ovario** está formado por un verticilo de entre 8 y 14 lóculos o carpelos (frecuentemente 10) que se convertirán en los *segmentos* (gajos) del fruto; las paredes de los adyacentes están fusionadas formado los *septos* (Foto 3.7 A y B). Los lóculos están rodeados por el pericarpo que se divide en tres zonas, una externa epidérmica, el exocar-

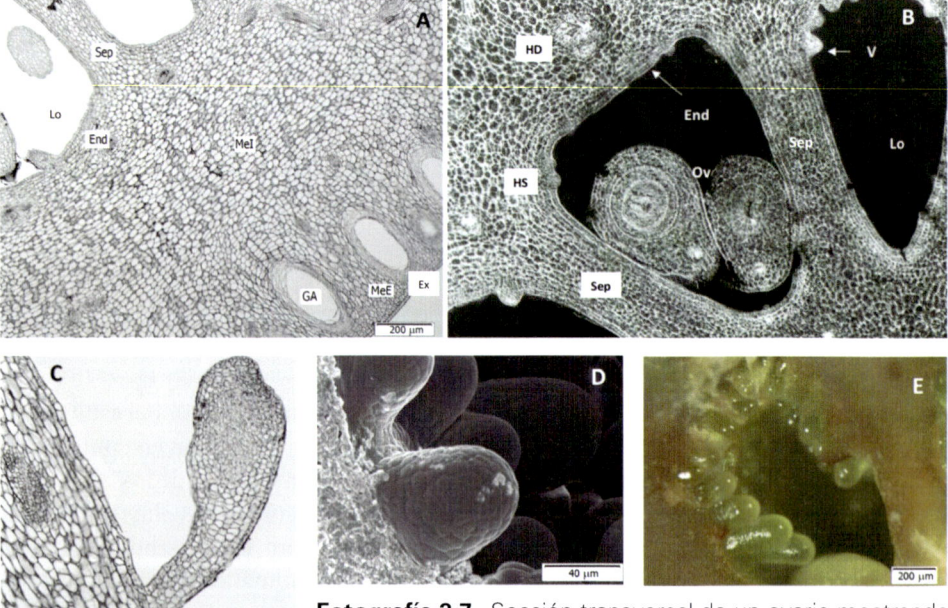

Fotografía 3.7. Sección transversal de un ovario mostrando su pared **(A)**, los lóculos **(B)**, y primordios de vesículas **(C, D** y **E)**. Exocarpo (Ex), mesocarpo externo (MeE) e interno (MeI), endocarpo (End), glándula de aceite (GA), lóculo (Lo), septo (Sep), óvulos (Ov), haz vascular dorsal (HD) y septal (HS), vesícula (v). Tomadas de Martínez-Alcántara *et al.*, 2015.

po, una intermedia, el mesocarpo, y la más interna, el endocarpo (Foto 3.7 A y B). En algunos casos se produce un segundo, tercero y hasta cuarto verticilo de carpelos en el extremo estilar del primero, que se desarrollan dentro de las paredes del ovario principal. Esta característica da nombre al grupo de variedades Navel de naranjo dulce (véase Foto 6.2 B y C).

El *exocarpo* consta de una capa de células epidérmicas, de sección rectangular, tamaño regular, muy vauoladas, y recubiertas por una cutícula de ceras epicuticulares. Inmediatamente debajo de ella se hallan varias capas de células hipodérmicas, pequeñas y compactas (Foto 3.7 A).

El *mesocarpo* está formado por un tejido parenquimático de varias filas de células, con grandes espacios intercelulares, y de aspecto esponjoso. En dirección al interior del ovario sus células, paredes y espacios intercelulares van aumentando de tamaño, distinguiéndose entre mesocarpo externo e interno (Foto 3.7 A). El primero, además, contiene pequeñas vacuolas y cloroplastos fotosintéticamente activos; el segundo tiene vacuolas más grandes y abundantes amiloplastos, lo que indica cambios importantes en la funcionalidad de las células de este tejido. Inmersas en las células del mesocarpo externo se encuentran las glándulas de aceites esenciales.

El *endocarpo* recubre la cara interna tangencial de los lóculos y consta de una capa de células meristemáticas y unas pocas adjuntas de carácter parenquimático y compactas (Foto 3.7 B). El crecimiento de este tejido se produce por la división anticlinal de sus células, pero en algunas zonas, a partir de la antesis de la flor, aparecen pequeñas protuberancias, originadas por divisiones celulares periclinales y oblicuas, que constituyen los primordios de las vesículas de zumo (Foto 3.7 B, C, D y E). Las células subepidérmicas del endocarpo también se dividen, pero sus células hijas engrosan considerablemente y suelen perder su capacidad meristemática. Las células del meristemo del primordio vesicular prosiguen en su división, dejando a las células anteriormente divididas como células subepidérmicas en la zona interior de la protuberancia, al mismo tiempo que la vesícula progresa hacia el interior del lóculo. Las células basales de la vesícula en crecimiento aumentan de tamaño y se diferencian en células del filamento que la mantienen en contacto con las paredes internas del lóculo desde las que se originan y a través del cual se nutren (Foto 3.7 C). Durante el crecimiento de la vesícula en su epidermis solo tienen lugar divisiones anticlinales y el filamento completa su formación. Una vez este está formado, la vesícula sigue creciendo por acción de su meristemo apical y en su zona subterminal se forma una masa obesa de tejido meristemático. Con el tiempo, las células vesiculares y muchos de sus orgánulos se fusionan entre sí formando grandes vacuolas que contienen azúcares y ácidos orgánicos. El progreso de todas las vesículas acaba por llenar completamente los lóculos.

Los **septos**, que separan los lóculos, están formados por dos membranas pertenecientes a cada uno de los dos lóculos adyacentes, de naturaleza similar a la pared del ovario, de tipo epidérmico y recubiertas de una fina cutícula. Entre ellas existe una banda de tejido parenquimático continuación del mesocarpo interno (Foto 3.7 A y B).

Las paredes de los lóculos confluyen en su ángulo interno en la **columna central** formada por un tejido parenquimático, poco compacto, recorrido en su mitad más cercana al pedúnculo por varios haces vascular (haces axiales), tantos como carpelos tiene el ovario (Foto 3.7 B). Algunas trazas de estos haces alcanzan los óvulos.

En dicho ángulo interno de cada lóculo del ovario, la unión de sus bordes forma la **placenta**, un tejido engrosado que presenta dos filas verticales paralelas de primordios ovulares a lo largo de las hojas carpelares. Cada lóculo puede formar de 4 a 8 óvulos así dispuestos. Los **primordios ovulares** se forman a partir de divisiones periclinales de las células epidérmicas y de las dos primeras capas de células subepidérmicas. En su zona basal se encuentra la **chalaza**, de la que se forman la **nucela** y sus cubiertas, los **tegumentos** interno y externo, y de la que emerge un pedúnculo, denominado **funículo**, que une el óvulo a la placenta. Por la parte central de este discurre un haz vascular colateral, originado por ramificación de los haces axiales del eje central del ovario, que alcanza la chalaza y nutre a la nucela. La nucela contiene el megagametofito o saco embrionario, y la parte apical de sus tegumentos queda abierta formando el **micrópilo**, por el que accede el tubo polínico buscando el saco embrionario para fecundar el óvulo (Foto 3.8). En los cítricos, el primordio ovular se curva a medida que crece hasta quedar el micrópilo próximo al funículo e inclinado hacia el canal estilar y la chalaza en el extremo opuesto, dando lugar a un *óvulo anátropo*. El conjunto queda completo con la presencia de unos *pelos* filamentosos epidérmicos, algunos de ellos multicelulares, en el lugar donde el canal estilar desemboca en el lóculo; su presencia se ha relacionado con el mecanismo de control de orientación del tubo polínico hacia el micrópilo para entrar en el ovario. En el momento de la antesis, los tegumentos cubren completamente la nucela, el micrópilo está perfectamente formado, el óvulo maduro, y la cavidad locular, a excepción de la presencia de los óvulos, está vacía.

La nucela está formada de células parenquimáticas, pequeñas, ovaladas, de paredes finas, poco vacuoladas y con muchos amiloplastos con grandes cantidades de almidón.

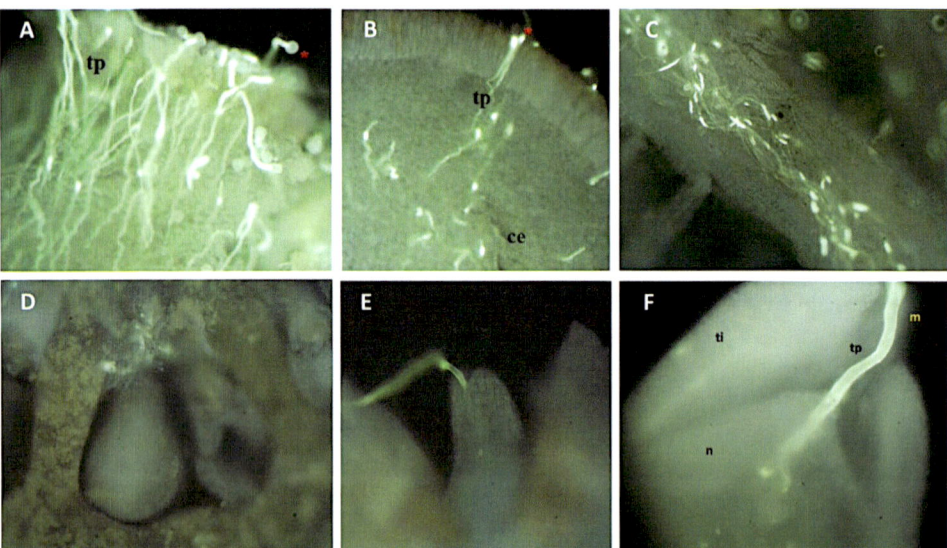

Fotografía 3.8. El grano de polen germina en la superficie del estigma **(A)** e inicia su crecimiento a través del cuerpo del estigma **(B)** hasta alcanzar el estilo por el que avanza **(C)** hasta alcanzar a los óvulos **(D)** penetrando en ellos por el micropilo **(E)** para fecundarlos **(F)**. tp: tubo polínico; ce: canal estilar; ti: tegumento interno; m: micropilo; n: nucela.

Las células de los tegumentos son un poco más grandes, rectangulares, de paredes más gruesas y muy vacuoladas.

La mayoría de los óvulos abortan antes de que se ensanche el saco embrionario, y aunque no se desarrollan, sus tegumentos sí lo hacen formando cubiertas similares a las de las semillas.

3.3.3. La formación de los gametos

3.3.3.1. Formación de los gametos masculinos

Cuando las anteras son, todavía, muy jóvenes, en su capa hipodérmica se distinguen unas células que poseen un núcleo de gran tamaño. Estas células se dividen periclinalmente para producir una capa externa de *células parietales* y una capa interna de *células esporógenas*. Tras divisiones sucesivas, las células parietales producen cuatro capas de células; la más interna (aunque en algunos casos puede ser dos o tres capas celulares) forma el *tapetum* y las otras tres, junto con la epidermis, forman la pared de la antera.

El tapetum rodea el cilindro de *células madres del polen* o *microesporocitos*, que se forman a partir de sucesivas divisiones de las células esporógenas primarias. Estas estructuras se denominan *microesporangios* y en ellas, a partir de las células madres del polen, se forman las *microesporas*, que al desarrollarse originan los granos de polen. Cada uno de los microesporangios se localiza en un lóbulo de la antera.

Por su parte, el núcleo de las células del tapetum se puede dividir una o más veces, con lo que estas pasan a ser binucleadas o polinucleadas. A medida que el polen se desarrolla las células del tapetum se desintegran, posiblemente para nutrir al polen.

Antes de la primera división, las células madres del polen se distinguen de las del tapetum por ser de mayor tamaño y por tener un solo núcleo. Al dividirse meioticamente, cada una de ellas origina otras cuatro nuevas células (microesporas) con núcleos haploides, que se mantienen unidas bajo la cubierta de la célula madre, formando las tétradas polínicas. Cada una de estas células evoluciona para formar un grano de polen.

La transformación de estas células en granos de polen consiste en el crecimiento de las mismas, el desarrollo de sus dos membranas, *intina* y *exina*, y la división del núcleo, dando lugar al *núcleo vegetativo* y al *núcleo generativo*, que se divide, de nuevo, para formar los dos *núcleos espermáticos*.

En algunas variedades de agrios, como el mandarino Satsuma o los naranjos del grupo "Navel", presentan esterilidad gamética masculina que las incapacita para producir polen funcional. Esto sucede porque las células madres del polen se desarrollan anormalmente y suelen degenerar antes de dividirse. Con ello solo unas pocas llegan a producir granos de polen, que en su mayoría son estériles. Por consiguiente, estas variedades no producen polen maduro y viable en sus anteras.

3.3.3.2. Formación de los gametos femeninos

De los primordios ovulares de los botones florales emergen, durante las primeras fases de su desarrollo, unas protuberancias de la placenta que afectan a varias capas de células. Estos primordios, que se disponen en dos filas verticales, posteriormente se desarrollan para formar los óvulos.

En la zona apical del primordio, y antes de que se formen los tegumentos, se diferencia una célula de la segunda capa de células que se distingue de las demás por su mayor tamaño y por tener un núcleo muy voluminoso. Poco después, esta célula se divide en dos dando lugar a la *célula tapética*, que ocupa la posición más externa, y a la *célula madre del saco embrionario*, que queda en la parte interior. La célula tapética se divide sucesivas veces para formar ocho capas de células, mientras que la célula madre del saco embrionario pasa a ocupar el centro de la nucela, aumenta de tamaño, se alarga, y sufre dos divisiones meióticas sucesivas que originan cuatro células haploides. Estas se alinean en sentido longitudinal a lo largo de la nucela y las tres superiores degeneran y desaparecen. Posteriormente, la cuarta, situada en la posición más profunda, aumenta de tamaño y ocupa el lugar dejado por ellas, formando el *saco embrionario*. Este continua su desarrollo al tiempo que su núcleo se divide. Los dos núcleos haploides generados ocupan los extremos de la célula y se dividen de nuevo. Los núcleos derivados sufren, de nuevo, otra división, con lo que se forman ocho núcleos haploides, cuatro en cada uno de los extremos del saco embrionario. Tres de ellos, situados en el extremo basal, dan lugar a las denominadas *células antípodas*, mientras que los otros tres, localizados en el extreme apical, dan lugar a las dos células denominadas *sinérgidas* y a una tercera que es la *ovocélula* u *oosfera*. Los dos núcleos restantes, uno de cada extremo del saco embrionario, se desplazan al centro de este donde permanecen separados hasta que se fusionan durante la fecundación, formando un núcleo diploide.

Algunas variedades de cítricos presentan, en mayor o menor grado, esterilidad gamética femenina, debido a que la mayoría de los óvulos que producen están desprovistos de saco embrionario. Este es el caso, por ejemplo, del mandarino Satsuma o de los naranjos dulces 'Washington navel' y 'Valencia late'.

3.3.4. El disco nectarífero y el sistema vascular

El nectario, o **disco nectarífero**, se encuentra en la base del ovario sobre el que se asienta este, y por debajo de él se insertan los estambres (Foto 3.3 C). Está formado por un tejido parenquimático, diferenciado en tejido secretor, que segrega un néctar acuoso (líquido azucarado) durante la antesis. El néctar sirve de reclamo a los insectos, mayoritariamente abejas, que en su búsqueda penetran en la flor rozando las anteras y cargando su abdomen de granos de polen, de modo que cuando, a continuación, visitan otra flor ejercen de polinizadores dejando el polen sobre el estigma de esta.

Los **haces vasculares** de la flor proceden de los haces vasculares axiales que acceden a la flor por el pedúnculo en número igual al de carpelos. Su misión es transportar agua y nutrientes a la flor y, posteriormente, al fruto y la semilla. Los haces están separados entre sí y, en sección transversal, se disponen concéntricamente, de modo que al llegar a la flor forman un cilindro central (*cilindro vascular axial*) que se ramifica en el receptáculo. Las trazas, así originadas, que van al periantio y a los estambres, divergen casi en ángulo recto de dicho cilindro y recorren casi horizontalmente el receptáculo. Las que van a los sépalos son las primeras que se derivan, para constituir el nervio central de cada uno de ellos. Cuando la traza que va a un sépalo pasa por debajo del pétalo adyacente, se ramifica hacia ambos lados en ángulo recto, formando dos trazas que conectan con los haces vasculares que se forman en los márgenes del pétalo. Los haces vasculares de los estambres, o haces estaminales, se ramifican también a partir del sistema axial, por encima de donde lo han hecho las trazas que van a los pétalos.

En el ovario, los haces vasculares se clasifican en 5 grupos, de acuerdo con su situación y función: 1) los *haces septales*, situados en el pericarpo y enfrentados a los septos; son, por tanto, dos por cada lóculo; 2) los *haces dorsales*, situados también en el epicarpo y enfrentados a la base del lóculo; se encuentra, por tanto, uno por lóculo; 3) el *haz axial*, situado en la mitad del eje del ovario más próxima al pedúnculo; 4) los *haces ovulares*, que arrancan desde el haz axial y alcanzan a las semilla; y 5) los *haces marginales*, que se originan por la divergencia del haz axial y progresan a lo largo de los septos; normalmente, los haces axiales terminan donde se inician los marginales, pero en los frutos que poseen navel pueden seguir hasta alcanzar a este. Los haces septales se derivan del cilindro vascular inmediatamente por encima de los estaminales y más arriba divergen los haces dorsales, que se alternan con los septales. Los haces vasculares axiales se prolongan por la columna central del ovario y de ellos se desvían los que van a los óvulos y los que van a los septos por su parte interior (haces marginales). Los haces septales y los marginales se unen en la parte superior de los lóculos transformándose en los haces estilares.

3.4. La distribución de la floración de los cítricos

En los cítricos, y en las condiciones de Clima Mediterráneo, después del reposo del invierno se inicia la brotación de primavera y se desarrollan las flores. Los brotes se originan a partir de las yemas axilares de las hojas de la madera del año anterior, y solo ocasionalmente tiene lugar el desarrollo de yemas latentes. Posteriormente, en verano y otoño, tienen lugar dos nuevas brotaciones, pero estas no desarrollan flores.

De entre ellas, la madera de otoño es la que, en primavera, brota más precozmente, en mayor proporción y produce brotes con más nudos, seguida de la de verano y esta de la de primavera del año anterior. Cada nudo, cuando brota, desarrolla (o puede hacerlo) más de un brote, en correspondencia con su propia estructura en la que son visibles varias yemas. El porcentaje de nudos en que las yemas quedan latentes es tanto mayor cuanto mayor es la edad de la rama en que están situados. La contribución de las brotaciones de verano y otoño a la floración de primavera se ha estudiado en el Clima Mediterráneo de California (EE.UU.) y de España.

Las yemas que brotan pueden haber sido inducidas a flor o no, desarrollando brotes florales o vegetativos, respectivamente. Las primeras pueden ser mixtas o florales estrictas. En las yemas mixtas, el meristemo apical del brote en crecimiento se transforma en una flor terminal justo antes del momento que asoma a través de los catafilos. En algunos casos, las yemas axilares que se forman junto a las hojas del nuevo brote en desarrollo pueden, a su vez, brotar. Cuando esto ocurre, estas yemas brotan siempre después de la yema terminal y solo dan flores. En las yemas florales, los primordios foliares de los brotes quedan inhibidos en su crecimiento desde el mismo momento de la brotación, lo que origina brotes florales sin hojas. La presencia o ausencia de hojas en combinación con la presencia o ausencia de flores dan lugar a los diversos tipos de brote.

De acuerdo con ello, los brotes multiflorales sin hojas reciben el nombre de ramos de flor (RF) y los que llevan varias hojas brotes mixtos (BM), los uniflorales sin hojas se denominan flores solitarias (FS) y con hojas brotes terminales o campaneros (BC); finalmente, los brotes que solo llevan hojas se denominan brotes vegetativos (BV) (Foto 3.9). El número de flores y hojas de los brotes depende de dos factores: el número de primordios presentes en la yema, y la abscisión o falta de desarrollo de algunos órganos, fundamentalmente hojas.

Como consecuencia de ello, con el tiempo se produce la transformación de unos tipos de brotes en otros (BM en RF, RF en FS; BM en BC). Esta distribución de los tipos de brotes es idéntica para todas las especies y variedades cultivadas, aunque con diferencias cuantitativas (Tabla 3.1). La diferencia más importante la presenta el mandarino Satsuma y se basa en la incapacidad que poseen sus yemas axilares para brotar mientras tiene lugar el desarrollo del brote en el que se encuentran. En las otras especies, la inhibición de las yemas axilares, mientras dura el crecimiento del brote en el que se encuentran, también se da, pero solo en los brotes vegetativos. El desarrollo de inflorescencias sin hojas vs. inflorescencias con hojas se ha relacionado con el momento de la brotación y la temperatura durante el desarrollo del brote.

Fotografía 3.9. Tipos de brotes de los cítricos: ramo de flor (RF), flor solitaria (FS), flor terminal o brote campanero (BC), brote mixto (BM) y brote vegetativo (BV).

Tabla 3.1. Distribución porcentual de los brotes
en diversas especies cultivadas de cítricos

ESPECIE	TIPOS DE BROTES				
	RF	FS	BC	BM	BV
N. dulce, Pomelo y Limonero	25	10	5	50	10
M. Clementina e híbridos	10	50	20	10	10
M. Satsuma	--	25	35	--	40

Ramo de flor (RF), flor solitaria (FS), Flor terminal o brote campanero (BC), brote mixto (BM, brote vegetativo (BV). Tomada de Agustí, 1980.

El destino de los brotes de cítricos, es decir, floral o vegetativo, se puede predecir en función de las características de la yema de la que se desarrollan los brotes (llamados brotes madres "florales" y "vegetativos"); además, un brote del año anterior que contenga un fruto en posición terminal siempre desarrolla brotes vegetativos. Todo ello proporciona un criterio útil que facilita el estudio sobre el desarrollo floral.

3.5. El control de la floración

3.5.1. Factores genéticos

En una planta, cuando un meristemo vegetativo recibe la señal inductora de la floración su programa se altera, convirtiéndose en un meristemo reproductivo que da lugar a flores. Como se ha dicho más arriba, esta señal en los cítricos se produce durante la latencia y recibe el nombre de *inducción floral*, marcando el inicio de la transición del desarrollo vegetativo al reproductivo. Además, puede ser transmitida mediante injerto de una planta inducida a otra no inducida, lo que indica que la señal recibida por el meristemo es estable, duradera y transmisible. En este sentido, las hojas son esenciales para la floración puesto que son los órganos receptores de la señal inductora. Este papel de las hojas ha sido demostrado en los cítricos defoliando los árboles en otoño y evaluando la floración de primavera.

La ruta genética que promueve la floración fue demostrada en la planta modelo *Arabidopsis thaliana*. El momento del inicio de la floración depende de unos pocos genes, los denominados integradores de la ruta floracional. Se denominan así porque integran estímulos heterogéneos que inducen la acción de los genes de identidad floral que, al activarse, inician el programa ABC de desarrollo floral y, con ello, la transición del meristemo vegetativo a reproductivo.

Los genes responsables más importantes de integrar los estímulos inductivos de la floración son *FLOWERING LOCUS T (FT)*, *SUPPRESSOR OF OVEREXPRESSION OF CONSTANS 1 (SOC1)*, y *LEAFY (LFY)*. De entre los genes de identidad floral del meristemo *APETALA1 (AP1)* y *LEAFY (LFY)* juegan un papel clave, y los genes de clase E, *SEPALLATA (SEP)* entre otros, regulan el patrón de floración. El gen *AtFT* codifica para la síntesis de la proteína AtFT que se sintetiza en las células acompañantes del floema de la hoja inducida y se transporta por el floema a la yema, donde actúa formando un complejo con el factor de transcripción específico del meristemo *FLOWERING LOCUS D* (*FD*), de modo que el heterodímero AtFD/AtFT inicia el programa de desarrollo floral activando la expresión de los genes *AtSOC1* y *AtAP1* de identidad floral. Se ha establecido que la proteína AtFT es el principal componente, si no el único, del florígeno. El gen *AtLFY* juega un papel clave durante el desarrollo de las flores, tanto por su función temporal como de identidad floral. Y el *AtSOC1* integra las señales ambientales y autónomas que regulan el tiempo de floración. El gen *CONSTANS* (*CO*) es un gen promotor de la floración en repuesta al fotoperiodo; dado que la longitud del día apenas tiene efecto sobre la floración de los cítricos, su papel ha sido poco estudiado en estas especies.

Coen y Meyerowitz en 1991 definieron tres regiones en el meristemo floral, A, B y C, cada una de las cuales coincide con el dominio de una de las tres clases de genes homeóticos florales. Según este modelo, es la combinación de estas tres clases de genes reguladores lo que determina los verticilos florales. Los de la clase A (por ejemplo *APETALA2*) organizan el primer verticilo con la formación de los sépalos; estos, junto con los de clase B (por ejemplo, *APETALA3* y *PISTILLATA*), organizan el segundo verticilo promoviendo el crecimiento de los pétalos; los de clase B y C, en combinación, dan lugar al desarrollo de estambres; y los genes de la clase C (por ejemplo, *AGAMOUS*), por sí solos, promueven la formación de los carpelos en el centro de la flor.

Estos genes de la floración se encuentran conservados en las especies del género *Citrus*. En la mandarina Satsuma se han identificado y caracterizado tres genes *FT* (*CiFT1*, *CiFT2* y *CiFT3*), si bien los transcritos *CiFT1* y *CiFT2* están codificados por el mismo gen y el *CiFT3* correlaciona mejor con los tratamientos inductores de la floración. Estos genes han sido clonados en la mandarina Clementina y su sobrexpresión en plantas transgénicas de citrange Carrizo ha determinado que *CiFT3* es el gen inductor de la floración en los cítricos. Los genes *FD* (*CcFD* y *CsFD*), *CsLFY*, *CsAP1*, dos genes hortólogos de *SOC1* (*CsSL1* y *CsSL2*), y los genes de desarrollo floral *SEP* (*CiSEP1* y *CiSEP3*), han sido también identificados y caracterizados en *Citrus* sp. Debe destacarse que algunos de los artículos publicados con anterioridad a 2021 citan al transcrito de CiFT2 como el factor que controla la floración en lugar del de CiFT3. En este capítulo, para evitar confusiones, se mantiene la nomenclatura adoptada por los autores de los artículos que se citan al final del mismo.

Pero también existen represores que pueden inhibir la actividad de un(os) gen(s) de la floración aun en condiciones exógenas inductivas. Así, *FLOWERING LOCUS C* (*FLC*) es un factor de transcripción que, en *Arabidopsis*, reprime la expresión de *AtFT* y *AtSOC1*. Su ortólogo en *C. clementina* es *CcMAD-box19*, que reprime la expresión de *CiFT2* en las hojas. El gen de *C. sinensis TERMINAL FLOWER1* (*CsTFL1*) es también un represor de la floración, que reprime la transcripción de *CcFD*, manteniendo indeterminado el meristemo y controlando su fase de transición a flor. La acción de *AtTFL1* también está relacionada con la represión de *AtLFY* y *AtAP1* en el centro de la cúpula del meristemo, y viceversa, *AtLFY* y *AtAP1* regulan negativamente a *AtTFL1* en los flancos del meristemo donde se inicia el desarrollo de la flor. *CsTFL1* se expresa antes de que cese el desarrollo vegetativo de primavera, pero muestra bajos niveles de transcripción durante los periodos de inducción y diferenciación floral. *CENTRODIALIS* (*CsCEN*), un gen homólogo de *CsTFL1*, se expresa en los meristemos axilares, en los que interacciona con *CsFD*, manteniéndolos indeterminados. Este patrón de co-expresión de *CsCEN* y *CsFD* y su interacción sugiere que su acción conjunta regula el desarrollo de la yema axilar. Finalmente, *TEMPRANILLO1* (*TEM1*) es un represor de *FT* que regula la juvenilidad en especies leñosas. La Figura 3.1 muestra un esquema de las interacciones involucradas en el establecimiento de un meristemo floral en el género *Citrus*.

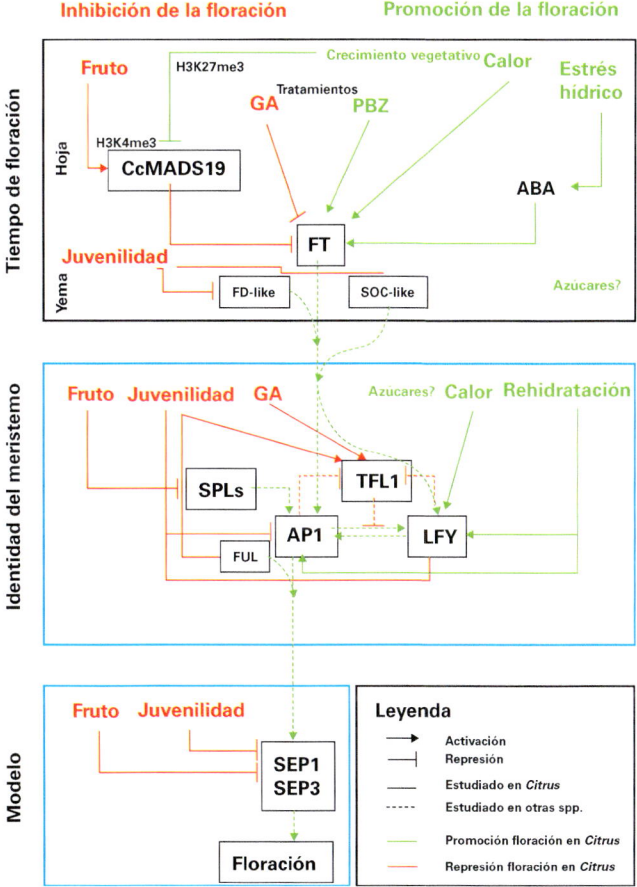

Figura 3.1. Regulación endógena y exógena de la floración del género Citrus. Tomada de Agustí *et al.*, 2022.

El momento de la floración, por tanto, está controlado por estos genes cuya expresión es regulada por señales ambientales y endógenas. Y este aspecto es de la mayor importancia ya que la inmovilidad de las plantas exige que la floración se d**é** en aquellas épocas del año óptimas para garantizar el desarrollo de los frutos, de modo que la germinación de las semillas tenga lugar en las mejores condiciones y, así, garantizar su reproducción.

3.5.2. **Factores medioambientales**

En las zonas de clima templado, la baja temperatura durante el reposo vegetativo de otoño-invierno induce la floración en los cítricos. En el naranjo dulce y algunas mandarinas, la iducción floral tiene lugar en otoño [(noviembre-diciembre en el Hemisferio Norte (HN)], mientras que en la mandarina Satsuma tiene lugar más tarde (enero). En las zonas calurosas de clima tropical, sin embargo, no se registran cambios importantes de temperatura a lo largo del año, por lo que la inducción floral no está asociada a las bajas temperaturas, sino a los periodos de sequía, y los árboles florecen varias veces al año. A pesar de ello, la floración de primavera es también la más intensa. En consecuencia, las bajas temperaturas y el estrés hídrico son los factores exógenos inductores de la floración de los cítricos.

3.5.2.1. *La baja temperatura induce la floración en los cítricos*

En experimentos con la mandarina Satsuma los árboles expuestos a baja temperatura (15 °C) aumentaron la expresión de *CiFT* en concurrencia con la inducción floral, mientras que cuando se expusieron a alta temperatura (25 °C) se mantuvieron en crecimiento vegetativo y la floración no se indujo mostrando niveles muy bajos, en la expresión de *CiFT* (Fig. 3.2). Ello demuestra que la expresión de este gen está regulada por la temperatura. Los genes *CsLFY*, *CsAP1* y *CsTFL1* no muestran cambios en su expresión asociados a la temperatura inductiva de 15 °C. Ello es consistente con su función de genes de identidad floral del meristemo ya que aumentan su expresión cuando la diferenciación floral de este es ya microscópicamente visible.

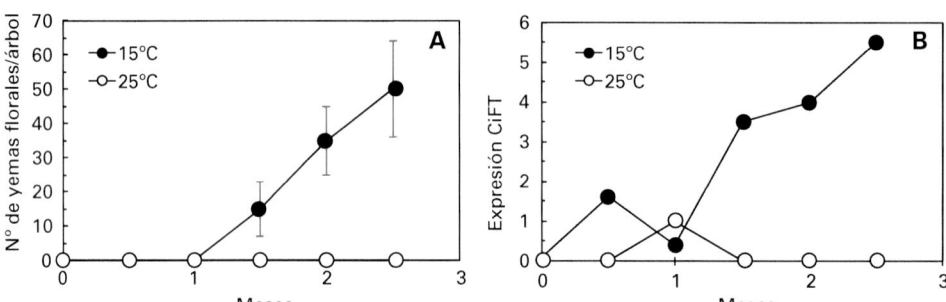

Figura 3.2. Inducción floral estimada por el número de yemas de flor **(A)** y expresión del gen inductor *CiFT* **(B)** en árboles de mandarina Satsuma cultivados a 15 °C o 25 °C. Tomada de Nishikawa, 2013.

Del mismo modo, en condiciones de campo del área mediterránea, la expresión de *CiFT* en la mandarina 'Moncada' [*C. clementina* x (*C.unshiu* x *C.nobilis*)] se inicia cuando la temperatura mínima desciende de 15ºC (Fig. 3.3), como ocurre en la mandarina Satsuma en Japón.

Esta dependencia temporal del género *Citrus*, sin embargo, es marcadamente distinta de otros géneros próximos, como *Poncirus* y *Fortunella*, de la familia Rutaceae. *Citrus*

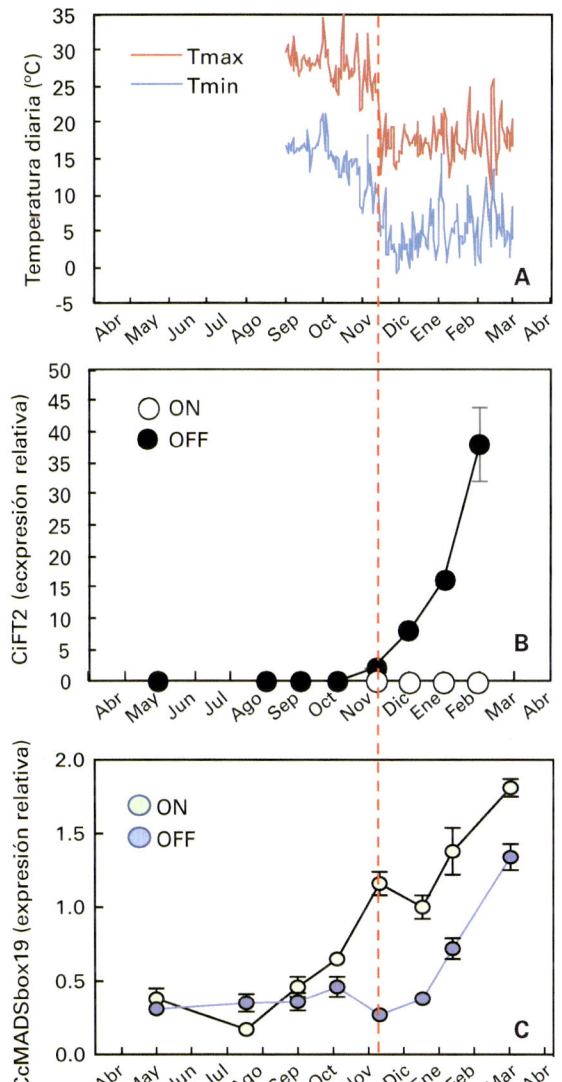

Figura **3.3.** Temperatura mínima y máxima medias **(A)** y expresión de los genes CiFT2 **(B)** y *CcMADS19* **(C)** en hojas de árboles ON y OFF de mandarina 'Moncada' a lo largo del año. La línea vertical indica el momento del descenso de la temperatura media por debajo de 15°C. Tomada de Agustí *et al.*, 2020.

y *Fortunella* son especies de hoja perenne, pero *Poncirus* es de hoja caduca. Las del género *Fortunella* (Kumquats) florecen más tarde que las del género *Citrus*, durante el verano y el otoño, y las del género *Poncirus*, lo hacen al mismo tiempo, a principios de primavera (Fig. 3.4 A). Como en el género *Citrus*, en estos géneros, los cambios en la expresión de *CiFT* correlacionan con la periodicidad temporal de la floración (Fig. 3.4 B); sin embargo, mientras en las especies del género *Citrus* la expresión del gen *CiFT* aumenta en otoño – invierno, en las de *Fortunella* y *Poncirus* lo hace al final de la primavera – principios de verano, por lo que este debe ser su periodo de inducción floral.

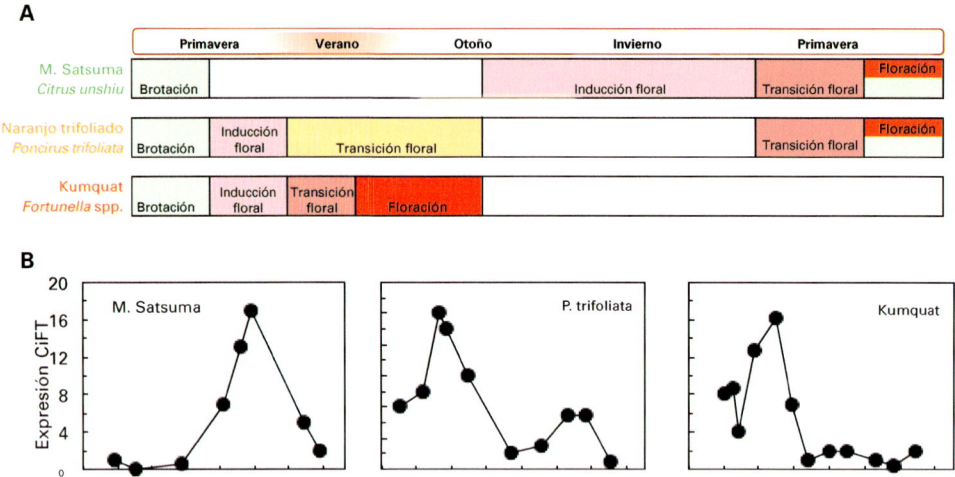

Figura 3.4. Diagrama esquemático de la periodicidad estacional de la floración **(A)** y de la expresión del gen inductor *CiFT* **(B)** de tres géneros de la familia Rutaceae: mandarina Satsuma, naranjo trifoliado y kumquat. Adaptada de Nishikawa, 2013.

3.5.2.2. El estrés hídrico también es un factor inductor de la floración

Como ya se ha indicado, en el clima tropical la floración tiene lugar en respuesta a las lluvias después de un periodo de sequía. En el área citrícola del piedemonte de Corpoica, en Villavicencio (Meta), en Colombia, a 1°-4° de latitud N, la temperatura media anual es de 25,5 °C y la mínima nunca baja de 20 °C, la amplitud térmica media del año es de 6,9 °C, y la precipitación media anual de 3850 mm. Esta última se distribuye mayoritariamente entre los meses de abril a noviembre, con periodos bien definidos de elevadas precipitaciones a lo largo del año, dejando periodos secos de dos-tres meses entre ellos. En estas condiciones, los árboles de naranjo dulce 'Valencia' brotan continuamente a lo largo del año (durante un periodo de 10 meses), pero lo hacen con mayor intensidad durante las épocas lluviosas y disminuyen su brotación con la llegada de la época seca. La floración también se repite varias veces al año y siempre como respuesta a la lluvia tras una época seca (Fig. 3.5). En estas zonas, por tanto, la inducción floral se halla asociada al estrés hídrico de la(s) estación(es) seca(s).

Este efecto del estrés hídrico como promotor de la inducción floración se ha demostrado en el naranjo dulce 'Washinton navel' aún en condiciones térmicas no inductivas de 23 °C. La expresión del gen *CsFT3* en hojas de árboles sometidos a un periodo de 40-60 días de déficit hídrico moderado (Ψ de – 2 Mpa, medido en la hoja) aumenta de un modo similar a como lo hace cuando están sometidos a baja temperatura y, además, aumenta con la duración del estrés (Fig. 3.6). Cuando se interrumpe el estrés hídrico mediante el riego, el nivel de expresión de *CiFT3* recupera sus valores iniciales; en contraste, los genes de identidad floral, *CsLFY* y *CsAP1,* incrementan su expresión desencadenándose, entonces, la floración (Fig. 3.6). Y este efecto también es similar al de la baja

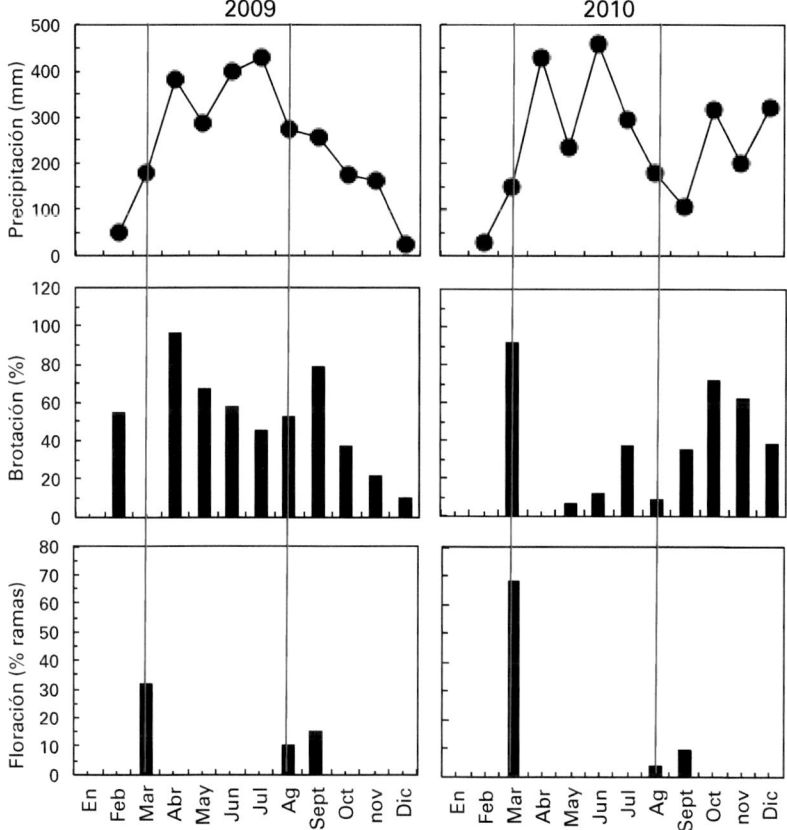

Figura 3.5. En Climas Tropicales la floración se induce como respuesta a un estrés hídrico tras una época seca y los árboles florecen varias veces al año después de un periodo de lluvias. Valores para dos años consecutivos en la zona de Corpoica en, Villavicencio, Meta, Colombia. Adapatada de Or-duz-Rodriguez y Garzón, 2012.

temperatura en el que la diferenciación floral solo ocurre después de la inducción floral pero no simultáneamente con ella, como ocurre en muchas especies de hoja caduca. La consecuencia de la expresión de estos genes por acción de un déficit hídrico es el mayor número de inflorescencias y, por tanto, de flores, en comparación con los regados adecuadamente.

3.5.3. Factores endógenos

3.5.3.1. La influencia del fruto en la floración

En los cítricos, el fruto comienza a inhibir la floración cuando alcanza su tamaño definitivo y la inhibe intensamente cuando permanece en el árbol hasta el período de inducción floral (noviembre-diciembre en el HN) (Fig. 3.7). Así, en la cuenca medite-

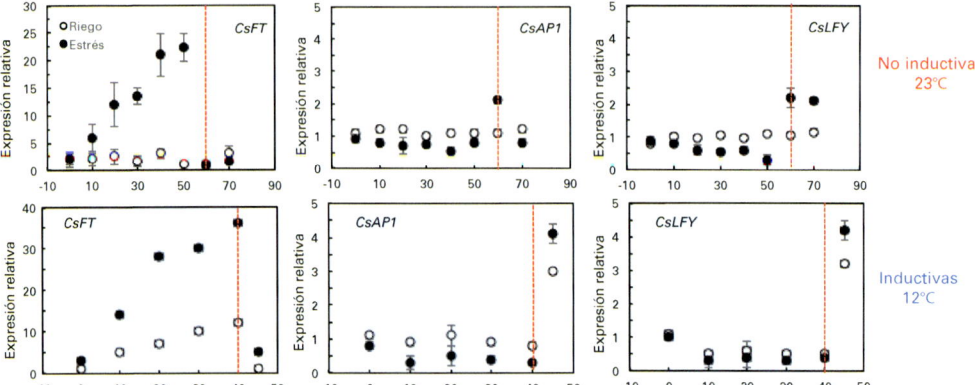

Figura 3.6. Expresión de los genes *CsFT, CsAP1* y *CsLFY* en árboles de 'Washington Navel' de tres años de edad bajo condiciones de estrés en condiciones térmicas no-inductivas (23 °C) e inductivas (12 °C). CsFT fue analizado en las hojas y CsAP1 y CsLFY en las yemas. El estrés hídrico (–2 MPa en las hojas) fue impuesto reduciendo la frecuencia y el volumen de riego. La línea roja indica la fecha de rotura del estrés y la zona sombreada el periodo térmico inductivo. Adaptado de Chica y Albrigo, 2013.

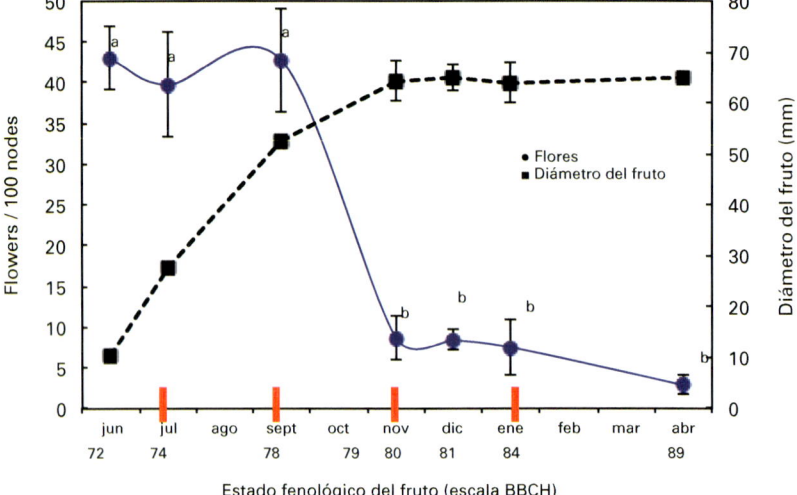

Figura 3.7. Evolución del desarrollo del fruto y su influencia sobre la floración siguiente en el naranjo dulce cv. 'Valencia. Adaptada de Martínez-Fuentes *et al.*, 2010.

rránea, cuando los frutos se cosechan antes de noviembre apenas influyen en la floración siguiente, pero si se cosechan más tarde esta se inhibe parcialmente y tanto más intensamente cuanto más tiempo permanece el fruto en el árbol. En tales circunstancias, el número de frutos también influye fuertemente en el proceso, de modo que cuanto mayor es, menor es el número de flores producidas en la primavera siguiente. Por lo tanto, en términos generales, una cosecha abundante recolectada tardíamente tiene un fuerte efecto depresivo sobre la floración de la primavera siguiente, mientras que una cosecha ligera recolectada temprano apenas afecta la formación de flores.

La época de sensibilidad de las yemas a la presencia del fruto coincide con la de inducción floral. En variedades de mandarina muy sensibles a este efecto (por ejemplo, 'Moncada'), la evolución de la expresión del gen *CiFT2* en las hojas de los árboles con pocos frutos (árboles OFF) aumenta más de 10 veces desde septiembre a diciembre, como corresponde a la época de inducción floral, pero en los árboles con muchos frutos (árboles ON) la expresión de *CiFT* es fuertemente reprimida desde septiembre a febrero (Fig. 3.3). Al mismo tiempo, la expresión de los genes de identidad floral (*CsAP1* y *CsLFY*) en las yemas es considerablemente reducido. En consecuencia, la floración se reprime.

Este efecto del fruto se debe a la activación epigenética del gen *CcMADS19* que reprime local y temporalmente la expresión de *CiFT2* en las hojas adyacentes (Fig. 3.3) aún en condiciones inductivas, y, por tanto, el desarrollo reproductivo en la yema axilar para el período de floración posterior que solo desarrollará brotes vegetativos. El estado activo/reprimido de *CcMADS19* correlaciona con cambios en la metilación de la histona en el promotor del locus *CcMADS19*: el estado activo/reprimido en las hojas/yemas correlaciona con el enriquecimiento de las marcas H3K4me3/H3K27me3, respectivamente. La reprogramación necesaria de los brotes que eventualmente florecerán en la siguiente temporada se explica porque en las hojas jóvenes de estos nuevos brotes emergentes, sin flores, el gen *CcMADS19* está enriquecido en marcas represivas H3K27me3, de modo que las yemas axilares conservan una versión silenciada del gen represor de la floración que transmiten mitóticamente a las hojas recién formadas que pueden, así, inducir la floración. Por tanto, en los cítricos, la floración es precedida, necesariamente, por la brotación, con el fin de que en las hojas jóvenes se restablezca la capacidad para responder a las señales térmicas o de estrés hídrico inductoras de la floración (Fig. 3.8).

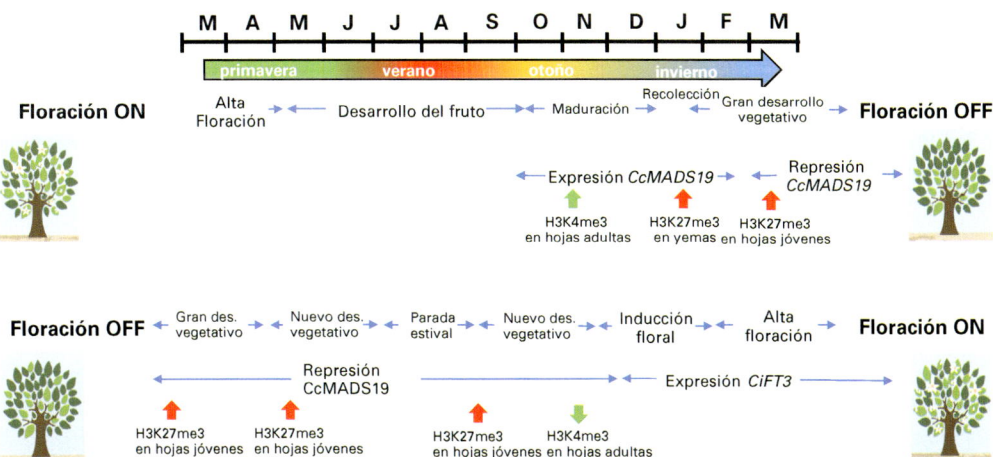

Figura 3.8. Representación esquemática de los eventos que conducen a la inhibición o promoción de la floración en los cítricos con alternancia de cosechas, y estado epigenético de *Cc-MADS19* en hojas y yemas en relación con la inhibición de la floración y su restablecimiento. Tomada de Agustí *et al.*, 2022.

Algunas especies o variedades son tan sensibles a la acción del fruto que la drástica reducción de la floración alcanza valores tan bajos que impide la obtención de cosecha; y esta ausencia de frutos permite una floración abundante la primavera siguiente que asegura la cosecha venidera, iniciándose con ello ciclos de producción alta y de ausencia de esta que definen el concepto de *alternancia de cosechas*.

La intensidad de este fenómeno varía de una especie y variedad a otra. Ello depende del número de yemas que se hallen bajo la influencia de los frutos, de modo que aquellas que necesitan muchos frutos para una cosecha elevada son más sensibles que las que con frutos más grandes necesitan pocos para obtener una cosecha similar. El fruto reduce la brotación de verano – otoño y, así, el número de nudos que pueden desarrollar flores la primavera siguiente, y también la brotación de primavera, de ahí que, en todas ellas, la reducción de la floración provocada por el fruto sea paralela a la de la brotación de yemas.

El descenso en la cosecha, uno de cada dos o más años, no es el único problema que plantean estas variedades ya que, en esas circunstancias, sus frutos suelen tener menor valor comercial. Los años de escasa producción suelen ser muy grandes y de corteza gruesa y rugosa; los años de cosecha elevada se caracterizan por un elevado número de frutos de reducido tamaño.

3.5.3.2. La edad de la planta. Juvenilidad

En las primeras etapas de la vida, las plantas procedentes de semilla son incapaces de iniciar la floración aun encontrándose en condiciones ambientales favorables. Ello se conoce como la fase vegetativa juvenil o *juvenilidad*, y precede a la fase vegetativa adulta o reproductiva, en la que la planta puede responder a condiciones inductivas.

En los cítricos, durante la fase juvenil los meristemos se encuentran latentes o se desarrollan vegetativamente, los tallos presentan una elevada tasa de crecimiento, no florecen, sus meristemos laterales desarrollan estructuras morfológicas características (espinas) y enraízan mejor (véase Cap.1, apt. 1.3.6). Cuando estos son numerosos, la competencia entre sus meristemos por nutrientes aumenta y aparece una gradual pérdida de dominancia apical y de orientación geotrópica que marcan el final del periodo juvenil. Estos meristemos adquieren progresivamente el programa temporal de floración, y cuando florecen por primera vez son capaces de hacerlo ya siempre. Este periodo dura entre 5 y 20 años, dependiendo de las especies.

Los estudios sobre las causas genéticas de este fenómeno se iniciaron con la transformación de plantas juveniles de *Poncirus trifoliata* y de citrange en las que se sobreexpresaron los genes *AtFT* y *AtFLY* y *AtAP1*, respectivamente. En ambos casos se consiguió anticipar la floración de 7-10 años a 3-12 meses. Es más, plantas transgénicas juveniles de pomelo (*Citrus paradisi*) y de naranjo dulce (*C. sinensis*), que expresan ectópicamente *CsAP1* o *CsLFY* bajo el control del promotor de *Arabidopsis* inducible por estrés *AtRD29A*, florecen en invernadero bajo condiciones no inductivas (elevada temperatura y riego adecuado).

La posibilidad de que el gen *CiFT* no se exprese en las hojas o tallos de plantas juveniles es, aparentemente, la opción lógica. Y así ocurre en tallos de plantas de 'Okitsu' de 4 meses de edad expuestas hasta 2 meses y medio en condiciones térmicas inductivas (15 °C)

(Fig. 3.9 A). Sin embargo, si se sigue la evolución de su expresión a lo largo de los años, plantas de citrange Carrizo de medio año de edad ya expresan el gen *CiFT* a los 15 días de someterlas a las mismas condiciones inductivas; y a los 1 y 3 años de edad, cuando todavía son incapaces de florecer, su expresión es tan alta como a los 10 años, cuando ya florecen con normalidad (Fig. 3.9 B). De acuerdo con ello, se puede concluir que la falta de expresión en las hojas del gen *CiFT* no puede ser, por sí misma, la causa de la juvenilidad.

En los tallos de plantas juveniles de 4 meses de edad que no florecen de naranjo dulce 'Washington' navel (cultivar CRC3306A) los niveles de *CsTFL1* RNAs son 13 veces más abundantes que en los árboles adultos y se ha demostrado una correlación entre su expresión y la juvenilidad. Los resultados utilizando árboles de 6 meses de edad de citrange Carrizo coinciden con ello, pero su expresión en las yemas se ve reducida en árboles entre 1 y 7 años de edad (Fig. 3.9 C), lo que indica que el gen *CsTFL1* tampoco es la causa de la falta de floración de los árboles juveniles de más de 1 año de edad. Es más, en tallos de mandarina Satsuma la expresión de este represor se reduce a valores tan bajos como los de las plantas adultas 15 días después de exponerlas a temperatura inductiva. Por otra parte, la expresión de este gen, *CsTFL1*, no se ha relacionado con la de *CsLFY* y *CsAP1* (Fig. 3.9 D y E) en tallos y yemas hasta que la planta no es adulta. De

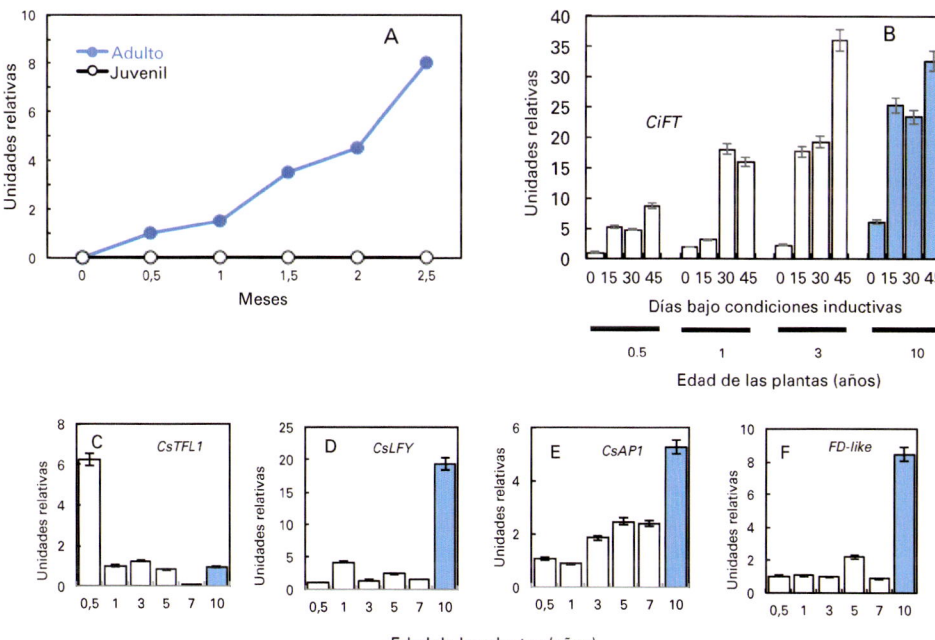

Figura 3.9. Evolución de la expresión del gen *CiFT* en las hojas de árboles adultos, y juveniles de mandarina Satsuma cultivados en un ambiente de 15 °C (A), y en hojas de árboles juveniles de 6 meses, y de 1 y 3 años y adultos de 10 años de citrange Carrizo (B), y de los genes *CsTFL1, CsLFY, CsAP1,* y *FD-like* de árboles juveniles de 0.5, 1, 3, 5 y 7 años, y adultos de 10 años de citrange Carrizo. Barras blancas: árboles juveniles sin florecer; barras azules: árboles adultos que florecen. Adapatada de Muñoz-Fambuena *et al.*, 2019.

hecho, en árboles adultos en condiciones de campo, la expresión de *CsTFL1* solo se ha detectado en meristemos de brotes vegetativos, como ocurre en *Arabidopsis*, y se ha relacionado con su crecimiento, como se ha demostrado con su parálogo *CsCEN* que los mantiene indeterminados (véase apt. 3.5.1).

Otra posibilidad estudiada es que la juvenilidad estuviera solo determinada en el meristemo. En experimentos realizados con citrange Carrizo, la expresión de los genes *CsSL1*, *CsAP1*, *CiSEP1* aumentó con la edad del árbol, en contraste con los genes *CcFD* y *CsLFY* que solo la aumentaron hasta 8 y 20 veces, respectivamente, en los árboles adultos (10 años de edad). Esto demuestra que 1) los meristemos de los árboles jóvenes alcanzan progresivamente una *etapa de madurez vegetativa* marcada por las diferencias en la expresión de los genes implicados en la floración, y 2) el papel clave de los genes *CcFD* y *CsLFY* en la transición del meristemo vegetativo a reproductivo. Esta hipótesis está respaldada por el hecho de que aunque el meristemo axilar sí es capaz de transcribir los genes del programa temporal de floración, la hoja no logra alcanzar el umbral de transcripción de *CiFT2* requerido para inducir la floración. Por tanto, la inhibición genética de la floración en árboles juveniles se determina en los meristemos y se debe a su inmadurez por la incapacidad de expresar *CcFD* (Fig. 3.9 F), mientras que en los **árboles adultos se determina en la hoja, donde el gen** *CiFT3* está reprimido por la acción del fruto.

Finalmente, RNA circulares (circRNA), micro RNA (miRNA) y RNA largos no codificantes (lncRNA) se han relacionado también con la juvenilidad y el momento de la floración.

3.5.3.3. El contenido en carbohidratos

Los carbohidratos se han señalado repetidamente como factor de la floración en los cítricos. En el pomelo 'Marsh', por ejemplo, se ha cuantificado la acumulación de almidón en hojas y tallos durante el periodo de baja temperatura de los meses del invierno previos a la floración y se ha relacionado con esta. Sin embargo, en el naranjo dulce 'Valencia' y el limonero 'Lisbon' sometidos a un régimen térmico inductivo no se encuentran cambios significativos en el almidón o la glucosa de las hojas a lo largo de todo el periodo inductivo, pero los árboles florecen. En el naranjo dulce 'Valencia' y en la mandarina 'Wilking' no se han encontrado, al final del invierno, diferencias en su contenido en las hojas de árboles que florecieron y otros que no lo hicieron. Y, finalmente, en el tangelo 'Minneola' sometido a diferentes regímenes térmicos decrecientes, el contenido en almidón de las hojas, ramas y raíces tampoco correlaciona con la intensidad de floración, que se halla en estricta correspondencia con el descenso de las temperaturas.

Esta falta de relación entre carbohidratos y floración queda ratificada al realizar tratamientos que reducen (giberelinas) y promueven (rayado de ramas) la floración (véase apts. 3.6.1 y 3.6.2). En experimentos con el naranjo dulce 'Shamouti', el rayado de ramas a principios de otoño aumentó el contenido en almidón de las hojas y los brotes y aumentó la floración, pero cuando, además, se aplicó ácido giberélico en el momento de la inducción floral, el aumento en almidón se mantuvo, pero las ramas redujeron su floración por acción de la hormona. Asimismo, en el mandarino Satsuma el rayado de ramas en verano – principios del otoño promueve la floración mitigando la alternancia de cosechas **aun cuando**

no se detectan incrementos en el nivel de carbohidratos en las hojas y brotes. Finalmente, el sombreado de árboles de mandarina Satsuma reduce marcadamente la síntesis de azúcares solubles y almidón, como corresponde a su efecto negativo sobre la fotosíntesis, pero su efecto sobre la brotación y floración es insignificante.

No existe, en consecuencia, evidencia de que el nivel de carbohidratos en hojas, ramas y raíces limite la formación de flores, y de que estos actúen como factor regulador de la floración, pero puede tener un efecto indirecto. Así, la limitación de carbohidratos causado por la presencia de frutos reduce la brotación, y un nivel umbral mínimo de su contenido es exigido como aporte de energía para la diferenciación floral. De hecho, la floración abundante después de un año OFF provoca una rápida movilización de las reservas de carbohidratos, como se comprueba por la actividad de la ADP-glucosa pirofosforilasa y de la α-amilasa.

3.5.3.4. El estado nutricional. El papel del nitrógeno

En algunos casos, las deficiencias de elementos minerales producen un debilitamiento de los brotes vegetativos que suele ir acompañado de una abundante floración. En particular, los árboles con bajos niveles de nitrógeno en las hojas muestran abundantes floraciones y un bajo vigor vegetativo. Estos cambios en la floración como consecuencia de deficiencias nutricionales sugieren una respuesta inespecífica asociada a la debilidad vegetativa del árbol. En coherencia con ello, el exceso de nitrógeno da lugar a un fuerte desarrollo vegetativo y reduce la floración.

Pero el metabolismo del nitrógeno también se ha relacionado indirectamente con la inducción de la floración, basándose en que las bajas temperaturas o el estrés hídrico aumentan el nivel de NH_3-NH_4^+ en las hojas. En el naranjo dulce 'Washinton navel' su concentración aumenta con la duración del periodo de bajas temperaturas (8 h al día a 15-18 °C y 16 h a 10-13 °C) y se ha correlacionado positivamente con el número de inflorescencias y con el número de flores por inflorescencia. En el limonero 'Lisbon', el estrés hídrico moderado (–2 MPa) en verano también aumenta la concentración foliar de NH_3-NH_4^+ que correlaciona positivamente con el número de flores por árbol. Se ha propuesto que esta acumulación de amonio aumenta la biosíntesis de poliaminas en las hojas, particularmente de espermidina, que podrían jugar algún papel en la formación de las flores. Sin embargo, en la yema se ha demostrado que la concentración de poliaminas no correlaciona con la baja temperatura ni con la floración.

En condiciones de cultivo, este papel de las poliaminas tampoco se ha confirmado. En la mandarina 'Hernandina', la aplicación de poliaminas (arginina, putrescina, spermina o spermidina), a una concentración de 100 mg l^{-1} durante el periodo de inducción floral, no modificó la intensidad de floración. Es más, en un experimento con la mandarina 'Moncada', altamente alternante, la aplicación foliar en primavera a árboles ON y al suelo en verano a árboles OFF de una solución de urea al 5 % enriquecida con un 10,2 % de ^{15}N a árboles con y sin frutos para seguir su localización y transporte por la planta, no mostró diferencias de translocación desde las hojas a los brotes de primavera ni desde las raíces a los brotes de verano entre ambos tipos de árboles, lo que indica que el fruto no afecta a la disponibilidad de N por los brotes jóvenes. Es más, en la corteza de las ramas de los árboles sin fruto la concentración mínima de N se alcanzó en abril, coincidiendo con la alta demanda de los brotes en crecimiento, mientras que en las de los árboles con fruto tuvo lugar en junio, coincidiendo con la alta demanda de los frutos en desarrollo. Esta falta de coincidencia indica que los órganos vegetativos y reproductivos no compiten por el N. Las reservas de N no explican, por tanto, las diferencias de floración entre ambos tipos de árboles.

Finalmente, el análisis proteómico de hojas y yemas de árboles con y sin frutos revela diferencias en la síntesis de proteínas relacionadas con el metabolismo de aminoácidos y carbohidratos, y en la actividad oxidoreductasa.

3.5.3.5. El portainjertos

El portainjertos también puede afectar la floración. En Australia, el naranjo dulce 'Valencia' injertado sobre mandarino 'Emperor' y naranjo dulce, se asoció con una alternancia relativamente baja, mientras que injertado sobre citrange 'Troyer' y *P. trifoliata* resultó en una alternancia más alta, y el portainjerto de citrange 'Carrizo' tuvo una alternancia intermedia; en la cuenca del Mediterránea, el naranjo amargo se ha relacionado durante mucho tiempo con una fuerte alternancia. En Japón, las plántulas híbridas de cítricos injertadas sobre Shiikuwasha (*C. depressa* Hayata) aceleran la floración en comparación con el portainjertos *P. trifoliata* y puede utilizarse para reducir el período juvenil. En clima tropical, el portainjertos también afecta la floración; experimentos realizados en Colombia demostraron que el naranjo dulce 'Valencia' incrementó la floración progresivamente cuando se injertó sobre *Citrus yuma*, mandarino Cleopatra (*Citrus reshni* Hort. ex Tan), *Citrus amblycarpa* y Citrumelo 4475 (*C. paradisi* x *P. trifoliata*), y en Brasil el naranjo dulce 'Valencia Frost' aumentó la floración cuando se injertó sobre lima 'Rangpur' (*Citrus limonia* Osbeck) en comparación con el mandarino Cleopatra.

En Italia, el naranjo dulce 'Tarocco Scirè' floreció más intensamente cuando se injertó sobre citrange 'C35' que sobre 'citrumelo Swingle', y este efecto fue paralelo a la expresión del gen *CiFT2* durante el período inductivo, independientemente de la carga de frutos.

El desarrollo de una planta transgénica de citrange 'Carrizo', que sobreexpresaba el gen *CcFT3* bajo el control del promotor SUCROSE SYNTHASE 2 (*AtSUS2*), específico del floema, fue capaz de inducir la floración precoz cuando sobre ella se injertaron yemas de plantas juveniles no transgénicas. Los primeros botones florales aparecieron a los 21 días después de injertar yemas de una plántula juvenil de 'Valencia' de 1 año de edad. La razón que se ha dado para explicarlo es que la expresión ectópica del gen *CcFT3* en los tejidos del floema de citrange Carrizo desencadena la expresión de varios genes que median en la reducción del periodo juvenil.

3.5.3.6. El contenido hormonal

3.5.3.6.1. El papel de las hormonas en la inducción floral

Las giberelinas (GA) inhiben la floración de gran número de especies perennes. Este conocimiento deriva de su acción cuando se aplican exógenamente (véase apt. 3.6.1), pero su papel endógeno en la floración todavía permanece confuso. Ligada a su acción, las auxinas (AX) parecen estar, también, relacionadas con la inhibición del proceso. Las citoquininas (CK) y el etileno están también relacionados con la floración. El papel regulador del ácido abscísico (ABA) parece contradictorio; se ha relacionado con el efecto inhibidor de la floración del fruto, pero también con la promoción del gen *FT*. Por tanto, el papel endógeno de las fitohormonas en la inducción floral no es, todavía, bien conocido.

En los árboles frutales las GA están siempre asociadas al crecimiento del brote, pero su papel en la floración es el opuesto. Así, en los cítricos existe un antagonismo entre crecimiento vegetativo y floración, de modo que las flores surgen de brotes generativos cortos y la intensidad de floración está inversamente relacionada con el desarrollo vegetativo. Por otra parte, el contenido de GA en los meses de octubre - diciembre (en el HN) es mayor en las yemas (naranjo dulce 'Valencia') y las hojas (mandarino Satsuma) de los brotes que tienen frutos y no florecen que en las de los brotes vegetativos que florecen abundantemente; más tarde, hasta febrero, las diferencias en su contenido son muy escasas. Estos resultados han dado pie a pensar que las GA endógenas producidas por el fruto podrían ser un factor de control de la floración en los cítricos. A ello contribuye que 1) el momento en que el fruto inhibe la floración coincide, en general, con la reducción de su concentración de GA y el aumento de su contenido en los tejidos de la corteza de los brotes, 2) el pico en el contenido foliar de GA coincide con el de mayor sensibilidad a su aplicación exógena para reducir la floración, y 3) las bajas temperaturas inductivas se ven acompañadas de una reducción transitoria de la concentración de GA en las yemas, que es seguida por la diferenciación floral.

Sin embargo, esta acción reguladora de las GA ha sido cuestionada dado que, 1) aunque su contenido en las hojas y en el fluido floemático es mayor en los brotes con fruto que en los vegetativos, en las yemas de árboles con y sin fruto no se han encontrado diferencias en su contenido durante el periodo de latencia, 2) el momento en el que se producen los cambios de concentración durante la iniciación/diferenciación floral no es conocido, 3) tampoco se conoce si existe una concentración umbral que permite ambos procesos, 4) el fruto contrarresta el efecto promotor de la floración del paclobutrazol, un inhibidor de la biosíntesis de GA, y 5) la aplicación de GA_3 reduce la floración pero no altera la expresión del gen *CcMADS19* en las hoja como hace el fruto.

Se ha sugerido que el origen de las GA endógenas de las yemas podrían ser las semillas o el pericarpo del fruto. Esta hipótesis es coherente con 1) la elevada concentración de GA de las semillas de manzana, pera, y también de los cítricos, 2) los frutos con semillas inhiben la floración siguiente en mayor proporción que los que no tienen, y 3) las variedades de frutos con semillas contienen mayor concentración de GA que las partenocárpicas y son más proclives a la alternancia de cosechas. Por contra, no existe certeza de que el destino de las GA sean las yemas laterales o la yema terminal, ni de que se transporten en cantidad suficiente hasta ellas para interferir en la floración. Es más, la giberelina precursora GA_{12}, que actúa como señal de crecimiento a larga distancia, no se ha encontrado en las yemas de los cítricos durante el periodo inductivo.

Debido a estas dudas se ha propuesto una vía de señal alternativa: las GA podrían ser los primeros mensajeros presentes en el ápice del brote donde estimularían la síntesis de **ácido indol-3-acético** (AIA), y el transporte polar de Axs actuaría como segundo mensajero y sería la verdadera señal transportada capaz de inhibir la floración. En los cítricos, las yemas de árboles ON tienen mayores niveles de AIA que las de los OFF, es decir, el fruto causa un elevado transporte polar de AX que se reduce con la eliminación del fruto, lo que permite que la yema se libere de las AX; esto sugiere que el fruto podría generar una señal auxínica en la yema y en el meristemo apical que interferiría con la inducción floral.

En relación con el ABA, la expresión del gen *CcNCED3*, que codifica para su síntesis, presenta mayor expresión en las yemas de brotes vegetativos que en las de brotes con fruto, pero su concentración es menor. Una posible explicación de esta aparente contradicción es que la síntesis de ABA no se da en la propia yema, sino que es externa a ella y dependiente de la presencia del fruto. Se ha sugerido que este elevado nivel de ABA podría reflejar el estrés impuesto por la presencia del fruto en el brote o la sobrecarga de cosecha en el árbol, y podría explicar su efecto inhibidor de la brotación y la floración cuando se aplica localmente a las yemas de brotes vegetativos de mandarina Satsuma en la época de inducción floral. A pesar de ello, no se conoce si el ABA inhibe la floración en variedades alternantes. Es más, cuando se aplicó a mandarinos Satsuma cultivados en maceta correlacionó con una acumulación transitoria de *CiFT3*, y el ABA endógeno se acumuló en los brotes como respuesta a un período inductivo a 15 °C y en condiciones de campo; en ambos casos, el contenido de ABA correlacionó con la intensidad de la floración. Sin embargo, si la floración inducida por un estrés hídrico está mediada por una acumulación de ABA está por demostrar, y tampoco se conoce si esta hormona juega un papel en el control de la floración o simplemente mantiene la yema en estado latente. En resumen, se necesitan más estudios para conocer el papel del ABA en la floración de los cítricos.

También se ha propuesto al etileno como promotor de la floración, pero no en cítricos. Sin embargo, dado que inhibe el transporte polar de AX, su modo de acción debería ser indirecto y podría ser similar al del TIBA, mencionado más arriba. De hecho, no solo el etileno, sino la mayoría de los inhibidores de la biosíntesis de GA también reducen, en cierto grado, la exportación de AX desde el fruto y los ápices de brotes en crecimiento, y algunos de ellos promueven la floración. El etileno podría actuar, por tanto, a través de la represión del factor inhibidor de la inducción floral, es decir, del transporte polar del AX.

Asumiendo que el etileno no actúa directamente sobre la inducción floral, solo queda las CK como hormonas candidatas a estimular la floración. Se ha demostrado en diferentes especies leñosas que estas hormonas están íntimamente involucradas en la floración, tanto por su contenido endógeno durante la inducción floral, que correlaciona positivamente con la floración, como por la respuesta a su aplicación o a técnicas que promueven su síntesis (poda de raíces, arqueo o rayado de ramas, etc.).

Tanto en plantas anuales como perennes se ha demostrado que la aplicación de benziladenina puede reemplazar el factor ambiental inductor de la floración de forma dependiente de la concentración. Yemas laterales de limón 'Eureka' y mandarina Satsuma cultivadas *in vitro* a temperatura inductiva (14° a 20 °C) florecen cuando el medio de cultivo se suplementa con sacarosa y CK. Asimismo, la floración en cultivos embriogénicos *in vitro* de mandarina 'Kinnow' se incrementa cuando se suplementa el medio con kinetina (2 mg l^{-1}). Lo que resulta interesante de estos experimentos es que para que se den las condiciones adecuadas y que el meristemo sea capaz de florecer precisa de una concentración **óptima de** CK que estimule su capacidad meristemática. Una actividad demasiado baja de las CK, posiblemente como resultado de una señal inhibidora del IAA (véase más arriba), generalmente deriva en la latencia de la yema, y una actividad demasiado alta en una excesiva capacidad mitótica del meristemo que puede dar lugar a una nueva brotación vegetativa. La acción de estos tratamientos puede explicarse por una interacción AX/CK, por lo que la inhibición del transporte de AX podría ser tan importante como su concentración en la reducción de la concentración de CK, como se ha demostrado en plantas transgénicas anuales.

Un aspecto por aclarar es el origen de las CK que se acumulan en el meristemo durante la inducción floral. Inicialmente se aceptó que su síntesis era casi exclusiva de las raíces y en las semillas; actualmente, se conoce que también se sintetizan en las yemas y sus proximidades, contribuyendo a la salida de la latencia.

Las CK se han relacionado, también, con la juvenilidad. Las yemas de plantas juveniles de naranjo dulce 'Valencia Pickstone' acumulan cantidades de CK superiores a las de árboles adultos antes de la salida de la latencia, dando lugar a un mayor crecimiento de las plantas juveniles.

En resumen, las GA, AX y CK deben estar fuertemente involucradas en la inducción floral de los cítricos. Ello resulta lógico ya que una parte significativa de la función de estas hormonas es detectar las señales ambientales y endógenas e integrarlas en una única, inhibidora o estimulante, capaz de influir en la inducción floral de un modo cuantitativo, pero se desconoce su modo de acción.

3.5.3.6.2. La acción de las hormonas en la organogénesis floral

En la organogénesis floral de *Arabidopsis* se distingue entre la actividad del denominado meristemo de inflorescencia (MI), que genera los órganos laterales (flores), y la del meristemo floral (MF) que, posteriormente, genera los **órganos** de las flores. La diferencia entre ellos es que el MF produce órganos en verticilos mientras que el MI y el meristemo del brote vegetativo (SAM) siguen los patrones de la filotaxis. La secuencia del desarrollo de una inflorescencia sigue la transformación del SAM, vegetativo, en IM y este, a su vez, en MF. Cuando se completa este proceso, aparece una flor terminal y la inflorescencia se denomina determinada, pero si el gen *AtTFL1* actúa reprimiendo los genes de identidad del MF en la parte distal del SAM, la identidad IM se mantiene y la inflorescencia se denomina indeterminada. En los cítricos, los MI muestran un desequilibrio en favor de la diferenciación de los MF, y en consecuencia de los órganos florales, en lugar de mantener la actividad meristemática en los MI, dando lugar a brotes de desarrollo determinado, los cuales resultan en la formación de las flores. Pero esto no es lo que ocurre en los MI, que pueden desarrollar brotes determinados, con la diferenciación de una flor terminal, o indeterminados asegurando su capacidad policárpica. Es de este modo como aparecen los 5 tipos de brotes antes definidos (véase apt. 3.4).

Tras la iniciación del MF, el desarrollo de la flor consiste en la organización espacial de sus órganos regulada por un número considerable de genes bajo control hormonal, siendo las AX, GA y CK las hormonas determinantes.

El papel de la auxina como señal de iniciación de un órgano lateral es bien conocido. Así, un brote lateral del meristemo vegetativo se inicia a partir de un elevado y transitorio flujo de auxina orientado polarmente por la proteína PIN. Del mismo modo, el transporte polar de AX y la correcta distribución de su gradiente en el MF, también regula la iniciación de los órganos florales. En el primordio del gineceo dicho gradiente controla su ontogenia: niveles elevados de auxina en su ápice determinan la formación del estilo y el estigma, en la zona media la del ovario, y en la zonal basal promueven la diferenciación del ginóforo (no es el caso de los cítricos). Estas respuestas a la auxina están reguladas por los *AUXIN RESPONSE FACTORS* (*ARF*), envueltos también en la formación de los órganos florales. Estos genes, sin embargo, son muy poco eficaces en la redistribución de la auxina entre flores, y, en consecuencia, la localización de su biosíntesis local de la hormona en el propio meristemo se considera un factor clave en el control del desarrollo de los órganos florales. Los genes de esta familia han sido identificados y secuenciados en el género *Citrus* en el que regulan el tiempo de desarrollo de los órganos florales (*CiARF3/4*) y el desarrollo de la flor (*CiARF5/6/7/8/10/19*). Las AX son también necesarias en los estambres para la maduración del polen y la dehiscencia de las anteras.

Las GA también juegan un papel importante en el proceso de la floración, pero en los cítricos es poco conocido. Estudios con mutantes de diferentes especies anuales han demostrado que estas hormonas regulan la transcripción de los genes de identidad floral *LFY* y *AP1*, entre otros (véase apt. 3.5.1), y *LFY* reduce los niveles de GA durante la formación de las flores, todo lo cual influye, indirectamente, sobre su fertilidad, el crecimiento de los pétalos, y el desarrollo de estambres. Estos efectos son reprimidos por las proteínas DELLA. En los cítricos, las GA exógenas reducen la expresión de *SEP3*, *AP1*, *AP2*, *PI* y otros genes de identidad floral. Además, los genes *CcGA20ox* y *CcGA3ox* regulan la división celular en el ovario.

La activación de *AP1* provoca la expresión de los genes envueltos en la síntesis y el catabolismo de las GA, lo que indica que los mecanismos de autorregulación de la síntesis de estas hormonas son importantes en la actividad del MF. El gen *GA20ox* de la síntesis de GA muestra expresión durante la elongación del filamento de los estambres, el *GA3ox* en el desarrollo de las anteras, y el *GA1ox* en el filamento y el receptáculo floral. Además, varios genes de la familia *PIN* son también promovidos, indicando la importancia de la redistribución en el MF del transporte polar de la auxina en la inducción de los órganos florales. Los homólogos de estos genes también han sido identificados en el genoma de los cítricos.

Las CK afectan la expresión de los genes de identidad floral y del desarrollo floral, y la actividad del MF, bien directamente bien a través de la alteración de las relaciones CK/AX. Los genes regulados por las CK en el proceso del desarrollo floral están bajo el control de *AP1*, y son responsables del aumento de tamaño del meristemo, del número de flores por inflorescencia, del desarrollo del grano de polen, de la formación de los carpelos y de la fertilidad. En correspondencia con ello, elevados contenidos de CK en el MF promueven un aumento del número de flores, modifican el desarrollo de las mismas, y provocan un alargamiento de las inflorescencias y del MF. Sin embargo, el papel de las CK en la organogénesis del género *Citrus* se desconoce.

El ácido jasmónico (AJ) es un importante regulador del desarrollo de las anteras y de la maduración del polen. Su biosíntesis está promovida por la biosíntesis de GA durante el desarrollo del estambre, lo que establece una relación entre ambas hormonas en el establecimiento del androceo. Deficiencias en la síntesis de AJ provocan estambres con filamentos cortos, anteras indehiscentes, gineceos inmaduros, y flores androestériles.

El etileno altera el inicio de la formación de los estambres y reduce su número. Su aplicación exógena o el aumento de la producción endógena causa feminidad al detener el desarrollo de las anteras.

3.6. La regulación agronómica de la floración

En los cítricos la cuantía y la calidad de las cosechas dependen, en gran medida, de la intensidad de floración, por lo que su control es requisito indispensable, en muchos casos, para aumentar el rendimiento. Este control debe entenderse en un sentido amplio y, dependiendo de la variedad, exigirá de su inhibición o de su estímulo. Así, las variedades que florecen muy abundantemente necesitan de su reducción para mejorar el cuajado y la cosecha, mientras que aquellas con tendencia a la alternancia de cosechas requieren, después de un año de elevada cosecha, de tratamientos para aumentarla.

3.6.1. La reducción de la floración

En algunas variedades partenocárpicas de cítricos (por ejemplo 'Navelate' y navel 'Powell', entre otras) la improductividad es consecuencia de su elevada intensidad de floración (es común encontrar más de 100.000 flores·árbol^{-1}). En estos casos, del 90 % al 99 % de las flores se desprenden del árbol, y cuanto más intensa es la floración antes caen. En ellas, la mayor parte de las flores que se desprenden, en proporción superior al 95 %, lo hacen tanto más pronto cuanto mayor es su número. Esta relación encontrada entre intensidad de floración, el número de flores caídas y estado de desarrollo en que se desprenden, tiene su explicación en la competencia que se establece entre las flores en desarrollo. Por tanto, cuanto mayor es la intensidad de floración, mayor es la competencia entre ellas y el consumo de carbohidratos de reserva, lo que reduce el peso que alcanzan sus ovarios y aumenta el número de los que caen, siendo el cuajado del fruto frecuentemente inferior al 1 %. Y esta reducción del número de frutos es, a su vez, la causa de la elevada floración el año siguiente, estableciéndose ciclos continuados de elevada floración y baja cosecha que es necesario interrumpir.

Como en otras especies leñosas, en los cítricos la aplicación de GA en la época de inducción floral (noviembre-diciembre, en el HN) reduce la floración (véase apt. 3.5.3.6.1), lo que ha hecho que su aplicación se haya convertido en una técnica muy útil para resolver este problema. Estas aplicaciones 1) reducen significativamente el número de yemas que brotan, 2) revierten las yemas florales a yemas vegetativas, 3) reducen significativamente el número de flores por árbol, hasta un 45-75 %, dependiendo del cultivar y de las condiciones del tratamiento, y 4) aumentan directamente el cuajado de frutos. Este aumento en el número de frutos por árbol se convierte, a su vez, en un control efectivo de la floración para el año siguiente. A pesar de este efecto depresor del GA$_3$ sobre la floración, el número de flores y hojas por brote no se altera. El tratamiento se ha mostrado eficaz en naranjo dulce, mandarina Satsuma y Clementina, y en híbridos. Las concentraciones que se aconsejan para su uso práctico son 25 mg l^{-1} para el naranjo dulce y 10 mg l^{-1} para la mandarina Clementina aplicados entre mediados de noviembre y mediados de diciembre en España (Tabla 3.2), 100 mg l^{-1} para la mandarina Satsuma a finales de enero en Japón, o 25 mg l^{-1} a mediados de junio en Nueva Zelanda y 35 mg l^{-1} para la lima 'Tahití' a mediados de diciembre en Florida-EE.UU, y concentraciones entre 20 y 200 mg l^{-1} en la mayoría de los países productores de cítricos (Tabla 3.3). Su aplicación en el momento de la brotación (enero – febrero, en el HN), cuando apenas son visibles los primordios foliares, también reduce significativamente la floración al interrumpir la diferenciación floral. Es importante destacar que esta reducción de la floración también aumenta la eficacia de técnicas específicas para aumentar el cuajado, como la aplicación de GA$_3$ a la caída de los pétalos o el anillado de ramas durante la abscisión fisiológica de los frutos.

Tabla 3.2. Influencia de la concentración y fecha de la aplicación de ácido giberélico sobre la distribución de la brotación, el número de flores y la cosecha de diferentes especies de cítricos. Resultados expresados en miles de brotes y flores por árbol

Especie cv.	Tratamiento	BV	CB	RM	RF	FS	Flores	Kg árbol^{-1}
N.d. Navelate	–	3,5	1,2	6,3	17,5	14,3	114,5	33,5
	25 mg l^{-1} 29.XI	4,8	2,0*	4,2	8,2*	7,6*	62,9*	70,5*
N.d. W. navel	–	2,3	1,4	15,1	9,8	4,0	127,5	27,5
	20 mg l^{-1} 22.XII	8,2	2,9	6,0*	1,8*	1,1*	93,5*	93,5*
M. Clementina	–	3,6	7,7	4,1	4,5	18,8	100,0	45,0
	10 mg l^{-1} 3.XII	6,2	8,3	0,0*	1,1*	8,4*	41,7*	90,9*
M. Satsuma	–	14,8	9,2	–	–	4,1	nd	nd
	20 mg l^{-1} 30.I	16,4	4,4*	–	–	1,9*	nd	nd

nd: no determinada; *indica significación estadística ($P \le 0.05$)

Adaptado de Agustí, 1980

Este efecto del ácido giberélico ha sido relacionado con la represión de los genes *CiFT3*, en la hoja, y *CsAP1, CcPI, CcSEP3, and CsAP2* en la yema explicando, así, su acción sobre la inducción, la diferenciación, y la organogénesis floral. En la hoja, sin embargo, la expresión de *CcMADS19* no se ve modificada por la aplicación de GA$_3$, y tampoco la del *FLC-like* en la yema, lo que sugiere un mecanismo de inhibición de la floración distinto al del fruto (véase apt. 3.5.3.1). Dado que en *Arabidopsis* la aplicación de GA$_3$ reduce la acumulación de las proteínas DELLA y estas son necesarias para inducir la expresión de AP1, esta podría ser el mecanismo de la acción represora de la hormona sobre la diferenciación floral.

Tabla 3.3. Utilización del ácido giberélico (GA3) para reducir la floración en el género *Citrus*

Citrus species and cv.	% inhibición	[GA$_3$]	Reference
Naranjo dulce 'Shamouti'	76	200 mg l^{-1} x 3	Monselise y Halevy, 1964
	92	200 mg l^{-1} x 4	
Naranjo dulce 'Shamouti'	60	0,075 µg/bud	Goldschmidt y Monselise, 1972
Naranjo dulce 'Valencia Late'	54,5	50 *3 ng ml^{-1}	Moss, 1970
			Moss y Bellamy, 1973
Naranjos dulces 'Navel'	76,2	100 mg l^{-1}	Guardiola *et al.*, 1977
	48	100 mg l^{-1}	
	27	50 mg l^{-1}	
	30	25 mg l^{-1}	
	45	25 mg l^{-1}	
	94	50 mg l^{-1} x 8	Tang y Lovatt, 2019
Mandarina Satsuma	54	0,03 mM	García-Luis *et al.*, 1986
Mandarina 'Nova'	30	40 mg l^{-1}	Gravina, A. 2007
Mandarina 'Montrenegrina'	60	40 mg l^{-1}	Gravina, A- 2007
Tangor 'Ortanique'	35	40 mg l^{-1}	Gravina, A. 2007
Mandarina Clementina	12,4	20 mg l^{-1}	Deidda y Agabbio, 1977
Tangor 'Ellendale'	39,4	20-40 mg l^{-1}	
	45,2	20 mg l^{-1}	Gravina, A. 2007
Tangor 'Ellendale'	45,7	75 mg l^{-1}	Arias, M. 1999
Naranjo dulce 'Salustiana'	55,6	75 mg l^{-1}	Arias, M. 1999
	72	40 mg l^{-1}	Muñoz-Fambuena *et al.*, 2012
M. Clementina 'Hemandina'	70,1	50 mg l^{-1}	Martínez-Fuentes *et al.*, 2013
M. Clementina 'Hemandina'	14	50 mg l^{-1}	
M. Clementina 'Hemandina'	38,1	50 mg l^{1}	
Mandarina 'Orri'	75	150 mg l^{-1} x 4	Goldberg-Moeller *et al.*, 2013

Las auxinas (2,4-D y ANA), aplicadas desde mediados de noviembre a mediados de diciembre (HN), a una concentración de 12 mg l^{-1}, también reducen la floración en un 30 %, aproximadamente, en el naranjo dulce, limonero y mandaria Clementina. Concentraciones más elevadas (18 mg l^{-1}) no tienen un efecto adicial,l y más bajas (7,5 mg l^{-1}) no inhiben la floración.

No se conoce un uso práctico de las CK para reducir la floración en los cítricos.

3.6.2. El estímulo de la floración

Los cítricos, en general, presentan tendencia a la alternancia de cosechas, aunque con diferente intensidad (véase apt. 3.5.3.1). Esta puede ser particularmente acusada en algunos cultivares de recolección tardía y algunos híbridos partenocárpicos de mandarina. En estos casos se hace necesario promover la floración el año siguiente al de una elevada cosecha.

Dado que las giberelinas reducen la floración, algunos de los inhibidores de su biosíntesis han sido utilizados para promoverla. Así, la aplicación de retardadores del crecimiento, tales como B-nine, cycocel, benzotiazol o paclobutrazol, durante la época de inducción floral, tanto por vía foliar como al suelo, incrementa el número de flores. De entre ellos, el más utilizado es el paclobutrazol, que aplicado a árboles OFF o de cosecha media, a una concentración de 1-2 g l^{-1}, reduce el número de brotes vegetativos e incrementa el de generativos, aumentando, así, el número de flores por árbol. Tampoco en este caso se ve modificado el número de hojas por brote, pero sí el de flores por inflorescencia. Su acción, lógicamente, es contraria a la de las GA, aumentando la expresión del gen *CiFT2* en las hojas cuando se aplica en la época de inducción floral. Sin embargo, la presencia de un elevado número de frutos (árboles ON) anula su efecto, por lo que este tipo de sustancias no son eficaces para controlar la alternancia de cosechas.

El rayado de ramas se ha utilizado, también, para promover la floración. Cuando se efectúa en verano, entre finales de julio y principios de agosto (HN), promueve el desarrollo de los brotes vegetativos de principios de otoño y las hojas nuevas alcanzan la época de inducción floral (noviembre-diciembre) suficientemente maduras para recibir la señal inductiva, y el árbol florece la primavera siguiente. Pero, también, en este caso si el número de frutos es muy elevado el efecto es limitado, ya que los frutos en crecimiento impiden la brotación de verano y otoño. Por eso se ha desarrollado un modo de poda mecánica basado en el estímulo del crecimiento vegetativo de los árboles ON que mitigue la alternancia de cosechas. Se efectúa en primavera al inicio de un año de intensa floración, recortando los brotes, aproximadamente, por la mitad, tanto los laterales como los situados en lo alto de la copa, respetando, por un lado, parte de las flores formadas y, por otro, promoviendo una nueva brotación vegetativa. La técnica permite la formación de hojas y yemas nuevas que alcanzan la época de inducción floral listas para ser inducidas y florecer la primavera siguiente. Los resultados han demostrado un incremento acumulado del 25 % de la cosecha, con respecto a árboles sin podar, en un experimento de 4 años de duración con el cultivar 'Nadorcott'. Finalmente, en climas áridos (por ejemplo en el oeste de Perú) también se utiliza el déficit hídrico controlado para promover y adelantar la floración después de la recolección, y en clima Mediterráneo (en Sicilia, Italia) para forzar la floración del limonero en verano (*forzatura*) y producir limones *verdelli* fuera de estación el verano siguiente. De esta manera también se producen limas en México.

Bibliografía consultada

Agustí M. 1980. *Biología y control de la floración en el género Citrus.* PhD Thesis. Universidad Politécnica de Valencia. España.

Agustí M, Mesejo C, Muñoz-Fambuena N, Vera-Sirera F, de Lucas M, Martínez-Fuentes A, Reig C, Iglesias DJ, Primo-Millo E, Blázque MA. 2020. Fruit-dependent epigenetic regulation of flowering in Citrus. *New Phytologist* 225, 376-384.

Agustí M, Reig C, Martínez-Fuentes A, Mesejo C. 2022. Advances in Citrus flowering: A review. *Frontiers in Plant Science* 13: 868831.

Andrés F, Coupland G. 2012. The genetic basis of flowering responses to seasonal cues. *Nature Reviews Genetics* 13: 627-639.

Arias M. 1999. *Cuantificación y evolución de poliaminas en los cítricos. Comparación de especies con diferente comportamiento reproductivo.* Ph.D. Thesis. Universitat Politècnica de València, España.

Bangerth F. 2006. Flower induction in perennial fruit trees: still an enigma? *Acta Horticulturae* 727: 177-195

Chandler JW. 2011. The hormonal regulation of flower development. *Journal of Plant Growth Regulation* 30: 242 - 254.

Chica EJ, Albrigo G. 2013. Expression of flower promoting genes in sweet orange during floral inductive water deficits. *Journal of the American Society for Horticultural Science* 138: 88-94.

Davenport TL. (1990). Citrus flowering. *Horticultura Reviews* 12: 349-408.

Deidda P, Agabbio M. 1977. Some factors influencing flowering and fruit set of Clementine mandarin. *Proceedings of the International Society of Citriculture* 2: 688-693.

El-Otmani M, Goumari M, Srairi I, Lbrek A, Charif L, Lovatt CJ. 2004. Heavy fruit load and late harvest inhibit flowering of the 'Nour' Clementine mandarin. *Proceeding of the International Society of Citriculture* 2: 525-527.

Endo T, Shimada, T, Fujii H, Kobayashi Y, Araki T, Omura M. 2005. Ectopic expression of an FT homolog from Citrus confers an early flowering phenotype on trifoliate orange (*Poncirus trifoliata* L. Raf.). *Transgenic Research* 14: 703-712.

Espino M, Borges A, da Cunha M, Gambetta G, Gravina A. 2005. Manejo de la floración y cuajado de frutos en tangor 'Ortanique'. En: II Simposio de Investigación y desarrollo tecnológico de Citrus, Montevideo, Uruguay: 14-15.

García-Luis A, Fornes F, Guardiola JL. 1995. Leaf carbohydrates and flower formation in Citrus. *Journal of the American Society for Horticultural Science* 120: 222-227.

García-Luis A, Almela V, Monerri C, Agustí M, Guardiola JL. 1986. Inhibition of flowering in vivo by existing fruits and applied growth regulators in *Citrus unshiu. Physiologia Plantarum* 66: 515-520.

García-Luis A, Kanduser M, Guardiola JL. 1995. The influence of fruiting on the bud sprouting and flower induction responses to chilling in Citrus. *Journal of Horticultural Science* 70: 817- 825.

Goldber-Moeller R, Shalom L, Shlizerman L, Samuels S, Zur N, Ophir R, Blumwald E, Sadka, A. 2013. Effects of gibberellin treatment during flowering induction period on global gene expression and the transcription of flowering-control genes in Citrus buds. *Plant Science* 198: 46-57.

Goldschmidt EE. 1984. Endogenous abscisic acid and 2-trans-abscisic acid in alternate bearing 'Wilking' mandarin trees. *Plant Growth Regulation* 2: 9-13.

Goldschmidt EE, Monselise SP. 1972. Hormonal control of flowering in Citrus and some other woody perennials. En: DJ Carr (Ed.), *Plant Growth Substances 1970.* Springer Berlin, Heidelberg, Alemania, pp. 758-766.

Goldschmidt EE, Sadka A. 2012. Yield alternation: horticulture, physiology, molecular biology, and evolution. *Horticultural Reviews* 48: 363-418.

Goldschmidt EE, Tamim M, Goren R. 1997. Gibberellins and flowering in citrus and other fruit trees: A critical analysis. *Acta Horticulturae* 463: 201-208.

Gravina A. 2007. Aplicación del ácido giberélico en Citrus. *Agrociencia Uruguay* 11: 57-66.

Gravina A, Arbiza H, Juan M, Almela V, Agustí M. 1997. Flowering- fruiting interrelationships in Ellendale tangor under the growing conditions of Spain and Uruguay. *Proceedings of the International Society of Citriculture* 2: 1081-1085.

Guardiola JL, Agustí M, García-Marí F. 1977. Gibberellic acid and flower bud development in sweet orange. *Proceeding of the International Society of Citriculture* 2: 696-699.

Guardiola JL, Monerri C, Agustí M. 1982. The inhibitory effect of gibberellic acid on flowering in Citrus. *Physiologia Plantarum* 55: 136-142.

Koshita Y, Takahara T, Ogata T, Goto A. 1999. Involvement of endogenous plant hormones (IAA, ABA, GAs) in leaves and flower bud formation of satsuma mandarin (*Citrus unshiu* Marc.). *Scientia Horticulturae* 79: 185-194.

Ma Y-J, Li P-T, Sun L-M, Zhou H, Zeng R-F, Ai X-Y, Zhang J-Z, Hu Ch-G. 2020. HD-ZIP I transcription factor (pthb13) negatively regulates citrus flowering through binding to FLOWE-RING LOCUS C Promoter. *Plants* 9: 114.

Martínez-Fuentes A, Mesejo C, Muñoz-Fambuena N, Reig C, González-Mas MC, Iglesias DJ, Primo-Millo E, Agustí M. 2013. Fruit load restricts the flowering promotion effect of paclobutrazol in alternate bearing Citrus spp. *Scientia Horticulturae* 151: 122-127.

Martínez-Fuentes A, Mesejo C, Reig C, Agustí M. 2010. Timing of the inhibitory effect of fruit on returnbloom of 'Valencia' sweet orange [*Citrus sinensis* (L.) Osbeck]. *Journal of the Science of Food and Agriculture* 90: 1936-1943.

Mesejo C, Marzal A, Martínez-Fuentes A, Reig C, de Lucas M, Iglesias DJ, Primo-Millo E, Blázquez MA, Agustí M. 2022. Reversion of fruit-dependent inhibition of flowering in Citrus requires sprouting of buds with epigenetically silenced CcMADS19. *New Phytologist* 233: 526-533.

Monselise SP, Goldschmidt EE. 1982. Alternate bearing in fruit trees. *Horticultural Reviews* 4:128-173.

Monselise SP, Halevy AH. 1964 Chemical inhibition and promotion of citrus flower bud induction. *Proceedings of the American Society for Horticultural Science* 84: 141-146.

Moss GI. 1970. Chemical control of flower development in sweet orange. *Journal of Horticultural Science* 44: 311-320.

Moss GI, Bellamy J. 1973. The use of gibberellic acid to control flowering of sweet orange. *Acta Horticulturae* 34: 207-212.

Mutasa-Göttgens E, Hedden P. 2009. Gibberellin as a factor in floral regulatory networks. *Journal of Experimental Botany* 60: 1979-1989.

Muñoz-Fambuena N, Mesejo C, González-Mas MC, Iglesias DJ, Primo-Millo E, Agustí M. 2012. Gibberellic acid reduces flowering intensity in sweet orange [*Citrus sinensis* (L.) Osbeck] by repressing CiFT gene expression. *Journal of Plant Growth Regulation* 31: 529-536.

Muñoz-Fambuena N, Mesejo C, González-Mas MC, Primo-Millo E, Agustí M, Iglesias DJ. 2011. Fruit regulates seasonal expression of flowering genes in alternate-bearing 'Moncada'mandarin. *Annals of Botany* 108: 511-519.

Muñoz-Fambuena N, Nicolás-Almansa M, Martínez-Fuentes A, Reig C, Iglesias DJ, Primo-Millo E, Mesejo C, Agustí M. 2019. Genetic inhibition of flowering differs between juvenile and adult Citrus trees. *Annals of Botany* 123: 483-490.

Nebauer SG, Avila C, García-Luis A, Guardiola JL. 2006. Seasonal variation in the competence of the buds of three cultivars from different *Citrus* species to flower. *Trees* 20: 507-514.

Nishikawa F. 2013. Regulation of floral induction in citrus. *Journal of the Japanese Society for Horticultural Science* 82: 283-292.

Nishikawa F, Endo T, Shimada T, Fujii H, Shimizu T, Omura M. 2009. Differences in seasonal expression of flowering genes between deciduous trifoliate orange and evergreen Satsuma mandarin. *Tree Physiology* 29: 921-926.

Nishikawa F, Endo T, Shimada T, Fujii H, Shimizu T, Omura M, Ikoma Y. 2007. Increased CiFT abundance in the stem correlates with floral induction by low temperature in Satsuma mandarin (*Citrus unshiu* Marc.). *Journal of Experimental Botany* 58: 3915-3927.

Okuda H. 2000. A comparison of IAA and ABA levels in leaves and roots of two citrus cultivars with different degrees of alternate bearing. *Journal of Horticultural Science and Biotechnology* 75: 355-359.

Orduz-Rodríguez JO, Garzón DL. 2012. Alternancia de la producción y comportamiento fenológico de la naranja 'Valencia' [*Citrus sinensis* (L.) Osbeck] en el trópico bajo húmedo de Colombia. *Ciencia y Tecnología Agropecuaria,* 13: 136-144.

Peña L, Martín-Trillo M, Juárez J, Pina JA, Navarro L, Martínez-Zapater JM. 2001. Constitutive expression of Arabidopsis LEAFY or APETALA1 genes in citrus reduces their generation time. *Nature Biotechnology* 19: 263-267.

Pillitteri LJ, Lovatt CJ, Walling LL. 2004. Isolation and characterization of LEAFY and APETALA1 homologues from *Citrus sinensis* L. Osbeck 'Washington'. *Journal of the American Society for Horticultural Science* 129: 846-856.

Pillitteri LJ, Lovatt CJ, Walling LL. 2004. Isolation and characterization of a *TERMINAL FLOWER* homolog and its correlation with juvenility in Citrus. *Plant Physiology* 135: 1540-1551.

Shalom L, Samuels S, Zur N, Shglizerman L, Doron-Faigenboim, Blumwald E, Sadka A. 2014. Fruit load induces changes in global gene expression and in abscisic acid (ABA) and indole acetic acid (IAA) homeostasis in citrus buds. *Journal of Experimental Botany* 65: 3029-3044.

Shalom L, Samuels S, Zur N, Shlizerman L, Zemach, H, Weissberg M, Ophir R, Blumwald E, Sadka A. 2012. Alternate bearing in citrus: changes in the expression of flowering control genes and in global gene expression in ON-versus OFF-crop trees. *Plos One* 7: e46930.

Tang L, Lovatt CJ. 2019. Effects of low temperature and gibberellic acid on floral gene expression and floral determinacy in 'Washington' navel orange (*Citrus sinensis* L. Osbeck). *Scientia Horticulturae* 243: 92-100.

Valiente JI, Albrigo G. 2004. Flower bud induction of sweet orange trees [Citrus sinensis (L.) Osbeck]: effect of low temperatures, crop load, and bud age. *Journal of the American Society for Horticultural Science* 129: 158-164.

Verreynne JS, Lovatt CJ. 2004. Citrus fruit reduce summer and fall vegetative shoot growth and return bloom. *Proceeding of the International Society of Citriculture* 2: 520-524.

CAPÍTULO 4
El cuajado del fruto

4.1. Desarrollo del fruto. Fases

A lo largo del proceso de fructificación el ovario crece y se desarrolla hasta convertirse en un fruto maduro. Dicho proceso comienza tras la antesis, en primavera, y se prolonga entre 6 y 9 meses, en función de la especie y la variedad. Así pues, en la zona mediterránea, las variedades más tempranas maduran a principios de otoño, mientras que en las tardías este proceso puede prolongarse hasta el invierno. El patrón de crecimiento y desarrollo de un fruto cítrico, medido en tamaño (diámetro, longitud o volumen) o en peso, sigue una curva en el tiempo de tipo sigmoide que puede dividirse en tres estadios o fases (Fig. 4.1).

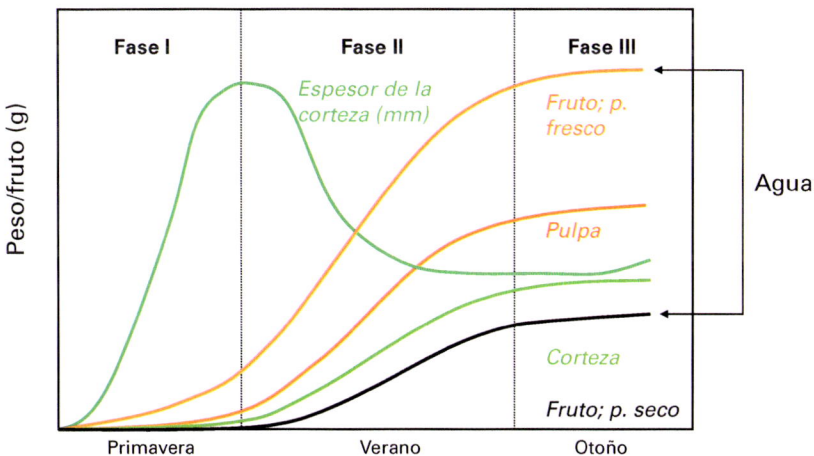

Figura 4.1. Evolución esquemática del desarrollo de un fruto cítrico. (Tomado de Agustí *et al.*, 2020).

La fase I corresponde a un periodo inicial de crecimiento moderado que va desde la antesis de la flor hasta el final de la caída fisiológica de frutitos (Foto 4.1 A), y es propiamente la fase de cuajado. La duración de esta fase es de algo más de dos meses. En este periodo predomina la división celular, con el consiguiente aumento del número de células en todos los tejidos en desarrollo de dicho órgano.

El incremento en tamaño se debe principalmente al crecimiento de los tejidos de la pared del ovario (pericarpo) que formarán la corteza del fruto; al final de esta fase alcanza su espesor máximo (Foto 4.1 C).

El mesocarpo es la porción del pericarpo que más se expande con el crecimiento del ovario durante la fase I de la fructificación. La mayor tasa de división célular se produce en el mesocarpo externo que forma una estrecha franja de células que conserva rasgos meristemáticos. Estas células son pequeñas, presentan paredes delgadas y aparecen en disposición compacta. Con el transcurso del tiempo las células van siendo desplazadas a zonas más profundas del tejido, aumentan de tamaño, sus paredes celulares se hacen más gruesas y los espacios intercelulares se van ensanchando. La transición de las células del mesocarpo externo al interno se hace patente en algunos orgánulos celulares. Los cambios más importantes corresponden a los plastos, puesto que el mesocarpo externo presenta cloroplastos fotosintéticamente activos, cuya estructura interna se va degradando a medida que las células van pasando al mesocarpo interno, donde se transforman en amiloplastos. En el transcurso del desarrollo del fruto, tanto los amiloplastos como los cloroplastos van perdiendo progresivamente los acúmulos de almidón que contienen.

Fotografía 4.1. Cuajado del fruto. **A:** Estados de desarrollo durante el periodo de cuajado; **B:** posición de los frutitos cuajados (de izquierda a derecha: brote campanero, brote mixto, ramo de flor y flor solitaria); **C:** sección de frutitos durante el periodo post-floración (arriba) y al final de la caída fisiológica de frutos (abajo).

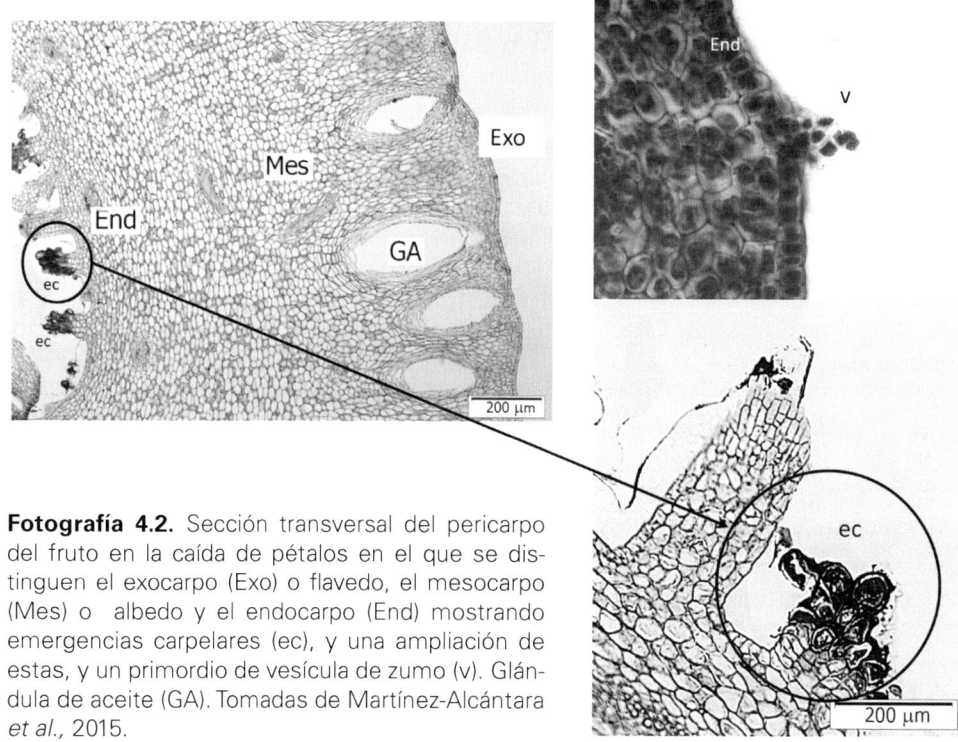

Fotografía 4.2. Sección transversal del pericarpo del fruto en la caída de pétalos en el que se distinguen el exocarpo (Exo) o flavedo, el mesocarpo (Mes) o albedo y el endocarpo (End) mostrando emergencias carpelares (ec), y una ampliación de estas, y un primordio de vesícula de zumo (v). Glándula de aceite (GA). Tomadas de Martínez-Alcántara *et al.*, 2015.

La zona más profunda del pericarpo, el endocarpo, muestra un ligero crecimiento a lo largo de la fase I, aunque este es mucho menor que el del mesocarpo (Foto 4.1 C). Esto supone un aumento moderado del volumen de los lóculos, que se alcanza mediante la división celular en los septos y en las paredes tangenciales de los lóculos. En las primeras, las divisiones son periclinales mientras que en las segundas son anticlinales. La formación de las vesículas de zumo se inicia con la antesis a partir de células de las capas más internas del endocarpo (Foto 4.2), que forman la epidermis y sub-epidermis del lóculo; su formación se ha descrito en el capítulo 3, apt. 3.3.2.

Poco antes de la antesis comienzan a formarse, junto con las vesículas, *emergencias carpelares* a partir de células iniciales diferentes al resto de las del tejido que recubre el interior de la cavidad locular. Estas emergencias están compuestas por agrupaciones de células globulares que se dividen activamente y crecen desordenadamente hacia el interior del lóculo (Foto 4.2). Generalmente, las células terminales aumentan de tamaño y sus láminas medias se ablandan, produciendo el desprendimiento de las mismas. El desarrollo de las emergencias carpelares es inicialmente más rápido que el de las vesículas de zumo aunque se ralentiza considerablemente al poco tiempo y acaba deteniéndose antes de que finalice la fase I. El citoplasma de las células globulares contiene numerosas vesículas de Golgi, así como cuerpos lipídicos. Las emergencias carpelares parecen ser estructuras de naturaleza secretora.

Durante la **fase II** el fruto crece linealmente como consecuencia del engrosamiento de sus células que ya no se dividen. Al final de esta fase el fruto adquiere su máximo tamaño. Esta fase se estudia en el capítulo 5.

En la **fase III** el fruto ya no crece, pero sufre cambios metabólicos importantes que lo conducen a su maduración y posterior senescencia y abscisión. Cuando alcanza esta fase el fruto debe ser recolectado para su consumo. Esta fase se estudia en el capítulo 6.

4.2. Cuajado del fruto

Los cítricos son plantas que florecen con profusión, produciendo un número de flores muy superior al de frutos que la planta es capaz de mantener y desarrollar plenamente. Por ello, desde el momento de la caída de pétalos hasta finales de junio o principios de julio (hemisferio N), se produce un desprendimiento masivo de ovarios y pequeños frutos en desarrollo. Durante este periodo se observan en los árboles unos frutitos que crecen con más rapidez, conservando su color verde oscuro y brillante, y otros que lo hacen más lentamente o detienen su desarrollo adquiriendo un color amarillento sin brillo. Estos últimos caen del árbol al poco tiempo, mientras que los primeros, en su mayoría, prosiguen su desarrollo hasta alcanzar la madurez. Este proceso, en su conjunto, se denomina *cuajado del fruto* y, en los cítricos, puede definirse como la transición desde el estado de desarrollo lento del ovario de la flor hasta el de crecimiento rápido del fruto joven.

El cuajado del fruto es un proceso altamente regulado para afrontar una situación fuertemente competitiva entre los órganos reproductivos jóvenes y entre estos y las brotaciones vegetativas que se encuentran en estado de desarrollo activo durante este periodo. Dicha competencia, a través de ciertas señales, determina el número de frutos que pueden pasar a la fase de desarrollo rápido hasta alcanzar la maduración. Con ello, el cuajado constituye el principal factor limitante de la producción de las variedades cultivadas.

4.2.1. Transición del ovario a frutito en desarrollo

En la semana siguiente a la antesis de la flor se produce la caída de los pétalos y aproximadamente dos semanas después de esta caída tiene lugar la abscisión del estilo con el estigma, que marca la transición del ovario a lo que se considera ya fruto en desarrollo.

El proceso de senescencia y posterior abscisión de los pétalos está estrechamente relacionado con la producción de etileno endógeno por los mismos, que posiblemente constituye el principal regulador de dicho proceso. La biosíntesis de etileno es fuertemente estimulada por el AIA a través de la activación del enzima ACC sintasa, que provoca una acumulación de ácido 1-amino ciclopropano-1-carboxílico (ACC), precursor del etileno. El tratamiento de los pétalos con ácido aminooxiacético (AOA) o con tiosulfato de plata (STS), inhibidores de la biosíntesis y de la acción del etileno, respectivamente, retrasan su marchitamiento, lo que indica la función de esta hormona en dicho proceso. El AIA endógeno de los pétalos se considera, también, responsable de su curvatura durante la antesis.

El primer síntoma externo de senescencia del conjunto estigma-estilo es la aparición de un anillo de tonalidad más clara que se localiza por encima de la zona de unión del estilo al ovario. Este anillo adquiere con el tiempo una coloración marrón, a la vez que el estilo cambia su color verde claro a amarillento, hasta que finalmente se separa del ovario. Antes de que se produzca la abscisión, las papilas del estigma aparecen altamente vacuoladas, quedando el citoplasma de las mismas reducido a una estrecha banda junto a la pared celular. En este, los plastos han perdido el almidón, aunque continúan observándose dictiosomas aparentemente activos. La pared de las células que constituyen las papilas, así como las paredes de las células epidérmicas y los estratos más superficiales del córtex, experimentan una progresiva deposición de lignina a medida que avanza la senescencia del estigma y del estilo. Un porcentaje considerable de estilos permanece unido al fruto durante todo el ciclo de vida en el árbol.

4.2.2. Abscisión de frutitos en desarrollo

Generalmente, como consecuencia de que la planta no puede soportar un excesivo número de frutos, a partir de la caída de pétalos se produce un desprendimiento masivo de ovarios y frutitos en desarrollo. Antes de esto, también pueden caer una pequeña proporción de botones florales y flores. Generalmente el número de frutos que alcanza la madurez no suele superar el 10 % de las flores formadas, aunque lo normal es que el porcentaje de cuajado esté comprendido entre el 1 y el 5 %. En el caso de floraciones excesivas el porcentaje de cuajado puede descender a valores próximos al 0,1 % e inferiores.

La caída de los órganos reproductivos en desarrollo presenta dos picos característicos, correspondientes a dos periodos de intensa abscisión, separados por un intervalo de tiempo en el que esta es menos acusada. Los dos periodos de caída suelen aparecer solapados, en mayor o menor grado, aunque normalmente los máximos destacan con claridad (Fig. 4.2).

Estos se corresponden con estados característicos del desarrollo: El primero ocurre mayoritariamente durante las 3-4 semanas posteriores a la caída de pétalos y afecta principalmente a ovarios y frutitos en un estado incipiente de desarrollo (entre aproximadamente 5 y 10 mm), aunque también pueden desprenderse algunas flores completas. El segundo (denominado *caída de junio* en el HN o, más correctamente, *caída fisiológica de frutos*) comienza unas 2 semanas después de que remita el primer periodo de caída, prolongándose desde finales de mayo a finales de junio (HN). En este periodo se desprenden frutos pequeños en desarrollo, hasta que estos han alcanzado un cierto tamaño (3-4 cm en el naranjo o 2-3 cm en los mandarinos), a partir del cual el riesgo de desprendimiento es mucho menor. En general, la mayor parte de los frutos que sobrepasan este segundo periodo de abscisión permanecen en el árbol hasta la recolección.

La pauta de caída de frutos puede variar en función de la variedad, el clima y la intensidad de la floración. En cuanto a la variedad, la capacidad de cuajado suele ser mayor en aquellas que forman semillas que en las aspermas, y dentro de estas últimas se encuentran grandes diferencias en su capacidad partenocárpica. Normalmente, cuanto mayor es el número de flores, más acusados son los picos de caída de frutos, si bien las condiciones climáticas pueden alterar la curva de caída de frutos, modificando la intensidad de los picos, desplazándolos en el tiempo o haciendo que aparezcan más o menos solapados.

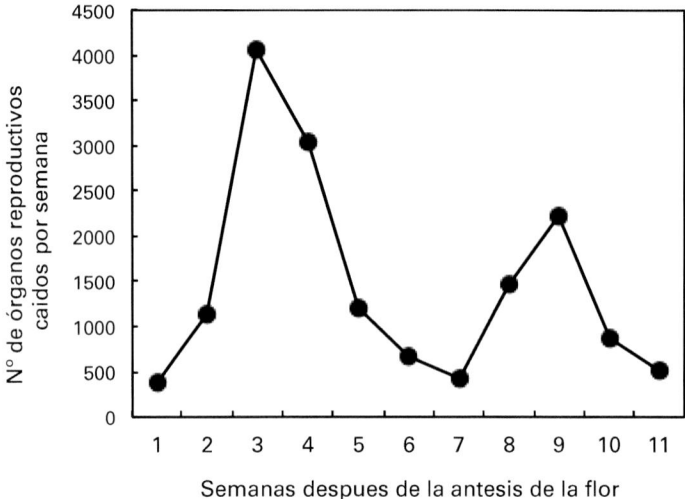

Figura 4.2. Evolución durante el periodo del cuajado de la tasa de abscisión de frutitos en desarrollo en la variedad de naranjo dulce 'Washington' navel. Tomado de Bermejo *et al.*, 2016.

La causa final de la caída de los órganos reproductivos es la formación de una capa de abscisión en la que se produce un debilitamiento de los tejidos. En el primer periodo de caída, justo después de la antesis, la capa de abscisión aparece en la zona de unión del pedúnculo al tallo (ZA – A) (Foto 4.3 A). Más tarde, cuando los frutitos han alcanzado un estado más avanzado de desarrollo, tiene lugar una segunda ola de abscisión en la que se desprenden por la zona de unión del ovario al disco (ZA – C) (Foto 4.3 B y C).

Los cambios anatómicos, ultraestructurales y bioquímicos que conlleva la abscisión de los frutitos por la ZA – A y la acción de las auxinas y el etileno sobre este proceso son similares a los que tienen lugar en la zona de abscisión laminar de la hoja (véase Cap. 2, apt. 2.4.3). En la zona de abscisión se encuentran varios estratos de células corticales de pequeño tamaño y con abundantes depósitos de almidón en su interior. Las células corticales adyacentes a las de la zona de abscisión están, sin embargo, prácticamente desprovistas de acúmulos de almidón. Al iniciarse el proceso, las células que forman la zona de abscisión se dividen, los granos de almidón desaparecen, y su citoplasma se vuelve más denso, apareciendo en su interior abundantes lisosomas. Durante el proceso se produce un aumento en el número de vesículas procedentes del retículo endoplasmático y del aparato de Golgi que contienen los enzimas hidrolíticos celulasa y poligalacturonasa. Estas vesículas se fusionan con el plasmalema para verter su contenido a la pared celular. El proceso hidrolítico comienza por la lámina media a la que sigue la pared celular primaria, y la pared celular adelgaza hasta que se completa el proceso. Finalmente, una vez desintegrado el tejido de la zona de separación, los ovarios se desprenden del árbol. El etileno aumenta la actividad de estos enzimas en la ZA – A, mientras que las auxinas las disminuyen.

Fotografía 4.3. Abscisión de frutitos durante el periodo de cuajado. **A:** desprendimiento post-floración por la zona ZA – A; **B** y **C:** desprendimiento durante la caída de junio por la zona ZA – C (flechas blancas). sp: sépalos; DF: disco nectarífico.

Cuando los frutitos en desarrollo alcanzan el segundo periodo de caída (caída fisiológica de frutos), las células de la ZA – A pierden su capacidad de responder a los enzimas hidrolíticos y, por ello, los frutitos dejan de caerse por dicha zona. En efecto, al desarrollarse el ovario para convertirse en fruto, el pedúnculo de la flor aumenta en diámetro y su estructura característica, formada por haces vasculares primarios dispuestos en círculo, pasa a ser un cilindro vascular con crecimiento secundario, en el cual el floema forma un anillo exterior separado del xilema por el cambium que se desarrolla concéntricamente hacia el interior. La parte central queda ocupada por las células del parénquima medular, cuyas paredes se van engrosando y lignificando y la ZA – A, situada en la base del pedúnculo floral, desaparece como tal, ya que en los frutos que inician el desarrollo se forman fibras floemáticas y xilemáticas secundarias que cruzan la antigua zona de abscisión. Por estas razones, en el segundo periodo de caída la abscisión tiene lugar por la ZA – C (Foto 4.3 B, C), al igual que sucede en los frutos maduros.

El proceso de la abscisión del fruto maduro y su control genético y hormonal se revisan en el capítulo 6, apt. 6.8.

Los ovarios y frutitos en desarrollo que se van a desprender pueden diferenciarse de los que van a permanecer en el árbol por su pérdida de clorofila (Foto 4.3 B). Las células del pericarpo de los ovarios con síntomas de abscisión se caracterizan por la presencia de invaginaciones del plasmalema y del tonoplasto. Las mitocondrias poseen pocos perfiles de crestas, y los plastos, por su parte, comienzan a perder su sistema endomembranoso.

4.3. Fecundación vs. Partenocarpia

Por regla general, las variedades de cítricos requieren que la polinización se efectúe con éxito y, por tanto, que se produzca la fecundación de los óvulos para que se desarrolle el ovario después de la antesis como paso previo al desarrollo de las semillas. Ello exige que el (los) grano(s) de polen alcance(n) el estigma, germine(n) en este, y desarrolle(n) el tubo polínico hasta alcanzar el ovario y fecundar el (los) óvulo(s). Este es un proceso complejo regulado por múltiples factores, variables con la especie.

El estigma en los cítricos es voluminoso, en relación al diámetro del estilo, y posee una epidermis recubierta de papilas (véase Foto 3.6 A), variables en número y tamaño de sus células, responsables de la hidratación y germinación del grano de polen. Una vez iniciado el tubo polínico, este avanza a lo largo de los canales estilares hasta alcanzar el óvulo para fecundarlo. El proceso de la fecundación ha sido descrito en el capítulo 3, apt. 3.3.2.

El ovario y el óvulo proporcionan señales que orientan y dirigen el tubo polínico en su recorrido por el lóculo. Se conocen 3 tipos de evidencias de este control. El primero consiste en el efecto que tienen los cambios fisiológicos de los tejidos femeninos sobre el crecimiento del tubo polínico. En los frutales se ha demostrado que el *obturador*, situado en la base del estilo, regula el recorrido del tubo polínico para que entre en el óvulo. En los cítricos, esta función la realizan los *pelos papilares* que se desarrollan dentro del lóculo y alcanzan el micropilo del óvulo. A su vez, la entrada al óvulo también está controlada por una respuesta quimiotrópica; en este caso son las primeras células del micropilo las que secretan sustancias que permiten la entrada del tubo polínico. El segundo tipo de evidencias se relaciona con el control que ejerce el saco embrionario en la dirección del tubo polínico. Las células sinérgidas poseen un papel relevante atrayendo al tubo polínico a través de la síntesis de péptidos. Finalmente, el tercer tipo de evidencias se refiere a algunas sustancias presentes en el pistilo que también se han relacionado con el desarrollo del tubo polínico. Entre ellas: 1) el Ca^{+2} ejerce un control fisiológico sobre su crecimiento, y se han encontrado concentraciones cuatro veces mayores de este catión en óvulos y placenta que en el resto del estilo; además, en ovarios que no han sido polinizados, el Ca^{+2} no es consumido, mientras que en los polinizados sí lo es; 2) algunas moléculas localizadas en el estigma y en el estilo se han relacionado con el control de su desarrollo; entre ellas están las kinasas, un grupo de enzimas relacionadas con los sistemas de incompatibilidad de la flor, y 3) finalmente, se han aislado moléculas relacionadas con la adhesión del tubo polínico al estilo, y otras relacionadas con la nutrición, como las glicoproteínas.

Pero el tubo polínico ha de alcanzar el óvulo y fecundarlo en un tiempo limitado ya que la receptividad de este dura tan solo unos días. Es decir, se ha de llevar a cabo dentro del *periodo de polinización efectiva* (PPE), variable con las especies y cultivares. Este se define como la diferencia entre los días de longevidad del óvulo y los que necesita el tubo polínico para alcanzar el saco embrionario, y está, además, limitado por los días en que el estigma es receptivo a la germinación del grano de polen. En los cítricos, el desarrollo del tubo polínico no parece ser un factor limitante. Hasta 8 días después de la antesis (dda) la mandarina 'Clemenules' y el naranjo dulce 'Valencia' desarrollan tubos polínicos capaces de fecundar los óvulos (Fig. 4.3); pero en las flores polinizadas, 10 dda los tubos polínicos ya no alcanzan el ovario, como lo demuestra la ausencia de semillas. Sin embargo, en la mandarina Satsuma esto ocurre mucho antes ya que las flores polinizadas 4 dda ya no logran fecundar los óvulos (Fig. 4.3). En el primer caso, a los 10 dda se forma una barrera en la base de las papilas del estigma que impide que los tubos polínicos

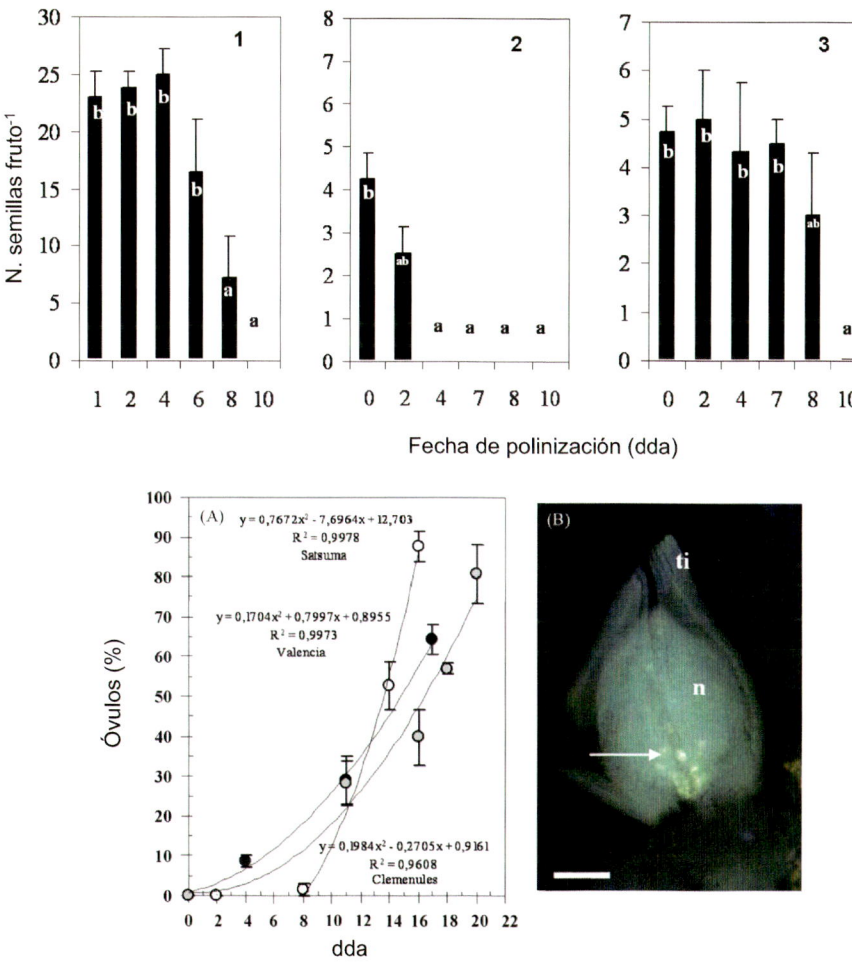

Figura 4.3. Número de semillas por fruto en función del día de polinización en las mandarinas 'Clemenules' (1) y Satsuma (2) y el naranjo dulce 'Valencia' (3), y desarrollo de óvulos con callosa (%) (A) en la chalaza (flecha; B). dda: días después de la antesis. ti: tegumento interno. n: nucela. Para polinizar se utilizó polen de m. 'Fortune'. Barra de escala: 100 μm. Tomado de Mesejo *et al.*, 2007.

avancen y alcancen los canales estilares, lo que demuestra que es la receptividad estigmática la que límita el PPE. En la mandarina Satsuma, a pesar de que a los 4 dda la polinización no consigue fecundar los óvulos, no aparece ninguna barrera en el estigma que impida el progreso de los tubos polínicos, lo que indica que en esta especie es la longevidad del óvulo la que limita el PPE. En efecto, uno de los primeros indicios de que un óvulo va a abortar es la síntesis de callosa en su extremo chalazal, carbohidrato que inhibe el transporte de azúcares al óvulo. En flores emasculadas de la mandarina 'Clemenules' y del naranjo dulce 'Valencia' la callosa se sintetiza en óvulos que no han sido fecundados 12 días después de la antesis, mientras que en la mandarina Satsuma 'Owari' el 100 % de los óvulos muestran signos de degeneración 4 días antes que aquellas (Fig. 4.3). Normalmente, la polinización y la fecundación de los óvulos reinicia la división celular, ralentizada durante el periodo de antesis, reactivándose así el desarrollo del ovario para formar el fruto y las semillas.

En conclusión, la receptividad de las flores de los cítricos depende de la especie y puede estar limitada por la longevidad del óvulo, como en la mandarina Satsuma, o por la receptividad estigmática, como en la mandarina Clementina y el naranjo dulce 'Valencia'.

Pero muchas variedades no requieren de la fecundación del óvulo para que se desarrolle el ovario y, por tanto, pueden cuajar frutos sin semillas de forma natural. Este fenómeno, denominado *partenocarpia*, se define como la capacidad de una flor para desarrollar frutos sin la fecundación de sus óvulos y, por tanto, sin desarrollo de semillas. En los cítricos, la partenocarpia es consecuencia de la *esterilidad gamética*, *andro* o *ginoesterilidad* (falta o deficiente desarrollo del polen o de los óvulos, respectivamente), o de la *esterilidad homogenética*, en la que el polen no puede fecundar flores del mismo o de otro cultivar, lo que se denomina *autoincompatibilidad* o *incompatibilidad de cruce*, respectivamente. La esterilidad gamética se da en variedades de naranjo dulce del grupo Navel, en los mandarinos Satsuma y en el pomelo 'Marsh seedless', en los que se produce una degeneración generalizada de los sacos embrionarios, sin menoscabo de que algunos se desarrollen completamente y lleguen a generar semillas, aunque sea en número muy escaso (Foto 4.4). De forma prácticamente absoluta únicamente se presenta en

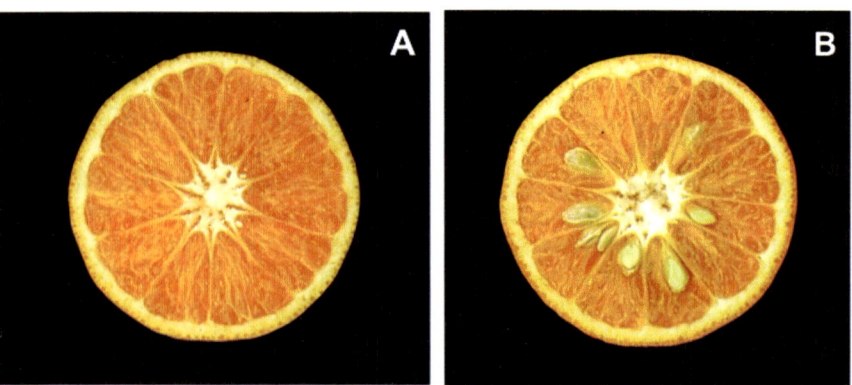

Fotografía 4.4. Variedad de naranjo dulce con **(A)** y sin esterilidad gamética **(B)**.

las variedades triploides. La esterilidad homogenética provoca la denominada *parteno-carpia facultativa* y se da en variedades incapaces de autofecundarse y en ausencia de polinización cruzada, como es el caso, por ejemplo, de las variedades híbridas de mandarino 'Nova', 'Fortune', 'Ortanique', 'Nadorcott', 'Moncada', etc... o de algunas clementinas altamente partenocárpicas, como la 'Marisol'. Sin embargo, otras variedades autoincompatibles con escasa capacidad partenocárpica muestran una baja productividad a menos que se polinicen con polen compatible, en cuyo caso se obtienen frutos con semillas que cuajan en gran proporción. Este es el caso de algunos cultivares de clementina procedentes de mutaciónes gemarias (Foto 4.5).

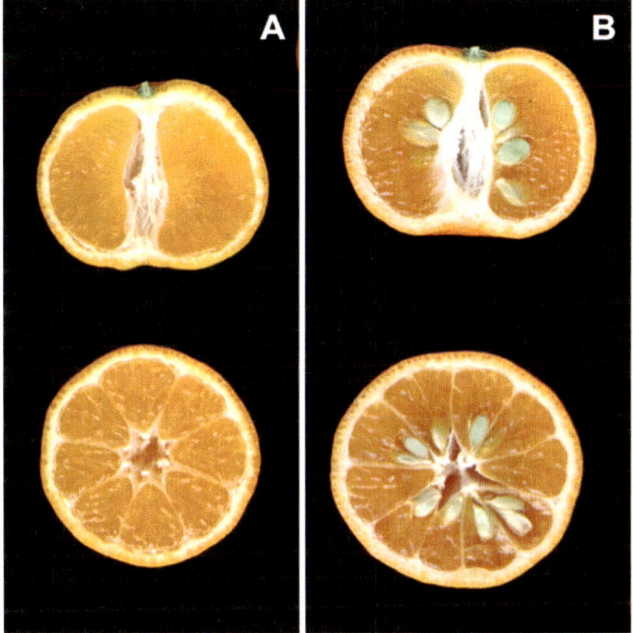

Fotografía 4.5. Variedad autoincompatible de mandarino sin **(A)** y con polinización cruzada **(B).**

En la esterilidad homogenética, la incompatibilidad entre los granos de polen y el estigma receptor está ligada a un gen de autoesterilidad con múltiples alelos, de modo que solamente el grano de polen cuyos alelos de autoesterilidad no coincide con los alelos de los tejidos del estigma o del estilo, penetra hasta los primordios seminales; si coincide, diversas reacciones de inmunidad, como fallos en el mecanismo de reconocimiento proteico polen-estigma, síntesis en el estilo y estigma de inhibidores del desarrollo del tubo polínico,... anulan o limitan el desarrollo de este, impidiendo la autogamia (autoincompatibilidad).

La partenocarpia está condicionada a numerosos factores, tanto endógenos como exógenos. Así, la mera deposición del grano polen sobre el estigma, su germinación o el desarrollo del tubo polínico, sin que en ningún caso se alcance la fecundación, provocan estímulos suficientes para que se inicie el desarrollo del ovario en ausencia de semillas. Estos casos en los que se requiere algún tipo de estímulo se definen como casos de *partenocarpia estimulada*. El desarrollo del ovario sin ningún estímulo externo se define como *partenocarpia autónoma*.

En ambos casos, el crecimiento de los tejidos depende de un factor genético que favorece el mantenimiento de un nivel hormonal relativamente alto en el ovario durante la antesis e inmediatamente después de ella, independientemente de la polinización y fecundación del óvulo, como se ha demostrado con el estudio de variedades de cítricos con diferente capacidad partenocárpica. La naturaleza hormonal del estímulo que induce el cuajado de los frutos se confirma por el hecho de que el desarrollo partenocárpico de los mismos puede inducirse artificialmente mediante la aplicación de determinadas fitohormonas.

La partenocarpia tiene una gran importancia en las variedades cultivadas de cítricos para consumo en fresco, ya que la presencia de semillas es un factor negativo de su calidad.

4.4. Regulación endógena del cuajado

La regulación del cuajado del fruto es un importante proceso fisiológico, ya que determina el número final de frutos que alcanza la madurez y, por tanto, en gran parte la cuantía de la cosecha.

En esta regulación intervienen tanto los niveles hormonales endógenos del ovario como la capacidad de suministro de nutrientes (fotoasimilados) a los frutitos en desarrollo.

4.4.1. Influencia de los niveles hormonales

La polinización y la subsiguiente fecundación de los óvulos activan las señales hormonales requeridas para que se produzca la transición del ovario a fruto en desarrollo. El estudio de las bases moleculares del cuajado del fruto indica que en este proceso intervienen las principales fitohormonas (giberelinas, auxinas, citoquininas, ácido abscísico y etileno), cuyos niveles endógenos están regulados por la actividad de los genes que codifican enzimas de su biosíntesis y catabolismo. Todas ellas suelen presentar picos de actividad poco después de la antesis, lo que indica que forman parte del estímulo hormonal que regula el cuajado del fruto.

En los ovarios y frutos en desarrollo se han identificado giberelinas (GA) pertenecientes a dos rutas de síntesis diferentes: la mayoritaria es la de la 13-hidroxilación, mientras que la de la no-hidroxilación es minoritaria, lo cual hace pensar que la primera es la que ejerce una función en la fructificación. En esta ruta la giberelina GA_{53} es metabolizada en varias etapas para dar GA_{19}, la cual es convertida en GA_{20} por el enzima GA20oxidasa y posteriormente en GA_1 mediante la actividad de la GA3oxidasa. En los cítricos, se han encontrado dos genes homólogos que codifican para la GA20oxidasa. La giberelina GA_1 y su precursora GA_{20} son catabolizadas por la GA2oxidasa, produciendo, respectivamente, GA_8 y GA_{29}, que se consideran formas inactivas.

La GA_1 está considerada como la giberelina biológicamente activa y como tal parece desempeñar una función principal en el cuajado y el desarrollo temprano de los frutos cítricos. Tanto en las variedades partenocárpicas sin semillas como en las que poseen semillas, aparece un pico de GA_1 en el ovario durante la antesis. En las variedades con semillas, como el cultivar 'Pineapple' de naranjo dulce o la mandarina 'Murcott', la polinización induce la síntesis de GA_1 en los ovarios, mientras que cuando se impide la polinización, emasculando las flores, disminuye el nivel de esta hormona en los mismos (Fig. 4.4) y aumenta su abscisión (Fig. 4.5). La aplicación exógena de ácido giberélico

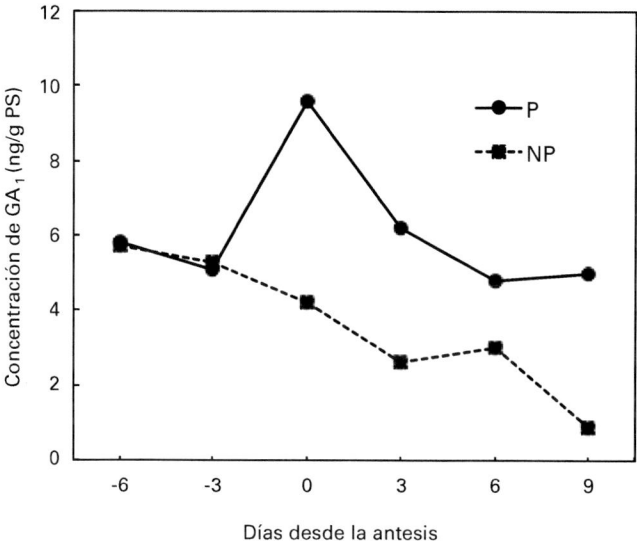

Figura 4.4. Evolución de la concentración de GA_1 en ovarios polinizados (P) y sin polinizar (NP) del naranjo dulce 'Pineapple'. Tomado de Ben-Cheick *et al.*, 1997.

Figura 4.5. Efecto de la polinización y de los tratamientos exógenos con ácido giberélico (AG) y paclobutrazol (PCB) sobre la abscisión de ovarios en la variedad de naranjo dulce 'Pineapple' con semillas. NP: ovarios no polinizados; P: ovarios polinizados. La polinización se impidió emasculando y encapuchando las flores 6 días antes de la antesis. Adaptado de Ben-Cheick *et al.*, 1997.

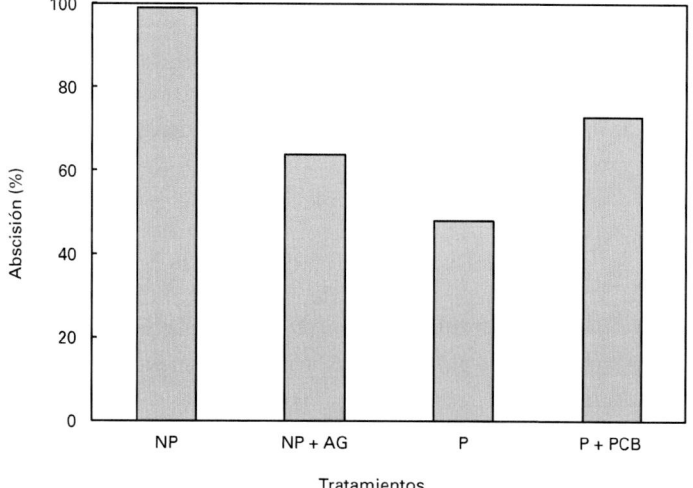

(GA$_3$) incrementa el cuajado de los ovarios no polinizados, mientras que el tratamiento con paclobutrazol (inhibidor de la síntesis de giberelinas) de ovarios polinizados reduce su contenido en GA e incrementa su abscisión (Fig. 4.5). En este cultivar, la mayor síntesis de GA tiene lugar en los óvulos tras la polinización, coincidiendo con la máxima expresión de los genes *GA20ox2*, *GA3ox1* y *GA2ox1*. En el cultivar 'Washington' navel, partenocárpico y, por tanto, sin semillas, el nivel de GA tanto en los óvulos como en las paredes del ovario es menor que en el cv. 'Pineapple' (Tabla 4.1) y su síntesis parece estar regulada constitutivamente. La mayor concentración de GA$_1$ detectada en el cultivar con semillas se asocia a una menor tasa de abscisión de ovarios y frutos recién cuajados durante el período de post-floración. Posteriormente, durante la caída fisiológica, la concentración de GA$_1$ en el pericarpio de los frutos en desarrollo se mantiene relativamente alta en ambos cultivares, alcanzando niveles similares, aunque disminuye con respecto a la que alcanza la pared del ovario después de la antesis. En cultivares sin semillas, la capacidad de mantener la concentración de GA$_1$ en el pericarpio del fruto durante la caída fisiológica está asociada a su capacidad de superar la abscisión y, por tanto, a la capacidad partenocárpica.

Tabla 4.1. Concentración de GAs de la ruta de la 13 - hidroxilación en óvulos fecundados (Ov F) y no fecundados (Ov NF) y pericarpos (Per) de ovarios procedentes de cultivares de naranjo dulce 'Pineapple' (Pn) con semillas y 'Washington' (Wn) navel sin semillas. Valores expresados en ng/g PS

Variedad	Órgano	GA$_{19}$	GA$_{20}$	GA$_{29}$	GA$_1$	GA$_8$
Pn	Ov F	220,3	13,7	58,0	7,1	7,4
	Per	80,2	4,3	26,3	3,5	3,4
Wn	Ov NF	125,6	4,0	35,0	4,1	8,2
	Per	50,7	2,1	15,1	1,7	3,9

De un modo similar, la esterilidad inducida en la mandarina 'Moncalina' por la radiación de la mandarina 'Moncada' con rayos γ reduce la biosíntesis de giberelinas por la vía de la 13-hidroxilación ya que los niveles de GA$_1$ y su precursor GA$_{19}$ en sus ovarios son inferiores a los de la 'Moncada'. Este efecto ha sido asociado con la expresión más baja de los genes *GA20ox2* y *GA3ox1* en la primera, y conduce a una marcada reducción de su producción.

La comparación de dos cultivares de mandarina sin semillas con diferente capacidad partenocárpica indica que la mandarina Satsuma (altamente partenocárpica) contiene concentraciones más altas de GA de la vía de la 13-hidroxilación que la clementina 'Oroval' (con baja capacidad partenocárpica) (Tabla 4.2). A la caída de pétalos, el nivel de GA$_1$ en los ovarios de Satsuma fue 5 veces mayor que en los de Clementina. Asimismo, en los cultivares de clementina Marisol y Clemenules, cuyos frutos, en ausencia de polinización cruzada, no desarrollan semillas y muestran alta y baja capacidad partenocárpica, respectivamente, los niveles de GA$_1$ en los ovarios son más altos en el primero que en el segundo.

Tabla 4.2. Contenido en giberelinas (GAs) de la ruta de la 13-hidroxilación en ovarios de mandarinas Satsuma y clementina 'Oroval' en el momento de la caída de pétalos. Valores expresados en pg/fruto

Giberelina	Cultivar	
	Satsuma	Clementina
GA_{53}	115	1
GA_{44}	271	7
GA_{19}	1762	214
GA_{20}	531	18
GA_1	65	13
GA_8	1555	1242

De acuerdo con ello, la GA_1 debe estar involucrada en la promoción del crecimiento del ovario más que en la represión de la abscisión durante la transición de ovario a fruto. Así, en los ovarios de Satsuma los genes de la biosíntesis de GAs, *GA20ox2* y *GA3ox2*, se sobreexpresan durante la antesis, mientras que en los de la mandarina Clemenules su expresión es muy baja; la actividad de *GA3ox2* correlaciona directamente con la concentración de GA_1 y la expresión de *CYCA1.1* en el ovario, y esta, a su vez, con la tasa de división celular en el pericarpio. De hecho, en Satsuma, la regulación positiva de *CYCA1.1* posterior a la antesis sigue al pico de expresión del gen *GA20ox2* en la antesis y precede a su segunda activación 10 días después de la antesis, que a su vez coincide con una nueva sobreexpresión de *GA3ox2*. Esto sugiere que el propio proceso de división celular reactiva la biosíntesis de GAs para mantener una tasa de división celular adecuada.

La relación entre la activación de la división celular y las GA también está respaldada por el estudio del efecto de los tratamientos con GA_3 sobre su metabolismo y la activación de la división celular. En la mandarina Satsuma la sobreexpresión del gen *CYCA1.1* es estrictamente paralela al incremento temporal de la concentración endógena de GA_1 cuando se aplica exogenamente GA_3, lo que aumenta la tasa de división celular. En esta especie este efecto es temporal debido a su capacidad natural para sintetizar GA_1. Pero en el ovario de Clementina, que carece de la capacidad de biosíntesis de GA_1 en antesis, la aplicación de GA_3 también estimula la síntesis de GA_1 y aumenta la expresión de *CYCA1.1*, la división celular y el cuajado (hasta un 95 %), lo que refuerza la relación GAs – división celular – cuajado de frutos en los cítricos.

Esta relación, en el ovario, se fortalece aún más por la correlación espacio-temporal entre la acumulación de transcritos *GA20ox2* y la evolución temporal de la tasa de división celular en el mesocarpo y endocarpo del ovario de Satsuma. El análisis de *hibridación in situ* de los transcritos de *GA20ox2* revela una fuerte señal en antesis en todo el pericarpio, siendo los tejidos del mesocarpo los que se dividen con mayor intensidad, mientras que en el ovario de Clementina la expresión de este gen es muy débil, lo que se correlaciona con su baja tasa mitótica (Foto 4.6). Treinta días más tarde, la señal de

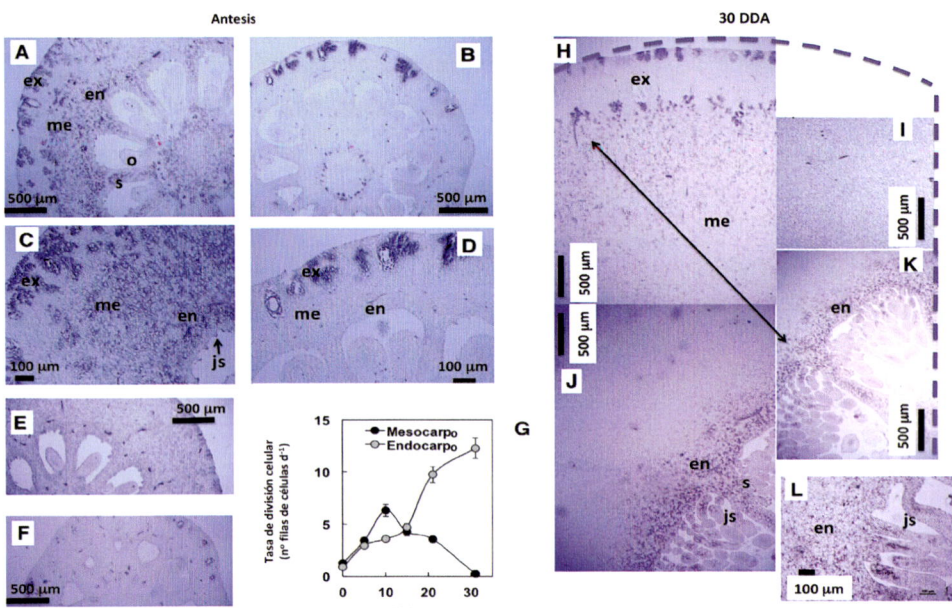

Fotografía 4.6. Hibridación *in situ* de transcritos de *GA20ox2* en ovarios de mandarinas Satsuma y Clementina. **A-D:** Ovarios de Satsuma (A, C) y Clemetina (B, D) en antesis, hibridados con una sonda antisentido que muestra la expresión de *GA20ox2* (tinción púrpura); **E-F:** ovarios de Satsuma (E) y Clementina (F) hibridados con la sonda sentido como control negativo; **G:** evolución de la tasa de división celular en el mesocarpo y endocarpo de Satsuma; **H-K:** Sección transversal de un ovario de Satsuma 30 días después de la antesis; estas 4 imágenes son del mismo fruto y reconstruyen la señal *GA20ox2* observada a lo largo del pericarpo, que es mayor en el endocarpo (J, K) y ausente en el mesocarpo (H,I,J); **L:** detalle de la señal observada en el endocarpo y las vesículas de zumo. en: endocarpo; ex: exocarpo; js: vesículas de zumo; me: mesocarpo; o: óvulos; s: septos. DAA: días después de la antesis. Adaptado de Mesejo *et al.*, 2016.

hibridación de la expresión de *GA20ox2* se desplaza y se restringe específicamente al endocarpo y sus vesículas emergentes, donde la división celular permanece activa; en este momento en el mesocarpo las células ya no se dividen, sino que se agrandan y, por tanto, la señal de hibridación ya no se encuentra.

En consecuencia, la GA_1, como en otros procesos fisiológicos, es la giberelina activa que controla el cuajado en los cítricos, de modo que su nivel endógeno es un factor limitante en el proceso.

Tras la caída de pétalos, el contenido en AIA del ovario aumenta fuertemente hasta alcanzar un máximo poco después de la caída de pétalos (Fig. 4.6). Esta pauta se da tanto en variedades con semillas como sin semillas, aunque en estas últimas su concentración es ligeramente superior, como se ha demostrado en la mandarina 'Murcott' polinizada y sin polinizar y en los pomelos 'Duncan', con semillas, y 'Marsh', sin semillas. Sin embargo, en los ovarios de variedades sin semillas no se aprecian diferencias, inde-

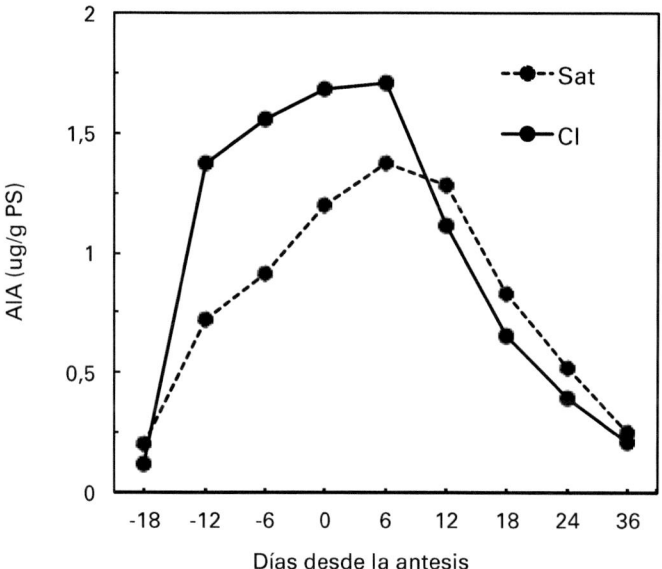

Figura 4.6. Evolución de la concentración de ácido indol-acético (AIA) libre en los ovarios de mandarina Satsuma (Sat) y Clementina (Cl). Tomado de Talón *et al.*, 1990.

pendientemente de su capacidad partenocárpica. Esto indica que, en estas variedades, el contenido en AIA de los ovarios no constituye un factor limitante del cuajado y desarrollo inicial del fruto, como se demuestra por el hecho de que la aplicación exógena de auxinas no mejora estos procesos. No obstante, cuando se impide experimentalmente la polinización en las variedades con semillas, la concentración de AIA en el ovario permanece a un nivel muy bajo, lo que indica que, en este tipo de frutos, el fuerte incremento de su síntesis tras la antesis de la flor depende de la polinización/fecundación (Tabla 4.3). La falta de polinización reduce el contenido de AIA tanto en el ovulo como en el pericarpo, disminuyendo al mismo tiempo las concentraciones de GA_{20} y GA_1 en ambas partes del ovario. En contraste, la aplicación exógena de AIA a los ovarios no polinizados promueve la expresión de los genes *GA20ox2* y *GA3ox1* y restaura el contenido en GA_{20} y GA_1 en estos órganos (Fig. 4.7). Este efecto se produce solo en los óvulos, pero no se detecta en el pericarpo, que parece ser más insensible al AIA, lo que indica que, probablemente, el AIA induce la síntesis de giberelinas en los óvulos, desde donde son posteriormente transportadas al pericarpo. Como confirmación de esto, el tratamiento de los ovarios polinizados con el ácido tri-iodo-benzoico (TIBA), que es un inhibidor del transporte de AIA, disminuye la concentración de las giberelinas, indicando que cuando se reduce la translocación del AIA desde las células del óvulo en las que se produce su biosíntesis al resto del ovario, se desacopla la síntesis de GA en este órgano. Además, la expresión del gen *GA2ox*, responsable del catabolismo de la GA_{20} y la GA_1, aumenta en los ovarios no polinizados y es inhibida por el AIA exógeno. Por consiguiente, el cuajado del fruto, en las variedades con semillas (no partenocárpicas) (Fig. 4.7), depende de que

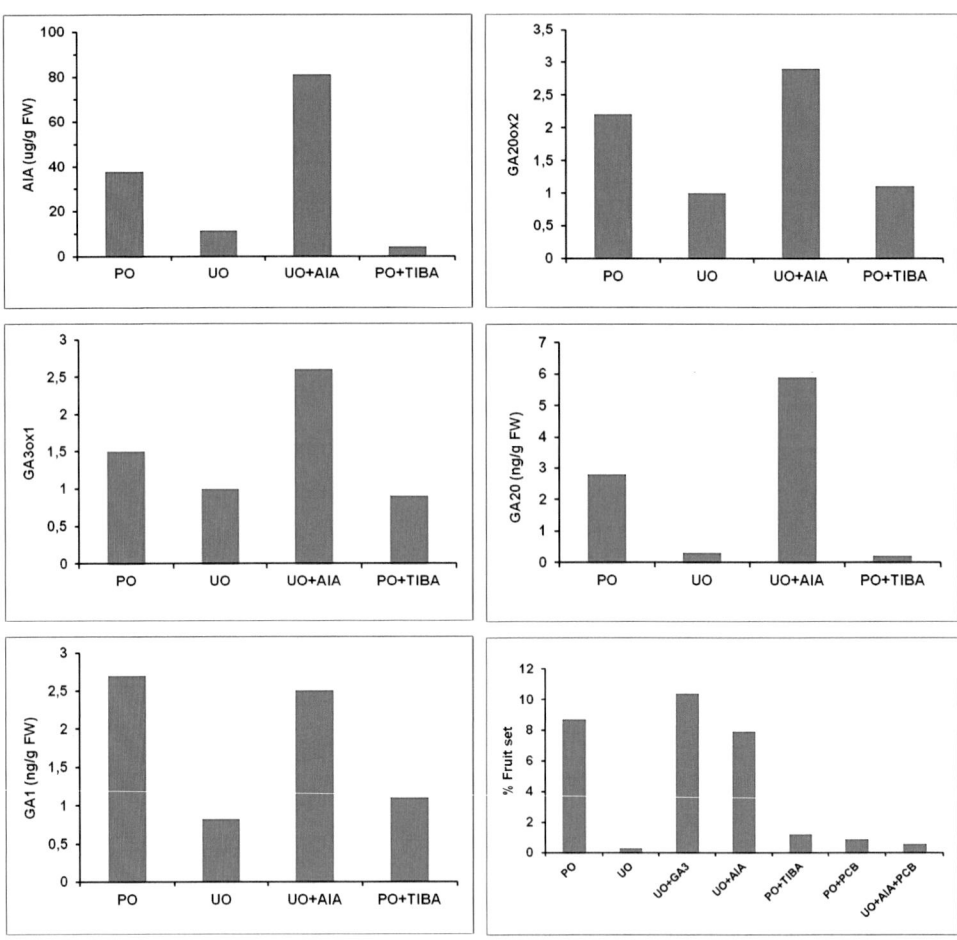

Figura 4.7. Influencia de la polinización y la aplicación de AIA sobre la síntesis de GA_{20} y GA_1 en los óvulos y en el cuajado del naranjo dulce 'Pineapple'. PO.- flor polinizada; UO.- Flor sin polinizar; TIBA.- Ácido triiodobenzoico. Tomado de Bermejo *et al.*, 2018.

la polinización y fecundación se realice con éxito y, con ello, se produzca un aumento de los niveles GA a través de la sobreexpresión de los genes *GA20ox2* y *GA3ox1* que codifican para los enzimas de su biosíntesis, así como la represión de *GA2ox1* que lo hace para el de su catabolismo, siendo estos efectos inducidos por el AIA. En consecuencia, el aumento del nivel endógeno de AIA en el ovario después de la polinización promueve la síntesis de GA_1, cuyas señales desencadenan el programa de desarrollo del fruto. A partir de la caída de pétalos los niveles de AIA decaen rápidamente con el desarrollo de los ovarios de forma que al iniciarse la caída fisiológica de frutitos su contenido en esta hormona es muy bajo (Fig. 4.6). Esta disminución coincide con un incremento del AIA conjugado y de la actividad de las auxina-oxidasas responsables del catabolismo de esta hormona.

Tabla 4.3. Contenido hormonal endógeno en ovarios de mandarina 'Murcott', polinizados (P) y no polinizados (NP). Valores expresados en µg/g PS

Ovario	GA_1	AIA	ABA	t-Z	2-IP
P	23,74	13,60	0,51	3,28	1,50
NP	2,62	0,25	0,99	3,54	1,86

En los cultivares con semillas y en los de frutos aspermos con un alto grado de partenocarpia la GA_1 aumenta en el ovario inmediatamente después de la antesis y el nivel de ABA se mantiene bajo. Sin embargo, en ausencia de polinización, las cultivares auto-incompatibles, con baja partenocarpia natural, apenas presentan un aumento de GA_1 en el ovario después de la antesis, mientras que, por el contrario, al cabo de pocos días se produce un incremento transitorio de ABA, seguido de una fuerte abscisión de órganos reproductivos. La incapacidad de estos cultivares para cuajar frutos partenocárpicamente no solo está asociada a la baja concentración de GA_1 en los ovarios sino también a la escasa capacidad de inactivar el ABA mediante su conjugación (Fig. 4.8). La aplicación exógena de GA_3 reprime el incremento de ABA post-antesis en los ovarios de variedades con baja capacidad partenocárpica y reduce su abscisión. Por el contrario, la inhibición de la síntesis de giberelinas con paclobutrazol en ovarios de variedades partenocárpicas aumentó tanto la abscisión como la concentración de ABA. El tratamiento con fluridone, un inhibidor de la biosíntesis de carotenoides y, por tanto, indirectamente del ABA, retrasa la abscisión de los ovarios y frutitos en desarrollo.

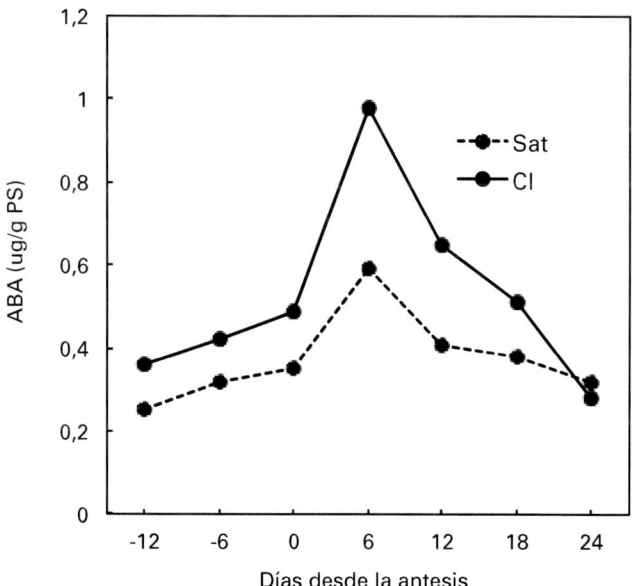

Figura 4.8. Evolución de la concentración de ácido abscísico (ABA) libre en los ovarios de los mandarinos Satsuma (Sat) y Clementina (Cl). Tomado de Talón *et al.*, 1990.

En ovarios no polinizados de variedades con semillas el ABA aumenta después de la antesis como consecuencia del bajo nivel de GA_1, lo que en su conjunto provoca la abscisión total de los órganos reproductivos. Por el contrario, la polinización/fecundación inhibe el aumento de ABA en los ovarios e impide su abscisión (Tabla 4.3).

La elevada concentración de ABA en los ovarios de los cultivares citados favorece la síntesis del ácido 1-aminociclopropano-carboxilico (ACC) que da lugar a la formación de etileno, que actúa como efector de la abscisión.

Las citoquininas más abundantes en los ovarios de los cítricos son la *trans*-zeatina (*t*-Z) y la 2-isopentenil adenina (2-IP), y en cuantía menor se han identificado el ribósido de la zeatina y la isopentenil adenosina en botones florales y en ovarios.

La actividad de las citoquininas en los órganos reproductivos de los cítricos (Fig. 4.9) se incrementa fuertemente en los ovarios en el momento de la antesis de la flor, alcanzando un máximo hacia la caída de pétalos. A partir de ese momento disminuye drásticamente durante las dos semanas siguientes de desarrollo. Este modelo de evolución es semejante en los ovarios de cultivares con semillas y sin semillas, aunque con diferencias cuantitativas entre cultivares. En los que poseen semillas los niveles de *t*-zeatina y 2-IP son similares en los ovarios polinizados y no polinizados, lo que indica que la síntesis de estas hormonas es constitutiva e independiente de la polinización o fecundación de los óvulos (Tabla 4.3).

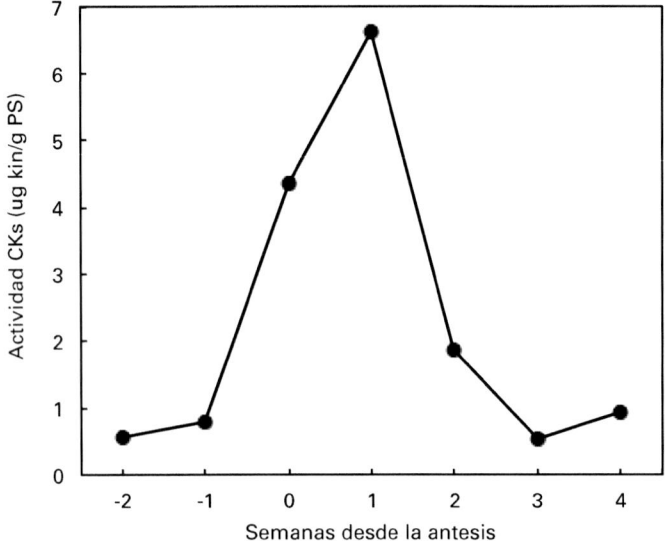

Figura 4.9. Evolución de la actividad de las citoquininas en el ovario del cultivar con semillas 'Blanca comuna' de naranjo dulce. Tomado de Hernández-Miñana y Primo-Millo, 1990.

4.4.2. Competencia por los fotoasimilados

Salvo en determinadas circunstancias, los cítricos producen una abundante floración, con lo cual, después de la caída de los pétalos se encuentran en el árbol un gran número de ovarios que no pueden desarrollarse en su totalidad, hasta convertirse en frutos maduros, porque su consumo de carbono superaría las posibilidades de la planta. Por ello, la capacidad de asimilación neta de CO_2 por el conjunto de las hojas, especialmente en periodos críticos de alta demanda de compuestos carbonados, se considera un factor limitante de la fructificación. En tal caso, la capacidad fotosintética de la planta y, por tanto, los fotoasimilados disponibles, constituye uno de los principales factores determinantes del porcentaje de flores que cuajan en un árbol. La idea de que la planta únicamente retiene aquellos frutos que es capaz de mantener y se desprende de los que están en peores condiciones para recibir los nutrientes disponibles es muy sugestiva y se ha asumido de forma prácticamente general. Según esto los cítricos poseerían un mecanismo de auto-regulación endógena que ajustaría la producción de frutos a la capacidad de síntesis de metabolitos por el árbol.

La competencia que se establece durante el periodo de cuajado supone que los ovarios o frutitos que no son capaces de mantener un alto ritmo de crecimiento, porque el flujo de nutrientes que les llega es insuficiente, acaban desprendiéndose, de modo que los momentos de máxima competencia se corresponden con los picos de abscisión de órganos reproductivos (véase Fig. 4.2).

Pero esta competencia no solo se da entre frutos, el desarrollo vegetativo también compite con ellos por C. Los estudios sobre la alternancia de cosechas revelaron que los frutos acumulan cantidades elevadas de C en detrimento del desarrollo de los brotes, existiendo una correlación inversa entre la acumulación mensual de C en los frutos y el aumento en peso seco de los brotes. La presencia de un sumidero poderoso, como es el fruto en desarrollo, reduce el uso de C por parte de otros sumideros, como los brotes en crecimiento, de modo que a medida que aumenta el consumo de C por el fruto, disminuye el crecimiento vegetativo. Los estudios con ^{13}C indican que la incorporación de isótopos como $^{13}CO_2$ se ve afectada por la presencia del fruto; los brotes jóvenes incorporan menos isótopo cuando están en una rama con frutos que en una sin ellos, y en una misma rama la incorporación del ^{13}C a los frutos en crecimiento es mayor que a los brotes.

Esta competencia queda neutralizada, al menos en parte, por la capacidad de los ovarios de acumular almidón durante la ontogenia de la flor, utilizando un mecanismo dual: 1) la ruta autotrófica de los órganos fuente que activan la expresión de los genes Rubisco (*RbcS*), y 2) la ruta heterótrofa de movilización de reservas por acción de los órganos sumideros que hidrolizan la sacarosa en el citosol. Durante el proceso de desarrollo floral se activa tanto el sistema de señalización de agotamiento de energía, a través de la expresión del gen *SnRK1* (quinasa 1 relacionada con *SNF1*), sensor de deficiencia de azúcares, como la fijación de carbón mediante el enzima Rubisco (Fig. 4.10). *SnRK1* se activa por diversas situaciones de estrés que agotan la energía y mantiene la homeostasis energética mediante la modificación de la actividad de enzimas metabólicas clave, y la síntesis e hidrólisis de almidón y sacarosa en relación con la abscisión de los ovarios. Por lo tanto, la acumulación de almidón durante la ontogenia del ovario es crucial para cuajar el fruto, permite el programa de desarrollo de transición de ovario a fruto (cuajado de frutos), independientemente de la presencia de hojas, y mantiene un nivel adecuado de glucosa que libera temporalmente al ovario de la competencia con hojas jóvenes hasta que estas sean fotosintéticamente activas y se conviertan en órganos fuente.

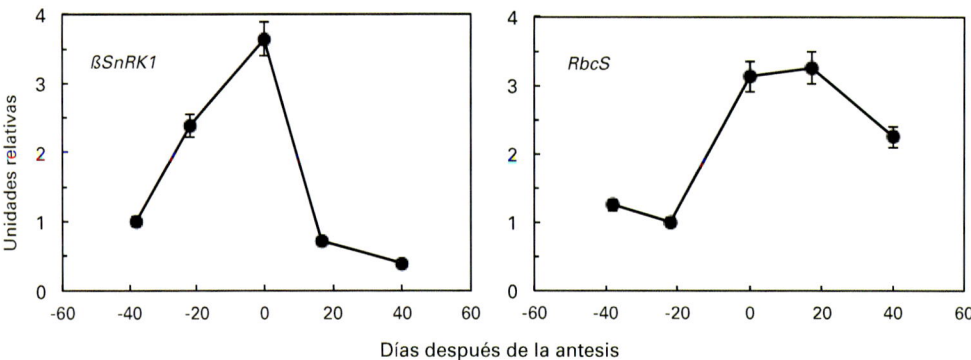

Figura 4.10. Evolución temporal de la expresión génica de *βSnRK1* implicada en la señalización de la falta de carbohidratos y la subunidad pequeña de Rubisco (*RbcS*) en el ovario de flores de *Citrus clementina* cv. Marisol. Cada valor es el promedio de tres réplicas biológicas. Las barras verticales indican el ES. Adaptado de Mesejo *et al.*, 2019.

Sin embargo, la escasa superficie externa de los ovarios implica una baja capacidad de absorción de CO_2, y, además, al inicio del primer periodo de caída (post-floración) se encuentran en el árbol multitud de ovarios con una alta tasa de división celular y una máxima actividad respiratoria por unidad de peso de tejido. Por tanto, durante este periodo inicial, el desarrollo de los ovarios depende no solo de su capacidad de acumulación de almidón, sino también del aporte de fotoasimilados desde las hojas maduras del año anterior, más que desde las de la brotación de primavera. Estas últimas, al no haber completado todavía su desarrollo, son órganos consumidores con una baja capacidad de exportación de dichos compuestos, y hasta la caída del estilo los brotes jóvenes compiten con los ovarios por fotoasimilados procedentes de las hojas del año anterior, que tienen una menor capacidad de asimilación de CO_2 y deben atender la demanda de carbohidratos de otros órganos, especialmente las raíces. Por su parte, los ovarios que se encuentran en flores cerradas tienen un alto contenido en almidón, que hidrolizan durante la antesis para cubrir el alto consumo de estos productos que tiene lugar durante la fase de intensa división celular. Los ovarios también presentan en el momento de la antesis un pico en la concentración de azúcares solubles (glucosa, fructosa y sacarosa) que decae hasta niveles bajos en las dos semanas siguientes (Fig. 4.11). A este aumento de la concentración de azúcares en el momento de la antesis contribuye los altos niveles hormonales que presentan los ovarios y que potencian el efecto sumidero de este órgano, aumentando el transporte de sacarosa hacia el mismo.

Todo lo anterior indica que, durante el inicio de su desarrollo, los órganos reproductivos consumen sus propias reservas de carbohidratos, pero posteriormente se establece una fuerte competencia por los productos de la fotosíntesis elaborados por las hojas, cuyo déficit da como resultado la abscisión de un gran porcentaje de ovarios y frutitos muy pequeños durante el mes posterior a la caída de los pétalos.

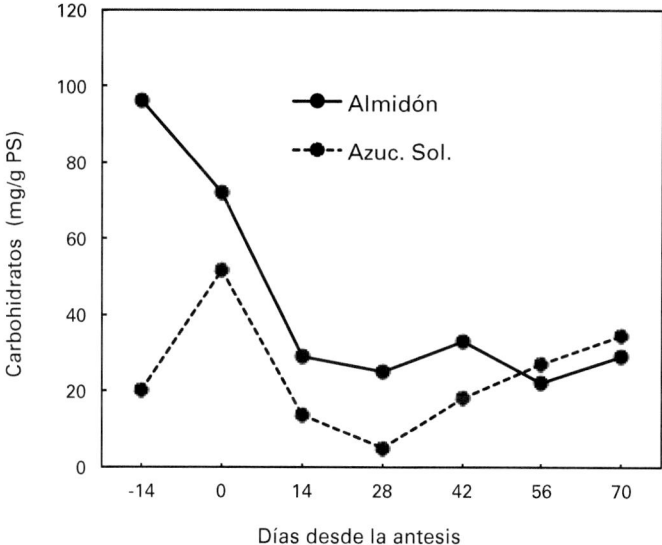

Figura 4.11. Evolución de la concentración de almidón y azúcares solubles en ovarios y frutitos en desarrollo de mandarina Satsuma (Clausellina).

Durante el segundo periodo de caída (caída fisiológica de frutos) el número de pequeños frutos que se encuentran en el árbol ya ha sufrido una fuerte reducción con respecto al número inicial de ovarios. No obstante, estos frutos entran en un periodo de desarrollo más rápido, con lo cual, individualmente consumen más carbohidratos que los ovarios, lo que en términos globales compensa su menor número. El mes de junio es el de máximo consumo de carbono por los frutitos en desarrollo y, por tanto, en él se produce la mayor competencia por los compuestos hidrocarbonados. Posiblemente, como consecuencia de esto, cuando la floración es abundante, en las hojas maduras se produce un descenso en la concentración de almidón durante el periodo del cuajado, que alcanza el mínimo hacia finales de junio. La movilización de las reservas hidrocarbonadas almacenadas en las hojas para atender la demanda de los frutitos en desarrollo, indica que el consumo de estos compuestos durante la caída fisiológica de frutos excede la capacidad de suministro por la fotosíntesis. Por su parte, las hojas jóvenes de la brotación de primavera pasan de constituir un sumidero a ser una fuente de fotoasimilados, como se demuestra por el eflujo de estos compuestos marcados con [14]C y por los cambios metabólicos que ocurren en las mismas. Por tanto, a partir del inicio de esta caída de frutos, las hojas nuevas ya están suficientemente desarrolladas para ser capaces de aportar fotoasimilados a otros órganos. Esto tiene una especial importancia en las hojas jóvenes de las inflorescencias mixtas que nutren a los frutitos que se encuentran en ellas. Por ello, los frutitos de los brotes mixtos están en mejor situación para cuajar que los que proceden de inflorescencias sin hojas, que solo reciben compuestos biosintetizados en las hojas viejas (Fig. 4.12). El segundo pico de abscisión representa pues el ajuste fino que hace el árbol para acoplar el número de frutos que van a alcanzar finalmente la maduración a su potencial de asimilar CO_2, considerando que la disponibilidad de fotoasimilados es el principal factor limitante del cuajado del fruto en este periodo.

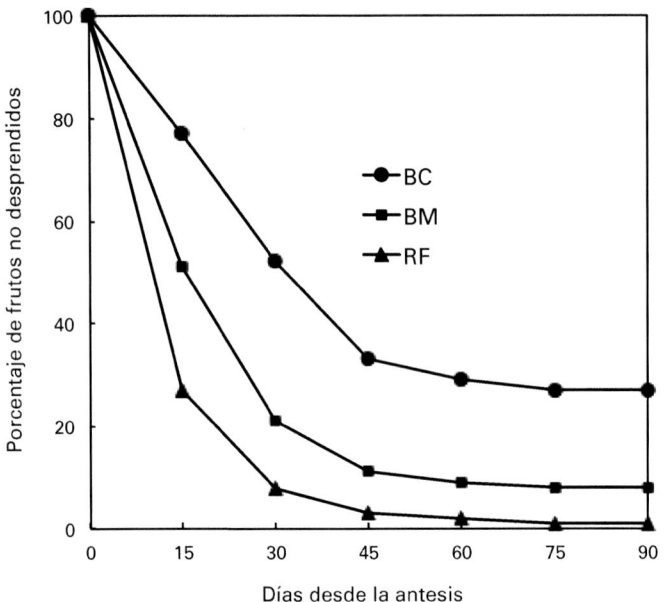

Figura 4.12. Tiempo de caída y probabilidad de cuajado de los ovarios procedentes de diferentes tipos de inflorescencias. BC: brotes "campaneros"; BM: brotes mixtos; RF: ramilletes florales.

Diversas evidencias demuestran, indirectamente, que los carbohidratos están fuertemente relacionados con el cuajado del fruto: 1) la defoliación provoca la caída de ovarios y frutos pequeños, mientras que plantas con una alta relación hojas/flores alcanzan, en igualdad de condiciones, porcentajes de cuajado de fruto superiores; la defoliación total, tanto en el momento de la antesis como al inicio de la caída fisiológica de frutos, provoca la abscisión del 100 % de los frutitos en desarrollo, mientras que la eliminación del 50 % de las hojas si bien incrementa el porcentaje de abscisión de estos órganos con respecto al de los árboles sin defoliar, su intensidad se encuentra entre la de los árboles intactos y la de los totalmente defoliados (Fig. 4.13); es más, en los frutos de las ramas defoliadas la expresión de los genes *SnRK1* y *RbcS* aumenta respecto de la de los frutos de las no defoliadas y se activa antes, indicando que aquellos detectan la ausencia de la fuente de carbohidratos y son capaces de movilizar carbohidratos de reserva y aumentar su propia biosíntesis; 2) la proximidad de hojas jóvenes mejora la probabilidad de cuajado del ovario, de modo que los ovarios de las inflorescencias con hojas jóvenes (brotes mixtos) cuajan en mayor proporción que los de las inflorescencias sin hojas (ramilletes florales), y el mayor porcentaje de cuajado corresponde a los ovarios que se encuentran en solitario en el extremo de un brote vegetativo nuevo (Fig. 4.12); esto indica la dependencia del ovario de las hojas jóvenes próximas para poder completar su desarrollo; 3) la aplicación de inhibidores de la fotosíntesis durante el periodo de cuajado provoca una abundante caída de frutos pequeños; 4) la reducción de la fotosíntesis mediante el sombreado de los árboles reduce considerablemente la tasa de cuajado de frutos y la cosecha; 5) el suplemento de una solución de sacarosa a los árboles mediante su inyección continua al tronco a partir de 30 días antes de la antesis incrementa el cuajado de los ovarios; 6) la incisión anular o el rayado de troncos y ramas llevado a cabo en el momento de la caída de pétalos tiene un marcado efecto positivo sobre el cuajado. Esta técnica provoca la interrupción del floema y, por tanto, detiene el flujo de sacarosa hacia las raíces, que constituyen un fuerte sumidero de fotoasimilados. Se ha demostrado que el rayado provoca la acumulación de hidratos de carbono en la parte superior de la rama rayada, lo que induce a pensar que sus efectos beneficiosos sobre el cuajado cuando se realiza en dicha época, se deben, al menos en parte, al incremento de la disponibilidad de fotoasimilados por los ovarios y frutitos en desarrollo (véase apt. 4.5.8); 7) las carencias de algunos elementos minerales (Mg, Fe, etc..) reducen acusadamente la capacidad fotosintética de la planta y afectan negativamente al cuajado del fruto.

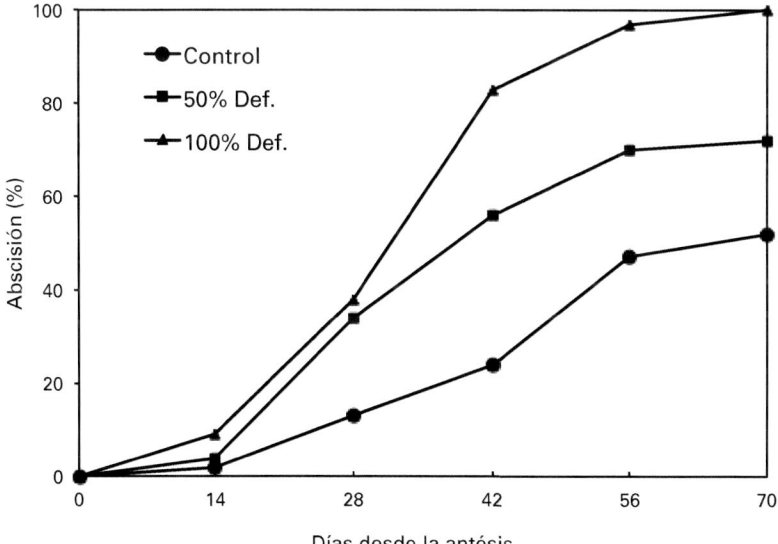

Figura 4.13. Influencia de la defoliación durante el periodo del cuajado sobre la abscisión de frutitos en desarrollo de la Satsuma 'Clausellina', 100 % Def: plantas totalmente defoliadas; 50 % Def: plantas a las que se les eliminó la mitad de las hojas; Control: plantas sin defoliar. Adaptado de Mehouachi *et al.*, 1995.

4.4.3. Interacciones entre hormonas y fotoasimilados

Las hormonas endógenas y los carbohidratos disponibles por los ovarios y frutitos en desarrollo interactúan durante el cuajado del fruto. Mediante el empleo de carbohidratos marcados con ^{14}C se ha demostrado que la aplicación de hormonas induce una mayor movilización de los mismos hacia los ovarios, lo que parece esencial para su cuajado. Este fenómeno podría explicar, en parte, el hecho de que el cuajado del fruto requiere niveles relativamente altos de GA_1 en los ovarios, como sucede en los de las variedades con semillas que han sido adecuadamente polinizados y fecundados, o en las variedades con una elevada capacidad partenocárpica. Por otra parte, la supresión del aporte de carbohidratos a los ovarios y frutitos durante el periodo de cuajado aumenta la liberación de etileno, que es el responsable final de la abscisión de los órganos reproductivos durante el cuajado. Esta hormona actúa tanto por la zona ZA – A como por la ZA – C (véase apt. 4.2.2; Foto 4.3). Este efecto se apoya en la observación de que la defoliación reduce la concentración de sacarosa en los frutitos en desarrollo e induce aumentos en su tasa de abscisión que se correlacionan con los niveles de ABA y ACC detectados en los mismos (Tabla 4.4). La secuencia de este proceso es la siguiente: la concentración de ABA aumenta con la reducción del aporte de sacarosa desde las hojas, induciendo la síntesis de ACC y la liberación de etileno, que es el efector final de la abscisión. Los resultados experimentales obtenidos aplicando exógenamente estos compuestos a frutitos en desarrollo, permiten simular el proceso y confirmarlo (Tablas 4.5 y 4.6). En condiciones normales, la competencia por los fotoasimilados disponibles supone que muchos ovarios y frutitos reciben un aporte insuficiente de carbohidratos, con lo que se induce la respuesta hormonal causante de la abscisión masiva de los mismos. En este proceso la sacarosa, el ABA, el ACC y el etileno son los principales componentes del mecanismo auto-regulador que ajusta la fructificación a las posibilidades de la planta.

Tabla 4.4. Efecto de la defoliación total sobre la concentración de sacarosa, almidón, ABA y ACC en frutitos en desarrollo del cultivar 'Okitsu' analizados a los 45 días de la antesis; los valores control corresponden a plantas no defoliadas (ND).

Tratamiento	Sacarosa (mg/g PS)	Almidón (mg/g PS)	ABA (μmol/g PS)	ACC (nmol/g PS)
Control (ND)	13,6	22,3	2,4	1,1
Defoliación	5,7	14,2	45,0	23,8

En síntesis, las evidencias indican que los ovarios requieren un alto nivel de GA_1 endógeno en el ovario después de la caída de pétalos, cuya función es estimular el crecimiento de estos órganos. Por otra parte, también es necesario un aporte suficiente de fotoasimilados, principalmente de sacarosa, para soportar dicho crecimiento. El fallo de cualquiera de estas dos premisas supone la abscisión del fruto durante el periodo del cuajado de este.

Tabla 4.5. Niveles de ácido 1-aminociclopropano-1-carboxílico (ACC) [nmol · (g PS^{-1})] en frutitos en desarrollo procedentes de árboles del cultivar 'Okitsu', tratados con agua (control), ácido abscísico (ABA; 500 μM) y norflurazona (NF; 1 mM). Los tratamientos tuvieron lugar poco después de la caída de pétalos. Valores expresados en nmol/g PS

	Días después del tratamiento	
	10 d	**16 d**
Control	2,4	3,7
ABA	6,3	8,1
NF	2,3	2,6

Tabla 4.6. Efecto de los tratamientos con ácido 1-aminociclopropano-1-carboxílico (ACC; [nmol · (g PS^{-1})]), 2-aminoetoxivinil glicina (AVG, un inhibidor de la biosíntesis de etileno; 100 μM) y sacarosa (inyección al tallo de una solución 292 mM), sobre la producción de etileno y la abscisión de frutitos en desarrollo de la variedad 'Okitsu'. Los tratamientos se efectuaron sobre estos, poco después de la caída de pétalos y las determinaciones 21 días después del tratamiento. Valores de etileno expresados en pmol h^{-1} g^{-1} PS.

Tratamientos	Producción de etileno	Abscisión (%)
Control	30	17
ACC	254	82
AVG	8	3
Sacarosa	17	11

4.5. Factores que afectan el cuajado del fruto

4.5.1. Temperatura

Las altas temperaturas (> 38 °C) durante el periodo del cuajado, sobre todo si van acompañadas de vientos secos, incrementan el ritmo de caída de los frutos que han iniciado el crecimiento. El incremento térmico, junto con la baja humedad atmosférica, aumentan la tasa de transpiración de las hojas, produciendo una pérdida de agua en las mismas. En consecuencia, se produce una disminución transitoria del potencial hídrico de la hoja que da lugar a un cierre temporal de los estomas. La disminución de la conductancia estomática conlleva una reducción del intercambio gaseoso, con la consiguiente pérdida de asimilación neta de CO$_2$, en un periodo en que los frutos en desarrollo presentan una alta demanda de fotoasimilados. El déficit de estos, como se ha expuesto anteriormente, provoca el aumento de la tasa de abscisión de frutos. El efecto de las altas temperaturas es mucho más acusado si el contenido de humedad del suelo es bajo.

4.5.2. Déficit hídrico

Un déficit hídrico acusado durante el periodo de cuajado también incrementa la abscisión de frutos. Este efecto es más intenso durante su caída fisiológica, cuando están en un estado relativamente avanzado de desarrollo. Las raíces detectan la falta de agua en el suelo y responden biosintetizando ABA, que se transporta a la parte aérea vía xilema. Cuando esta hormona llega a las hojas provoca en ellas el cierre de los estomas, de forma que, por una parte, se pierde menos vapor de agua por transpiración pero, por otra, se reduce la asimilación neta de CO_2. Como consecuencia de este último efecto se reduce el suministro de fotoasimilados desde las hojas a los frutitos en desarrollo, lo cual da lugar a un aumento de su abscisión. Otra posibilidad es que el ABA transportado por el xilema llegue al fruto, donde, como se ha expuesto anteriormente, puede inducir la síntesis de ACC, como paso previo a la liberación de etileno, que es el causante final de la abscisión.

Por eso, el mantenimiento de la humedad del suelo por encima de un determinado nivel, aplicando riegos con la frecuencia y dosis de agua adecuadas, favorece el cuajado del fruto. En este sentido los riegos localizados de alta frecuencia ofrecen grandes ventajas, ya que pueden mantener un nivel elevado de humedad de forma constante en zonas limitadas del suelo donde se concentra el sistema radicular.

4.5.3. Fertilización nitrogenada

Como ya se ha dicho, a partir de la antesis de la flor el ovario entra en una fase de activa división celular característica del inicio del desarrollo del fruto. En este periodo, los ovarios y frutitos en desarrollo necesitan, además de carbohidratos, nitrógeno para la síntesis proteica. En condiciones de deficiencia de nitrógeno, cuando su disponibilidad por el fruto no es adecuada, se produce una intensa caída de estos que conlleva una notable disminución de la cosecha. Por el contrario, el aumento del abonado nitrogenado, hasta alcanzar niveles foliares elevados de N, produce altas tasas de cuajado de frutos. Generalmente, durante el periodo de caída de ovarios y frutitos que tiene lugar durante la post-floración se da un mínimo en la concentración de N en las hojas viejas, que se restituye al final de la primavera. Esta deficiencia estacional se atribuye a que las hojas viejas exportan su N de reserva para atender al elevado consumo de este elemento que realizan la brotación de primavera, la floración y el inicio del desarrollo del fruto. El papel preponderante del N de reserva en los primeros estadios de la fructificación se debe a la baja absorción de N por las raíces al final del invierno y principio de la primavera, como consecuencia del escaso desarrollo de las raíces nuevas y de la baja temperatura del suelo. No obstante, al final de la primavera, la absorción de N por las raíces experimenta un fuerte incremento, que compensa el déficit estacional de N que se ha producido anteriormente. En este sentido, las hojas jóvenes aparecen como un órgano esencial en la redistribución del N, ya que inicialmente reciben la mayor parte del N absorbido y posteriormente lo retranslocan al fruto en desarrollo. Todo esto indica que si durante el periodo post-floración, cuando se acelera el desarrollo de los ovarios, se produce un déficit de N, se puede propiciar su caída.

Durante la primera mitad de la primavera el N absorbido, por tanto, se concentra preferentemente en las hojas jóvenes y en menor proporción en los ovarios. Sin embargo, no se ha identificado ninguna relación de competencia entre la demanda de N por parte de estos y el crecimiento de los brotes. En el fruto el consumo de N aumenta hasta junio, alcanzando el máximo, y desciende hasta valores muy bajos a continuación, manteniéndose aproximadamente estable hasta la maduración. A pesar de que la utilización de N por el fruto durante ese periodo es muy baja, el crecimiento de los brotes de verano y otoño queda prácticamente inhibido, lo que sugiere que la competencia por N no es un factor decisivo que limite el crecimiento vegetativo. Así, en los estudios de alternancia de cosechas, en los árboles suplementados con ^{15}N el enriquecimiento en N de los brotes jóvenes y los frutos no fue significativamente diferente entre árboles ON y OFF, lo que indica que la disponibilidad de N por los brotes jóvenes no se ve afectada por la presencia del fruto. Además, la evolución del contenido en N (N total y N proteico) de las hojas maduras y de la corteza de los brotes no demostró que los frutos redujeran la disponibilidad del N de reserva para los brotes en crecimiento: al final del invierno y principios de la primavera la concentración de N en las hojas maduras y la corteza de los brotes disminuyó gradualmente, lo que no es más que el reflejo del consumo de N por la brotación de primavera, la floración y los frutitos recién cuajados. Por otra parte, los niveles de N en las hojas siempre fueron más bajos en los árboles OFF que en los árboles ON, lo que sugiere que el desarrollo vegetativo es un sumidero más potente que los órganos reproductivos, como lo demuestra la mayor concentración de N en los brotes jóvenes que en los frutitos. Finalmente, en la corteza de los brotes de los árboles OFF, la concentración mínima de N se alcanzó en abril, coincidiendo con la mayor demanda de los brotes, mientras que en los árboles ON ocurrió en junio y coincidió con la mayor demanda de los frutitos, y esta falta de coincidencia sugiere que los nuevos órganos vegetativos y reproductivos no compiten por las reservas de N.

4.5.4. Deficiencias en elementos minerales

Generalmente, la mayoría de las deficiencias en elementos minerales reducen el cuajado de frutos, lo que se ha relacionado con el desacoplamiento del proceso fotosintético. En términos de rendimiento de cosecha, los tratamientos para la corrección de estas carencias consiguen su máxima eficacia cuando se efectúan en el periodo de la caída de pétalos. Esta práctica es indicativa de la sensibilidad del proceso de cuajado a las carencias de algunos elementos minerales.

4.5.5. Cuantía de la floración

El porcentaje de flores que cuajan frutos disminuye al aumentar la floración. En un amplio intervalo de densidades de floración, la cosecha final es independiente del número de flores formadas y, por tanto, si se cosecha el mismo número de frutos, cuantas más flores tenga el árbol menor será el porcentaje de cuajado. Cuando la floración es tan escasa que limita la cosecha, el porcentaje de cuajado suele ser muy elevado, aunque el número de frutos que se recolectan sea inferior a lo normal; dicha relación tiende a disminuir a medida que se alcanzan floraciones normales. Pero si la floración es muy elevada provoca una reducción de cosecha como consecuencia de que el exceso de consumo de nutrientes por los órganos reproductivos en desarrollo puede acentuar la competencia entre ellos, provocando su abscisión masiva, y porque la mayor parte de las inflorescencias no tienen hojas; en este caso, el porcentaje de cuajado tiende a ser muy bajo (Foto 4.7).

Fotografía 4.7. Aspecto de dos árboles y sus inflorescencias con una intensidad de floración media (izqda.) y muy elevada (dcha.). La probabilidad de que las flores del primero cuajen es mayor que la del segundo.

Cuando la floración es muy copiosa, la caída de los órganos reproductivos (capullos, flores, ovarios, frutitos) se adelanta, en su mayor parte, al primer periodo del cuajado (post-floración). Por el contrario, si la floración es baja, los órganos reproductivos se desprenden en su mayoría como frutitos en desarrollo durante el segundo periodo de cuajado (caída fisiológica de frutos).

El modo de reducir la floración y, con ello, disminuir este problema se ha abordado en el capítulo 3, apt. 3.6.1.

4.5.6. Posición del fruto en el árbol

La posición del fruto en el árbol condiciona considerablemente su probabilidad de cuajado, lo cual se ha relacionado con la facilidad que le da su situación para acceder a los nutrientes.

En este sentido, la probabilidad de que un ovario cuaje depende en gran parte del tipo de brote en que se encuentra y del número de hojas jóvenes que soportan su desarrollo (véase Cap. 3, apt. 3.4, Foto 3.9). Así pues, los ovarios procedentes de flores aisladas en el extremo de un brote con hojas (BC) cuajan en mayor proporción, seguidos por los situados en brotes mixtos con varias flores y hojas (BM); por último, los ovarios que se encuentran en los ramilletes florales (RF) o flores solitarias (FS), exentos de hojas jóvenes, caen en casi su totalidad (véase Fig. 4.12).

Los ovarios procedentes de inflorescencias formadas sobre brotes vigorosos con crecimiento erecto cuajan en menor proporción que los de las que se asientan sobre brotes más o menos horizontales. Este efecto se ha relacionado con la menor velocidad de circulación del fluido floemático en estos últimos, lo que favorece la fructificación en detrimento del vigor vegetativo.

4.5.7. Aplicación de ácido giberélico

En numerosas especies y variedades de cítricos la aplicación de ácido giberélico (GA_3) a ovarios individuales incrementa su cuajado. Es más, aplicado a ramas pequeñas los ovarios localizados en ella aumentan el cuajado en gran proporción.

Sin embargo, la aplicación a todo el árbol, justo después de la antesis, no aumenta el cuajado del fruto en la misma proporción siendo este mucho menor, lo que indica que el tratamiento selectivo limitado a pequeñas zonas de la copa hace que sus ovarios sean más competitivos que otros, y, por lo tanto, se fijen en una mayor proporción. De acuerdo con ello, la aplicación post-floración de GA_3 a todo árbol es inefectiva en la mayor parte de las variedades.

A pesar de ello, el GA_3 puede utilizarse para mejorar el cuajado del fruto de algunas variedades auto-incompatibles con baja capacidad partenocárpica, como son algunos cultivares de clementina. En estos el cuajado, entendido como número total de frutos recolectados por árbol, suele aumentar con aplicaciones foliares de GA_3. La época óptima para estos tratamientos es inmediatamente después de la caída de pétalos (Fig. 4.14), aunque en la práctica, debido a la desincronización del proceso de la floración, se recomienda cuando, aproximadamente, el 80 % de las flores han perdido sus pétalos. La concentración adecuada varía entre 5 y 25 mg/L (Tabla 4.7).

La aplicación de GA_3 a flores individuales durante la antesis aumenta la expresión de *GA20ox2* y *GA3ox1* en el ovario y, en consecuencia, su concentración de GA_{20} y GA_1, lo que conlleva el aumento de la expresión de *CcCYCA1.1*, es decir, de la tasa de división celular, promoviendo el crecimiento del ovario y, con ello, su cuajado. Un resumen de este proceso se presenta en la Fig. 4.15.

La aplicación al árbol completo retarda la abscisión de los órganos reproductivos aumentando el porcentaje de los que alcanzan el estado de fruto en desarrollo. Este efecto, sin embargo, solo llega a ser significativo en árboles con moderada intensidad de floración, pero no en árboles que florecen abundantemente. Ello indica que las interacciones ya indicadas entre carbohidratos y hormonas no solo afectan su acción endógena sino también la de las aplicadas exógenamente.

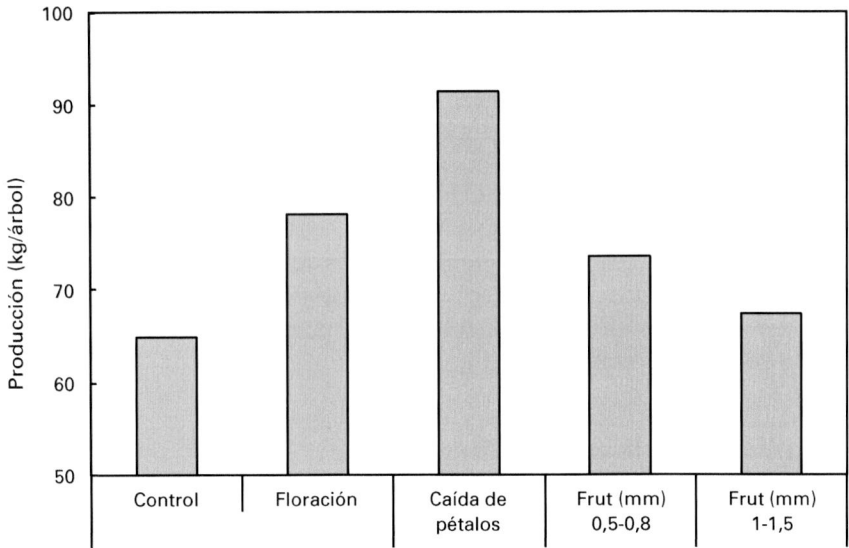

Momento de aplicación del AG

Figura 4.14. Influencia del momento de aplicación de ácido giberélico sobre la producción de la mandarina Clementina Fina.

Tabla 4.7. Efecto del tratamiento con GA_3 (10 mg/L), del rayado de ramas y de la combinación de ambos sobre la producción y el peso del fruto de la mandarina Clemenules.

Tratamientos	Producción (kg/árbol)	Nº de frutos por árbol	Peso del fruto (g/fruto)
Control	56,8	814,9	69,7
GA_3 (10 mg/l)	71,1	1135,8	62,6
Rayado	68,4	1042,7	65,6
GA_3 + rayado	90,7	1708,1	53,1

La conclusión que se obtiene al considerar conjuntamente los datos sobre contenidos de GA endógenas y los resultados de las aplicaciones exógenas de GA_3 es que el proceso de cuajado del fruto requiere, al menos en su periodo inicial, una alta tasa de giberelinas en el ovario, que pueden proceder de la biosíntesis propia o ser compensada con una aplicación exógena. En algunos cultivares, sin embargo, aunque la expresión de *Cc-GA3ox2*, e incluso la de *CcCYCA1.1*, aumentan durante la antesis, en términos relativos

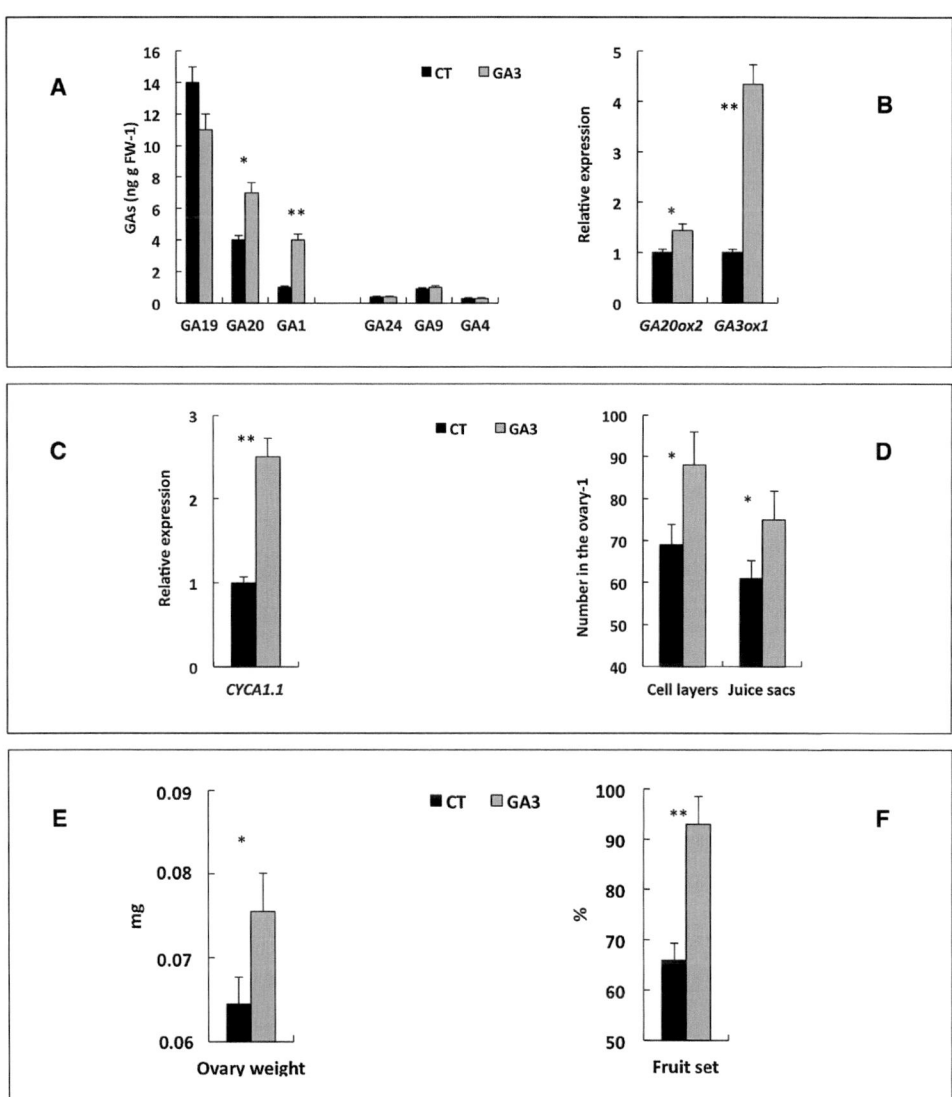

Figura 4.15. Efecto del GA_3 (10 mg l^{-1}; barras grises) sobre el metabolismo de las giberelinas (**A** y **B**), la división celular (**C** y **D**), y la capacidad partenocárpica (**E** y **F**) de ovarios de m. Clementina. Tratamiento realizado directamente a la flor en antesis. Las flores control (CT; barras negras) no fueron tratadas. * y ** indican diferencias significativas a $P<0.05$ y $P<0.01$, respectivamente. Tomado de Mesejo *et al.*, 2016.

son muy bajas y ello resulta en una baja capacidad sumidero del ovario y, por tanto, en una tasa de crecimiento insuficiente para asegurar el cuajado. La aleatoriedad de los resultados obtenidos con las aplicaciones foliares de GA_3 en distintas variedades parece indicar, por tanto, que su efecto está supeditado a la concentración endógena de GA_1 en los ovarios de cada una de ellas.

No obstante, en la respuesta a los tratamientos con esta hormona pueden interferir otros factores, como son la disponibilidad de fotoasimilados, el nivel de competencia por los mismos y algunos aspectos del cultivo (riego, abonado, poda, rayado, etc.).

4.5.8. Incisión anular

Como se ha visto, el proceso de fructificación demanda grandes cantidades de carbohidratos, de modo que los cultivares partenocárpicos con baja capacidad para sintetizar GA_1 y, en consecuencia, para demandarlos, apenas fructifican y tienen bajos rendimientos. En estos casos, el anillado de ramas se utiliza con éxito para superar la baja productividad. Esta técnica consiste en practicar un corte, de anchura variable, a lo largo de la circunferencia de las ramas o el tronco, penetrando completamente en la corteza, sin llegar a dañar al leño. Su eficacia depende de la variedad y, sobre todo, de la época de ejecución, produciendo incrementos de cosecha entre el 30 % y el 45 %, combinándose, en ocasiones, con las aplicaciones de GA_3 (Tabla 4.7).

Cuando se realiza en antesis, el retraso temporal en la abscisión de los frutos está relacionado con un aumento transitorio del nivel de GA_1 y de las concentraciones de hexosa y almidón. Por lo tanto, en la etapa de división celular se requiere GA para disminuir la abscisión del fruto y carbohidratos para satisfacer la demanda de energía.

Sin embargo, cuando se realiza en plena caída fisiológica de frutos (35-40 DDA), el anillado no altera las concentraciones de GA_1, que son muy bajas, pero aumenta la disponibilidad de carbohidratos para el fruto y previene la abscisión, lo que sugiere que ya en etapas tempranas de la elongación celular los carbohidratos son necesarios para que los frutos continúen creciendo. La explicación a este proceso la proporcionan los estudios de Rivas *et al.* (2017), al demostrar que el anillado de ramas retrasa la abscisión de los frutos porque aumenta la eficiencia del rendimiento cuántico del fotosistema II (Φ_{PSII}). En las hojas jóvenes de brotes vegetativos, el anillado disminuyó el Φ_{PSII}, mientras que lo aumentó en las hojas de los brotes florales a partir de los 30 d después del anillado; sin embargo, el Φ_{PSII} no se alteró en las hojas adultas. A pesar de este aumento en el rendimiento fotosintético de varios tipos de brotes y de la concentración de carbohidratos de las hojas, solo los frutos situados en brotes con hojas aumentaron el cuajado final. El retraso en la abscisión de los frutos y el aumento de Φ_{PSII} de los brotes mixtos son el mecanismo que subyace a la acción del anillado sobre el cuajado del fruto.

Pero como ocurre en muchas especies de árboles frutales, el anillado en esta etapa también reduce la brotación de verano, acumulando el fruto mayores cantidades de carbohidratos en detrimento del desarrollo de los brotes, lo que indica que el crecimiento reproductivo y vegetativo compiten por ellos. Además, en algunas especies/cultivares el cuajado partenocárpico solo puede alcanzarse cuando se eliminan los sumideros vegetativos. En consecuencia, la hipótesis de que el mayor cuajado de frutos por ramas anilladas se basa en el aumento del aporte de hidratos de carbono al fruto en desarrollo no explica, por sí solo, el efecto del anillado de ramas sobre la reducción de la abscisión de frutos. Durante muchos años se ha aceptado que el aumento del contenido en carbohidratos del fruto por efecto del anillado le permite crecer y, por tanto, no desprenderse del árbol, pero la razón es, más bien, la contraria: como el anillado evita la abscisión, los frutos pueden mantener su capacidad sumidero, acumular más hidratos de carbono y seguir creciendo, explicándose así la mayor eficiencia del Φ_{PSII} en las hojas de los brotes de ramas anilladas. Los resultados al respecto sugieren que las ramas anilladas previenen la abscisión fisiológica del fruto al inducir la exportación de AIA fuera del fruto y su transporte a la AZ, inhibiendo su sensibilización y activación, de manera similar a la "dominancia primigenia" propuesta para el manzano por Bangerth (1989; 2000). Esto coincide con el aumento de la expresión del gen *PIN1* (Fig. 4.16), es decir, con el transporte polar de la auxina, debido al anillado, desde el fruto hasta la zona de abscisión (AZ-C) manteniendo la funcionalidad de los haces vasculares y permitiendo que los carbohidratos puedan seguir llegando al fruto para seguir en su crecimiento, y protegiéndolo de la abscisión. El hecho de que la expresión de los genes *CcCYCA1.1* y *CcPIN1* 10 días después del anillado se correlacione positivamente con el crecimiento de los ovarios y negativamente con el porcentaje de abscisión de frutos, respectivamente, es consistente con esta hipótesis.

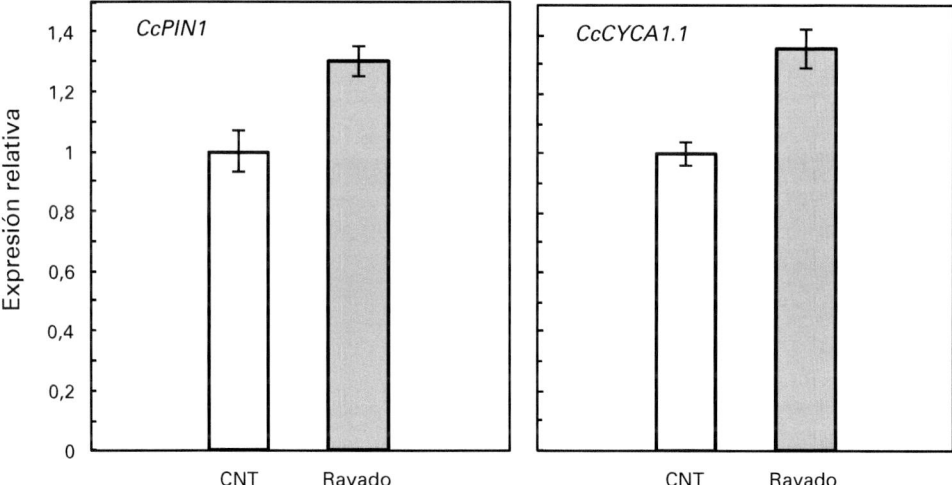

Figura 4.16. Efecto del rayado de ramas sobre la expresión relativa de *CcPIN1* y *CcCYCA1.1* en ovarios de mandarina 'Orri' 10 d después del rayado. Las barras verticales indican el ES. Tomado de Mesejo *et al.*, 2022.

Y todo ello está de acuerdo con los estudios pioneros del papel de las hormonas en el proceso del cuajado que demostraron, por una parte, que el máximo de abscisión para la mandarina Satsuma se presenta después de que la concentración de AIA alcance su valor más bajo, y, por otra, que el bajo índice partenocárpico de la mandarina Clemenules está relacionado con una alta capacidad para conjugar AIA durante las etapas posteriores de la división celular e iniciales de la elongación celular, es decir, al inicio de la abscisión de frutos.

En conclusión, el anillado de ramas realizado durante la abscisión fisiológica del fruto detiene su caída y aumenta el rendimiento. Los resultados sugieren que el efecto se debe a la protección de la zona de abscisión del fruto (AZ-C) mediada por el transporte polar de auxina desde el fruto, lo que permite que el fruto mantenga la asimilación de carbohidratos y continúe creciendo, y explicando así su efecto aumentando la eficiencia del rendimiento cuántico del Φ_{PSII}. El aumento en la expresión del gen *CcPIN1* – exportación de la auxina juega, por tanto, dos papeles complementarios, promueve/mantiene la actividad sumidero del fruto y reduce su abscisión.

El anillado de ramas, sin embargo, también disminuye la concentración de carbohidratos en las raíces, siendo este efecto más acusado cuando la operación se realiza durante el periodo de actividad vegetativa.

4.5.9. Arqueado de ramas

Las ramas con tendencia a crecer verticalmente suelen producir brotes erectos con escasa fructificación. Este efecto es especialmente acusado en árboles jóvenes, que todavía no han alcanzado su pleno desarrollo, y en árboles adultos que presentan un excesivo vigor. Este inconveniente se solventa arqueando las ramas erectas y manteniéndolas en posición más o menos horizontal durante el periodo de la caída fisiológica de frutitos.

Esta técnica propicia que el flujo xilemático, cuya tendencia es ir hacia las partes superiores de la copa, se dirija hacia los laterales de esta, y que el flujo floemático, procedente de las hojas, se desplace más lentamente por la rama. Con todo ello se consigue corregir, en gran parte, el exceso de vigor vegetativo del árbol y, sobre todo, aumentar fuertemente la fructificación en las ramas arqueadas.

Un resumen esquemático de las técnicas para aumentar el cuajado en los cítricos y su época de ejecución se presenta en la Fig. 4.17.

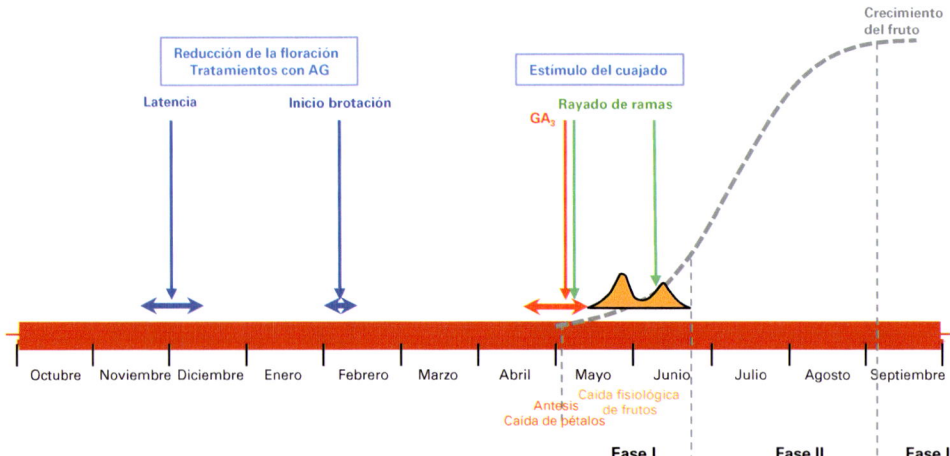

Figura 4.17. Épocas de tratamientos para promover el cuajado de los frutos cítricos. Las flechas verticales indican el tratamiento a realizar y las horizontales el periodo de tiempo en que debe realizarse. Las dos fechas de rayado de ramas indican que puede efectuarse al final de la caída de pétalos, tras el tratamiento con AG, o durante la segunda oleada de la caída fisiológica de frutos.

Bibliografía consultada

Agustí M, Almela V. 199. *Aplicación de Fitorreguladores en Citricultura.* Ed. AEDOS, Barcelona, España. 270 pp.

Agustí M, García Marí F, Guardiola JL. 1982. Gibberellic acid and fruit set in sweet orange. *Scientia Horticulturae* 17: 257-264.

Agustí M, Primo-Millo E. 2020. Flowering and fruit set. En: M Talón, M Caruso M, FG Gmitter Jr (Eds.), *The Genus Citrus.* Elsevier WP. Duxford, UK. pp, 193-216.

Bangerth F. 1989. Dominance among fruits/sinks and the search for a correlative signal. *Physiologia Plantarum* 76: 608-614.

Bangerth F. 2000. Abscission and thinning of young fruit and their regulation by plant hormones and bioregulators. *Plant Growth Regulation* 13: 43-59.

Bain JM. 1958. Morphological, anatomical, and physiological changes in the developing fruit of the Valencia orange, *Citrus sinensis* (L) Osbeck. *Australian Journal of Botany* 6: 1-24.

Ben-Cheikh W, Pérez-Botella J, Tadeo FR, Talón M, Primo-Millo E. 1997. Pollination increases gibberellin levels in developing ovaries of seeded varieties of citrus. *Plant Physiology* 114: 557-564.

Bermejo A, Granero B, Mesejo C, Reig C, Tejedo V, Agustí, Primo-Millo E, Iglesias DJ. 2018. Auxin and gibberellin interact in citrus fruit set. *Journal of Plant Growth Regulation* 37: 491-501.

Bermejo A, Martínez-Alcántara B, Martínez-Cuenca MR, Yuste R, Mesejo C, Reig C, Agustí, M, Primo-Millo E, Iglesias DJ. 2016. Biosynthesis and contents of gibberellins in seeded and seedless sweet orange (*Citrus sinensis* L. Osbeck) cultivars. *Journal of Plant Growth Regulation* 35: 1036-1048.

Bermejo A, Primo-Millo E, Agustí M, Mesejo C, Reig C, Iglesias DJ. 2015. Hormonal profile in ovaries of mandarin varieties with differing reproductive behaviour. *Journal of Plant Growth Regulation.* 34: 584-594.

Brosh P, Monselise SP. 1977. Increasing yields of 'Topaz' mandarin by gibberellin and girdling in the presence of 'Minneola' pollinizers. *Scientia Horticulturae* 7: 369-372.

El-Otmani M, Coggins CV, Agustí M, Lovatt CJ. 2000. Plant Growth Regulators in Citriculture: World Current Uses. *Critical Reviews in Plant Science* 19: 395-477.

El-Otmani M, Lovatt CJ, Coggins CV, Agustí M. 1995. Plant Growth Re'g ulators in Citriculture: Factors Regulating Endogenous Levels in Citrus Tissues. *Critical Reviews in Plant Science* 14: 367-412.

García-Martínez JL, García-Papi MA. 1979. The influence of gibberellic acid, 2, 4-dichlorophenoxyacetic acid and 6-benzylaminopurine on fruit-set of Clementine mandarin. *Scientia Horticulturae* 10: 285-293.

García-Papi MA, García-Martinez JL. 1984a. Fruit set and development in seeded and seedless Clementine mandarin. *Scientia Horticulturae* 22: 113-119.

García-Papi MA, García-Martínez JL. 1984b. Endgenous plant growth substances content in young fruits of seeded and seedless Clementine mandarin as related to fruit set and development. *Scientia Horticulturae* 22: 265-274.

Gómez-Cadenas A, Mehouachi J, Tadeo FR, Primo-Millo E, Talón M. 2000. Hormonal regulation of fruitlet abscission induced by carbohydrate shortage in citrus. *Planta* 210: 636-643.

Goren R. 1993. Anatomical, physiological, and hormonal aspects of abscission in citrus. *Horticultural Reviews* 15: 145-182.

Guardiola JL, García-Marí F, Agustí M. 1984. Competition and fruit set in the Washington navel orange. *Physiologia Plantarum* 62: 297-302.

Hernandez-Miñana FM, Primo-Millo J, Primo-Millo E. 1989. Endogenous cytokinins in developing fruits of seeded and seedless citrus cultivars. *Journal of Experimental Botany* 40: 1127-1134.

Iglesias DJ, Tadeo FR, Primo-Millo E, Talón M. 2003. Fruit set dependence on carbohydrate availability in citrus trees. *Tree Physiology* 23: 199-204.

Iglesias DJ, Tadeo FR, Primo-Millo E, Talón M, Iglesias DJ, Tadeo FR, Primo-Millo E, Talon M. 2006. Carbohydrate and ethylene levels related to fruitlet drop through abscission zone A in citrus. *Trees* 20: 348-355.

Martínerz-Alcántara B, Tadeo FR, Mesejo C, Martínez-Cuenca MR, Ruiz M, Reig C, Forner-Giner MA, Iglesias DJ, Talón M, Agustí M, Primo-Millo E. 2015. *Anatomía de los cítricos.* E Primo-Millo, M Agustí (Eds.). Gráficas Agulló, Cocentaina, Alicante, españa, 173 pp.

Mehouachi J, Iglesias DJ, Tadeo FR, Agustí M, Primo-Millo E, Talón M. 2000. The role of leaves in citrus fruitlet abscission: effects on endogenous gibberellin levels and carbohydrate content. *Journal of Horticultural Science and Biotechnology* 75: 79-85.

Mehouachi J, Serna D, Zaragoza S, Agustí M, Talón M, Primo Millo E. 1995. Defoliation increases fruit abscission and reduces carbohydrate levels in developing fruits and woody tissues of *Citrus unshiu*. *Plant Science* 107: 189-197.

Mesejo C, Martínez-Fuentes A, Reig C, Agustí M. 2007. The effective pollination period in 'Clemenules' mandarin, 'Owari' Satsuma mandarin and 'Valencia' sweet orange. *Plant Science* 173: 223-230.

Mesejo C, Martínez-Fuentes A, Reig C, Agustí M. 2019. The flower to fruit transition in Citrus is partially sustained by autonomous carbohydrate synthesis in the ovary. *Plant Sciene* 285: 224-229.

Mesejo C, Martínez-Fuentes A, Reig C, Agustí M. 2022. Ringing branches reduces fruitlet abscission by promoting PIN1 expression in 'Orri' mandarin. *Scientia Horticulturae,* 111451.

Mesejo C, Yuste R, Martínez-Fuentes A, Reig C, Iglesias DJ, Primo-Millo E, Agustí M. 2013. Self-pollination and parthenocarpic ability in developing ovaries of self-incompatible Clementine mandarins (*Citrus clementina*). *Physiologia Plantarum* 148: 87-96.

Mesejo C, Yuste R, Reig C, Martínez-Fuentes A, Iglesias DJ, Muñoz-Fambuena N, Bermejo A, Germaná MA, Primo-Millo E, Agustí M. 2016. Gibberellin reactivates and maintains ovary-wall cell division causing fruit set in parthenocarpic *Citrus* species. *Plant Science* 247: 13-24.

Moss GI. 1972. Promoting fruit-set and yield in sweet orange using plant growth substances. *Australian Journal of Experimental Agriculture and Animal Husbandry* 12: 96-102.

Primo-Millo E. 2017. *Fundamentos fisiológicos de la citricultura.* Tecnidex (Ed.), Fruit Protection SAU. Valencia, España. 697 pp.

Rivas F, Gravina A, Agustí M. 2007. Girdling effects on fruit set and quantum yield efficiency of PSII in two *Citrus* cultivars. *Tree Physiology* 27: 527-535.

Sanz A, Monerri C, González-Ferrer J, Guardiola JL. 1987. Changes in carbohydrates and mineral elements in Citrus leaves during flowering and fruit set. *Physiologia Plantarum* 69: 93-98.

Talón M, Hedden P, Primo-Millo E. 1990. Gibberellins in *Citrus sinensis*: a comparison between seeded and seedless varieties. *Journal of Plant Growth Regulation* 9: 201-206.

Talón M, Zacarías L, Primo-Millo E. 1990. Hormonal changes associated with fruit set and development in mandarins differing in their parthenocarpic ability. *Physiologia Plantarum* 79: 400-406.

Talón M, Zacarías L, Primo-Millo E. 1992. Gibberellins and parthenocarpic ability in developing ovaries of seedless mandarins. *Plant Physiology* 99: 1575-1581.

Wallerstein I, Goren R, Monselise SP. 1978. Rapid and slow translocation of 14 C-sucrose and 14 C-assimilates in citrus and *Phaseolus* with special reference to ringing effect. *Journal of Horticultural Science* 53: 203-208.

Yamaguchi S. 2008. Gibberellin metabolism and its regulation. *Annual Review of Plant Biology* 59: 225-251.

CAPÍTULO 5
El desarrollo del fruto

5.1. La fase lineal del desarrollo del fruto

La fase II, o fase lineal del desarrollo, corresponde a un periodo de crecimiento rápido del fruto que transcurre desde el final de la caída fisiológica (caída de junio) hasta poco antes del cambio de color del mismo. Su duración oscila entre 3 y 5 meses (según sea la variedad de maduración precoz o tardía, respectivamente) y, a su término, el fruto está próximo a alcanzar su tamaño definitivo (véase Cap. 4, Fig. 4.1).

Superada la fase de división celular el fruto inicia un crecimiento lineal determinado por la expansión celular y regulado por las proteínas expansinas. Estas proteínas, que actúan sobre la pared celular, poseen un dominio de unión que las ancla a la superficie de la celulosa y un dominio catalítico que interactúa con la hemicelulosa en la superficie de la microfibrilla o en la matriz entre las microfibrillas. Esto les permite romper los enlaces no-covalentes entre ambos polisacáridos y liberar a estos para que se muevan en respuesta a las fuerzas mecánicas generadas por la turgencia celular. El proceso es reversible, de modo que tras la rotura se origina un nuevo enlace, desplazado en el tiempo, entre la hemicelulosa y la celulosa que avanza impulsado por la energía liberada durante la deformación mecánica de estos. El tiempo entre ambos (rotura y nuevo enlace) permite la relajación de la tensión de una parte de la pared que progresa a modo de movimiento ondulante de la hemicelulosa, facilitando el aumento del volumen celular exigido por la presión de turgencia (véase Cap. 2, Fig. 2.1).

En esta fase, por tanto, predomina el alargamiento de las células sobre su división y el incremento en el tamaño del fruto se debe, principalmente, a la expansión de los lóculos, para formar los segmentos o gajos. Simultáneamente, se produce la elongación de las células de la epidermis de las vesículas, mientras que las de su interior aumentan considerablemente de tamaño. En estas últimas, las vacuolas alcanzan un gran desarrollo, con lo cual el citoplasma queda confinado en una estrecha franja situada junto a la pared (Foto 5.1 A). A medida que avanza esta fase, entre las paredes de estas células

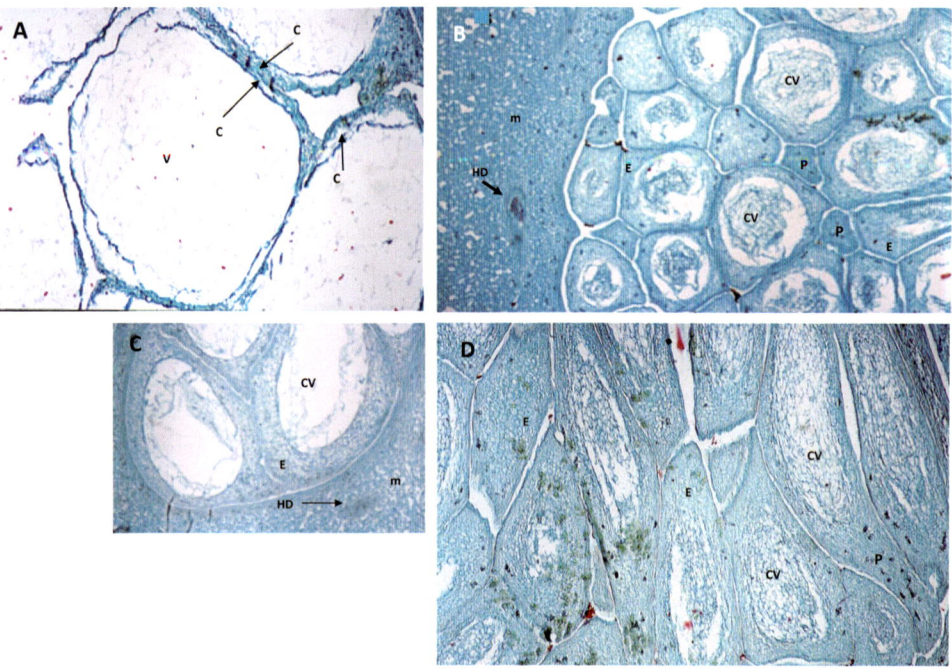

Fotografía 5.1. Sección transversal (**A, B** y **C**) y longitudinal (**D**) de las vesículas y sus pe-dúnculos en un fruto de 3 meses de edad de mandarina 'Nova'. En las células del interior el citoplasma está restringido a una fina capa junto a su pared (A). E: epidermis; CV: células va-cuoladas interiores en expansión; P: pedúnculo; m: mesocarpo; HD: haz dorsal; C: citoplas-ma; V: vacuola. Tomada de Agustí *et al.,* 2020.

comienzan a formarse espacios de origen esquizógeno y lisígeno que van aumentando en tamaño (Foto 5.1 B).

Con todo ello, las vesículas de zumo crecen hasta alcanzar su máximo tamaño, ocu-pando todo el interior de los gajos y desarrollan la estructura propia del tejido maduro (Foto 5.1 C, D). Estas, al llenarse de zumo, ejercen una fuerte presión sobre la corteza del fruto que, al estirarse, experimenta una reducción en su espesor. Para adaptarse al crecimiento, las células de su epidermis continúan dividiéndose anticlinalmente hasta que el fruto madura, mientras que las del albedo se alargan en sentido paralelo a su su-perficie, sin dividirse. Las células de la hipodermis y del mesocarpo externo pasan de tener una forma redondeada o poligonal a elipsoidal. Al final de la fase II, las paredes de las células del mesocarpo interno forman protuberancias que aumentan los espacios intercelulares. Estas protuberancias incrementan su tamaño hasta formar una especie de brazos cilíndricos que confieren a las células del albedo una forma muy irregular (Foto 5.2). Los extremos de estos brazos se unen con los de otras células, con lo cual los espa-cios intercelulares se hacen mucho más amplios y el tejido adopta la estructura esponjo-sa típica del albedo. El interior de estas células está ocupado casi totalmente por una gran vacuola.

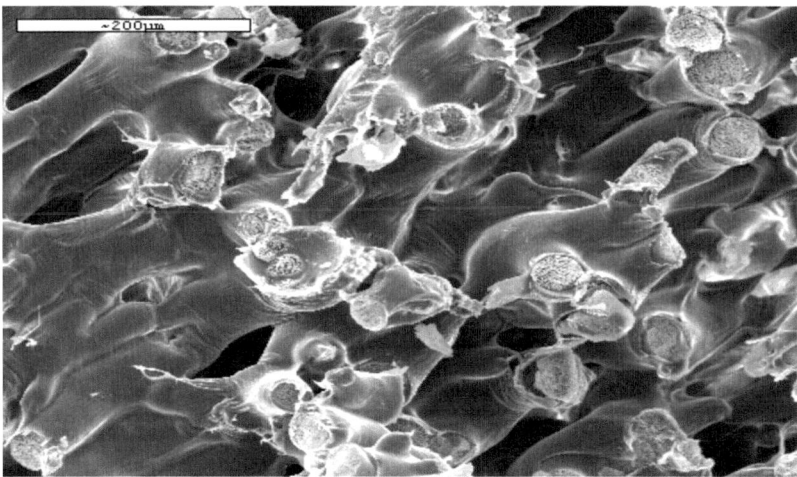

Fotografía 5.2. Aspecto del mesocarpo interno o albedo. Las células adquieren una morfología cilíndrica con brazos que se unen entre células vecinas dando lugar a grandes espacios intercelulares.

Los haces vasculares que nutren al fruto en desarrollo, se pueden adaptar al estiramiento producido por el crecimiento de este gracias a que carecen de fibras esclerenquimáticas y a que los engrosamientos lignificados de las paredes de los elementos traqueales son anulares o espiralados.

El disco floral y los sépalos apenas cambian la forma que tenían en las flores.

5.2. Factores que afectan el desarrollo del fruto

5.2.1. Factores endógenos inherentes al fruto

Los *factores genéticos* determinan el tamaño, la forma y el color del fruto característicos de cada especie y variedad. Algunas producen frutos de unos pocos cm (2-3 cm), como es el caso de las limas ácidas (*C. latifolia* y *C. aurantifolia*) o el calamondín (*C. madurensis*), y otras como los pummelos (*C. grandis*) o el cidro (*C. medica*), pueden superar los 20 cm (Foto 5.3). No obstante, dentro de cada genotipo, el tamaño de los frutos presenta una considerable variabilidad, aumentando o disminuyendo dentro de ciertos márgenes.

Estas diferencias se deben a la *capacidad de síntesis hormonal* que tiene cada especie/variedad en sus ovarios. En aquellas en las que en el momento de la antesis el contenido en hormonas (giberelinas, auxinas, citoquininas, etc…) del ovario aumenta notablemente (véase Cap. 4, apt. 4.4.1), el número de células de sus paredes también lo hace, ya que las hormonas participan en la inducción de la división celular, condicionando de este modo el potencial de desarrollo del fruto. Este aumento hormonal suele ser mayor cuando existe autopolinización o polinización cruzada, y de ahí el mayor tamaño que suelen tener los frutos procedentes de ovarios que contienen óvulos fecundados, es decir, con semillas.

Fotografía 5.3. Diversidad de tamaños, formas y colores de los frutos cítricos.

El estudio de la acción del AIA sobre el crecimiento del fruto ha revelado que este presenta su máxima tasa de crecimiento días antes de que se alcance la máxima concentración de la hormona, si bien sigue creciendo aun cuando los niveles de auxina llegan a sus valores más bajos. Ello indica que el papel del AIA sobre el crecimiento del fruto puede ser indirecto y estar restringido a las semillas e implicado en el crecimiento del embrión, sobre el que crea un potente efecto sumidero que afecta también al pericarpio y este crece con ello. Una prueba de ello es la relación positiva existente entre la *presencia de semillas* y su crecimiento, más rápido y más intenso cuanto mayor es el número de ellas desarrolladas por fruto (Fig. 5.1).

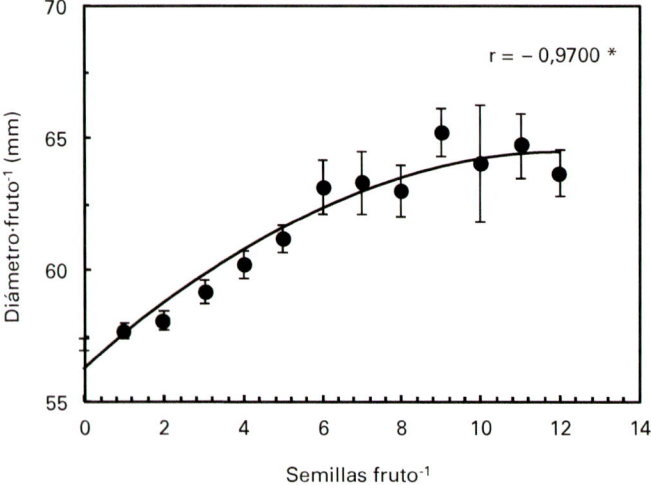

Figura 5.1. Relación entre el número de semillas por fruto y su tamaño final en la mandarina 'Nadorcott'.

Este efecto indica que el tamaño final del fruto queda, en gran parte, determinado en los estados iniciales de su desarrollo, esto es, cuando se inicia el crecimiento del embrión, aunque más tarde otros factores también pueden influir sobre el mismo. En consecuencia, la concentración de hormonas en el pericarpo justo antes de iniciarse la fase II puede influir en la posterior elongación celular y, por tanto, en el crecimiento del fruto; y esto es lo que ocurre si se aplica una auxina en dicho estado fenológico. Los lóculos aumentan de volumen por expansión de las células de los septos, al mismo tiempo que las vesículas aumentan de volumen al elongarse radial y tangencialmente sus células epidérmicas, sin alterar su número. Este efecto de las auxinas sobre el crecimiento del fruto se ha relacionado con la reducción de la presión de trugencia o presión parietal de las células al promover la acción de las expansinas (véase apt. 5.1), lo que disminuye su potencial hídrico, permitiendo la absorción de agua y solutos y aumentando, así, el volumen celular.

En los cítricos, el tamaño del fruto puede variar entre márgenes bastante amplios entre árboles de una misma variedad y hasta dentro de un mismo árbol o entre años.

5.2.2. Características del árbol

La **edad del árbol** determina el tamaño que adquiere el fruto. En general los árboles jóvenes producen frutos de mayor tamaño, con menor porcentaje de zumo y corteza más gruesa y basta. Ello se ha relacionado con el fuerte vigor que poseen, en general, estos árboles y que dificulta el cuajado de frutos, con lo que el tamaño de los que permanecen en el árbol es mucho mayor que el característico de la variedad, presentando entonces caracteres indeseables. Estas características se pierden con la edad del árbol, de modo que cuando alcanza el estado adulto y entra en plena producción, el tamaño y demás características del fruto tienden a normalizarse. Finalmente, los árboles de avanzada edad tienden a producir frutos de pequeño tamaño, en parte como consecuencia de que, generalmente, florecen de forma muy copiosa, con lo que se establece una fuerte competencia entre los órganos reproductivos que reduce la tasa de crecimiento de los ovarios, afectando negativamente su tamaño final.

La **intensidad de la floración**, esto es, el número de flores que produce un árbol, condiciona el desarrollo del fruto y el tamaño final alcanzado por el mismo (Fig. 5.2 A). Esta hipótesis se fundamenta en el hecho de que, en el momento de la caída de pétalos, los ovarios de los árboles que presentan una floración muy abundante pesan menos que la de aquellos en que esta es escasa. Posteriormente, estos últimos crecen con mayor rapidez y alcanzan finalmente un tamaño moderadamente superior. Este efecto indica que, al menos en parte, el tamaño final del fruto se determina en estados precoces de su desarrollo, como ya se ha indicado.

La **posición del fruto**, es decir, el tipo de inflorescencia en el que se encuentra, determina, también, su tamaño final. La presencia de hojas jóvenes en el brote estimula el crecimiento del fruto, apareciendo ya las diferencias en el periodo final del cuajado, aumentando con el tiempo hasta la maduración. Esto indica que en el proceso de desarrollo del fruto las hojas jóvenes adquieren un papel esencial. Y puesto que estas son fuente de carbohidratos, cuanto mayor es la superficie foliar de un árbol, mayor es el tamaño de sus frutos, y viceversa.

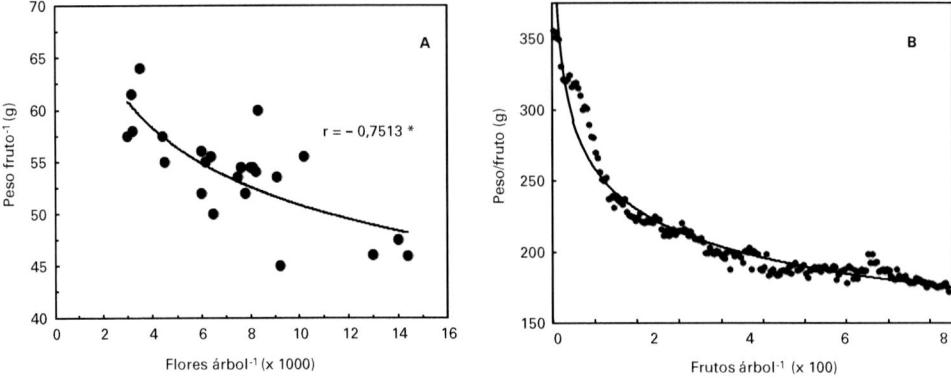

Figura 5.2. Influencia del número de flores **(A)** y de frutos **(B)** por árbol sobre el tamaño medio final del fruto de la mandarina 'Clemenules' (A) y del naranjo dulce 'Navelina' (B). Panel B tomado de Agustí *et al.*, 2020.

Sin embargo, durante un mes, aproximadamente, después de la antesis, como ya se ha dicho en el capítulo 4, las hojas actúan como órganos competidores de los frutos ya que mientras crecen actúan como sumidero y solo en su transición a hojas maduras alcanzan, paralelamente, su papel de fuente de carbohidratos. Es a partir de este momento cuando los frutos situados en brotes con hojas jóvenes crecen en ventaja respecto de los situados en brotes sin hojas.

De acuerdo con ello, el peso del fruto se halla también influido por la relación entre el *área foliar disponible* del árbol y el número de frutos producidos por este. Cuanto mayor es la superficie foliar que le corresponde a cada fruto, mayor es el aporte de carbohidratos y, por consiguiente, mayor su tasa de crecimiento. Esto indica que un flujo deficiente de carbohidratos desde las hojas al fruto restringe su desarrollo y, viceversa, el crecimiento del fruto se estimula al intensificarse dicho flujo. Experimentalmente se comprobó que la defoliación de un árbol de mandarina Satsuma al inicio de la fase II del crecimiento del fruto redujo el tamaño de sus frutos en un 20%.

Por otra parte, el crecimiento de los frutos situados en el interior del árbol es más lento que el de los situados en el exterior. La mayor actividad fotosintética en la parte vegetativa que rodea a los frutos del exterior, más iluminada, se ha dado como razón para explicar este fenómeno.

En cada árbol, el tamaño final individual medio de los frutos está, también, inversamente relacionado con el *número de frutos* que alcanzan la madurez (Fig. 5.2 B) o con el peso de la cosecha del árbol. La función que correlaciona ambas variables es potencial, de modo que solo cuando el número de frutos es inferior a un determinado umbral, distinto según la variedad, la pendiente de la curva es muy elevada y pequeñas variaciones en el número de frutos provocan diferencias significativas en su tamaño. Por el contrario, por encima de dicho umbral, es decir, para un número elevado de frutos, su tamaño apenas disminuye, aunque aumente el número de frutos. Este fenómeno se atribuye a la competencia entre los órganos reproductivos que se establece desde la floración hasta el final del desarrollo de los frutos. Consecuentemente, cuanto mayor sea el número de estos órganos, más fuerte será la competencia entre ellos por fotoasimilados o por los elementos minerales. La restricción del suministro de nutrientes al fruto, como consecuencia de dicha competencia, limita las posibilidades de desarrollo del mismo y, por tanto, su tamaño final.

5.2.3. Factores ambientales

La tasa de crecimiento del fruto es función, en gran medida, de la **temperatura** y **HR** durante cada fase de su desarrollo.

Estudios con la mandarina Satsuma han demostrado que cuanto más bajo es el régimen térmico día/noche más pequeños son los frutos, y sugieren que es la temperatura nocturna, más que la diurna, la que controla el tamaño del fruto. También indican que el mayor tamaño se adquiere para un rango térmico de 20-25 °C, y que cuando la temperatura supera los 30 °C el crecimiento del fruto se reduce, lo que se ha relacionado con alteraciones fotosintéticas y, por tanto, con el aporte de carbohidratos al fruto. Esta dependencia térmica se evalúa con la acumulación de calor, medida en *unidades de calor* (uc), características de cada zona de cultivo y con las que correlaciona positivamente, siempre que el agua y los nutrientes no sean limitantes. (Las *unidades de calor* se calculan multiplicando el número de días por la diferencia entre la tª media y la mínima necesaria para el desarrollo vegetativo, que es de 12,5 °C).

En la Cuenca Mediterránea se acumulan 1.600 uc anuales, por término medio, pero en comparación con las regiones más próximas a los trópicos no lo hace de un modo uniforme, ya que posee amplitudes térmicas más elevadas (cercanas, en algunos meses, a los 40 °C), lo que supone temperaturas menos regulares a lo largo del año. Cuando en verano tienen lugar periodos de elevadas temperaturas, y en combinación con HR bajas, se produce una elevada evapotranspiración que, a su vez, provoca el cierre de los estomas, reduciendo la asimilación neta de CO_2 y, con ello, una reducción de aporte de carbohidratos al fruto que reduce, a su vez, su tasa de crecimiento. A principios de otoño, la reducción de la temperatura provoca un efecto similar y el crecimiento del fruto se ve dificultado y, con ello, la consolidación del tamaño final característico de cada variedad; temperaturas inferiores a 5 °C en este periodo del año ejercen un marcado efecto depresivo en el crecimiento del fruto. Por otra parte, la Cuenca Mediterránea se sitúa, climáticamente, dentro del grupo de regiones denominadas semiáridas, de Clima Mediterráneo, caracterizadas por tener una HR baja a lo largo del periodo de desarrollo del fruto, y estar expuestas a vientos secos e intensos que pueden reducir el desarrollo vegetativo. Valores de HR consistentemente bajos reducen la tasa de crecimiento, habiéndose establecido como nivel crítico una HR del 37%.

Así se explica, por tanto, que bajo condiciones de Clima Mediterráneo el ritmo de crecimiento del fruto sea lento y dependa de los cambios térmicos estacionales, mientras que en las regiones tropicales crezca casi ininterrumpidamente durante todo su ciclo de desarrollo, resultando en un continuo aumento de su volumen y una reducción en el tiempo requerido para alcanzar la maduración.

La temperatura y la HR también influyen sobre la forma del fruto. Altas temperaturas durante la fase del cuajado deforman los frutos que, frecuentemente, son alargados o acaban teniendo el extremo peduncular aperado. Y los climas fríos y húmedos inducen la formación de frutos aplanados.

La *disponibilidad de agua* es de crucial importancia en la determinación del tamaño final del fruto. De hecho, el fruto es un órgano de almacenamiento de agua y su tamaño depende directamente del volumen de esta que es capaz de acumular.

Los árboles sometidos a un déficit hídrico durante el verano por falta de lluvia sufren una reducción de la tasa de crecimiento del fruto. Este efecto se debe a un drástico descenso de la apertura estomática con la consiguiente reducción de la transpiración y de la asimilación neta de CO_2; con ello el aporte de agua y carbohidratos al fruto se reduce, disminuyendo su crecimiento. Cuando la sequía se supera, el fruto reinicia el crecimiento, pero el retraso puede ser irrecuperable y el fruto puede acabar siendo de pequeño tamaño.

Por el contrario, se ha observado repetidamente en los cítricos que las lluvias de verano, y especialmente las de otoño, que mantienen húmedos grandes volúmenes de suelo, mejoran el tamaño final del fruto.

Finalmente, existen evidencias de una buena correlación entre el número de frutos pequeños por árbol y el número de días nublados a lo largo del año. En algunas zonas tropicales en las que la presencia de nieblas es frecuente, el tamaño del fruto es pequeño, y ello se ha relacionado con la reducción de la *intensidad luminos*a y la temperatura, parámetros de importancia en la actividad fotosintética.

5.2.4. Condiciones de cultivo

La humedad del suelo constituye, como se ha dicho, un factor esencial en la determinación del tamaño final del fruto, y este se ve reducido en los años de sequía o cuando los árboles no se riegan con la frecuencia y dosis de agua adecuadas. En la Cuenca Mediterránea, aún en regímenes de pluviometría anual óptimos de la zona, si la frecuencia y el caudal de *riego* no son los adecuados, el tamaño final del fruto queda negativamente afectado.

Experimentos con 'Washington' navel y 'Valencia' han demostrado que si se retrasa un riego hasta el punto de que el fruto deja de crecer, la recuperación posterior del crecimiento es insuficiente para alcanzar el tamaño final propio de la variedad. Y en relación al aporte total de agua, si este es insuficiente a lo largo del periodo de crecimiento del fruto, los árboles se adaptan a ello, reduciendo el uso del agua y el tamaño del fruto. Y esta adaptación es mejor o peor dependiendo de la HR y la temperatura ambiente. Si no hay déficit de agua, es decir, si los riegos no se retrasan y el aporte total es suficiente, el tamaño del fruto se ve influido por variaciones de la HR y de la temperatura ambiente.

La sensibilidad del fruto al estrés hídrico es tan acusada, que su crecimiento se ha propuesto como un índice aproximado de las necesidades de agua de la planta.

La influencia de la *fertilización* sobre el tamaño y la calidad del fruto es muy variable, y depende marcadamente del elemento mineral, así como de la época en que puedan manifestarse sus desequilibrios.

Las deficiencias en magnesio, hierro y cinc reducen el tamaño final del fruto, y su corrección, cuando existen, es requisito previo para el normal desarrollo del fruto. Sin embargo, y aunque en general la corrección de situaciones carenciales se traduce siempre en un estímulo del crecimiento del fruto, una vez alcanzada la concentración foliar adecuada, la aportación adicional de un nutriente al medio no tiene ningún efecto favorable y puede llegar a tenerlos desfavorables, como es el caso del nitrógeno. Así una fertilización nitrogenada abundante tiende a aumentar el número de frutos que cuajan, y estos, en consecuencia, son de reducido tamaño.

Una excepción al respecto la constituye el potasio. El contenido foliar en este elemento se ha correlacionado positivamente con el tamaño final del fruto, de modo que concentraciones foliares moderadamente superiores a las consideradas óptimas mejoran ligeramente el tamaño del fruto sin afectar negativamente su calidad.

Finalmente, el fraccionamiento de la fertilización mejora el desarrollo del fruto y la producción frente a aportaciones puntuales.

En algunas variedades, y en determinadas circunstancias, durante el periodo de caída de pétalos y de caída fisiológica de frutitos los árboles se rocían con pulverizaciones foliares con GA_3 o se les realiza una incisión anular (o rayado) a las ramas principales, respectivamente, y hasta se llevan a cabo ambas técnicas combinadas para mejorar el cuajado (véase Cap. 4, apts 4.5.7 y 4.5.8). Estos ***tratamientos para mejorar el cuajado***, puesto que aumentan el número de frutos que se desarrollan, ocasionan, generalmente, una reducción del tamaño de los que alcanzan la maduración, tanto más intensa cuanto mayor es su eficacia. Se asume que esta reducción del desarrollo de los frutos se debe al aumento de la competencia entre los mismos.

En términos generales, y cuando la disponibilidad de agua no es limitante, los ***suelos*** de textura arcillosa presentan dificultad para el desarrollo de las raíces y suelen dar frutos de menor tamaño que los de textura arenosa, en los que el árbol desarrolla un potente sistema radicular. Así pues, en los suelos arenosos los frutos son más grandes, suelen tener un zumo más denso y poseen una menor concentración de ácidos. Son, además, ligeramente más precoces y poseen una piel más fina y delgada.

Entre los beneficios de la ***poda*** se encuentra la regulación del tamaño de los frutos. Su efecto positivo sobre estos se debe a 1) la reducción de la competencia entre flores o frutos en desarrollo, 2) la promoción de nuevas brotaciones en aquellos casos en los que la superficie foliar puede llegar a ser insuficiente para mantener el normal desarrollo de sus frutos, y 3) la apertura de amplios volúmenes de la copa que promueven la brotación en su interior y mejoran su iluminación, mejorando con ello la actividad fotosintética de estas hojas y el tamaño de los frutos situados en dicha zona del árbol.

El ***rayado de las ramas*** puede incrementar el tamaño final de los frutos cuando se efectúa una vez finalizada la caída fisiológica de frutitos, esto es, al inicio de la fase II de su desarrollo. Un retraso en su realización disminuye su efecto, pero un adelanto lo haría coincidir con el periodo de la caída fisiológica de frutos durante la que reduce marcadamente su abscisión y, en consecuencia, disminuye su tamaño final (Fig. 5.3). El fundamento de este efecto del rayado no se conoce, aunque se ha sugerido que podría deberse a un aumento de la disponibilidad de carbohidratos por el fruto en crecimiento.

La reducción del número de frutos o ***aclareo de frutos***, tanto manual como químico, mejora también su tamaño final. Cuando es manual puede realizarse al azar o ser selectivo. En el primer caso es necesario eliminar más del 50% de los frutos del árbol para obtener un efecto significativo, en el segundo se eliminan solo los más pequeños o los

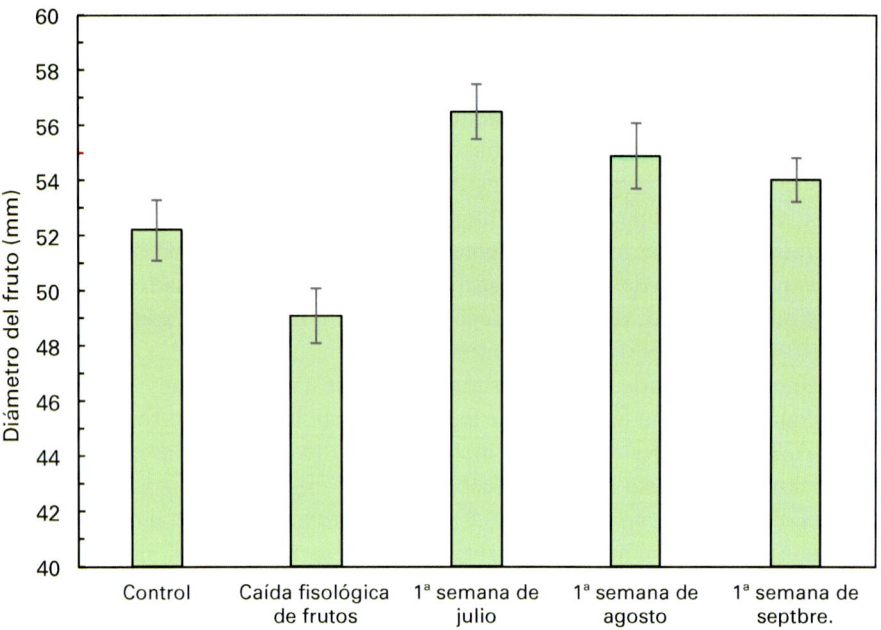

Figura 5.3. Influencia de la época de rayado de ramas sobre el diámetro final del fruto de la mandarina Clementina 'Fina'.

que presentan alteraciones del desarrollo; en este último caso suele ser poco intenso y se lleva a cabo en una etapa muy avanzada del desarrollo, por lo que su estímulo sobre el crecimiento de los que quedan es apenas perceptible, pero como los que se dejan son los más grandes, el tamaño medio de los cosechados aumenta.

El aclareo químico se logra aplicando auxinas de síntesis durante la caída fisiológica de frutos. La acción de estas auxinas, cuando se aplican en la época señalada, se basa en su acción depresiva sobre el transporte o la síntesis de carbohidratos. La aplicación de ácido naftalenacético (ANA) durante las primeras fases del cuajado del fruto muestra una reducción del desarrollo vegetativo y reproductivo y la abscisión de un número importante de ellos, siendo la inhibición del transporte de fotoasimilados de las hojas al fruto la causa de este efecto. La aplicación del ácido 3,5,6-tricloro-2-piridiloxiacético (3,5,6-TPA) durante la fase de división celular reduce temporalmente el rendimiento cuántico del fotosistema II (ΦPSII), lo que provoca un descenso de la tasa de crecimiento del fruto. A los 3 días el ΦPSII ya se ve significativamente reducido en las hojas jóvenes y adultas (Fig. 5.4 A). Esta alteración de la fotosíntesis origina un efecto fitotóxico que reduce la síntesis y, por tanto, el aporte de carbohidratos al fruto, y este reduce su tasa de crecimiento (Fig. 5.4 B, C). Como consecuencia de ello, un elevado número de frutos recién cuajados inician la producción de etileno y se desprenden (Fig. 5.4 D, E). A los 20 días del tratamiento el efecto fitotóxico desaparece y los frutos que permanecen en el árbol crecen a mayor velocidad como consecuencia de una menor competencia entre ellos por carbohidratos (Fig. 5.4 B, C).

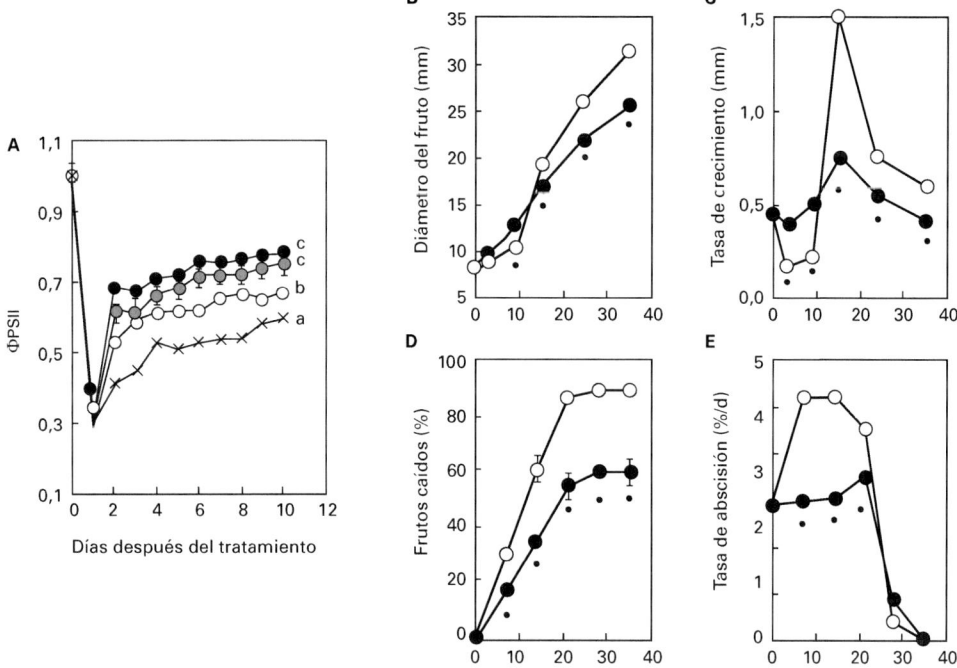

Figura 5.4. Efecto de la concentración de 3,5,6-TPA (● control, ● 5, ○ 10, x 15 mg l⁻¹) sobre el rendimiento cuántico del fotosistema II (ΦPSII) **(A),** la evolución del diámetro del fruto de la mandarina Clementina 'Marisol' **(B),** su tasa de crecimiento **(C),** el número de frutos caídos **(D)** y su tasa de abscisión **(E).** En B-E ●: árboles control sin tratar; ○ 15 mg l⁻¹. * indica diferencia significativa ($P<0{,}05$). Tomado de Mesejo *et al.*, 2012.

Pero algunas de estas **auxinas de síntesis** cuando se aplican al inicio de la fase lineal del crecimiento del fruto mejoran el desarrollo del mismo y aumentan su tamaño final sin provocar aclareo. Este efecto está ligado al incremento del volumen celular que promueven, como ya se ha indicado. El éster etil-hexil del 2,4-DP (ácido 2,4-diclorofenoxipropiónico) y el 3,5,6-TPA en formulación ácido libre, son las auxinas de síntesis más eficaces para ello.

En la Fig. 5.5 se presenta un esquema de los estados fenológicos en los que llevar a cabo las técnicas y tratamientos descritos para aumentar el tamaño de los frutos.

5.3. Desarrollo de la semilla

Las semillas proceden de los óvulos fecundados. Uno de los primeros cambios que se observan en los óvulos tras la fecundación es el ensanchamiento de la nucela, al tiempo que el endospermo inicia su desarrollo; pero el zigoto no comienza a dividirse hasta transcurrido un cierto tiempo, que puede variar entre dos semanas y dos meses. Transcurrido este, las primeras divisiones se producen en sentido transversal y las células más

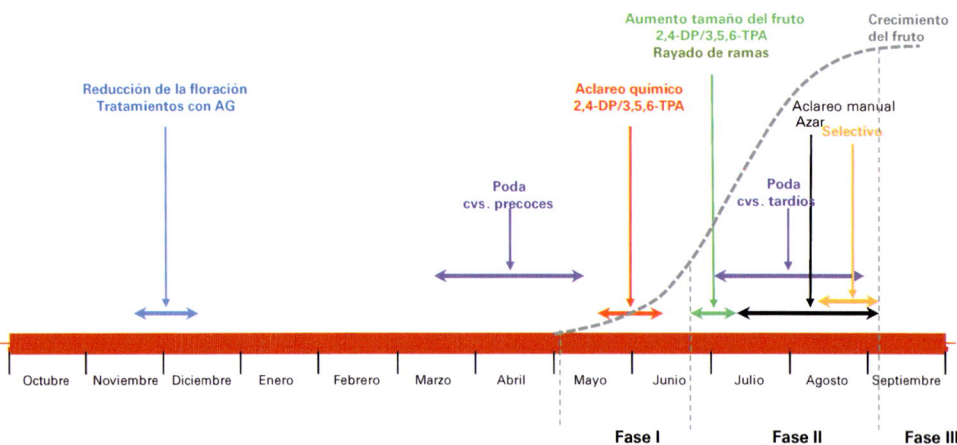

Figura 5.5. Épocas a lo largo del ciclo fenológico en los que llevar a cabo las técnicas de cultivo y los tratamientos para aumentar el tamaño de los frutos cítricos. Las flechas verticales indican el tratamiento a realizar y las horizontales el periodo de tiempo en que debe realizarse.

próximas al extremo micropilar del saco embrionario dan lugar a un delgado suspensor, mientras que las del extremo libre se dividen sucesivamente para formar una masa de células que, a su vez, se multiplicarán y se diferenciarán en las distintas partes del embrión. Este, si completa su formación, pasará sucesivamente por las formas de glóbulo, corazón y torpedo, hasta el completo desarrollo de los cotiledones.

En el momento de la fecundación, las antípodas y sinérgidas que aún permanecen en el saco embrionario degeneran. Sin embargo, el núcleo triploide del endospermo, formado por la fusión de los dos núcleos polares y el segundo núcleo espermático procedente del tubo polínico, se divide para producir un gran número de núcleos libres que quedan esparcidos en una delgada capa de citoplasma que se encuentra en las inmediaciones de la pared del saco embrionario. Este, mientras tanto, crece, destruyendo y comprimiendo con ello muchas células de la nucela. Posteriormente, en el citoplasma se forman paredes de división alrededor de los múltiples núcleos que contiene y las células así formadas siguen dividiéndose para formar el endospermo.

A medida que la semilla se desarrolla, el endospermo se expande, sobrepasando en volumen a la nucela, que progresivamente se hace más delgada como consecuencia del alargamiento de la semilla (Foto 5.4 A). Posiblemente, la nucela actúa como un tejido que alimenta al endospermo antes de ser consumida por este. Además, la nucela ejerce una función de absorción y translocación de nutrientes desde el tejido chalazal (Foto 5.4 B), que, a su vez, los recibe directamente del haz vascular.

Muchas variedades de cítricos, denominadas poliembriónicas, pueden generar embriones a partir de células somáticas de la nucela. Estos embriones somáticos, denominados nucelares, se desarrollan en el saco embrionario junto con el embrión sexual. Después de la fecundación, y poco antes o después de que el zigoto sufra la pri-

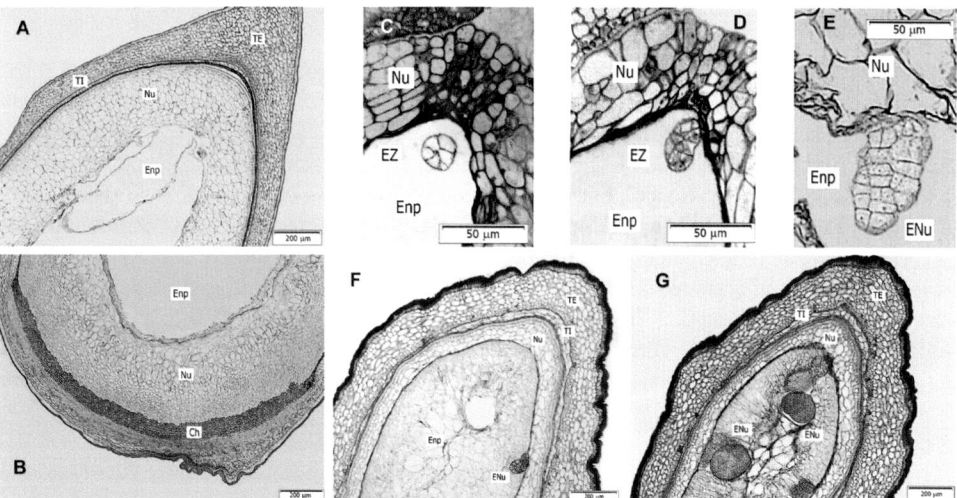

Fotografía 5.4. Sección transversal de una semilla inmadura (**A** y **B**), estados iniciales del desarrollo del embrión zigótico (**C** y **D**) y nucelar (**E**), y embriones nucelares en diferentes estados de desarrollo (**F** y **G**). TI y TE: tegumentos interno y externo; Nu: nucela; Enp: endospermo; EZ: embrión zigótico; ENu: embrión nuclear; Ch: chalaza.

mera división celular, aparecen células de mayor tamaño en la primera o segunda capa de células de la parte interior de la nucela (Foto 5.4 C y D). Estas células, que se distinguen por su gran núcleo, se encuentran mayoritariamente cerca del extremo micropilar del saco embrionario. Algunas de estas células comienzan a dividirse produciendo masas de células que invaden el endospermo (Foto 5.4 E), donde formarán los embriones nucelares (Foto 5.4 F y G). En un estado de desarrollo incipiente, estos embriones pueden distinguirse del sexual por su forma irregular y porque carecen de suspensor. El tiempo de aparición de los embriones nucelares con respecto al sexual es muy variable. La existencia de varios embriones en fase de desarrollo dentro de un mismo saco embrionario (Foto 5.4 G) establece una competencia entre ellos determinada por diferentes factores, como son la posición del embrión y el momento de su aparición. El embrión gamético es eliminado frecuentemente debido a que, al estar situado en el extremo micropilar del saco embrionario, su posición es menos favorable que la de los nucelares, localizados más abajo, para recibir los nutrientes transportados por el haz vascular que entran por la zona chalazal. Por otra parte, debido a las diferencias genéticas entre ambos tipos de embriones, el vigor del gamético puede ser distinto del de los nucelares, lo cual puede afectar a su supervivencia. El número de embriones nucelares difiere de unas variedades a otras e incluso entre semillas de la misma variedad. Normalmente, las semillas poliembriónicas suelen contener entre 2 y 10 embriones nucelares.

Por consiguiente, la semilla en desarrollo está constituida por el embrión o embriones, que al crecer van ocupando el espacio interior del endospermo, una delgada pared con la nucela en descomposición, y los dos tegumentos.

Bibliografía consultada

Agustí M, Almela V, Juan M, Primo-Millo E, Trénor I, Zaragoza S. 1993. Effect of 3, 5, 6-tri-chloro-2-pyridyl-oxyacetic acid on fruit size and yield of 'Clausellina'mandarin (*Citrus unshiu* Marc.). Journal of Horticultural Science 69: 219-223.

Agustí M, Almela V, Aznar M, El-Otmani M, Pons J. 1994. Satsuma mandarin fruit size increased by 2, 4-DP. HortScience 29: 279-281.

Agustí M, El-Otmani M, Aznar M, Juan M, Almela V. 1995. Effect of 3,5,6-trichloro-2-pyridyloxyacetic acid on clementine early fruitlet development and fruit size at maturity. Journal of Horticultural Science 70: 995-962.

Agustí M, Mesejo C, Reig C. 2020. Citricultura, 3ª ed. Ed. Mundi-Prensa, Madrid. Españas. 488 pp.

Agustí M, Zaragoza S, Iglesias DJ, Almela V, Primo-Millo E, Talón M. 2002. The synthetic auxin 3, 5, 6-TPA stimulates carbohydrate accumulation and growth in citrus fruit. Plant Growth Regulation 36: 141-147.

Aznar M, Almela V, Juan M, El-Otmani M, Agustí M.1995. Effect of synthetic auxin phenotiol on fruit development of 'Fortune' mandarin. Journal of Horticultural Science 70: 617-621.

Bain JM. 1958. Morphological, anatomical, and physiological changes in the developing fruit of the Valencia orange, *Citrus sinensis* (L) Osbeck. Australian Journal of Botany 6: 1-24.

Blanke MM, Bower JP. 1991. Small fruit problem in citrus trees. Trees 5: 239-243.

Cohen A. 1984 a. Citrus fruit enlargement by means of summer girdling. Journal of Horticultural Science 59:119-125.

Cohen A. 1984 b. Effect of girdling date on fruit size of Marsh Seedless grapefruit. Journal of Horticultural Science 59: 567-573.

El-Otmani M, Agustí M, Aznar M, Almela V. 1993. Improving the size of 'Fortune' mandarin fruits by the auxin 2,4-DP. Scientia Horticulturae 55: 283-290.

El-Otmani M, Coggins CV, Agustí M, Lovatt CJ. 2000. Plant Growth Regulators in Citriculture: World Current Uses. Critical Reviews in Plant Science 19: 395-477.

El-Otmani M, Lovatt CJ, Coggins CV, Agustí M. 1995. Plant Growth Regulators in Citriculture: Factors Regulating Endogenous Levels in Citrus Tissues. Critical Reviews in Plant Science 14: 367-412.

Erickson LC, Richards SJ. 1955. Influence of 2, 4-D and soil moisture on size and quality of Valencia oranges. Proceedings of the American Society for Horticultural Science 65: 109-112.

Fishler M, Goldschmidt EE, Monselise SP. 1983. Leaf Area and Fruit Size on Girdled Grapefruit Branches1. Journal of the American Society for Horticultural Science 108: 218-221.

Guardiola JL, Lázaro E. 1987. The effect of synthetic auxins on fruit growth and anatomical development in Satsuma mandarin. Scientia Horticulturae 31: 119-130.

Guardiola JL, Almela V, Barrés MT. Dual effect of auxins on fruit growth in Satsuma mandarin. 1988. Scientia Horticulturae 34: 229-237.

Guardiola JL, Barrés MT, Albert C, Garcia-Luis A. 1993. Effects of exogenous growth regulators on fruit development in *Citrus unshiu*. Annals of Botany 71: 169-176.

Iwahori S, Oohata JT. 1976. Chemical thinning of 'Satsuma' mandarin (*Citrus unshiu* Marc.) fruit by 1-naphthaleneacetic acid: Role of ethylene and cellulase. Scientia Horticulturae 4: 167-174.

Mesejo C, Rosito S, Reig C, Martínez-Fuentes A, Agustí M. 2012. Synthetic auxin 3,5,6-TPA provokes *Citrus clementina* (Hort. ex Tan) fruitlet abscission by reducing photosynthate availability. Journal of Plant Growth Regulation 31: 186-194.

Monselise SP. 1979. The use of growth regulators in citriculture; a review. Scientia Horticulturae 11: 151-162.

CAPÍTULO 6
Maduración y senescencia del fruto

6.1. Introducción

El desarrollo del fruto concluye en la etapa de su maduración. En ella se determina, además, la calidad del mismo, esto es, su aspecto externo y sus cualidades organolépticas. Externamente, los parámetros de referencia son el color, la forma, el tamaño, el grosor de la corteza y la ausencia de alteraciones en la piel. Internamente, se aprecia el sabor, el grado de madurez (relación azúcares/acidez), el contenido en zumo, la baja consistencia de la pulpa y la ausencia de semillas.

Además de por los caracteres genéticos de la especie/cultivar, la madurez del fruto está regulada por factores exógenos, fundamentalmente de tipo climático, y endógenos, de tipo hormonal y nutricional. Aunque la regulación de la maduración de los cítricos no ha sido plenamente dilucidada, es posible intervenir en ella, adelantándola o retrasándola, para lo que es necesario disponer de los conocimientos actuales sobre este proceso y los factores que lo afectan y sus interacciones.

6.2. Estructura del fruto maduro

El fruto de los cítricos es una baya, a la que, particularmente, se denomina **hesperidio**. Su tamaño es variable con la especie y el cultivar, al igual que ocurre con su forma, que puede ser esférica, más o menos achatada, oval o piriforme. La piel es gruesa y presenta diferentes grados de rugosidad según las especies; su superficie es de color amarillo, anaranjado o rojizo, cuando el fruto está maduro. La parte interna de la corteza es, generalmente, de color blanco, y su consistencia, blanda y esponjosa.

El interior del fruto (Foto 6.1) está dividido en varios lóculos (gajos) separados por tabiques membranosos delgados. Dentro de estos, insertadas en su ángulo interno, puede haber una o varias semillas, aunque muchas variedades son aspermas. El resto del lóculo está ocupado por vesículas alargadas (pulpa) que contienen el jugo. Este puede ser, según la especie o cultivar, de color amarillo, anaranjado o rojo, y de sabor predominantemente dulce, ácido o amargo. El número de lóculos de un fruto se corresponde con el de las cavidades del ovario, de donde proceden, aunque a veces puede ser algo menor si alguna de estas no se desarrolla; lo normal es que los frutos presenten entre 8 y 14 lóculos.

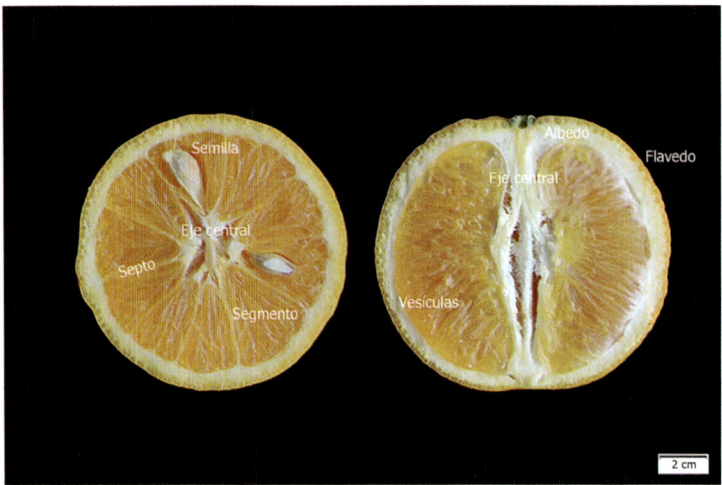

Fotografía 6.1. Partes de un fruto maduro de naranjo dulce.

Algunos frutos albergan en su interior otro más pequeño que procede de un segundo verticilo carpelar que forman algunas flores, el cual, al desarrollarse, emerge parcialmente hacia el exterior por la zona estilar, formando una especie de ombligo *(navel)* que caracteriza al grupo de variedades que lleva este nombre. Muchas variedades de naranjo y mandarino pueden *navelizarse* en mayor o menor proporción, dependiendo, en gran parte, de las circunstancias meteorológicas del año, aunque nunca se produce en la totalidad de sus frutos, con excepción de los de las variedades del grupo navel, en el que es prácticamente absoluta (Foto 6.2).

6.2.1. El pericarpo

El **pericarpo** constituye la corteza del fruto y está formado por dos tejidos: el epicarpo y el mesocarpo.

El **epicarpo** es la parte más externa del fruto maduro y en él se distinguen dos partes: la epidermis y la hipodermis. La epidermis está constituida por una capa de células con sección rectangular, que, vistas de frente, tienen forma poligonal (Foto 6.3 A). Sus paredes están fuertemente cutinizadas para evitar pérdidas de agua y su superficie está cubierta por una gruesa capa de cutícula (véase Cap. 7, Foto 7.5 A). En algunas especies de cítricos, estas células mueren cuando el fruto alcanza la madurez.

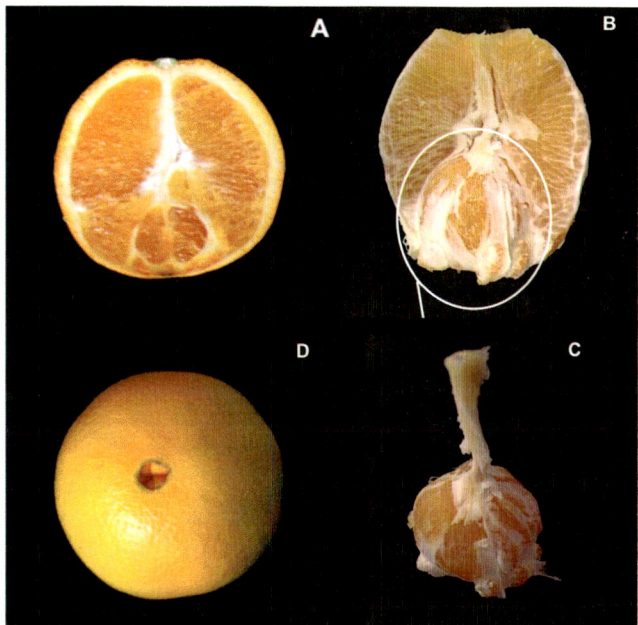

Fotografía 6.2. Fruto con un segundo verticilo carpelar (**A**, **B**) que desarrolla un fruto secundario (**C**) envuelto por el fruto principal y del que asoma por la zona estilar (navel) (**D**).

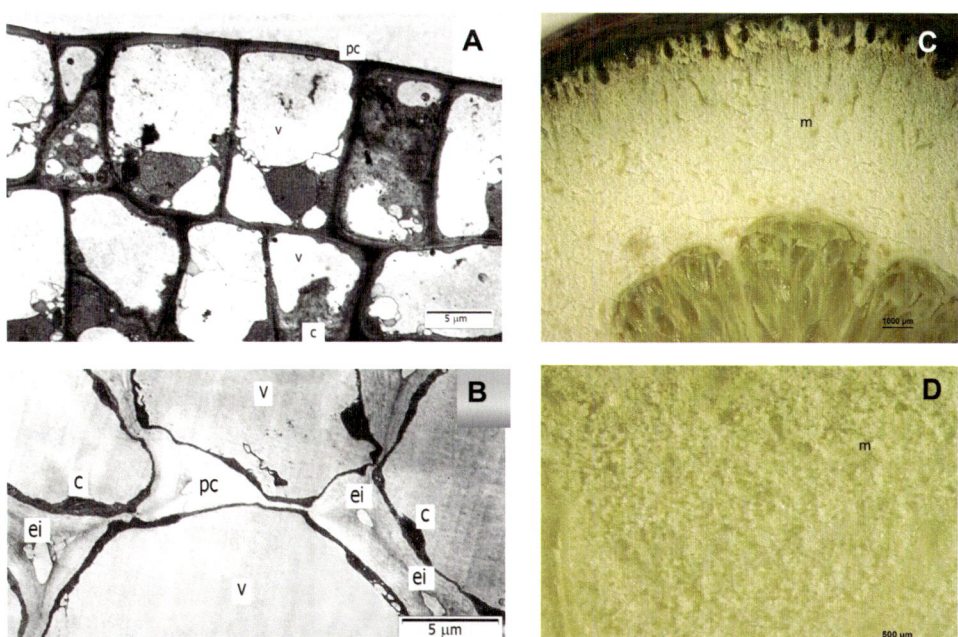

Fotografía 6.3. Estructura del pericarpo. Células de la epidermis y la hipodermis del epicarpo (**A**) y del mesocarpo (albedo) (**B**), y aspecto esponjoso del mesocarpo (**C** y **D**) de un fruto maduro. pc: pared celular; v: vacuola; c: citoplasma; ei: espacio intercelular; m: mesocarpo. Paneles A y B tomados de Martínez-Alcántara *et al.*, 2015.

Entre las células epidérmicas del fruto se encuentran estomas, que en su conjunto presentan una forma casi circular, con las células que los rodean dispuestas concéntricamente alrededor de ellos (véase Cap. 7, Foto 7.5. B). Los estomas se suelen situar en franjas estrechas alrededor de las glándulas de aceites esenciales. La densidad estomática es mayor en los frutos pequeños que en los grandes. Las células que cubren la parte superficial de las glándulas de aceites esenciales también se encuentran en la epidermis.

Debajo de las células epidérmicas hay dos o tres capas de células que constituyen la hipodermis (Foto 6.3 A). Estas células son pequeñas, redondas y se alinean en filas compactas. En este tejido es característica la presencia de numerosos cromoplastos (cromatóforos).

El **mesocarpo** constituye la parte interna de la corteza y en él se distinguen dos partes: la externa y la interna. El *mesocarpo externo* está constituido por células con forma poligonal y paredes delgadas, cuyo tamaño es mayor cuanto más profunda es la capa en la que se encuentran. Entre estas células se encuentran inmersas las glándulas de aceites esenciales (Foto 6.9). Las capas más superficiales del mesocarpo externo, adyacentes a la hipodermis, contienen muchos cromatóforos, que tienden a disminuir, progresivamente, hasta desaparecer en las células más profundas próximas al mesocarpo interno.

El epicarpo y el mesocarpo externo forman la parte coloreada de la corteza, que recibe el nombre de *flavedo* (Foto 6.1).

El *mesocarpo interno* está formado por células de mayor tamaño (Foto 6.3 B) y forma tubular e irregular (véase Cap. 5, Foto 5.2), que dejan entre ellas amplios espacios vacíos (Foto 6.3 B), dando a este tejido su típica textura esponjosa (Foto 6.3 C y D). Como carece de cromatóforos, su color es generalmente blanco (aunque en algunas variedades es amarillento o rosa pálido), por lo que a esta parte de la corteza se la denomina *albedo*.

Entre los lóculos o gajos se encuentran los *septos* (Foto 6.1; véase Cap. 3, Foto 3.7 B). Estos consisten en una capa de células que son continuidad de las del mesocarpo y que, por el interior, se unen al eje central, formando una pared que los delimita. Los septos varían de grosor y consistencia según las variedades y, en algunas, esta capa puede ser destruida por las tensiones que se producen durante el crecimiento del fruto; en estos casos los gajos aparecen separados unos de otros. Asimismo, en algunas variedades, cuando el fruto madura, el eje central se deshace y queda un hueco en su lugar.

Los haces vasculares aparecen ampliamente desarrollados y ramificados en el mesocarpo del fruto maduro (véase Cap. 3, Foto 3.7 B y Cap. 5, Foto 5.1 B y C), constituyendo la red principal que nutre a la mayor parte de los tejidos del fruto durante su maduración.

6.2.2. Los lóculos

El **endocarpo** es la parte interna del fruto, que está constituida por los gajos. Estos están envueltos por membranas formadas a partir de la capa de células que recubre las paredes internas de los carpelos. Al llegar el fruto a la madurez, las células de estas membranas presentan una forma alargada en sentido perpendicular al eje del fruto, siendo característico que sus paredes engruesen. Dicho engrosamiento no es uniforme, sino que existen grupos de células en las que se da con mayor intensidad que en sus adyacentes. Tales células están dispuestas de forma que dan a las membranas un aspecto reticular (Foto 6.4. A y B).

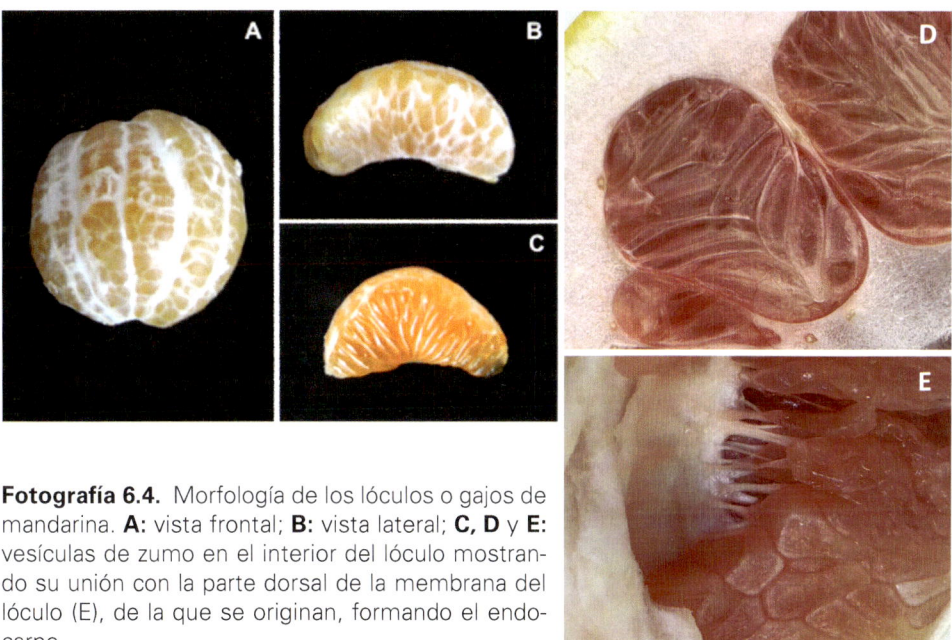

Fotografía 6.4. Morfología de los lóculos o gajos de mandarina. **A:** vista frontal; **B:** vista lateral; **C, D** y **E:** vesículas de zumo en el interior del lóculo mostrando su unión con la parte dorsal de la membrana del lóculo (E), de la que se originan, formando el endocarpo.

Los haces vasculares que hay en la corteza y en el eje central del fruto no penetran en el interior de los gajos, salvo aquellos que, partiendo del eje central, desempeñan la función de nutrir a las semillas en desarrollo (haces ovulares).

En el fruto maduro, las vesículas de zumo forman estructuras fusiformes que llenan el interior de los lóculos (Foto 6.4 C y D). Estas están compuestas por un cuerpo grueso y un pedúnculo filamentoso que las une a la membrana en su parte dorsal (Foto 6.4 D y E). La longitud de este, por tanto, depende de la posición de la vesícula en el lóculo, siendo más largos los de las más próximas al eje central. En su parte exterior, las vesículas presentan una epidermis consistente, cuyas células son alargadas en el sentido del eje de la vesícula y están cubiertas por una capa de cutícula. Inmediatamente debajo de este tejido se encuentran varias capas de células de pequeño tamaño, en disposición compacta. En la parte interna hay células de gran tamaño, con forma poliédrica, paredes celulares delgadas y grandes vacuolas. No obstante, la mayor parte del tejido de la zona central de la vesícula aparece fuertemente degradado, con muchas células rotas y amplios espacios de los que estas han desaparecido (véase Cap. 5, Foto 5.1). En esta parte interna está contenido el zumo.

Los pedúnculos de las vesículas también presentan una capa periférica de células epidérmicas alargadas recubiertas de cutícula; las células interiores de dichos pedúnculos son de naturaleza parenquimática. En los pedúnculos no se encuentra tejido vascular, aunque en algunas especies, como el pomelo o el pummelo, se han observado células con engrosamientos secundarios de su pared celular.

6.2.3. El pedúnculo del fruto

El **pedúnculo** es el órgano que une el fruto al brote. Por él discurren los tejidos conductores, cuya función es aportar al fruto el agua y los fotoasimilados necesarios para su normal desarrollo.

El sistema conductor del pedúnculo consiste en un anillo vascular completo que se produce como consecuencia de la actividad del cámbium. En la parte interior del anillo se encuentra el xilema secundario, rodeado de 5 a 7 capas de células cambiales, y en la parte exterior se encuentra el floema secundario, que está rodeado por cordones de células esclerenquimáticas. El cilindro vascular está envuelto por varias capas de células parenquimáticas corticales, que, a su vez, están recubiertas por una epidermis (Foto 6.5).

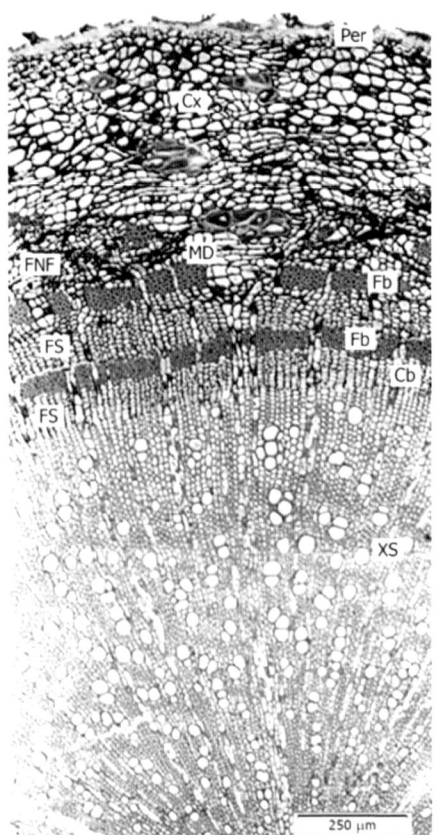

Fotografía 6.5. Sección transversal del pedúnculo del fruto maduro. Per: peridermis; Cx: córtex; MD: meristemo de dilatación; FNF: floema no funcional; Fb: fibras esclerenquimáticas; FS: floema secundario; Cb: cámbium; XS: xilema secundario. Tomada de Martínez-Alcántara *et al.*, 2015.

6.3. El proceso de maduración del fruto

La maduración constituye la fase III del desarrollo del fruto (véase Cap. 4, Fig. 4.1). En ella se producen profundos cambios bioquímicos, fisiológicos y anatómicos, que les confieren sus propiedades características. Algunos de estos cambios afectan a la corteza y son los causantes de la maduración externa; otros se producen en el zumo y son los responsables de la maduración interna.

Durante la maduración del fruto se producen dos procesos fundamentales. Por una parte, la corteza cambia de color pasando del verde al anaranjado, más o menos intenso según la variedad, o amarillo, un proceso caracterizado por la conversión de los cloroplastos en cromoplastos; por otra, la acidez del zumo disminuye mientras aumenta su contenido en azúcares.

Pero ambos procesos no ocurren siempre a la vez, de modo que es posible ver frutos verdes con su maduración interna completada, caso de la mandarina Satsuma 'Okitsu', y al revés, frutos perfectamente coloreados con una concentración muy elevada de ácidos en su zumo, caso de la mandarina 'Fortune'. Por tanto, la corteza y la pulpa muestran cierta independencia en su comportamiento, posiblemente como consecuencia de la falta de conexiones vasculares entre ambas. El hecho de que algunas aplicaciones hormonales o nutricionales que afectan al cambio de color y a la senescencia de la corteza no provoquen ningún efecto sobre la maduración interna de los frutos lo pone de manifiesto. El análisis de la expresión de genes relacionados con la pared celular durante el desarrollo de la corteza revela patrones de comportamiento diferentes en el albedo, flavedo y otros tejidos del fruto, lo que sugiere diferencias morfológicas entre ellos.

Típicamente, los cítricos son frutos no-climatéricos, ya que, a diferencia de los climatéricos, no presentan un aumento de la producción autocatalítica de etileno asociada a la maduración, antes al contrario, su producción es baja y constante. Tampoco se producen aumentos en la tasa respiratoria, que incluso tiende a descender con el tiempo, ni reblandecimiento de sus tejidos. Como es característico de los frutos no climatéricos, los cítricos no continúan madurando después de la recolección.

6.3.1. Maduración externa del fruto: el cambio de color

El color del flavedo de los frutos cítricos es uno de sus mayores atributos distintivos y de calidad. Este es el resultado coordinado de la degradación de sus clorofilas y la composición y el contenido de carotenoides. En las dos primeras fases del desarrollo del fruto, las clorofilas *a* y *b* son los pigmentos preponderantes en su corteza, mientras que, durante la tercera, que corresponde a la maduración, se produce la degradación de las mismas y la presencia de carotenoides, cuyo contenido en el flavedo aumenta (Fig. 6.1). La pérdida de la clorofila comienza por la zona estilar, mientras que la zona peduncular mantiene el pigmento durante más tiempo.

Aunque los cítricos son frutos no climatéricos, el comportamiento de la coloración del flavedo frente al etileno representa una excepción. Así, la aplicación exógena promueve la coloración acelerando la respiración e induciendo la degradación de clorofilas y la bisosíntesis de carotenoides. Sin embargo, su papel endógeno todavía no está aclarado, pero la demostración de la existencia de niveles bajos, constitutivos, durante el proceso podría ser suficiente para garantizar el cambio natural de color. Alternativamente, la degradación de clorofilas por la clorofilasa podría ocurrir continuamente a modo de *turnover* regular, de tal manera que los niveles de clorofila en estado estacionario podrían determinarse por el equilibrio entre su síntesis y descomposición, así el cambio de color sería el resultado de una reducción de su síntesis a medida que se acerca la maduración. Ello, unido a los niveles tan bajos de clorofilasa detectados, sugiere, por una parte, que su contenido es constitutivo, y, por otra, que podría ser que este enzima no fuera el regulador de la degradación natural de las clorofilas.

El catabolismo de las clorofilas se inicia con la conversión de la clorofila *b* en clorofila *a* seguida de dos reacciones sucesivas catalizadas por la clorofilasa y la Mg-dequelatasa, que eliminan una cadena de fitol y el átomo central de Mg de la clorofila *a*, respectivamente. A continuación, en el anillo de feorforbida *a* resultante se introduce un átomo de oxígeno, reacción que cataliza el enzima feoforbida *a* oxigenasa (PaO), lo que da lugar a un grupo formilo que se une al anillo de pirrol, desactivando totalmente la función de las clorofilas. La actividad del gen *PaO* se detecta solo durante la senescencia y se localiza en la membrana interna de los cloroplastos senescentes, mientras que la de otros, como la clorofilasa, es constitutiva, por lo que PaO aparece como el enzima clave de la degradación de las clorofilas.

Este descenso de la clorofila del pericarpo de los frutos cítricos es un proceso que puede durar más de dos meses y coincide con el inicio de la acumulación de carotenoides (Fig. 6.1). Ultraestructuralmente, con la maduración, los cloroplastos de las capas de células exteriores del pericarpo se transforman en cromoplastos. En este proceso, el sistema interno de membranas y la estructura de las granas de los cloroplastos se degrada mientras los cuerpos lipídicos aumentan en tamaño y número. En los cítricos, el proceso es reversible, incluso cuando los cromoplastos están completamente diferenciados.

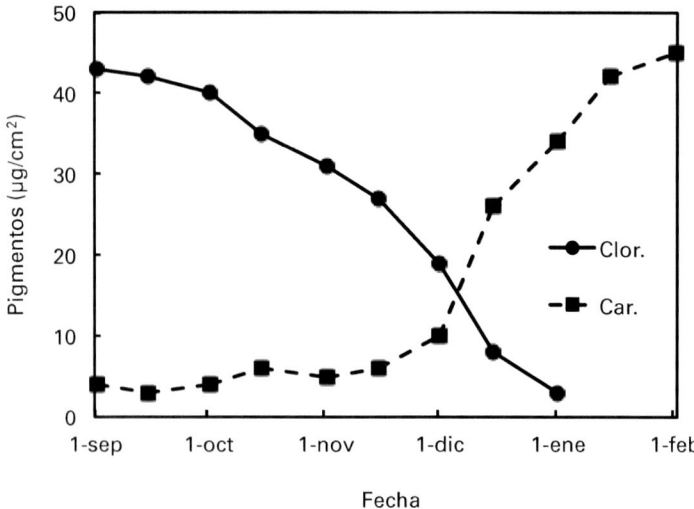

Figura 6.1. Cambios cuantitativos en los pigmentos de la corteza del fruto del naranjo dulce 'Washington' navel durante el proceso de maduración. Clor.: clorofilas; Car.: carotenoides.

La biosíntesis de carotenoides se inicia con la condensación de dos moléculas de geranil-geranil pirofosfato (GGPP; C_{20}) catalizada por el enzima PSY (fitoeno sintasa). El fitoeno (C40) sufre cuatro desaturaciones, catalizadas por los enzimas PDS (fitoeno desaturasa) y ZDS (β-caroteno sintasa), para formar licopeno. Con la ciclación del licopeno para rendir α-caroteno y β-caroteno, la biosíntesis se bifurca en dos rutas: ε,β y β,β. La síntesis de β-caroteno es catalizada por un solo enzima, la β-licopeno ciclasa (β-LCY), mientras que en la síntesis de α-caroteno intervienen dos enzimas, la misma β-LCY y la ε-licopeno ciclasa (ε-LCY). El α- y β-caroteno sufren hidroxilaciones secuenciales de sus anillos por las ε- y β-caroteno hidroxilasa (β-CHX) dando lugar a xantofilas oxigenadas como la luteína, derivada del α-caroteno, y la β-criptoxantina y zeaxantina, derivada del β-caroteno. Este último carotenoide se transforma en 9-*cis*-violaxantina, reacción catalizada por la zeaxantina epoxidasa (ZEP), y uno de sus anillos epoxi puede reorganizarse para formar un enlace alénico y formar neoxantina, catalizado por la neoxantina sintasa. En la Figura 6.2 se presenta un esquema de la ruta de biosíntesis descrita.

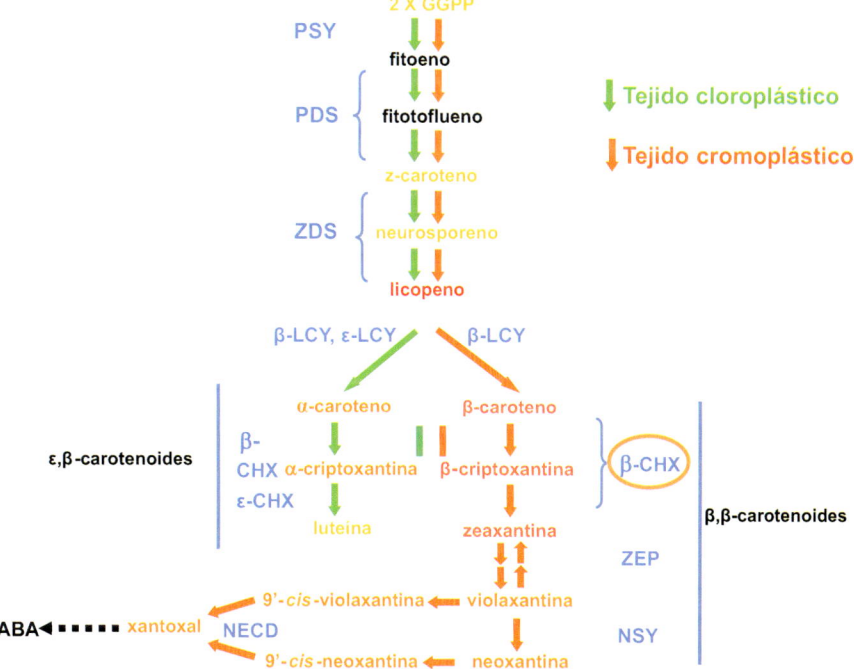

Figura 6.2. Biosíntesis de carotenoides en los frutos cítricos.
Geranil-geranil pirofosfato (GGPP), fitoeno sintasa (PSY), fitoeno desaturasa (PDS), ζ-caroteno desaturasa (ZDS), licopeno ciclasa **β** (β-LCY), licopeno ciclasa **ε** (ε-LCY), β-caroteno hidroxilasa (β-CHX), ε-caroteno hidroxilasa (ε-CHX) zeaxantina epoxidasa (ZEP), neoxantina sintasa (NSY), 9-Z- epoxicarotenoide dioxigenasa (NECD), ácido abscísico (ABA). Adaptado de Alquezar *et al.*, 2008.

En los frutos cítricos, en general, la luteína y violaxantina son los carotenoides más abundantes en los tejidos que contienen cloroplastos. Durante su coloración, fitoeno, β-criptoxantina, zeaxantina y, sobre todo, violaxantina, se acumulan progresivamente, y en el flavedo de los frutos completamente coloreados también se encuentra una elevada proporción de apocarotenoides, compuestos derivados de la ε-criptoxantina y zeaxantina por escisión oxidativa, catalizada por carotenoides oxigenasas; entre ellos se encuentran retinoides de vitamina A, ácido retinoico, retinol, y el ácido abscísico.

Los genes que codifican para los enzimas descritos han sido identificados y secuenciados para los cítricos. En estos frutos, cuando están verdes la piel muestra un contenido en carotenoides típico de los tejidos que contienen cloroplastos, siendo la luteína (ε,β-xantofila) el carotenoide más abundante. Al inicio de la coloración del fruto, el contenido en luteína decrece notablemente, al mismo tiempo que aumenta la acumulación de las β,β-xantofilas, siendo la 9-*cis*-violaxantina el carotenoide más abundante. La acumulación masiva de carotenoides en la transición de cloroplastos a cromoplastos se halla coordinada por cambios concomitantes en la expresión génica: en primer lugar, por el aumento sustancial de la expresión de los genes *PSY*, *PDS*, *ZDS* y *β-CHX*, y en segundo lugar, por el cambio de la ruta ε,β- a la ruta β,β-, paralela a un descenso de la expresión del gen *ε-LCY*, mientras que la del *β-LCY* es constitutiva o aumenta muy ligeramente. La expresión del gen *PSY* durante la maduración podría ser el paso regulador clave, ya que parece determinar la entrada de precursores metabólicos para el aumento masivo de carotenoides. La expresión del gen *β-CHX* aumenta notablemente durante la maduración de naranjas, mandarinas y limones. En estos últimos, la masiva acumulación de fitoeno en el flavedo se halla correlacionada con un descenso del nivel de transcripción de *PDS*. Este gen se ha identificado también en el pomelo, pummelo, naranja, mandarina Satsuma y limón. Finalmente, en naranjas, mandarinas y limones, la expresión de *ZDS* aumenta progresivamente con la maduración.

Se ha determinado que el factor de transcripción *CsMADS3* coordina los contenidos de clorofila y carotenoides durante la maduración de los frutos cítricos. Su sobreexpresión regula positivamente los genes de la carotenogénesis y las clorofilasas, mejorando la biosíntesis de carotenoides y la degradación de la clorofila. El *CsMADS3* se une y activa directamente a los promotores de la fitoeno sintasa 1 (*CsPSY1*) y la licopeno β-ciclasa específica de los cromoplastos (*CsLCYb2*), dos genes clave en la vía biosintética de los carotenoides, y *STAY-GREEN* (*CsSGR*), un gen determinante en la degradación de las clorofilas.

Durante el cambio de color, por tanto, además de la acumulación masiva de carotenoides, se producen cambios cualitativos en su composición. La amplia gama de colores presente en los frutos cítricos (véase Cap. 5, Foto 5.3) es debida a los patrones específicos de acumulación de los distintos carotenoides de cada variedad. El típico color anaranjado de las naranjas y mandarinas se debe principalmente a la acumulación de violaxantina y β-criptoxantina. Por otra parte, la velocidad a la que ocurre el proceso es también dependiente de la variedad. Las naranjas y mandarinas tempranas, por regla general, pasan rápidamente del color verde al típico de cada una de ellas, sin detenerse apenas en el amarillo; las tardías, sin embargo, cambian de color más lenta y gradualmente, con lo que manifiestan muchas tonalidades intermedias.

La maduración externa de los frutos se mide por el *índice de color*, el cual se calcula mediante una fórmula, adaptada al flavedo de los cítricos, que utiliza las coordenadas Hunter (L: 0-100, negro-blanco; *a*: + / -, rojo / verde; *b*: + / -, amarillo / azul). El índice de color (IC) es el resultado de la ecuación:

$$IC = 1000\ (a/L \cdot b),$$

que asigna valores negativos a los tonos verdes y positivos a los naranjas; el valor 0 corresponde al cambio de color.

Por otra parte, junto con la acumulación de carotenoides que tiene lugar durante el cambio de color de la piel del fruto, también se produce un aumento de la concentración de ácido abscísico en esta. No obstante, su función en el proceso de maduración externa del fruto no es bien conocida (véase Cap. 5, apt. 5.3.2.2).

Para una misma especie o variedad, el perfil de los carotenoides que se encuentran en el flavedo puede presentar ciertas diferencias con el de la pulpa y, aunque el aumento de los carotenoides se inicia antes en la pulpa que en el flavedo, en la primera se desarrolla más lentamente y su contenido total es, generalmente, inferior al del segundo.

6.3.2. Factores que afectan a la maduración externa del fruto

6.3.2.1. Influencia de los factores ambientales

En condiciones experimentales, el comienzo de la degradación de clorofilas y la biosíntesis de carotenoides en el flavedo de naranjas y mandarinas se presenta cuando disminuyen la **temperatura** diurna y nocturna y la temperatura del suelo, siendo esta última la más influyente. Pero el cambio de color no ocurre a una determinada temperatura, sino tras un tiempo de permanencia a una temperatura del suelo en el rango de 20-23 °C, calculado en 565 h para cultivares de mandarina clementina precoces, para el que el crecimiento o la actividad de las raíces desciende. Ello es coincidente con *i)* el descenso exponencial que experimenta la respiración de la raíz del naranjo amargo cuando se reduce la temperatura del suelo de 30 °C a 15 °C, y *ii)* la reducción del metabolismo de las raíces y de su aclimatación cuando la temperatura se mantiene por encima de 23 °C.

En condiciones de cultivo, el crecimiento de las raíces de los portainjertos citrange Carrizo, limón rugoso y *Poncirus trifoliata* disminuye notablemente para una temperatura del suelo por debajo de 20-22 °C a 30 cm de profundidad. Bajo condiciones de clima mediterráneo, en pleno verano, y debido a la alta temperatura del aire, el suelo nunca alcanza temperaturas por debajo de 23 °C, pero, a finales de verano y en otoño, el máximo valor siempre está por debajo. En cultivares precoces de mandarina clementina, el porcentaje de frutos cosechados en la primera fecha de recolección, que refleja el estado del color de la corteza, correlaciona significativamente con el tiempo acumulado en el que la temperatura del suelo (TS) se halla en el rango 20 °C < TS < 23 °C, y, cuanto antes se alcance dicha temperatura, antes cambia de color el fruto. Es más, cuando el suelo alcanza valores inferiores a los 15 °C (12-14 °C), la coloración del fruto avanza más rápidamente, dado que esta temperatura es la óptima para la síntesis de criptoxantina, β-citraurina (un apocarotenoide) y violaxantina, que son los principales pigmentos responsables de la coloración anaranjada. La temperatura estacional del año, por tanto, es la que determina el cambio de color del fruto, y por eso en condiciones tropicales su coloración es mucho menos intensa.

Por el contrario, en cultivares de maduración tardía, como la naranja 'Valencia', los frutos que permanecen en el árbol comienzan a reverdecer cuando la temperatura media excede de los 13 °C (Fig. 6.3). A partir de ese momento, el reverdecimiento del fruto es paralelo al aumento de la temperatura (véase apt. 6.3.2.2 y 6.3.2.3), y el valor de la coordenada *a* de Hunter revierte a valores negativos cuando la temperatura media del suelo y del aire alcanza 22 °C y 23 °C, respectivamente.

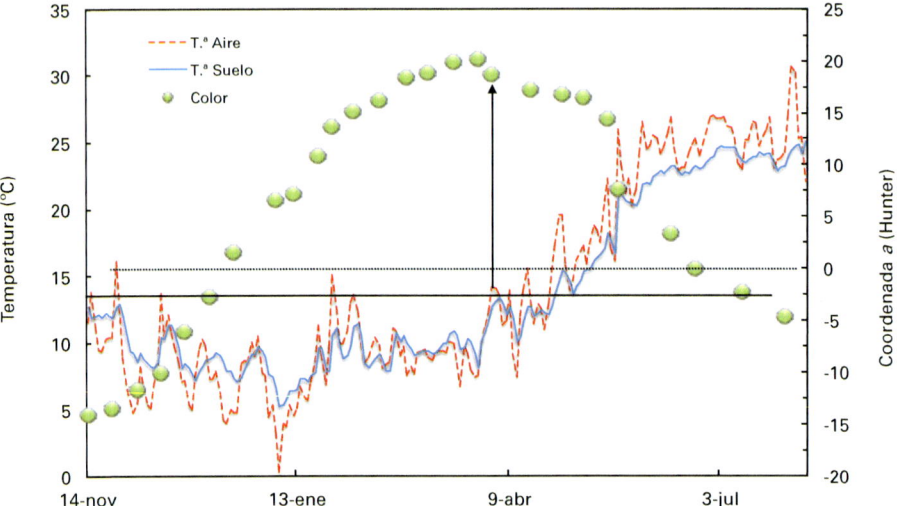

Figura 6.3. Temperatura del aire y del suelo a 30 cm de profundidad, y evolución del color del flavedo de la naranja 'Valencia Late' (coordenada *a* de Hunter). La línea de puntos indica el valor 0 de la coordenada *a*, es decir, el inicio del cambio de color; la línea sólida corresponde a una temperatura del aire de 13 °C. La flecha indica el inicio del reverdecimiento del fruto. Tomado de Gambetta *et al.*, 2014.

La **luz** es también un factor importante en la coloración de los cítricos, como lo indica el hecho de que los frutos de la parte exterior del árbol alcanzan un color anaranjado más intenso que los de la parte interior, y lo mismo ocurre con la cara externa de un fruto respecto de su cara interna. Los frutos del interior del árbol permanecen a temperaturas más bajas y, sin embargo, su color es más pálido, lo que se debe a la débil iluminación que les llega. La influencia de la luz sobre la coloración de los frutos también se pone de manifiesto en parcelas con diferentes densidades de plantación; los marcos más amplios producen frutos con un mejor color en la madurez.

En el naranjo dulce 'Washington' navel, el contenido en carotenoides de los frutos situados en el interior o exterior de la copa es similar, pero la pérdida de clorofilas ocurre antes en los frutos del exterior. Asimismo, los frutos de naranjo dulce pierden parte de sus carotenoides cuando se les sombrea, y lo hacen de un modo proporcional a la reducción de la irradiación; al reiluminarlos, recuperan su contenido. Los frutos expuestos a una radiación inferior en un 5 % a la normal pierden hasta un 40 % de los carotenoides de su corteza.

Este efecto, sin embargo, depende de la especie y la variedad. Así, se ha demostrado que la reducción de la intensidad luminosa tiene un efecto positivo sobre la coloración del pomelo 'Redblush', que acumula mayor cantidad de licopeno. Asimismo, los frutos del pomelo 'Star Ruby' localizados en el interior de la copa del árbol presentan una coloración roja más intensa que los situados en el exterior, y el sombreado aumenta el color y el contenido en licopeno. Y como en el caso del naranjo dulce 'Washington' navel, tampoco en este caso los genes de síntesis de carotenoides presentaron diferencias en su expresión entre los frutos situados en ambas posiciones. Por tanto, además de la luz, en la síntesis de carotenoides debe haber otros factores implicados.

6.3.2.2. *El control hormonal*

Para distinguir la diferencia entre los patrones de biosíntesis de **etileno** entre los frutos climatéricos y no climatéricos se introdujeron los términos *sistema I* y *sistema II*. La tasa basal de producción de etileno del sistema I es baja y es inhibida por etileno exógeno (autoinhibición); este sistema opera en frutos no climatéricos y en estado preclimatérico de los frutos climatéricos. El sistema II representa el proceso autocatalítico de la producción de etileno que regula la maduración de los frutos climatéricos.

En frutos maduros del cultivar 'Valencia' la expresión del gen *CsACS1*, que codifica para la síntesis de ACC sintasa 2, es indetectable, mientras que la de *CsACO1* (ACC oxidasa 1), *CsACS2*, *CsERS1* y *CsETR1* (dos receptores de etileno) se expresan constantemente. *CsACS1* está envuelto en el sistema II de biosíntesis de etileno, mientras que *CsACS2* lo está en el sistema I; *CsACO1* está en ambos sistemas y *CsERT1* en el sistema I. Este último, dado que no es alterado por la aplicación de etileno ni de sus inhibidores, no debe estar regulado por el propio etileno.

Aunque el sistema I es el que rige la producción de etileno de los frutos maduros, estos retienen la capacidad de producción autocatalítica del sistema II. Así, las heridas promueven un patrón de producción de etileno similar al de los frutos climatéricos, promoviendo la expresión de *CsACS1*, lo que indica que este gen es un factor clave en la producción de etileno en los frutos cítricos.

Los frutos cítricos maduros recolectados no provocan ningún cambio en la evolución de la síntesis de etileno, que permanece en un nivel basal muy bajo, como en los frutos que permanecen en el árbol, y en ambos frutos tampoco aparece ninguna diferencia en la expresión de los genes citados. De ahí que, una vez separados del árbol, cambien su color lentamente y sus tejidos internos no se deterioren incluso después de un periodo prolongado.

En los frutos cítricos, la aplicación exógena de etileno induce la pérdida de clorofilas, al mismo tiempo que activa la biosíntesis de carotenoides, y tiene múltiples efectos sobre el metabolismo de los azúcares, aminoácidos y proteínas, todo lo cual acelera el cambio de color del flavedo. Pero el papel del etileno endógeno en la maduración natural de los cítricos no ha sido aclarado. Así, en la maduración espontánea de los frutos en el árbol, su contenido endógeno es constitutivo, muy escaso, y la expresión del gen clorofilasa (*Chlase*) es, a su vez, baja y constitutiva. De ahí que se haya señalado, por una parte, que el etileno exógeno actúa a través de la síntesis *de novo* del gen *Chlase* y su expresión transcriptómica. Esta idea está respaldada por la aparición de dos grupos diferenciales de genes de clorofilasa: uno que codifica para la síntesis de enzimas en el interior del cloroplasto, expresados constitutivamente a niveles bajos, y otro que codifica clorofilasas fuera del cloroplasto. En los cítricos, este último grupo de genes puede verse inducido por la aplicación exógena de etileno y, por lo tanto, estar implicado en una hipotética vía extraplastídica de degradación de clorofilas. La existencia de esta segunda vía sugiere que la pérdida de clorofilas promovida por el etileno exógeno debe tener lugar a través de un mecanismo diferente al de su degradación natural. De acuerdo con ello, serían los bajos niveles constitutivos de etileno producidos por los frutos en el interior de los cloroplastos los responsables del cambio de color y la coloración del fruto.

Las **giberelinas** muestran actividad en el flavedo durante el desarrollo del fruto de la mandarina 'Clemenules', tanto más baja cuanto menor es la temperatura del suelo, y descienden a medida que se alcanza el cambio de color (Fig. 6.4 A y B). Del mismo modo, en el naranjo dulce 'Washington' navel se ha demostrado que en los últimos 15 días antes del cambio de color las concentraciones de GA_1 y GA_4 en el flavedo descienden su concentración un 34 % y 88 %, respectivamente, alcanzando los valores más bajos cuando este se produce. Paralelamente, la concentración en el floema del brote que sustenta el fruto aumenta 1,5 veces para la GA_1 y 6 veces para la GA_4, lo que sugiere que el fruto se vacía de ellas en dicho periodo. De todo ello se concluye que en el flavedo la presencia de giberelinas activas previene el cambio de color y su concentración debe disminuir para que se produzca. Del mismo modo, el aumento de clorofila en el flavedo (reverdecimiento; véase apts. 6.3.2.1 y 6.3.2.3) de la naranja dulce 'Valencia' cuando permanece en el árbol por largo tiempo se ve precedido por un incremento de la concentración de giberelinas que podría estar regulada por la reactivación del crecimiento radicular por acción del aumento de la temperatura.

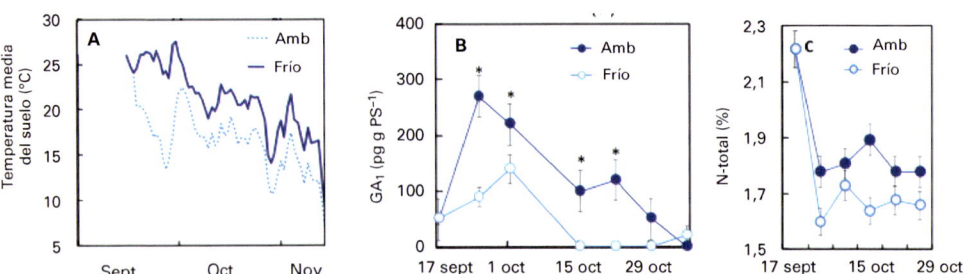

Figura 6.4. Evolución de la temperatura ambiente del suelo (Amb) y enfriada (Frío) **(A)** y su influencia en la concentración de GA_1 **(B)** y de N **(C)** en el flavedo de frutos de mandarina 'Clemenules' hasta el momento del cambio de color. Los árboles se cultivaron en maceta para enfriar el suelo en la mitad de ellas. Tomado de Mesejo *et al*., 2022.

Por otra parte, las giberelinas, que se sintetizan en los múltiples ápices radiculares que están en crecimiento activo mientras la temperatura del suelo es suficientemente elevada, se traslocan al fruto, donde inhiben el efecto del etileno sobre la acumulación de transcritos de clorofilasa en el epicarpio y mantienen su coloración verde. Pero, al enfriarse el suelo, el crecimiento y el metabolismo radicular disminuyen, y con ello su síntesis, los frutos dejan de recibir la hormona desde las raíces y su pericarpio inicia su coloración.

Del mismo modo, la aplicación de giberelinas (GA_3) antes del inicio del cambio de color retrasa la coloración del fruto de muchas especies de cítricos. En la mandarina 'Clemenules' además de retardar la pérdida de clorofilas, reduce la concentración de fitoeno y fitoflueno, en correspondencia con una marcada reducción de la expresión de los genes *PSY* y *PDS*, y mantiene la concentración de β,β-carotenoides en detrimento del flujo por la ruta ε,β-. De acuerdo con ello, las giberelinas regulan el ritmo de entrada en color del fruto ejerciendo su acción en los primeros pasos de la síntesis de carotenoides.

Todo ello sugiere que el cambio de color en los frutos cítricos, no climatéricos, que producen bajas cantidades de etileno durante su maduración, es controlado por un sistema hormonal compuesto por un activador, el etileno, y un represor, las giberelinas. Tras el descenso natural de los niveles endógenos de estas, el cambio de color puede ser promovido por los niveles basales de etileno endógeno a través de la síntesis *de novo* de clorofilasa. Las giberelinas jugarían un papel regulador inhibiendo o reduciendo su síntesis y controlando el tiempo de degradación de las clorofilas.

El papel de las **citoquininas** en la coloración del fruto ha sido poco estudiado, si bien el efecto de la temperatura del suelo sobre su síntesis en los ápices radiculares y su traslocación al fruto conlleva un comportamiento similar al descrito para las giberelinas. En los frutos maduros la aplicación de N^6-belziladenina contrarresta la degradación de las clorofilas inducida por el etileno, pero no retarda su coloración, y reduce la acumulación de carotenoides.

En muchas especies de cítricos el comienzo del cambio de color viene precedido por la acumulación de **ácido abscísico** en el flavedo. En estas, su biosíntesis se inicia a partir de la violaxantina (C_{40}) como sustrato dominante, que se convierte en 9'-*cis*-violaxantina y esta se rompe para formar el compuesto xantoxal (C_{15}) por acción de la enzima 9-*cis*-epoxicarotenoide dioxigenasa NECD (Fig. 6.2). Durante la maduración, el ABA aumenta notablemente su concentración, lo que viene ratificado por el incremento en la expresión del gen *CsNCED* que controla su síntesis. Este gen se expresa a niveles mucho mayores en los frutos ya coloreados que en los verdes.

El papel del ácido abscísico en la maduración de los frutos cítricos se ha demostrado a partir de mutantes deficientes en él, en los que la acción del etileno sobre la degradación de clorofilas se pierde y la coloración se retrasa.

6.3.2.3. Influencia de los nutrientes. El papel del N

El papel del N en la coloración de los frutos y su relación con la temperatura y el transporte en la planta ha sido estudiado en profundidad por Mesejo *et al.* (2022). El descenso del crecimiento de las raíces y la reducción del contenido de N en el pericarpo inician el cambio de color, y ello es coincidente con las fechas en las que la temperatura media del suelo desciende hasta los 20-23 °C (Fig. 6.4 A y C) (véase apt. 6.3.2.1). Estudios llevados a cabo con la utilización de ^{15}N han revelado que esta reducción se debe más al descenso en su transporte desde las raíces al fruto que a una falta de absorción por estas, lo que indica que en respuesta a la baja temperatura del suelo el árbol prioriza el almacenamiento de las reservas de N en raíces y ramas frente al transporte.

El aporte de N al fruto se ha establecido en un 65 % procedente de la movilización desde los órganos de reserva (hojas viejas) en primavera y verano, y en un 35 % desde el suelo a finales de verano y en otoño, y cuanto menos absorbe el árbol desde el suelo, mayor es la movilización de reservas. Así, si el aporte al suelo de N se restringe totalmente, el árbol moviliza grandes cantidades de N de las hojas en primavera y verano, pero en otoño se ve seriamente restringido y el cambio de color se adelanta y se intensifica, lo que evidencia la importancia de la absorción de N desde el suelo y su transporte al fruto en el proceso de la maduración externa.

Dos semanas antes, en general, del cambio de color, el contenido de GA$_1$ en la corteza del fruto disminuye progresivamente al mismo tiempo que aumenta el de N. Sin embargo, cuando desciende la temperatura y se enfría el suelo, la reducción de N en la corteza correlaciona con su contenido de GA$_1$ (Fig. 6.4 C), que adelanta su pérdida y con ello la coloración del fruto; esta relación sugiere un vínculo entre la señalización del N y el metabolismo de las giberelinas. De hecho, la aplicación directa al fruto de N, como NH$_4$NO$_3$, por ejemplo, o de GA$_3$, provocan efectos similares evitando la conversión de clorolastos en cromoplastos. Se ha sugerido que esta similitud se debe a que el N media en el metabolismo de las giberelinas retrasando la pérdida de GA$_1$ de la corteza y retrasando su coloración. Esta y otras hormonas no contrarrestan el bloqueo de la pigmentación del epicarpio inducido por el N, lo que indica que su agotamiento natural es prerrequisito para el cambio de color.

Antes del cambio de color, la expresión del gen *GDH*, que codifica la enzima glutamato deshidrogenasa, aumenta, provocando la desaminación del ácido glutámico durante la hidrólisis proteica; pero esta se ve marcadamente reducida por acción del N. Dado que la aplicación de compuestos nitrogenados retrasa la coloración del fruto, el N podría retrasar el catabolismo de las proteínas de modo que el cambio de color estaría ligado a la hidrólisis proteica a nivel transcripcional. Por otra parte, en la mandarina clementina, la expresión de los transportadores de membrana de nitratos, *NPF4.6/NRT1.2*, aumenta antes en las variedades precoces, y en todas alcanza su máximo antes del cambio de color junto con el de *GDH*, lo que confirma que se requiere la movilización de N para que el fruto cambie de color. Coherentemente con ello, la aplicación de GA$_3$ reduce su expresión.

Por otra parte, la expresión del gen *AS*, que codifica la enzima asparagina sintetasa, también alcanza su máxima expresión antes del cambio de color, lo que indica que este aminoácido es un indicador de la movilización de N previa al proceso.

Por tanto, el retraso en la desamiación del gutamato durante la hidrólisis proteica, marcada por la expresión de *GDH*, la pérdida masiva de N-proteico y la movilización de NO$_3^-$ y NH$_4^+$ en el cloroplasto son factores clave en el metabolismo del N *vs.* cambio de color, y el incremento en la expresión de los transportadores de N, *NPF4.6/NRT1.2*, es un proceso constitutivo necesario para que el fruto desverdice.

La expresión de *PSY* aumenta hasta 10 veces en la mandarina clementina antes del inicio de su coloración, y la aplicación de N y GA_3 la bloquean. Antes de ello, la expresión de *GGPPsyn*, que codifica para el enzima geranil-geranil pirofosfato sintetasa, aumenta. El GGPP es el precursor común de clorofilas, giberelinas y carotenoides; la expresión del gen geranil-geranil reductasa, *CHLP*, que origina la síntesis de clorofilas por reducción del GGPP, presenta una expresión constitutiva en el cambio de color, y no es modificada por el N. Por último, los genes que codifican para la kaureno sintasa, *KS*, y kaureno oxidasa, *KO*, reducen progresivamente su expresión durante el proceso de conversión de cloroplastos en cromoplastos. Ni la expresión de *KS* ni la de *KO* son alteradas por la aplicación de N, pero el agotamiento de GA_1 en el pericarpo sí es retardado. Por tanto, el N debe regular los últimos pasos de la síntesis de giberelinas y su catabolismo.

En resumen, la maduración de los cítricos correlaciona con el cese del transporte de N desde la raíz al fruto, que en el clima mediterráneo está ligado a la reducción de la temperatura del suelo. El descenso de N que llega al fruto señala el inicio de la expresión de *GDH* y *AS* en el cloroplasto, el agotamiento del N-proteico y la reducción de la concentración de NH_4^+ libre y otras formas de N, debido a su transporte y movilización (*NPF4.6/NRT1.2*), y el contenido de GA_1, todo ello en el pericarpo. En general, ello permite el inicio de la transición del cloroplasto a cromoplasto y la desverdización del fruto. Además, el N retrasa ciertos procesos en la diferenciación de los cromoplastos, como la expresión de *PSY*, pero no modifica los primeros pasos de la biosíntesis de giberelinas o la síntesis de clorofilas.

En los trópicos, la temperatura del suelo nunca alcanza los valores estimados como inductores de la coloración del fruto (véase apt. 6.3.2.1) y las raíces nunca dejan de crecer. La síntesis hormonal en sus ápices y el transporte de N al fruto, por tanto, no se interrumpen y todos los procesos descritos o no se producen o se ven marcadamente reducidos y la coloración nunca se completa y es mucho más pálida.

La fertilización nitrogenada, por tanto, especialmente si se utilizan sales de nitrato, puede afectar la maduración del fruto. Así pues, aportaciones tardías y abundantes de N al suelo o directamente al fruto poco antes de la maduración retrasan la pérdida de clorofilas y la acumulación de carotenoides, retardando, por tanto, el cambio de color y aumentando el porcentaje de frutos verdes en el momento de la recolección. Asimismo, las aportaciones al suelo en primavera, cuando con el aumento de la temperatura la planta reinicia su actividad, aumentan su absorción y transporte al fruto, lo que puede promover el reverdecimiento del fruto si está presente, como es el caso de los cultivares 'Valencia', de naranjo dulce, y limonero 'Verna', de maduración tardía.

6.3.2.4. Influencia de los nutrientes. El papel de los azúcares

La acumulación de azúcares en la corteza promueve su coloración. Cuando el fruto inicia su crecimiento, el epicarpio, verde, presenta cantidades relativamente altas de azúcares que disminuyen ligeramente con el crecimiento del fruto al mismo tiempo que sigue acumulando clorofilas; cuando estas inician su pérdida y el fruto comienza a cambiar de color, los azúcares aumentan notablemente su concentración.

A temperaturas tan bajas como 5 °C, la fotosíntesis en las hojas de *C. sinensis* puede llegar al 50 % de su máxima tasa fotosintética, pero el desarrollo vegetativo casi cesa a temperaturas inferiores a 13 °C. Por lo tanto, durante los meses de octubre a enero, cuando la temperatura es la más baja del año, el crecimiento vegetativo es prácticamente inexistente y el fruto se convierte en el sumidero principal de los fotosintatos que se están sintetizando. Es decir, cuando la temperatura del suelo desciende en otoño, al mismo tiempo que el flujo de N al fruto también desciende, la concentración de azúcares en la corteza continúa aumentando.

Este papel de los azúcares en la maduración de los frutos cítricos fue demostrado por Huff (1983; 1984) cultivando *in vitro* epicarpios de naranjo dulce. Estos estudios demuestran que elevadas concentraciones de azúcares promueven su desverdización, mientras que bajas concentraciones promueven la reversión de cromoplastos a cloroplastos. Y este paralelismo entre la acumulación de azúcares y la pérdida de clorofilas en el epicarpio cultivado *in vitro* y en el de frutos de árboles cultivados en el campo, y entre la reacumulación de clorofilas y la pérdida de azúcares, indica que algunos componentes del metabolismo de los carbohidratos podrían regular las interconversiones entre cloroplastos y cromoplastos en los cítricos.

En estos experimentos, aunque el azúcar añadido al medio era sacarosa, en el epicarpio esta era rápidamente transformada en glucosa y fructosa, por lo que la acción sobre la coloración de la corteza de los frutos cítricos debería atribuirse a los azúcares reductores. Sin embargo, parece poco probable que la glucosa, la fructosa o la sacarosa estén directamente involucradas, ya que la permeabilidad de la membrana externa de los plástidos a estas sustancias es muy baja. Es más verosímil que los fosfatos de triosa y el glicerato-3-P, de elevada permeabilidad entre estos y el citoplasma, sean los candidatos a reguladores de su morfología.

Cuando al medio se añade N, este inhibe la degradación de clorofilas, pero tiene poco efecto sobre su biosíntesis, mientras que la sacarosa promueve tanto su degradación como la inhibición de su biosíntesis, dependiendo de su concentración. De acuerdo con ello, la sacarosa parece tener efectos generales que promueven la transformación de cloroplasto a cromoplasto, mientras que el papel del nitrógeno parece ser más protector al estabilizar las formas de cloroplasto, pero no necesariamente promueve su formación a partir de cromoplastos.

El epicarpio de *C. sinensis* inicia la coloración por la zona estilar (véase apt. 6.3.1), y es esta la que experimenta menores cambios temporales en la concentración de azúcares, en contraste con la zona peduncular en la que estos son más bruscos, tanto durante la acumulación como durante la pérdida subsiguiente; ello sugiere que la traslocación desde y hacia el árbol determina los cambios en la coloración. El transporte de carbohidratos al fruto es consecuencia de su capacidad sumidero que persiste hasta su maduración, sin embargo, no hay datos que demuestren una traslocación de carbohidratos desde el fruto al árbol que expliquen el reverdecimiento del fruto, de modo que es más probable que el descenso de la concentración de azúcares se deba a una reducción del transporte al fruto y al metabolismo continuo de los azúcares ya presentes en el epicarpio. Ello es coherente con la nueva brotación que se inicia en febrero-marzo y la floración. Con el aumento de la temperatura, el crecimiento vegetativo y reproductivo (flores) compiten fuertemente con el fruto, ya maduro, por los fotosintatos disponibles y estos ven reducido su transporte al fruto, los azúcares reductores en este descienden drásticamente y el epicarpio reverdece.

La maduración del fruto de *C. madurensis* (calamondín o calamansi) constituye una excepción a estos procesos. Esta especie tiene varias generaciones de frutos que maduran a lo largo del año, por lo que la transformación de cloroplastos en cromoplastos de su epicarpio no está asociada a las temperaturas frías como ocurre en otras especies de *Citrus*. Además, los cambios en el flujo de nitrógeno al fruto no forman parte del patrón estacional de desverdecimiento y reverdecimiento del fruto porque dicho flujo no cesa en el invierno y se reanuda en la primavera, sino que continúa sin disminuir durante el invierno, cuando el fruto colorea, y se ralentiza o cesa en la primavera, cuando reverdece. A pesar de ello, el cambio de color sí está estrechamente asociado a la acumulación de azúcares en el epicarpio, que es simplemente una acumulación gradual con el tiempo y no necesariamente relacionada con la temperatura.

Los estudios con plantas intactas en el campo también han demostrado una correlación positiva entre el contenido en carotenoides del flavedo y su concentración de azúcares solubles, y negativa con el contenido en clorofila. Y cuando son suplementadas con sacarosa, inyectada en los tallos, aumenta la concentración de azúcares solubles en el epicarpio y el fruto anticipa su cambio de color. Esta acción queda ratificada con la defoliación de la planta, que detiene la síntesis de sacarosa y disminuye, lógicamente, su acumulación en el epicarpio, al mismo tiempo que reduce la pérdida de N, con lo que el fruto no cambia de color y se mantiene permanentemente verde. La defoliación no es contrarrestada por la adición de sacarosa, pero ello no invalida los resultados, ya que la ausencia de transpiración anula, prácticamente, su absorción.

Este efecto de la sacarosa sobre la coloración de los frutos cítricos se produce, probablemente, a través del etileno, ya que la aplicación de inhibidores de su acción (como el tiosulfato de plata) lo contrarresta, y la de precursores de su síntesis (ACC) lo mejora; y en otras especies, la sacarosa promueve la producción de etileno. Estos resultados sugieren que la sacarosa y el etileno comparten la vía de señalización en la biogénesis de los cromoplastos.

Por contra, la aplicación de giberelinas (GA_3) *in vitro* o *in vivo* retrasa la degradación de clorofilas inducida por la sacarosa, lo que es compatible con su efecto represor de la actividad clorofilasa provocada por el etileno (véase apt. 6.3.2.2).

6.4. Cómo modificar la maduración externa del fruto

El mantenimiento de los frutos en cámaras a una temperatura de 30 °C y una HR del 90 %, con una atmósfera enriquecida con etileno (5-20 mg/L), durante 24-60 h, es una práctica habitual en la postcosecha de los cítricos para desverdizar aquellos que, por motivos comerciales, se han recolectado con su madurez interna completada pero antes de que hayan alcanzado su plena coloración (Foto 6.6 A). La técnica resulta eficaz cuando el fruto se recolecta una vez se ha iniciado el proceso de la maduración, y la respuesta depende notablemente de la especie y cultivar.

En esas condiciones, la pérdida de clorofila es casi inmediata en la mandarina clementina que a las 24 h del tratamiento retiene no más del 40 % de ellas y a las 48 h apenas el 10 %, alcanzando una coloración casi completa (Foto 6.6 A). En la naranja dulce el proceso es más lento.

Fotografía 6.6. Efecto de las aplicaciones exógenas de hormonas sobre la pigmentación del flavedo de frutos de mandarina 'Clemenules'. **A:** tratamiento con etileno (Et) en cámara de desverdización (10 mg/L durante 24 y 48 h); **B:** tratamiento con ácido giberélico al inicio del cambio de color (10 mg/L de GA$_3$). C indica frutos sin tratar.

La acción del etileno sobre la evolución de la síntesis de carotenoides también depende del momento de la aplicación. Cuando el fruto se recolecta antes de iniciarse la coloración reduce de modo natural su contenido, y lo mismo ocurre si se aplica etileno, aunque en menor cuantía. Sin embargo, cuando se recolecta una vez ha iniciado el cambio de color, la aplicación lo aumenta marcadamente (Fig. 6.5; Foto 6.6 A).

Por tanto, en los cítricos el etileno debe estar relacionado en la regulación de los genes de la biosíntesis de carotenoides, a pesar de su carácter no climatérico. Así, la aplicación de etileno reduce los transcritos del gen ε-*LCY* hasta niveles no detectables.

Dado que su acción está relacionada con la ciclación del licopeno, se ha propuesto que la regulación transcripcional de este paso juega un papel clave en el cambio de la ruta ε,β- a la β,β- en la biosíntesis de carotenoides, reduciéndose el contenido en α-caroteno y luteína (véase apt. 6.3.1). El tratamiento con etileno también aumenta la expresión de β-*CHX*, responsable de la hidroxilación de los anillos de β-caroteno, concomitante con el aumento del contenido en violaxantina, lo que sugiere su contribución a la canalización de la biosíntesis por la ruta β,β-.

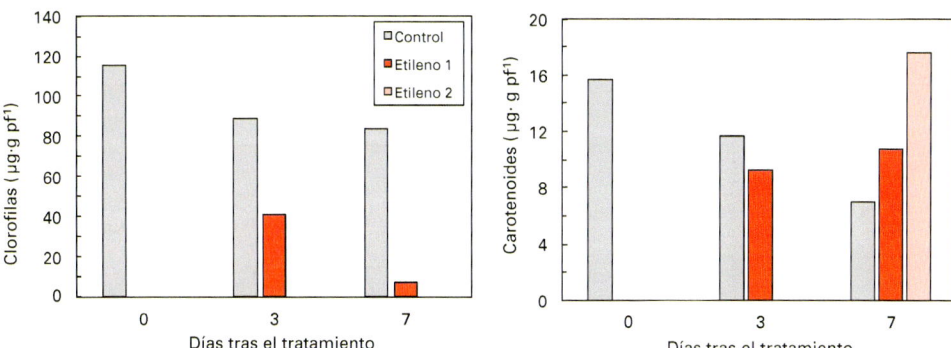

Figura 6.5. Efecto del etileno (10 μl·l⁻¹) y la fecha de aplicación sobre la evolución del contenido en clorofilas y carotenoides del flavedo de la naranja dulce 'Navelate'. Aplicación realizada antes (etileno 1) y después (etileno 2) del cambio de color. Adaptado de Rodrigo y Zacarías, 2007.

De acuerdo con todo ello, el proceso de desverdización con etileno en cámara de los frutos cítricos una vez recolectados reproduce y acelera, tanto genética como bioquímicamente, los cambios que tienen lugar durante su maduración espontánea.

El ácido 2-cloroetil fosfónico (CEPA, etefón o ethrel) se ha ensayado con objeto de desverdizar los frutos en campo para anticipar su recolección, ya que este compuesto libera etileno al ser absorbido por la planta. Aplicado en pulverización foliar poco antes del cambio de color, a la concentración de 200-300 mg/L, induce la coloración del fruto. Aunque este efecto no es muy notable, mejora la respuesta a la desverdización en cámara con etileno, evitando una exposición prolongada a este gas que puede provocar daños en la corteza. Combinando adecuadamente la aplicación de CEPA en el campo con la de etileno en cámara, se ha conseguido anticipar la recolección de cultivares precoces de mandarina hasta 15 días, sin alterar las características internas del fruto. El principal efecto adverso de este tratamiento es que provoca defoliación, y aunque se ha contrarrestado con la adición de sales de calcio [Ca(NO₃)₂ o Ca(CH₃COO)₂], estas reducen su eficacia sobre la degradación de las clorofilas.

También es frecuente retardar la coloración del fruto con aplicaciones de GA₃ (10 mg/L) en el campo, cuando se inicia el cambio de color. Además, mantiene la firmeza de la corteza de los frutos y retrasa su senescencia, previniendo la aparición de algunas alteraciones de la piel ligadas a ella (véase Cap. 10; apt. 10.1.2). De este modo se puede retrasar la recolección cuando convenga por exigencias comerciales, sin menoscabo de la calidad del fruto.

La aplicación retarda la pérdida de clorofilas y la acumulación de carotenoides del epicarpio (Fig. 6.6), aunque, cuando el fruto tratado alcanza su plena coloración, su contenido total no es modificado respecto del fruto que madura normalmente. Este retraso en alcanzar el *índice de color* por acción de la GA$_3$ es consecuencia tanto de la ralentización del *turnover* de las clorofilas (véase apt. 6.3.1) como de cambios en el flujo de las dos rutas de síntesis de carotenoides. La retención de clorofilas se halla bien relacionada con la modulación de la expresión del gen *PaO*, dado que el nivel de sus transcritos es marcadamente reducido por acción de la GA$_3$, pero los de *CHLP* no son alterados por la giberelina.

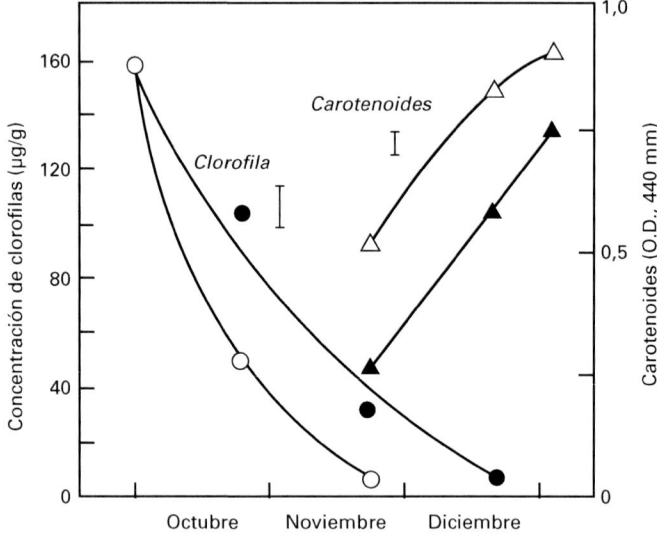

Figura 6.6. Cambios en la concentración de clorofilas y carotenoides en la corteza de la mandarina Satsuma por la aplicación de GA$_3$ (20 mg/L) al inicio del cambio de color del fruto. Árboles sin tratar O△ y tratados ●▲. Tomado de García-Luis *et al.*, 1985.

En resumen, la GA$_3$ opera reduciendo la degradación de clorofilas y manteniendo la ruta ε,β- de síntesis de carotenoides en detrimento de la β,β-, además de aumentar la expresión del gen *DXS* y reducir la de *PSY* y *PaO*.

6.5. La maduración interna

La maduración interna del fruto se caracteriza por los cambios que se producen en el contenido en zumo y en algunos constituyentes del mismo. El contenido en zumo (expresado en porcentaje de zumo exprimible con respecto al peso total del fruto) varía durante el desarrollo del fruto, aumentando hasta el inicio de la maduración y disminuyendo posteriormente con su senescencia.

La concentración de azúcares, expresada como sólidos solubles totales (SST), aumenta con el tiempo hasta etapas muy avanzadas (Fig. 6.7 A), mientras que la acidez titulable (AT) disminuye (Fig. 6.7 B). La relación SST/TA se conoce como índice de madurez, y es el criterio más ampliamente aceptado para determinar la maduración interna de un fruto cítrico. El valor óptimo de este parámetro, que define la calidad organoléptica, se encuentra en el rango 6,5-9.

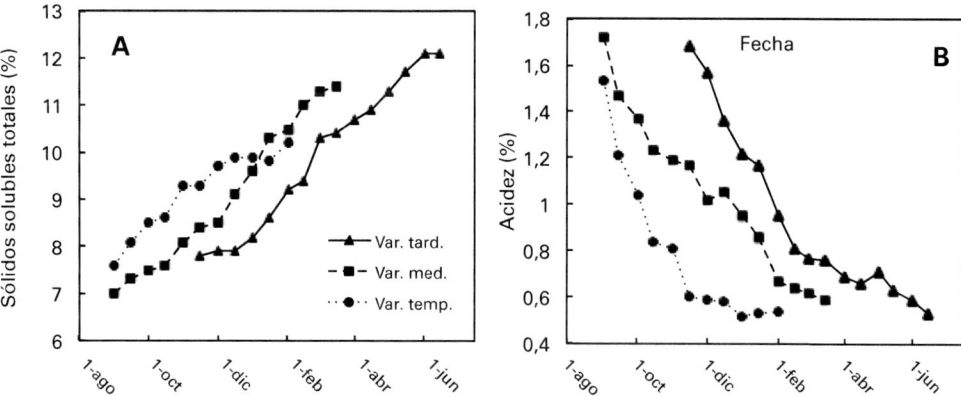

Figura 6.7. Evolución del contenido en sólidos solubles totales **(A)** y ácidos **(B)** en el zumo de frutos maduros de cultivares de naranjo dulce con distintos periodos de recolección: temprana, media temporada y tardía.

Los sólidos solubles totales representan entre el 10 % y el 20 % del peso fresco del fruto, y están constituidos principalmente por carbohidratos (70 %-80 %), y cantidades relativamente menores de ácidos orgánicos, proteínas, lípidos y elementos minerales.

6.5.1. Influencia de los factores ambientales

La temperatura ambiente y la pluviometría son los factores exógenos más influyentes en el contenido en SST y en la AT. En las regiones templadas, los frutos suelen tener altos valores de ambos y un valor más alto de SST/TA que en las regiones más frescas. Por el contrario, en climas tropicales, los valores de SST y AT son bajos en mandarinas, naranjas, pomelos e híbridos (tangelos y tangors), pero no en limones y limas. En condiciones de cultivo, cuanto más alto es el régimen térmico día/noche, más bajo es el contenido en SST y AT de naranjas, mandarinas, pomelos y pummelos, lo que se ha relacionado con una respiración más intensa; para diferentes relaciones en un rango térmico entre 15 y 30 °C, los valores intermedios son los que determinan niveles más elevados de SST. En el área mediterránea, con un clima Csa (véase la clasificación climática de Köppen-Geiger), templado con veranos secos y calurosos, la concentración de SST apenas se altera durante el desarrollo del fruto, pero la relación SST/TA se alcanza antes que en zonas áridas, con un clima BSh, de precipitación escasa y veranos muy cálidos, en las que el contenido en zumo del fruto y su concentración de SST son más bajos y su AT más elevada (Fig. 6.8).

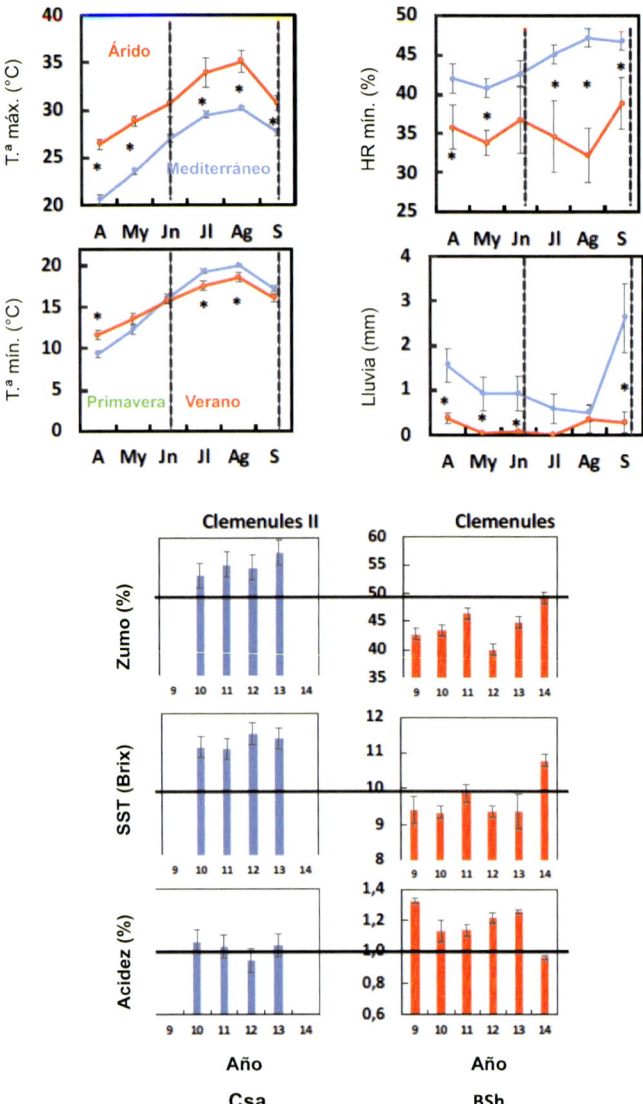

Figura 6.8. Influencia de la temperatura, HR y precipitación de dos climas, Csa, Mediterráneo templado con veranos secos y claurosos, y BSh, árido con precipitación escasa y veranos muy cálidos, sobre el contenido en zumo y su concentración en sólidos solubles totales (SST) y acidez titulable (AT) de la mandarina 'Clemenules'. Los valores climáticos son la media de 5 años. Los climas obedecen a la clasificación de Köppen-Geiger. Fuente: Mesejo, cesión personal.

La temperatura de la raíz muestra una relación inversa con el contenido en SST para valores entre 19 y 25 °C. Ello coincide con los valores de los frutos de árboles cultivados en suelos arenosos, cuyo contenido en SST de su zumo es inferior al de los cultivados en suelos arcillosos. Los suelos arenosos tienen menor calor específico y, en consecuencia, se calientan más fácilmente.

6.5.2. El contenido en azúcares

La estructura de un fruto cítrico exige distinguir entre los tejidos de transporte y los de almacenamiento con sus células sumidero, ya que ambos se pueden separar físicamente. Los primeros están constituidos por los haces vasculares y la epidermis de los segmentos del fruto, y los segundos constituyen las vesículas de zumo. El aporte de fotoasimilados a estas tiene lugar a través de tres haces vasculares, uno dorsal y dos septales, y fluyen de ellos al albedo porque no alcanzan a las vesículas. La hidrólisis de la sacarosa en este punto es mínima y la mayor parte de los fotoasimilados atraviesan la epidermis de los segmentos y son transportados hasta la base de los pedúnculos de las vesículas de zumo que nunca pierden su contacto con ella (véanse Cap. 3, apt. 3.3.2, y Fotos 3.7 C y 6.4 E).

La capacidad sumidero de las células de las vesículas durante la fase de elongación celular está relacionada con los enzimas del metabolismo de la sacarosa: la sacarosa sintasa (CitSUS), la invertasa (INV) y sacarosa-fosfato sintasa (SPS). A lo largo del crecimiento del fruto, la actividad de la CitSUS se halla asociada a los haces vasculares, particularmente a las células acompañantes del floema, lo que le confiere un papel en su descarga desde este. Así, su acción catalizando la hidrólisis de sacarosa (hexosas) establece en las células parenquimáticas del albedo adyacentes a los haces vasculares un descenso de su gradiente favorable a su salida al albedo, al mismo tiempo que, dado que la reacción que cataliza este enzima es reversible, permite mantener el equilibrio entre la sacarosa y los productos de su hidrólisis en estas células. En el albedo, sin embargo, no se detecta CitSUS.

Desde el albedo el transporte de sacarosa transcurre por tejidos no vasculares, esto es, la epidermis de los segmentos y el pedúnculo de las vesículas. Para que ello ocurra es necesaria, por una parte, la resíntesis de sacarosa a partir de las hexosas, con el fin de provocar un incremento de su gradiente de concentración que favorezca el transporte a las células de las vesículas de zumo, y, por otra, la presencia de transportadores específicos. La resíntesis está regulada por los transcritos de la SPS, *CitSPS1* y *CitSPS2*, que incrementan su expresión hasta que la pulpa madura, y el transporte desde el apoplasto a las vacuolas de las células de las vesículas lo llevan a cabo simportadores H^+ – sacarosa de la membrana plasmática, así como un sistema endocítico que permite la incorporación directa de sacarosa sin necesidad de un transportador de membrana.

La actividad de la invertasa CWINV y CitSUS tiene lugar en las células sumidero de las vesículas. La primera actúa en la pared celular, es inicialmente alta y va decreciendo hasta alcanzar niveles muy bajos en la maduración, mientras que la de la CitSUS actúa en el citoplasma, es muy baja cuando el fruto es inmaduro y se induce durante la maduración, paralelamente a la acumulación de sacarosa. Por tanto, la CitSUS transforma mayoritariamente la sacarosa que llega a los tejidos del fruto maduro en sustratos de la respiración y UDP-glucosa. La presencia de este último azúcar y su rápida utilización para la resíntesis de sacarosa pueden ser cruciales en la acumulación de esta.

En el fruto maduro de naranjo dulce los niveles estacionarios de sacarosa:glucosa:-fructosa alcanzan un ratio 2:1:1, y la expresión de los genes implicados en el catabolismo de la sacarosa, a saber, sacarosa sintasa e invertasas ácidas y neutras, disminuye fuertemente con la senescencia. Esta reducción coincidie con la represión de la biosíntesis del almidón (glucosa-6-fosfato isomerasa y fosfoglucomutasa) y la utilización de glucosa-6-fosfato a través de la vía de las pentosas fosfato. Es más, la expresión de los enzimas de la glicolisis también se reduce durante la maduración. Todo ello, junto con que la síntesis de carbohidratos en el fruto es muy limitada, indica que la maduración interna debe completarse en el árbol antes de su recolección, ya que depende del transporte de azúcares desde las hojas.

6.5.3. El metabolismo de los ácidos

El ácido cítrico es el más abundante (80-90 %) de los ácidos orgánicos presentes en las vesículas de zumo. Este ácido comienza a acumularse en las vacuolas de las células de las vesículas a las 5-6 semanas después de la antesis. En los frutos moderadamente ácidos, su contenido más elevado se presenta durante la primera mitad de la fase II del desarrollo del fruto, y posteriormente es catabolizado gradualmente durante la segunda mitad y la fase III del desarrollo; en los más ácidos, como el limón, su concentración sigue aumentando hasta alcanzar el valor máximo al final de la fase II y permanece constante durante la maduración.

Además del ácido cítrico, los frutos cítricos también contienen ác. málico (10-15 %) y cantidades menores de los ácidos isocítrico y succínico. Estos ácidos son sustratos respiratorios derivados de los azúcares transportados al fruto que son metabolizados en el ciclo de los ácidos tricarboxílicos (CAT). En el citoplasma, durante la glicolisis, la hidrólisis de la sacarosa en glucosa y fructosa acaba produciendo ácido fosfoenolpirúvico, que se convierte en ácido pirúvico por acción del enzima piruvato quinasa. Este ácido atraviesa las membranas mitocondriales por acción de un transportador, y en la mitocondria se oxida a acetil-CoA, reacción catalizada por la piruvato deshidrogenasa. El ciclo (sígase la Fig. 6.9 para una mejor comprensión) se inicia con la condensación del grupo acetilo de una molécula de acetil-CoA con una molécula de 4 C, el ácido oxalacético, formando una molécula de 6 C: el ácido cítrico, reacción catalizada por la citrato sintasa (CS). Reversiblemente, el ácido cítrico es también sustrato para la ATP-citrato liasa (ACL) (Fig. 6.9). Es más, su presencia en el citoplasma aumenta la expresión de los genes *ACL*, y este enzima cataliza la conversión del ácido cítrico en ácido oxalacético (OAA) y acetil-CoA. Por tanto, a través de una secuencia de reacciones, cada molécula de citrato origina de nuevo una molécula de oxalacetato, perdiendo dos moléculas de CO_2, y en cuatro de las reacciones se extraen cuatro pares de electrones de los átomos de C, tres de los cuales se transfieren a tres moléculas de NAD^+ para formar $3NADH + 3H^+$, y el cuarto al aceptor FAD^+ para formar $FADH_2$. El ciclo no requiere de O_2 y solo pro-

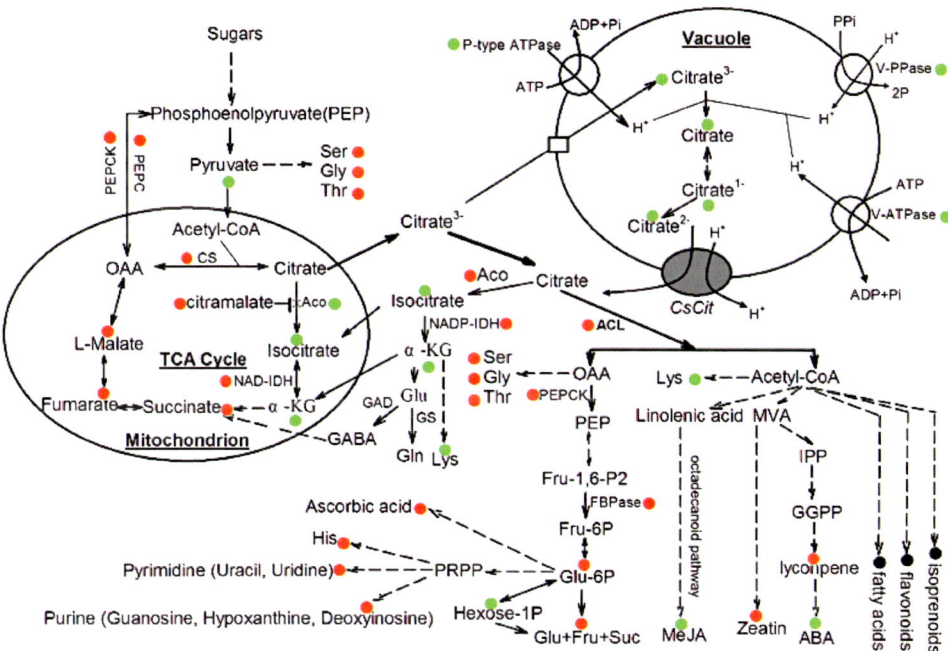

Figura 6.9. Esquema del metabolismo del ácido cítrico en los frutos cítricos. Adaptado de Guo *et al.* (2016). Abreviaturas: PEPC, fosfoenolpirúvico carboxilasa; PEP, fosfoenolpirúvico; CS, citrato sintasa; ACO, aconitasa; NAD-IDH, NAD-isocitrato deshidrogenasa; NADP-IDH, NADP-isocitrato deshidrogenasa; α-KG, α -cetoglutarato; ACL, ATP-citrato liasa; GAD, glutamato decarboxilasa; GABP, GABA permeasa.

duce un único enlace fosfato de elevada energía, el del nucleótido GTP (guanosín trifosfato). El rendimiento neto, por tanto, es la generación de energía y poder reductor. El ciclo CAT se localiza en las mitocondrias de las células de las vesículas de zumo.

Paralelamente, durante la glicolisis, el ácido fosfoenolpirúvico puede sufrir, también, una β-carboxilación, catalizada por la fosfoenolpirúvico carboxilasa (PEPC), que rinde oxalacetato, lo que constituye un punto de control en la acumulación de este ácido en la mitocondria.

Aunque, de acuerdo con lo descrito, la CS y la PEPC se pueden considerar los enzimas responsables de la biosíntesis de ácido cítrico, no se ha encontrado correlación ninguna entre su contenido y la actividad de ambos enzimas. Así, en fenotipos de pomelo de alta y baja acidez no se ha encontrado relación, y entre especies con diferentes niveles de acidez (limón ácido, limón dulce y naranjo dulce) la diferencia en el contenido de ácido cítrico tampoco se halla directamente relacionada con cambios en CS. Chen *et al.* (2023) han identificado en dos cvs. precoces de mandarina de baja y alta acidez, 'Dafen 4' y 'Weizhang', respectivamente, dos genes, *CS* y *ACL*, que regulan la citrato sintasa y la ATP-citrato liasa. El gen *CS* disminuye inicialmente su expresión y la aumenta con posterioridad durante el desarrollo del fruto, contrariamente a la tendencia del contenido de ácido cítrico. El gen *ACL*, sin embargo, primero aumenta y luego disminuye, coincidiendo con la tendencia cambiante del contenido de ácido cítrico. Estos genes, por tanto, pueden regular de manera inversa la actividad de la enzima CS, afectando así el cambio en el contenido de ácido cítrico en el fruto. Y resulta de gran interés el hecho de que la expresión de *ACL* aumenta con el silenciamiento de *CS*, y la de *CS* aumenta en el silenciamiento de *ACL* de modo consistente en ambas variedades. Por tanto, el contenido de ácido cítrico se correlaciona negativamente con la expresión de *CS* y positivamente con la de *ACL*, y ambos se regulan inversamente entre sí.

Pero la acumulación de ácido cítrico en frutos no solo depende de su síntesis, sino que está regulada, también, aguas abajo de ella, y puede ser alterada por su catabolismo. Así, la aconitasa (Aco) convierte el citrato en iso-citrato, existiendo en los frutos cítricos dos formas de este enzima, la localizada en la mitocondria (myt-Aco) y en el citoplasma (cyt-Aco). El bloqueo de la actividad de la myt-Aco revierte la síntesis de iso-citrato a citrato permitiendo la acumulación de citrato en el citoplasma y la vacuola. El oxalacetato requerido para esta acumulación es el que procede de la actividad de la PEPC. El citromalato, un compuesto que se encuentra en la pulpa, es el inhibidor de la actividad myt- y cyt-Aco en los cítricos, de modo que en los frutos altamente ácidos se encuentran cantidades marcadamente más elevadas de citromalato y una actividad más baja de Aco que en los frutos moderadamente o poco ácidos.

Tras la síntesis de iso-citrato en la mitocondria, este es convertido en α-cetoglutarato (α-KG) por la NADP isocitrato deshidrogenasa (IDH). También en este caso hay dos isoenzimas, uno en la mitocondria, que participa en el CAT, y otro en el citoplasma, peroxisomas y cloroplastos. La reducción de la actividad del primero es coincidente con la de myt-CoA, reflejando una reducción del metabolismo de los ácidos orgánicos en la mitocondria. En los cítricos esta reducción es suficiente para crear un incremento de la concentración de ácido cítrico en la mitocondria que promueve su transporte a la vacuola a través de la actividad combinada de una bomba de protones asociada al tonoplasto y un canal específico que lo introduce (*inward-rectifying channel*). La H^+–ATPasa bombea protones al interior de la vacuola reduciendo su pH a ~ 2,5 y generando una diferencia de potencial suficiente para impulsar la entrada de citrato que tampona el pH vacuolar. La actividad de la bomba de protones se mantiene mientras dura la entrada de citrato para mantener el pH vacuolar bajo.

Tras la entrada de los aniones citrato (citrato^{3-}) en la vacuola, estos son inmediatamente reducidos a citratoH_3, citratoH_2^- y citratoH^{2-}. De entre ellos, el citratoH^{2-} es el tampón más importante y, por tanto, a medida que su concentración en la vacuola aumenta, el pH vacuolar también lo hace, de modo que debe haber algún mecanismo que asegure el mantenimiento de la acidez de la vacuola para que el sistema no se pare. El *CsCit1*, citrato/H^+ simportador, selectivo, saca el citratoH^{2-} de la vacuola, haciendo compatible su capacidad tampón con el pH ácido de la vacuola.

La compartimentación del ácido cítrico en la vacuola realza la importancia que tiene su almacenamiento en este organelo en la acidez de las distintas especies y cultivares de cítricos. En las plantas, en general, y en los cítricos, en particular, existen tres tipos de bombas de protones: la H^+–ATPasa vacuolar (V-ATPasa), la H^+–pirofosfatasa vacuolar (V-PPasa) y la H^+–ATPasa de la plasmalema (P-ATPasa). Las diferencias en la actividad de una u otra de ellas, según la especie y cultivar, establece, a su vez, diferencias en el almacenamiento de ácidos orgánicos en las vacuolas de las células de sus vesículas, y las caracteriza, por tanto, por la acidez de sus frutos.

De acuerdo con lo dicho, la fuerza impulsora de la entrada de citrato a las vacuolas celulares está mediada principalmente por la V-ATPasa. Pero se ha demostrado que el gen *AHA10*, un homólogo de *Arabidopsis thaliana*, que codifica para la síntesis de P–ATPasa, se halla asociado a la acumulación de ácidos en el limón. Asimismo, el gen *CsPH8*, que también codifica para una P-ATPasa, se expresa predominantemente en las vesículas de zumo y muestra una expresión muy baja en las especies/cultivares de frutos de baja acidez. Los conocimientos actuales proporcionan una posibilidad alternativa de que las P-ATPasas puedan tener una función en la conducción de la entrada de citrato en la vacuola de las células de las vesículas de zumo de los cítricos.

Aunque la mayor parte del citrato es almacenado en la vacuola, la cyt-Aco y NA-PH-IDH pueden transformar parte de él en iso-citrato y, posteriormente, en α-KG en el citoplasma. La actividad de la NADP-IDH en el citoplasma es continua, sin embargo, tanto su actividad como la de cyt-Aco alcanzan los valores más altos en los últimos estados de desarrollo del fruto, lo que indica que una gran parte del catabolismo del ácido cítrico podría tener lugar tras ser liberado de la vacuola. El α-KG es convertido, en parte, en glutamato, reacción catalizada, también, por el enzima NADP-IDH, y en parte es transportado a la mitocondria para mantener el flujo de metabolitos al CAT.

El hecho de que los niveles de glutamato no cambien a lo largo del desarrollo del fruto a pesar del continuo aumento de la expresión de los genes implicados en su síntesis indica que su producción se halla compensada por su consumo durante la maduración. Dicho consumo tiene lugar, preferentemente, a través de dos rutas: su conversión en glutamina, catalizada por la glutamina sintasa, y su catabolismo vía γ-aminobutirato (GABA).

El catabolismo del glutamato en las plantas tiene lugar a través de la ruta conocida como GABA, compuesta por tres reacciones catalizadas por glutamato descarboxilasa (GAD), GABA aminotransferasa y succinato semialdehído deshidrogenasa. La primera transforma el glutamato en GABA, la segunda rinde succinato semialdehído a partir de ella, y la tercera lo convierte en succinato. La mayor expresión durante la pérdida de acidez es la de los genes que codifican los dos primeros enzimas. El descenso en el contenido de GABA (42 %) desde que el fruto inicia su desarrollo hasta la maduración indica que esta vía es la más activa o que funciona mayoritariamente durante la maduración de los frutos cítricos.

La acidificación del citoplasma tras la liberación del citrato de la vacuola activa la acción de GAD y, por tanto, la síntesis de γ-aminobutirato mediante la reacción:

$$\text{glutamato} + \text{H}^+ \longrightarrow \gamma\text{-aminobutirato} + \text{CO}_2$$

y este consumo de H^+ ayuda a reducir su acidez. En los frutos cítricos de acidez baja o moderada, por tanto, la ruta GABA opera como un mecanismo muy eficiente para la reducción de su acidez citoplasmática durante su maduración.

Como se ha dicho anteriormente, el catabolismo del ácido cítrico durante la maduración del fruto puede seguir, también, la ruta de la ACL, contribuyendo junto con la de

GABA en la reducción de su acidez. La ruta ACL contribuye, asimismo, en la biosíntesis de metabolitos secundarios.

El estudio del papel de diferentes factores de transcripción en el metabolismo del ácido cítrico ha permitido entender algunos aspectos de la regulación del contenido en ácidos orgánicos de los frutos cítricos. *CitRF13* regula la acumulación de ácido cítrico controlando la expresión de *AtVHA-c4*, un gen que codifica V-ATPasas asociadas a su acumulación en la vacuola. Otros factores de transcripción (*bHLH35*, *NAC7*, *bHLH113* y *TRY*; Cs8g04720, Cs1g09610, Cs5g22140 y orange1.1t00473) promueven la acumulación de ácido cítrico. Y dos, *CitNAC62* y *CitWRKY1*, reducen su acumulación al aumentar la expresión del promotor *CitAco3*.

6.6. Componentes del fruto maduro. Metabolitos secundarios

Los frutos cítricos son muy ricos en sustancias naturales que determinan sus cualidades nutricionales, así como su sabor y comestibilidad. También lo son en otras que forman parte de los subproductos del procesado de los frutos para la obtención de zumo y que tienen importantes aplicaciones en la industria alimentaria, la alimentación animal o la cosmética.

6.6.1. Azúcares solubles

Los principales azúcares solubles que se encuentran en el zumo son, como se ha dicho, la sacarosa, la glucosa y la fructosa, pero con notables diferencias entre los frutos de las distintas especies/cultivares. En el de naranja dulce la proporción de azúcares no reductores, sacarosa, es similar a la de los reductores, glucosa y fructosa en su conjunto. El de pomelo contiene también una proporción semejante entre tipos de azúcares, reductores y no reductores, si bien su contenido total es inferior al de la naranja. Y en la mandarina clementina la concentración de sacarosa es mayoritaria con respecto a la de glucosa y fructosa (Tabla 6.1).

Tabla 6.1. Contenido medio en azúcares reductores (glucosa + fructosa), no reductores (sacarosa) y totales en el zumo de diferentes especies de cítricos. Los datos que se exponen en la tabla son indicativos, y corresponden a un estado de madurez intermedio, ya que varían en función de este

Especie	Concentración de azúcares (g/100 mL)		
	Sacarosa	Glu + Fruc	A. totales
Naranja dulce	5,06	5,18	10,24
Mandarina clementina	8,14	4,45	12, 59
Pomelo	3,04	3,27	6,31
Limón	0,25	1,47	1,72
Lima	0,14	1,17	1,31

La concentración de ambos tipos de azúcares en la pulpa y en el zumo está equilibrada, pudiendo alcanzar, en algunas variedades y en determinadas circunstancias, valores próximos al 18 % de su peso fresco. En la corteza, la concentración de azúcares reductores es superior a la de sacarosa (Tabla 6.2).

Tabla 6.2. Concentración media de azúcares en los componentes de la naranja dulce. Los datos que se exponen en la tabla son indicativos y corresponden a un estado de madurez intermedio, ya que varían en función de este

Azúcares	Concentración de azúcares (g/100 g de PF)		
	Corteza	F. comestible	Zumo
Sacarosa	1,99	4,41	4,81
Glucosa + Fructosa	5,85	4,62	5,08
Azúcares totales	7,84	9,03	9,89

El limón y la lima, que son frutos ácidos, se caracterizan por su baja capacidad de acumular sacarosa, por lo que en sus zumos el contenido en esta es muy bajo. Los azúcares solubles más importantes en los frutos de estas especies son los reductores, glucosa y fructosa, aunque sus concentraciones son muy inferiores a las que alcanzan las naranjas y mandarinas (Tabla 6.1).

6.6.2. Ácidos orgánicos

Los ácidos orgánicos son una fuente importante de energía en las células vegetales, pudiéndose combinar, también, con cationes y formar sales. Se sintetizan en las raíces, hojas y frutos y se encuentran en los fluidos floemático y xilemático. En los cítricos, las vesículas de zumo son también activas en su síntesis, acumulándose en las vacuolas de sus células y confiriéndole a sus frutos el sabor ácido. La acidez total representa la suma de todos los ácidos, libres y combinados con cationes.

En general, el pH del zumo debido a ellos varía entre 2, para limones y limas, y alrededor de 4,0-4,5 en las mandarinas. El de las naranjas 'Valencia' y 'Washington' navel se encuentra entre 2,9 y 3,9. El contenido en ácidos de la corteza es muy inferior al del zumo.

El ácido cítrico es el ácido principal del endocarpo de todos los cítricos (véase apt. 6.5.3), excepto del limón dulce y de algunas naranjas no ácidas, seguido por el málico y succínico. Los limones son los frutos con mayor abundancia de ácido cítrico en su zumo, en el que puede representar hasta el 60 %-70 % de los sólidos solubles totales. La riqueza en estos ácidos del zumo de los frutos de algunos cultivares comercialmente importantes se dan en la Tabla 6.3.

En la corteza, la mayor concentración corresponde al ácido oxálico, seguido de los ácidos málico, malónico y, en muy escasa proporción, cítrico. Tanto en el flavedo como en el albedo de la naranja dulce la concentración de ácido oxálico y málico disminuye a medida que el fruto madura, mientras que la de ácido malónico aumenta, sobre todo en el flavedo. Este aumento prosigue tras la recolección y su concentración correlaciona positivamente con el reblandecimiento del fruto, por lo que se ha sugerido que este ácido es un indicador de la senescencia de sus tejidos.

Tabla 6.3. Contenido en los principales ácidos orgánicos del zumo de algunos cultivares de frutos cítricos de interés comercial. Valores expresados en % del volumen de zumo

Cultivar	Ácido cítrico	Ácido málico	Ácido succínico
N. dulce 'Washington' navel	0,72 – 0,93	0,12 – 0,15	0,05
N. dulce 'Valencia'	0,30 – 0,80	0,05 – 0,15	0,13 – 0,17
N. dulce 'Pineapple'	0,30 – 0,32	0,17 – 0,26	0,08
M. Clementina	1,00 – 1,10	0,10	---
M. Satsuma	0,97	0,08	---
Pomelo 'Marsh'	0,42 – 1,70	0,03	0,40
Limón 'Villafranca'	5,0	0,50	---
Limón 'Eureka'	4,38	0,26	---
Lima ácida	5,56 – 5,60	0,46	0,01

Fuente: Ladaniya, 2023.

El ácido L-quínico también se encuentra en la pulpa y corteza de algunos frutos cítricos, habiendo sido considerado un precursor en la síntesis de ciertos compuestos aromáticos.

6.6.3. Aminoácidos y aminas

Los compuestos nitrogenados tienen especial relevancia en todos los órganos de las plantas, tanto estructurales como productivos, y en su metabolismo. Los más importantes son aminoácidos, aminas, proteínas y ácidos nucleicos.

El **N total** en el zumo de la naranja dulce varía entre 50 y 200 mg/100 mL, siendo mayoritario en forma de aminoácidos. La corteza es más rica en N, con valores totales entre 0,6 y 1,0 g/100 mg de peso seco, predominando el N proteico (50-60 %). Y en el fruto entero oscila entre 0,8 y 1,2 g/100 g de peso seco, dependiendo de su estatus en el árbol. En el fruto, este contenido varía cuantitativa y cualitativamente con el desarrollo; así, en el zumo, el N proteico predomina en los primeros estados y, a medida que crece, aumenta el N soluble, y en la maduración casi lo iguala. En la corteza, el N total desciende con el crecimiento del fruto.

Los **aminoácidos** (AA) son constituyentes fundamentales de la materia viva que contienen un grupo amino (NH_2) y un grupo carboxilo (COOH). Los denominados aminoácidos libres son solubles y están en equilibrio metabólico con el *turnover* proteico; estos constituyen la fracción nitrogenada más importante del zumo de los frutos cítricos. Su composición es característica de cada especie/cultivar (Tabla 6.4), pero las condiciones ambientales y el estado de desarrollo de la planta y del fruto pueden modificarlo. Durante la maduración, por ejemplo, la composición cuantitativa varía siendo la prolina y la arginina los que se acumulan en mayor proporción en el zumo, y la prolina alcanza hasta el 50 % de los AA libres de la corteza de las naranjas navel. En esta el contenido en AA desciende durante la maduración.

Tabla 6.4. Rangos del contenido en aminoácidos del zumo de los frutos cítricos. Valores expresados en mg/100 ml

Aminoácido	Naranja	Mandarina	Pomelo	Limón
Acido aminobutírico	5-75	20	20	5-20
Arginina	25-150	85	45-75	25-105
Asparagina	20-190	20-85	42	85
Alanina	12-36	5-30	10	1-30
Acido aspártico	27-115	24-50	80-470	20-60
Acido glutámico	10-70	15-35	25-280	5-35
Prolina	5-300	100	60	25-55
Serina	5-70	10-25	15-310	10-30
Valina	2-12	2-6	2-24	1
Lisina	3-10	4-12	3-15	1
Fenilalanina	-	5-15	3-12	2-3

Fuente: Ladaniya, 2023.

Todos los AA pueden ser sintetizados por las plantas, pero no por los animales, y 9 de ellos, los denominados *AA esenciales*, necesitan ser ingeridos de ellas o de otros animales alimentados con ellas. La mayoría de estos AA pueden encontrarse en el zumo de los frutos cítricos, así el de las mandarinas clementinas contiene 8 de los 9 AA esenciales, siendo el triptófano el ausente.

Algunas **aminas** han sido también identificadas en los cítricos (sinefrina, tiramina...), y pueden utilizarse para determinar el contenido de zumo de naranja en las bebidas y para detectar adulteraciones en el zumo. Particularmente importantes son las poliaminas, que contienen uno o más grupos amino. Entre ellas las más importantes en las plantas son la diamina putrescina, la triamina espermidina y la tetraamina espermina. Durante muchos años se las ha relacionado con el control del desarrollo (fitorreguladores), pero su concentración en los tejidos vegetales, aunque baja, es muy superior a la que se considera propia de las hormonas vegetales, por lo que actualmente se las relaciona con un posible papel de segundos mensajeros o de fuente de N. Las aminas están involucradas en la eliminación de radicales libres, la supresión de la síntesis de etileno, la inhibición de proteasas y en la estabilización de las membranas celulares y del ADN.

Los frutos cítricos no son fuente importante de **proteínas**, aunque se encuentren en su zumo. Su contenido en frutos de naranjas, mandarinas, limones, pomelos y limas es del 1,0 %, 0,8 %, 1,2 %, 0,5 % y 0,7 %, respectivamente. Su contenido más elevado se encuentra en los frutos en desarrollo, y va disminuyendo con la maduración hasta alcanzar valores semejantes en la pulpa y en la corteza. Las semillas son los órganos más ricos en proteínas siendo su contenido próximo al 20 % en peso seco.

6.6.4. Vitamina C

El ácido L-ascórbico (AcA), también llamado vitamina C, es uno de los antioxidantes más importantes acumulados en las plantas. Su acción es crítica en la regulación del crecimiento y desarrollo de las plantas, y también es esencial en el mantenimiento de la salud humana. En efecto, los humanos no podemos sintetizar el AcA debido a la falta de L-gulonolactona oxidasa, el enzima que cataliza el paso final de su biosíntesis, y, en consecuencia, tenemos que ingerirlo en nuestra dieta diaria. Pero las plantas sí pueden hacerlo y acumularlo, siendo los cítricos fuente importante y rica de AcA.

El contenido de AcA varía mucho entre las diferentes variedades de cítricos. La naranja dulce acumula el contenido más alto, seguida del limón, el pomelo y las mandarinas. A su vez, el contenido varía entre cultivares, con un rango en las naranjas de 29 a 82 mg/100 m L^{-1}, siendo las del grupo navel y la 'Pineapple' las que contienen concentraciones más altas. Este contenido aumenta gradualmente en la corteza del fruto durante su maduración, mientras que en la pulpa disminuye hasta llegar a ser inferior al de aquella.

El metabolismo de AcA es complejo. En los cítricos se han identificado cuatro rutas biosintéticas: la del mioinositol, la L-gulosa, la L-galactosa y el ácido D-galacturónico, siendo la más importante la de la L-galactosa.

La acumulación de AcA se ve afectada por numerosos factores, como las condiciones ambientales, y el manejo de la cosecha y la poscosecha. Así, la luz, uno de los factores ambientales esenciales en el crecimiento y desarrollo de las plantas, tiene un efecto significativo en la acumulación de AcA en los frutos cítricos. La acción se debe tanto a la intensidad luminosa como a la calidad de la luz. El sombreado, por la acción vegetal o la localización del fruto en el interior de la copa, no altera el contenido en vitamina C de la pulpa, pero lo reduce marcadamente en el flavedo cuando se compara con los frutos situados en la zona externa y bien expuestos a la luz. La temperatura también la afecta notablemente: valores de 10 °C son efectivos para inducir la acumulación de AcA en las vesículas de zumo que, además, es mayor que a 20 °C. Esta mejora del contenido a 10 °C está regulada por la mayor expresión de los genes de su biosíntesis. Asimismo, se ha demostrado que 10 °C es una temperatura óptima para mantener el nivel de AcA en los frutos cítricos después de su recolección. Aunque su contenido disminuye rápidamente tras ser cosechados, los frutos de la naranja dulce almacenados a 10 –C retienen mayor cantidad de vitamina C que los almacenados a 5 o 20 °C.

La vitamina C es un poderoso antioxidante dietético. Su ingesta diaria mejora la formación de colágeno, la absorción de hierro y la función inmunológica, y previene la aparición de enfermedades cardiovasculares y degenerativas relacionadas con la edad. La concentración de AcA se asocia inversamente con los riesgos de ciertos tipos de cáncer.

6.6.5. Pectinas

Los frutos cítricos son ricos en estas sustancias, que son componentes mayoritarios de la pared celular —particularmente de la lámina media— y están formadas por macromoléculas hidrocarbonadas complejas, cuyo principal soporte son las cadenas de ácido poligalacturónico. El contenido en pectinas del albedo es notablemente mayor que el de las vesículas (Tabla 6.5). En estas últimas, la mayor parte son insolubles en agua y, por tanto, no se extraen al exprimir el zumo, al que solo pasan las pectinas solubles. No obstante, el zumo siempre tiene en suspensión una parte de la pulpa, rica en pectinas.

Tabla 6.5. Contenido en pectinas insolubles y solubles en agua en el albedo y en las vesículas de zumo de la naranja

Tejido	Contenido en pectinas (% sobre PS)		
	Insolubles	Solubles	Totales
Albedo	14,3	5,3	19,6
Vesículas	1,9	1,2	3,1

Generalmente, al sobremadurar el fruto, las pectinas sufren cambios que consisten en la disminución de las pectinas altamente metiladas insolubles en agua y el posterior aumento de las pectinas solubles (no metiladas). La tasa de cambio de pectinas insolubles a solubles es mayor en la pulpa que en el albedo. Los niveles de pectinas totales tienden a disminuir en estos tejidos durante la maduración.

6.6.6. Carotenoides

Los carotenoides son un grupo de compuestos isoprenoides ampliamente distribuidos en la naturaleza que tienen un valor inmenso para la nutrición y la salud humana. Los cítricos contienen un gran número de estos pigmentos, y su contenido, cuantitativa y cualitativamente, depende de cada especie.

Los carotenoides son hidrocarburos o sus derivados oxigenados (Tabla 6.6). Los hidrocarburos fitoeno y fitofluoeno, que son precursores de los restantes carotenoides, se encuentran a concentraciones relativamente bajas en naranjas y mandarinas, al igual que sucede con el β-caroteno. Las xantofilas, como la β-criptoxantina, representan una proporción significativa del total de carotenoides, aunque la mayoritaria suele ser la violaxantina.

Los frutos maduros de naranjo dulce también contienen pequeñas cantidades de β-citraurina, que les confiere la coloración anaranjada característica (Foto 6.7 A), y de antocianinas, responsables del color rojo de las naranjas sanguinas (Foto 6.7 B).

Las mandarinas, que en plena madurez presentan un color naranja-rojizo, contienen en el flavedo altos contenidos en violaxantina y auroxantina y, en menor proporción de β-criptoxantina. También se encuentra β-citraurina, cuya concentración es mayor que en otras especies y les confiere el color intenso que tienen los frutos de estas especies

(Foto 6.7 C). Las mandarinas del grupo satsuma, cuyos frutos son de color amarillo-naranja, acumulan β-criptoxantina en el flavedo.

Tabla 6.6. Principales carotenoides presentes en los frutos cítricos

Fracción	Constituyente
Hidrocarburos	Fitoeno
	Fitoflueno
	Licopeno
	β-Caroteno
	γ-Caroteno
Monoles	β-Criptoxantina
Dioles	Luteína
	Zeaxantina
Epóxidos	Anteroxantina
	Violaxantina
	Luteoxantina
	Auroxantina

La concentración de carotenoides totales en los frutos que en su madurez son amarillos, como sucede con los limones, limas, pomelos y pummelos, es menor que en las naranjas. Además, en ellos, se encuentra una alta proporción de carotenoides incoloros, fitoeno y el fitofluoeno. Las vesículas de zumo de algunos pomelos rosados y rojos, naranjas y pummelos presentan colores rojos debido a la acumulación de licopeno y de β-caroteno (Foto 6.8 A). En los amarillos y en los limones, el color amarillo intenso se debe a la luteoxantina (Foto 6.8 B y C).

En su mayor parte, los carotenoides están disueltos en los cuerpos lipídicos de los plastos; los antocianos están en las vacuolas y el licopeno se encuentra en forma de cristales citoplásmicos.

Los pigmentos carotenoides actúan como antioxidantes en el organismo humano. En los últimos años se ha prestado atención a su papel en la prevención de enfermedades debido a sus altas actividades antioxidantes. Así, su ingesta dietética reduce los riesgos de enfermedades oculares, y ciertos tipos de cáncer y de enfermedades inflamatorias.

De entre ellos, la β-criptoxantina es uno de los seis principales carotenoides que se encuentran en el plasma humano como beneficioso para la salud humana. De hecho, es el carotenoide que se ha relacionado con tasas más bajas de cáncer de pulmón, reumatismo, osteoporosis, diabetes tipo 2, hiperlipidemia, disfunción hepática y arteriosclerosis. En la naturaleza, su acumulación no es común y solo unos pocos frutos, como el caqui, la papaya, la guayaba y los cítricos, son ricos en ella. En estos últimos se encuentra libre y esterificada con diferentes ácidos grasos.

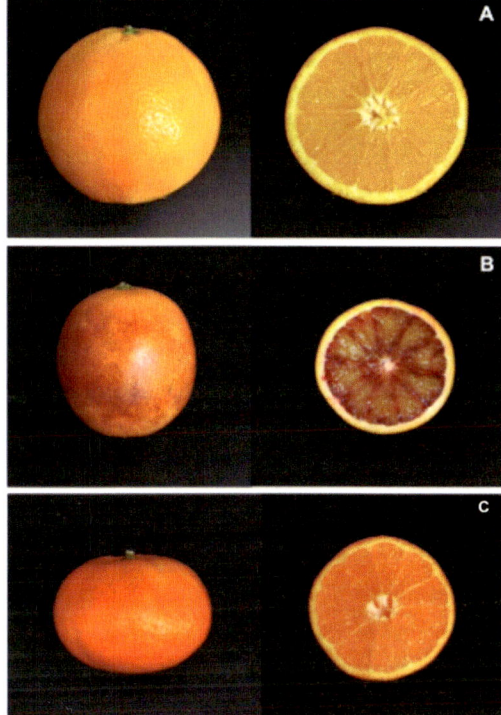

Fotografía **6.7.** Pigmentación del flavedo y las vesículas de zumo en las naranjas navel **(A)** y sanguinas **(B)** y en las mandarinas clementinas **(C)**.

Fotografía **6.8.** Pigmentación del flavedo y las vesículas de zumo de los pomelos 'Star Ruby' **(A)** y 'Marsh' **(B)**, y del limón 'Eureka' **(C)**.

6.6.7. Flavonoides

Los flavonoides son un grupo de metabolitos secundarios polifenólicos ampliamente expandidos en la naturaleza. Durante mucho tiempo se han utilizado como medicamentos tradicionales con una amplia gama de beneficios farmacológicos. Poseen fuerte actividad antioxidante y protegen de los radicales libres y otros compuestos prooxidantes; además, son capaces de quelatarse con metales y unirse a proteínas, lo que les confiere un gran potencial para prevenir algunos trastornos cardiovasculares. Los cítricos son una de las fuentes más ricas de flavonoides, en los que se encuentran ampliamente distribuidos en las semillas, hojas, raíces y frutos. En sus frutos se han identificado más de 100 flavonoides, principalmente como conjugados de azúcar, normalmente ramnosa o glucosa, que se clasifican según su estructura molecular en cuatro grupos: flavanonas, flavonas, flavonoles y antocianinas.

Las **flavanonas** son los principales flavonoides acumulados masivamente en los cítricos, en los que están presentes en forma de agliconas y glucósidos. El eriodictiol, la hesperetina, la naringenina y la isosakuranetina son las principales agliconas de flavanona identificadas en los cítricos. En comparación con ellas, los glucósidos de flavanona son más abundantes en la mayoría de los cítricos. Las agliconas de flavanona se conjugan con rutinosa y neohesperidosa. Las dos principales flavanonas de rutinósidos, la hesperidina y la narirutina, se acumulan en la naranja dulce, los tangors, las mandarinas y el limón. Por el contrario, la naringina, la neohesperidina y la neoeriocitrina, que son las principales flavanonas de neohesperidosa, se acumulan predominantemente en el pomelo, la naranja amarga y el natsudaidai. Las flavanonas de neohesperidosa tienen un sabor amargo y con la acumulación de naringina y neohesperidina les da un sabor único a estos cítricos.

Las **flavonas** en los frutos cítricos también están presentes en forma de agliconas y glucósidos; las flavonas polimetoxiladas (PMF) se acumulan específicamente en el flavedo de los cítricos.

Los **flavonoles** están muy presentes en las plantas. En los cítricos, el kaempferol, la quercetina y la rutina se identifican como los principales flavonoles, que se acumulan preferentemente en las hojas de la mayoría de las variedades de cítricos, especialmente del limonero y de la lima.

Las **antocianinas** son pigmentos solubles en agua, acumulados en la corteza y en las vesículas de zumo de varios cultivares de naranja sanguina, como 'Tarocco', 'Moro' y 'Sanguinelli'.

En los cítricos, la hesperidina, la naringina y los PMF son los flavonoides más importantes que se acumulan, específicamente, en los frutos. La hesperidina se puede aislar en grandes cantidades de la pulpa y la corteza de algunas especies, particularmente naranja dulce, mandarina, limón, lima y pomelo, y posee una actividad similar a la de las vitaminas. Su bioactividad es anticancerígena y antiinflamatoria, lo que se atribuye principalmente a su actividad antioxidante. También tiene efectos antidiabéticos y reduce el contenido en colesterol y triglicéridos. La naringina se acumula abundantemente en los septos y el albedo del pomelo, el pummelo y la naranja amarga. Esta sustancia confiere al fruto un sabor amargo distintivo. Su ingesta se recomienda para el tratamiento de la

obesidad, la diabetes y la hipertensión y posee actividad quimiopreventiva y anticancerígena en varios tipos de cáncer.

6.6.8. Aceites esenciales y compuestos volátiles

Los volátiles confieren a los frutos su sabor y aroma característicos. Los aceites esenciales de los cítricos se caracterizan por tener una alta proporción de terpenos hidrocarbonados y un porcentaje relativamente bajo (< 5 %) de terpenoides oxigenados. No obstante, a pesar de las bajas concentraciones en que se encuentran estos últimos, algunos
alcoholes y sus correspondientes aldehídos y cetonas son los compuestos que confieren
en mayor grado el sabor y el aroma a los frutos.

Químicamente incluyen terpenos (monoterpenos alifáticos, sesquiterpenos), alcoholes, ésteres, aldehídos, cetonas y ácidos orgánicos volátiles. Generalmente se asocian
con los aceites del flavedo, pero también se encuentran en sacos incluidos en las vesículas de zumo. En los cítricos existe una variación significativa entre especies, tanto en su
composición cualitativa como cuantitativa. Es más, el número de componentes de los
aceites esenciales de un determinado fruto es generalmente muy elevado (más de 100 en
algunos casos), y su combinación en diferentes proporciones dentro de cada especie o
híbrido determina en gran medida el sabor y aroma de sus frutos.

Entre los terpenos hidrocarbonados, los monoterpenos y sesquiterpenos son los
componentes mayoritarios de los aceites esenciales (> 90 %), aunque solo unos pocos de
ellos contribuyen al aroma de los mismos. El monoterpeno d-limoneno es el principal
constituyente de los aceites esenciales de los frutos, y representa el 80-95 %, en peso,
dependiendo de la especie, del total de los mismos. Los terpenos oxigenados, que representan alrededor del 5 %, y los ésteres, con una proporción menor, son los que confieren
a cada una su aroma específico.

El aceite de **mandarina** contiene principalmente hidrocarburos terpénicos. El *aroma*
distintivo del aceite de la mandarina común (*Citrus reticulata*) se debe a la presencia de
d-limoneno, N-metilantranilato (0,85 %) y timol (0,08 %). Estos dos últimos no se encuentran en el aceite de la corteza de la mandarina Satsuma, que contiene sesquiterpenos,
en particular elemeno y β-sesquifelandreno, y ésteres de acetato de geraniol, nerol, citro-
nelol, y alcohol perilílico, que le confieren su aroma característico.

Los volátiles aromáticos propios de la **naranja dulce** son ricos en d-limoneno, que
representa, aproximadamente, el 90 % de ellos, y valenceno, y contienen proporciones
notables de terpenos (β-mirceno y α-pineno, linalool, geranial y citronelal), acetaldehídos
(octanal, decanal y dodecanal) y alcoholes (octanol). Los ácidos orgánicos volátiles de la
esencia del zumo de naranja son acético, n-propiónico, n-butírico, y en menor cuantía
caproico y cáprico, que desarrollan malos olores durante su envejecimiento. Asimismo,
se han identificado hasta 60 volátiles que contribuyen al sabor de su zumo, entre ellos
terpenos, alcoholes, aldehídos, cetonas y ésteres.

El aceite de la corteza de **pomelo** tiene un alto contenido en d-limoneno y en linalool;
este último representa la mayor diferencia con la naranja dulce. Los aceites de los cultivares de pomelo blanco tienen mayor contenido en aldehídos que los rojos, pero en

ambos el octanal, nonanal y decanal aumentan con la maduración. La cetona sesquiter-pénica, d-nootkatona, aporta el sabor típico al pomelo y pummelo.

Los principales terpenos detectados en el aceite de la corteza de **limón** son terpine-no, terpinoleno, y d-limoneno. Los alcanos tetradecano y el pentadecano están presentes de manera prominente, y los principales sesquiterpenos son α-bergamoteno, β-bisabo-leno y cariofileno. La composición de las fracciones de alcohol y éster es variable; los alcoholes alifáticos están presentes solo en pequeñas proporciones, y se encuentran pro-porciones relevantes de α-terpineol, 4-terpinenol y nerol. El citral es el aldehído princi-pal, del que se encuentran los dos isómeros geranial y neral, que le confiere el sabor ca-racterístico, y también hay cantidades significativas de nonanal.

Los aceites de la corteza de **lima** se asemejan a los del aceite de limón en su composición y distribución de fracciones terpénicas, sesquiterpénicas y oxigenadas (α-terpineol, el 1,4-ci-neol y el 1,8-cineol). Su principal componente es, también, el d-limoneno. Se han detecta-do hidrocarburos de cadena larga (C25) en las vesículas de zumo de las limas ácidas.

Para una mayor información se pueden consultar Shaw (1991), Wang *et al.* (2020) y Ladaniya (2023).

Los aceites esenciales están confinados en estructuras especializadas, denominadas glándulas de aceite, que se encuentran en algunos órganos (hojas, partes florales, brotes jóvenes, etc.) y particularmente en el flavedo del fruto. Una glándula de aceite es una estructura secretora multicelular, limitada por dos o tres capas de paredes delgadas que se ordenan concéntricamente, dejando una cavidad esférica central a la que se vierten los aceites (Foto 6.9). Las células que bordean dicha cavidad parecen desempeñar la función de producir y excretar los terpenos. Estos se producen en los plástidos en forma de vesículas que surgen del retículo endoplásmico liso al citoplasma que bordea inter-namente la pared celular. Después de la fusión de sus membranas con el plasmalema, el exudado llega al apoplasto, desde donde pasa a la cavidad central de la glándula.

6.6.9. Limonoides

Son triterpenos altamente oxigenados de cadena lineal de 26C, que se encuentran como aglicanas o como glucósidos. Los primeros son amargos, mientras que los segundos son insípidos. En los frutos cítricos se han encontrado cerca de 40 aglicanas y otros 17 glucísidos de limonoides. Entre estos, predominan la limonina (aglicona) y el glucósido de la limonina.

En el fruto se encuentra la forma monolactona del limonato, el cual es un precursor no amargo que, al avanzar la madurez, se transforma en limonina, produciendo amargor en la pulpa. Esta reacción es catalizada por el enzima limonina lactona hidrolasa en con-diciones ácidas. No obstante, durante la maduración natural de las naranjas que no amar-gan, la concentración del glucósido de la limonina aumenta a expensas de la monolactona del limonato, según una reacción catalizada por el enzima limonoide glucosiltransfersa. Con ello se sustituye la formación de limonina (aglicona), amarga, por la del glucósido de la limonina, que es insípido, impidiendo así el desarrollo del sabor amargo.

Las diferencias varietales en el amargor de su zumo, como sucede entre las naranjas Valencia y las del grupo navel, se debe a la menor eficiencia de estas últimas para con-vertir la monolactona del limonato en el glucósido de la limonina.

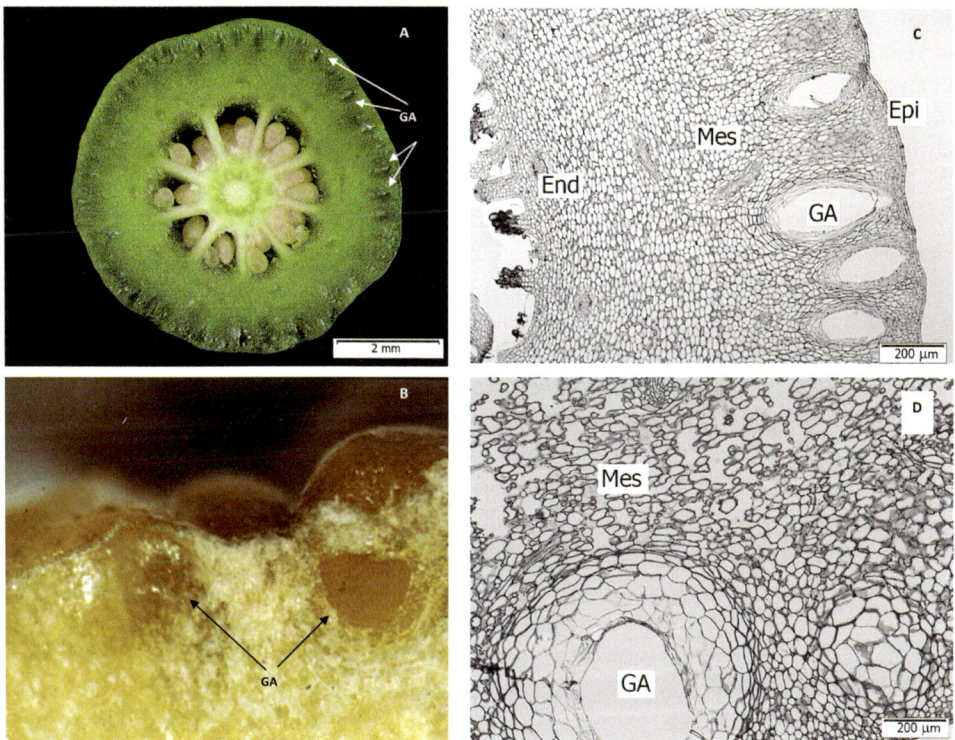

Fotografía 6.9. Glándulas de aceites esenciales en el fruto al inicio del desarrollo **(A)**, y maduro **(B)**, y sus correspondientes cortes histológicos (**C** y **D**). Epi: epicarpo; Mes: mesocarpo; End: endocarpo; GA: glándulas de aceite. Paneles A, C y D tomados de Martínez-Alcántara *et al.*, 2015.

En las naranjas navel, la forma monolactona de la limonina, que no es amarga y es estable a pH neutro, está presente en el albedo y en el endocarpo, pero hay muy poca o ninguna limonina. Con la extracción de zumo se produce la rotura mecánica de las vesículas de zumo, y en un pH ácido tiene lugar, a las pocas horas, la transformación de la monolactona del limonato en limonina por acción de la limonina lactona hidrolasa.

La formación de limonoides amargos constituye un grave problema para la industria de transformación ya que concentraciones de estos en el zumo por encima de 6 mg/L hacen que sea prácticamente inaceptable por los consumidores. Las naranjas navel, por tanto, no pueden ser utilizadas para la obtención de zumo.

Las semillas son especialmente ricas en agliconas de limonoides.

6.7. Senescencia del fruto

La senescencia ocurre en todas las células, tejidos y órganos de los seres vivos. Así, los frutos senescentes pierden coloración, se debilitan y marchitan, y tras la recolección mueren con mayor o menor rapidez. La vida de una célula consta de dos fases: la división mitótica y la vida posmitótica. El número de divisiones que experimenta una célula en su vida para producir células hijas es finito, y cuando deja de dividirse se dice que ha alcanzado su senescencia mitótica. Aunque en este estado ya no se divide, puede, sin embargo, vivir durante un cierto periodo antes de su agotamiento o muerte; a este periodo degenerativo funcional de la célula se le denomina senescencia posmitótica. Las plantas poseen tanto senescencia mitótica como posmitótica.

Un ejemplo relevante de senescencia mitótica en las plantas es la detención de los meristemos apicales de los brotes. Sus células no están diferenciadas y pueden dividirse un cierto número finito de veces hasta formar un primodio de un nuevo órgano, como una hoja o una flor. La senescencia posmitótica ocurre en todos los órganos, esto es, en las hojas, sépalos, pétalos, carpelos, etc., de modo que, una vez formados, sus células rara vez se dividen, pero inician un periodo de expansión celular y, más tarde, de degeneración masiva que comporta la senescencia del órgano.

En la mayor parte de las angiospermas, el desarrollo del embrión es coincidente con el del ovario, que progresivamente se convierte en un órgano adecuado para que la semilla madure. Cuando ello ocurre es cuando el fruto inicia su maduración, lo que puede entenderse como el inicio de su senescencia, ya que con el tiempo el fruto se va deteriorando hasta que se desprende del árbol, facilitando así la dispersión de la semilla.

Estreses ambientales (temperaturas extremas, sequía, luz/sombra, deficiencias nutricionales, etc. y agresiones biológicas (plagas y enfermedades) pueden inducir la senescencia. Factores endógenos, tales como la edad, los niveles hormonales, el crecimiento reproductivo, etc., también. Estos factores pueden actuar individualmente o en combinación. Por tanto, la abscisión del fruto puede ser activada por condiciones endógenas y, también, por condiciones ambientales adversas. Pero, antes de que ocurra, los frutos sufren una serie de cambios, principalmente de carácter hormonal, que actúan como señales metabólicas que conducen a la ruptura de la capa de abscisión (véase apt. 6.8). En los frutos partenocárpicos su senescencia y abscisión también se dan, lo que indica que el proceso está genéticamente programado y afectado por las condiciones ambientales. La senescencia, por tanto, se inicia con la maduración y es alterada por la temperatura, la HR, la luz...

En los cítricos, aunque la baja temperatura ambiente, y con mayor intensidad la del suelo, es la desencadenante de la coloración del fruto (véase apt. 6.3.2.1), la coincidencia de ello con la reducción del número de horas de luz diarias dificulta la separación *in vivo* de ambos factores. Pero, en todo caso, la luz es el inductor universal de la formación y persistencia del aparato fotosintético de las plantas superiores y, por tanto, mantiene la actividad de la planta y así, invariablemente, retrasa la senescencia de sus órganos. Sin embargo, en los frutos cítricos, mientras el reverdecimiento requiere de luz, el desverdecimiento con el que inician su senescencia tiene lugar tanto en la luz como en la oscuridad.

Algunos de los aspectos de la senescencia del fruto son comunes con los de la hoja, como el catabolismo de la clorofila, la actividad ribonucleasa y la hidrólisis de macromoléculas, pero, a diferencia de aquella, el fruto no exporta a otros órganos de la planta los compuestos resultantes, sino que se convierten en ácidos y azúcares que se acumulan y le confieren las características propias de la especie/cultivar. En este sentido, el descenso progresivo de la concentración de ácidos orgánicos se considera un factor determinante del avance de la senescencia del fruto. El papel de los nutrientes y las fitohormonas en la evolución de la maduración del fruto, y en tanto en cuanto ello contribuye al proceso de su senescencia se ha señalado en los apts. 6.3.2.2, 6.3.2.3 y 6.3.2.4.

Merece destacarse la importancia del etileno aunque su papel en la senescencia de los frutos cítricos sea menos determinante que en la de los frutos climatéricos. Así, la supresión antisentido de la actividad de cualquiera de los genes de su síntesis, *CsACS2* y *CsACO1*, o de los dos, bloquea la biosíntesis de etileno en plantas transgénicas, y con ello se retrasa el inicio de la senescencia del fruto, si bien, cuando lo hace, el proceso de la senescencia progresa normalmente. El análisis de mutantes deficientes en la percepción del etileno y la transducción de señales respalda aún más el papel promotor del etileno en la senescencia del fruto. Una mutación en el gen del receptor *ETR* (*etr1-1*) hace que este sea incapaz de unirse al etileno, lo que hace que las plantas mutantes sean insensibles a él y prolonguen su longevidad debido al inicio tardío de la senescencia. Estos aspectos, sin embargo, todavía no han sido plenamente demostrados en los cítricos.

También la acción del ácido abscísico es relevante en el proceso. Esta hormona se considera inductora de la senescencia. En los cítricos el factor de transcripción *CsHB5* participa en múltiples procesos asociados a la senescencia, incluida la degradación de la clorofila y la biosíntesis de nutrientes y su transporte, así como la activación de la expresión de los genes relacionados con la síntesis de ABA y las especies reactivas del oxígeno (ROS), aumentando marcadamente el contenido de ABA y H_2O_2. Como es sabido, el ABA acelera la senescencia, mientras que la aplicación de GA_3 la retrasa. *CsHB5* se une directamente a los promotores de los genes de síntesis de ABA, activando su transcripción y controlando directamente su acumulación, mientras que su silenciamiento reduce, por una parte, la expresión de los genes de síntesis de ABA y, por otra, su acción represiva sobre el gen *GA20ox*, retrasando la senescencia mediada por las GA.

Durante la senescencia, se ha identificado también la expresión diferencial de un grupo importante de genes involucrados en la modificación de las características de la pared celular, lo cual no es sorprendente ya que los principales cambios de textura asociados con el ablandamiento del fruto se deben a alteraciones mediadas por enzimas en la estructura y composición de esta, especialmente, en los cítricos, de las paredes celulares de sus vesículas de zumo. Cambios en la actividad de algunos de estos genes se han relacionado con la granulación, una alteración que provoca la gelificación de las paredes celulares de las vesículas y la pérdida de su rendimiento en zumo y, por tanto, de la calidad del fruto (véase Cap. 10, apt. 10.6), mientras que la de otros provocan modificaciones en la estructura de la pared celular o en los componentes de los septos y vesículas de zumo durante el desarrollo y la maduración, promoviendo el reblandecimiento de la pulpa. Así, el gen *PPE8B*, que codifica una pectinesterasa que regula el ensamblaje y desensamblaje de la pectina de la pared celular primaria, disminuye su expresión a medida que el fruto madura, y la del que codifica la xiloglucano transglucosilasa, que cataliza la hidrólisis y transglucólisis del xiloglucano de la hemicelulosa, aumenta. Este proceso, que conduce a la senescencia, es coincidente con la acción de las expansinas que reducen la presión parietal y relajan la pared celular. El aumento de la expresión de varios genes relacionados con su codificación se ha detectado durante la maduración de los cítricos, y llega a ser máxima al final del proceso.

Pero, en los cítricos, el reblandecimiento de los tejidos a medida que progresa la maduración no se produce de forma tan acusada como en los frutos de muchas otras especies. Esto es debido a que, aunque la corteza y la pulpa son muy ricas en pectinas, su descomposición en subunidades solubles más pequeñas es muy lenta, con la excepción de algunas mandarinas que sufren un ablandamiento más pronunciado. La reducción de la firmeza del fruto que suele ocurrir tras su maduración se debe principalmente a la pérdida de agua, sobre todo de la pulpa, y la corteza se marchita, deteriorando el aspecto general del fruto. Los estudios al respecto indican que el aumento en la expresión de los genes de modificación de la pared celular se presenta antes en las mandarinas que en las naranjas y pomelos.

Los cambios en la firmeza y sabor ligados a la senescencia se atribuyen a los que tienen lugar en los azúcares, ácidos orgánicos, alcoholes, aldehídos, etc. En este sentido las reacciones de los azúcares son más activas en la pulpa y las de los ácidos orgánicos en la corteza. En la pulpa, aunque los principales azúcares y ácidos orgánicos disminuyen su concentración, la relación TSS/TA aumenta, de modo que, a medida que progresa la senescencia, los contenidos en ácidos orgánicos y azúcares correlacionan negativamente, lo que sugiere una conversión de ácidos en azúcares. La mayoría de los genes relacionados con la glucólisis y el ciclo de los ácidos tricarboxílicos aumentan su expresión, particularmente en la corteza, lo que indica que en esta existe un mayor consumo activo de nutrientes. En ella, además, aumentan los niveles de los componentes aromáticos, si bien con fluctuaciones. Adicionalmente, la mayoría de las acuaporinas y otros transportadores reducen su actividad.

En coherencia con ello, en los frutos cítricos, los *SAG* (*Senescence Associated Genes*), marcadores de la senescencia, muestran una mayor expresión en la corteza que en la pulpa, aunque la reducen durante el proceso, con la excepción de *SAG29* (también llamado *SWEET15*), que funciona como un transportador bidireccional de azúcar. Por lo tanto, el proceso de la senescencia podría estar relacionado con la transferencia de nutrientes entre la corteza y la pulpa. Finalmente, los factores de transcripción estudiados en la regulación de la senescencia en respuesta al déficit hídrico u otros estreses indican que la respuesta al estrés es también más activa en la corteza, con diferencias entre cultivares; la combinación de elevadas temperaturas y altos niveles de HR ambiental aceleran su senescencia, perdiendo consistencia y haciéndose más susceptible a alteraciones. Este efecto es muy acusado en determinadas mandarinas, especialmente las clementinas. En las zonas más áridas, la corteza del fruto presenta un menor contenido en humedad y se mantiene más firme que en las zonas más húmedas.

La hipótesis propuesta para el control de la maduración externa (véase apts. 6.3.2.2 y 6.3.2.3) es también válida para la senescencia de la corteza. Así, mientras la temperatura del suelo es lo suficientemente alta para permitir el crecimiento de las raíces, las hormonas (giberelinas y citoquininas) sintetizadas en estas son transportadas a la copa, así como los compuestos nitrogenados absorbidos y asimilados por las mismas, retrasando la senescencia del fruto. Cuando a finales del otoño, o durante el invierno, la temperatura del suelo desciende y cesa la actividad radicular, la cantidad de compuestos procedentes de las raíces que llegan al fruto disminuye drásticamente, iniciándose entonces su senescencia.

Poco se conoce de la senescencia de las semillas de los cítricos. En cotiledones separados, la actividad de las exopeptidasas (carboxi y aminopeptidasas) aumenta fuertemente con respecto a la detectada en cotiledones unidos, lo que se ha relacionado con una posible aceleración del proceso de senescencia de cotiledones aislados.

6.8. Abscisión del fruto

El final de la senescencia culmina con el desprendimiento del fruto del árbol. Los frutos cítricos tardan en caer, pero en algunos cultivares lo hacen muy prematuramente, una vez completada la maduración, lo que produce pérdidas importantes de cosecha que pueden alcanzar hasta el 30-40 % de esta.

La zona de abscisión del fruto maduro se sitúa en la zona de unión con el cáliz (Foto 6.10 A), esto es, en la ZA-C entre el fruto y el disco nectarífico (véase Foto 3.3). Esta está formada por varias capas de pequeñas células de aspecto denso, con forma diferente de sus vecinas; el cilindro vascular atraviesa dicha zona por su parte central. Las células de la capa de abscisión contienen abundantes granos de almidón.

Los primeros síntomas celulares en la zona de abscisión aparecen en su parte central, en la que se acumula material amorfo, probablemente procedente de la degradación parcial de la lámina media y la pared de sus células por la acción hidrolítica de los enzimas celulasas y poligalacturonasas, que va aumentando con el tiempo hasta que la degradación se completa. En ese momento ya es posible ver células con claros síntomas de separación, formando una línea que se va extendiendo hacia la parte periférica de la ZA-C (Foto 6.10 B). Las células de esta línea muestran diferencias entre las que pertenecen a la corteza del fruto y las del cáliz (Foto 6.10 C), ya que las del fruto acumulan granos de almidón y las del cáliz son células recién divididas, como lo demuestran sus paredes muy finas. Más tarde las células se expanden, en el cáliz lo hacen las parenquimáticas de la médula y en el fruto las de los haces vasculares axiales, y la separación es ya claramente visible (Foto 6.10 D).

Al igual que para la zona de abscisión foliar (véase Capítulo 2, apt. 2.4.3.2), se han caracterizado los genes implicados en la degradación y en la biosíntesis de los componentes de la pared celular de la zona de abscisión del fruto. Los que codifican los enzimas que hidrolizan la pared celular y la lámina media deben ser los responsables de separar las células ricas en almidón situadas en la parte del fruto y que son las que provocan la separación efectiva del órgano. Los que lo hacen para la biosíntesis de nuevos componentes de la pared celular deben estar relacionados con la expansión celular observada principalmente en las filas de células recién divididas situadas en la parte del cáliz. Estas células no muestran síntomas de degeneración, lo que sugiere que deben estar implicadas en la formación de las capas protectoras de las zonas de la planta que quedan expuestas al medio ambiente después de la abscisión.

Esta función queda justificada por el hecho de que la acción reguladora de la síntesis de lignina y su polimerización y unión a la hemicelulosa de las paredes tiene lugar

Fotografía 6.10. Zona de abscisión **(A)** de frutos de naranjo dulce (ZA-C) y su morfología **(B-D)**. Evolución de la zona de separación en el naranjo dulce con los síntomas iniciales en sus células de acumulación de sustancias de naturaleza amorfa que no se observan en las células parenquimáticas del cáliz y de la corteza del fruto (B); con el tiempo, la degradación de la pared celular y la lámina media se completan y la línea de separación comienza a ser visible y efectiva **(C)** y a extenderse a lo largo de la ZA-C, originándose una expansión de las células parenquimáticas próximas al cáliz y de las de los haces vasculares de la parte del fruto **(D)**. Deposición de lignina (tinción con floroglucinol) en las células de la ZA-C de la parte del cáliz que quedan en la planta para sellarlas y protegerlas del medio ambiente **(E)**. ZA-C: zona de abscisión C, CF: corteza del fruto, DF: disco floral, SP: sépalos, HV: haces vasculares. Las flechas blancas indican la zona/lámina de separación en la ZA-C; las flechas negras indican la deposición de lignina. Adaptado de Merelo *et al.* (2017).

en las células de la ZA-C de la parte del cáliz, como se distingue con la tinción específica de carbohidratos insolubles (Foto 6.10 E). Los estudios de expresión indican, efectivamente, que estas paredes se hallan enriquecidas con algunos tipos (subunidades) de lignina, y la deposición de este polímero se ha asociado con la formación de las capas protectoras señaladas. Sin embargo, se ha sugerido también que la lignificación podría facilitar la rotura mecánica de la pared celular durante los procesos de separación celular. En la ZA-C la deposición de lignina solo se produce en el lado que permanece en la planta, y esta deposición diferencial podría generar una tensión en el plano de fractura y facilitar la rotura de la pared celular durante la abscisión, en lugar de formar capas protectoras.

Las familias de genes y, dentro de ellas, los genes específicos de la abscisión que codifican los enzimas de la remodelación de la pared celular en los cítricos han sido, en gran parte, identificados. Estos incluyen: 1) celulasas (endo-1,4-β-glucanasas), pertenecientes a la familia glucosido hidrolasas y de las que tres grupos se sobreexpresan exclusivamente en la ZA-C; 2) poligalacturonasas, también de la familia glucosido hidrolasas, de las que hay tres grupos A, B y C, las de los grupos A y C se sobreexpresan exclusivamente en la ZA y las del grupo B se reprimen; 3) pectato liasas, pertenecientes a 5 familias (I a V), siendo los genes del grupo I los que se sobreexpresan exclusivamente en la ZA, y alguno también lo hace en la corteza del fruto; y 4) otros enzimas, como pectin-metilesterasas, pectin-acetilesterasas, galacturonasas y expansinas.

Se ha propuesto que el balance entre al AIA y el ABA podría regular la abscisión del fruto maduro en los cítricos, aunque es el etileno el que finalmente desencadena su abscisión. Así pues, algunas sustancias que inducen la abscisión, como el propio ABA, el metil-jasmonato (Me-JA), la coronatina (un análogo estructural del JA) o el 5-cloro-3-metil-4-nitro-1H-pirazol (CMNP) lo hacen mediante la inducción de la biosíntesis de etileno. Igualmente, el ácido 2-cloroetil fosfónico se ha utilizado como abscisor y desverdizador de frutos, por su capacidad de producir etileno en los tejidos una vez absorbido por la planta (véase apt. 6.4). En tal sentido el etephón se ha ensayado para facilitar la recolección mecánica de frutos. El tratamiento con esta sustancia aumenta la expresión de los genes *CsACS1 y CsACO*, involucrados en la síntesis de etileno, en la zona de abscisión tanto de los frutos como de las hojas y, en consecuencia, puede producir un considerable desprendimiento de frutos y hojas, sobre todo en variedades tempranas o de media estación de naranjo dulce, más sensibles que los cultivares tardíos.

La acción del etileno es a través del estímulo de la expresión de genes que codifican la síntesis de los enzimas hidrolíticos celulasas y poligalacturonasas. Las auxinas, por el contrario, inhiben el proceso, previniendo la abscisión. Este hecho se ha demostrado con la aplicación localizada del ácido 2,3,5-triiodobenzoico, un inhibidor del transporte de auxinas que aumenta la sensibilidad del fruto maduro al desprendimiento. Por contra, la cicloeximida (CHI; Acti-Aid) provoca la abscisión de frutos maduros, aplicada en pulverización (10-20 mg/L); se ha propuesto que este compuesto actúa bloqueando el transporte de auxinas inhibiendo la síntesis de sus proteínas receptoras. La CHI también puede inhibir el transporte de auxinas mediante la restricción de la liberación de protones, lo que altera el gradiente de H^+ en las células impidiendo así su transporte quimiosmótico. La disminución del nivel endógeno de auxinas en la zona de abscisión, como consecuencia de su deficiente transporte, desencadena el proceso.

Consecuentemente, la aplicación en pulverización foliar de algunas auxinas sintéticas, como la sal dimetilamina del 2,4-D, a la concentración de 15-22,5 mg/L, aplicada al inicio del cambio de color del fruto, retrasa considerablemente la caída de frutos maduros de variedades sensibles a la abscisión precoz, como son los cultivares del grupo navel y sanguinas del naranjo dulce. En tales circunstancias se les ha atribuido un cierto efecto retardante del viraje, lo cual no tiene excesiva importancia si se va a retrasar la recolección. Si el tratamiento se retrasa hasta el periodo de inducción floral (15 noviembre-15 diciembre) reduce el número de flores producido por árbol. Sobrepasar las dosis indicadas o retrasar el tratamiento hasta después de que se haya iniciado la brotación, puede producir una fitotoxicidad que se manifiesta por el enrollamiento de las hojas incipientes.

Bibliografía consultada

Agustí M. 1999. Preharvest factors affecting postharvest quality of citrus fruit. En: *Advances in postharvest diseases and disorders control of citrus fruit.* En: M. Schirra (Ed.). Research Signpost, Trivandrum, India, pp. 1-34.

Agustí M, Mesejo C, Reig C. 2020. *Citricultura,* 3.ª ed. Ed. Mundi-Prensa, Madrid, España, 488 pp

Alós E, Cercós M, Rodrigo MJ, Zacarías L, Talón M. 2006. Regulation of color break in citrus fruits. Changes in pigment profiling and gene expression induced by gibberellins and nitrate, two ripening retardants. *Journal of Agriculture and Food Chemistry* 54: 4888-4895.

Alquezar B, Rodrigo MJ, Zacarías L. 2008. Carotenoid biosynthesis and their regulation in citrus fruits. Tree and Forestry Science and Biotechnology 2 (Special Issue 1): 23-35.

Cercós M, Soler G, Iglesias DJ, Gadea J, Forment J, Talón M. 2006. Global analysis of gene expression during development and ripening of citrus fruyit flesh. A proposed mechanism for citric acid utilization. *Plant Molecular Biology* 62: 513-527.

Coggins CW, Lewis LN. 1962. Regreening of Valencia orange as influenced by potassium gibberellate. *Plant Physiology* 37: 625-627.

Coggins CW, Hield HZ. 1968. Plant-growth regulators. En: W Reuther, LD Batchelor, HJ Webber (Eds.), *The Citrus Industry*, University of California Press, vol. II, pp. 371-389.

Chen T, Niu J, Sun Z, Chen J, Wang Y, Chen J, Luan M. 2023. Transcriptome analysis and VIGS identification of key genes regulating citric acid metabolism in Citrus. *Current Issues in Molecular Biology* 45: 4647-4664.

Ding Y, Chang J, Qiaoli M, Chen L, Liu S, Jin S, Han J,Xu R, Zhu A, Guo J, Luo Y, Xu J, Xu Q, Zeng Y. 2015. Network analysis of postharvest senescence process in Citrus fruits revealed by transcriptomic and metabolomic profiling. *Plant Physiology* 168: 357-376.

El-Otmani M. 2006. Growth regulator improvement of postharvest quality. En: WF Wardowski, WM Miller, DJ Hall, W Grierson W (Eds.), *Fresh Citrus Fruits*. Florida Science Source, Inc., pp 67-104.

Estornell LH, Agustí J, Merelo P, Talón M, Tadeo FR. 2013. Elucidating mechanisms underlaying organ abscission. *Plant Science* 199-200: 48-60

Gambetta G, Mesejo C, Martínez-Fuentes, A, Reig C, Gravina A, Agustí M. 2014. Gibberellic acid and norflurazon affecting the time-course of flavedo pigment and abscisic acid content in 'Valencia' sweet orange. Scientia Horticulturae 180: 94-101.

García-Luis A, Agustí M, Almela V, Romero E, Guardiola JL. 1985. Effect of gibberellic acid on ripening and peel puffing in Satsuma mandarin. *Scientia Horticulturae* 27: 75-86.

Goldschmidt EE, Goren R, Even-Chen Z, Bittner S. 1973. Increase in free and bound abscisic acid during natural and ethylene-induce senescence of citrus fruit peel. *Plant Physiology* 51: 879-882.

Gross J. 1977. Carotenoid pigments in citrus. En: S Nagy, PE Shaw, MK Veldhuis (Eds.), *Citrus Science and Technology,* vol. 1. AVI Publishing Co. Inc. pp. 302-354.

Guo L-X, Shi C-Y, Liu X, Ning D-Y, Jing L-F, Yang H, Liu Y-Z. 2016. Citrate accumulation-related gene expression and/or enzyme activity analysis combined with metabolomics provide a novel insight for an orange mutant. *Scientifica Reports* 6: 29343.

Hasegawa S. 2000. Biochemistry of limonoids in citrus. En: MA Berhow, S Hasegawa, GD Manners GD (Eds.), *Citrus Limonoids Functional Chemicals in Agriculture and Foods*. American Chemical Society, vol. 758, pp. 9-30.

Hasegawa, S, Berhow, MA, Fong, CH. 1996. Analysis of Bitter Principles in *Citrus*. En: HF Linskens, JF Jackson (Eds.), *Fruit Analysis. Modern Methods of Plant Analysis*, vol. 18, Springer, Berlín, Alemania, pp. 59-80.

Huff, A. 1983. Nutritional control of regreening and degreening in citrus peel segments. *Plant Physiology* 73: 243-249.

Huff, A. 1984. Sugar regulation of plastid interconversions in epicarp of citrus fruit. *Plant Physiology* 76: 307-312.

Hussain SB, Shi C-Y, Guo L-X, Kamran MH, Sadka A, Liu Y-Z. 2017. Recent advances in the regulation of citric acid metabolism in citrus fruit. *Critical Reviews in Plant Sciences* 36: 241-256.

Iglesias DJ, Cercós M, Colmenero-Flores JM, Naranjo MA, Ríos G, Carrera E, Ruiz-Rivero O, Lliso I, Morillon R, Tadeo FR, Talón M. 2009. Physiology of citrus fruiting. *Brazilian Journal of Plant Physiology* 19: 333-362.

Iglesias D, Tadeo FR, Legaz F, Primo-Millo E, Talón M. 2001. *In vivo* sucrose stimulation of colour change in citrus fruit epicarps: interactions between nutritional and hormonal signals. *Physiologia Plantarum* 112: 244-250.

Ladaniya MS. 2023. *Citrus Fruits. Biology, Technology and Evaluation*, 2.ª ed. Elsevier, Londres, UK. 886 pp.

Ma G, Zhang L, Sugiura M, Kato M. 2020. Citrus and health. En: M Talón, M Caruso, FG Gmitter Jr (Eds.). *The genus Citrus*. Elsevier Inc. Duxford, UK. pp. 495-511.

Martínez-Alcántara B, Tadeo FR, Mesejo C, Martínez-Cuenca MR, Ruíz M, Reig C, Forner-Giner MA, Iglesias DJ, Talón M, Agustí M, Primo-Millo E. 2015. *Anatomía de los Cítricos*. E Primo-Millo, M Agustí (Eds.). Gráficas Agulló, Cocentaina, Alicante, España. 173 pp.

Merelo P, Agustí J, Arbona V, Costa ML, Estornell LH, Gómez-Cadenas A, Coimbra S, Gómez MD, Pérez-Amador MA, Domingo C, Talón M, Tadeo FR. 2017. Cell wall remodeling in abscission zone cells during ethylene-promoted fruit abscission in citrus. *Frontiers in Plant Science* 8: 126.

Mesejo C, Gambetta G, Gravina A, Martínez-Fuentes A, Reig C, Agustí M. 2011. Relationship between soil temperatura and fruit colour development of 'Clemenpons' Clementine mandarin (*Citrus clementina* Hort ex. Tan). *Journal of the Science of Food and Agriculture* 92: 520-525.

Mesejo C, Lozano-Omeñaca A, Martínez-Fuentes A, Reig C, Gambetta G, Marzal A, Martínez-Alcántara B, Gravina A, Agustí M. 2022. Soil-to-fruit nitrogen flux mediates the onset of fruit-nitrogen remobilization and color change in citrus. *Environmental and Experimental Botany* 204: 105088.

Pons J, Almela V, Juan M, Agustí M. 1992. Use of Ethephon to promote colour development in early ripening Clementine cultivars. *Proceedings of the International Society of Citriculture* 1: 459-462.

Primo-Millo E. 2017. *Fundamentos Fisiológicos de la Citricultura*. Ed. Tecnidex Fruit Protection, SAU, Valencia, España. 697 pp.

Prtužinská A, Tanner G, Anders I, Roca M, Hörtensteiner S. 2003. Chlorophyll breakdown: Pheophorbide a oxygenase is a Rieske-type iron-sulfur protein, encoded by the *accelerated cell death 1* gene. Proceedings of the National Academy of Sciences USA 25: 15259-15264.

Rodrigo MJ, Zacarías L. 2007. Effect of postharvest ethylene treatment on carotenoid accumulation and the expression of carotenoid biosynthetic genes in the flavedo of orange (*Citrus sinensis* L.Osbeck) fruit. *Postharvest Biology & Technology* 43: 14-22.

Shaw PE. 1991. Fruits II. En: H Maarse (Ed.), *Volatile Compounds in Foods and Beverages*. Marcel Dekker Inc. Nueva York. EE.UU. pp 305-327.

Sinclair WB. 1984. *The Biochemistry and Physiology of the Lemon and other Citrus Fruits*, Ed. University of California, Oakland, California, EE.UU., 946 pp.

Grierson W. 2006. Maturity and grade standards. En: WF Wardowski, WM Miller, DJ Hall, W Grierson (Eds.), *Fresh Citrus Fruits*, 2.ª ed. Florida Science Source, Inc., Longboat Key, Florida, EE.UU., pp. 23-48.

Spiegel-Roy P, Goldschmidt EE. 1996. *Biology of Citrus*. Ed. Cambridge University Press. Cambrifge, UK. 230 pp.

Tadeo FR, Terol J, Rodrigo MJ, Licciardello C, Sadka A. 2020. Fruit growth and development. En: M Talón, M Carus, FJ Jr Gmitter J (Eds.), *The Genus Citrus*. Elsevier Inc., Duxford, UK. pp 245-264.

Thomson WW, Lewis LN, Coggins CW. 1967. The reversion of chromoplasts to chloroplasts in Valencia oranges. *Cytologia* 32: 117-124.

Ting SV, Rouseff RL. 1986. *Citrus Fruits and their Products: analysis, technology*. Marcel Dekker, Nueva York, EE.UU. 293 pp.

Ting SV, Attaway JA. 1971. Citrus fruits. En: Hulme (Ed.), *The Biochemistry of Fruits and their Products*. Vol. 2, AC, Academic Press, Londres, UK, pp. 107-169.

Trebitsh T, Goldschmidt EE, Riov J. 1993. Ethylene induces *de novo* synthesis of chlorophyllase, a chlorophyll degrading enzyme, in *Citrus* fruit peel. *Proceedings of the National Academy of Sciences* 90: 9441-9445.

Van staden J, Cook EL, Nooden LD. 1988. Cytokinins and senescence. En: LD Nooden, AC Leopold (Eds.), *Senescence and Aging in Plants*. Academic Press, San Diego, CA, EEUU, pp. 281-328.

Wang Y, Wang S, Fabroni S, Feng S, Rapisarda P, Rouseff R. 2020. Chemistry of Citrus flavor. En: M Talón, M Caruso, FG Jr Gmitter (Eds.), *The genus Citrus*, Elsevier Inc. Duxford, UK. pp. 447-470.

Weiss EA. 1997. *Essential Oil Crops*. Ed. CAB International, Wallingford, UK. 600 pp.

Zhang Y, Zhang Y, Sun Q, Lu S, Chai L, Ye J, Deng X. 2021. Citrus transcription factor *CsHB5* regulates abscisic acid biosynthetic genes and promotes senescence. *The Plant Journal* 108: 151-168.

Zhu K, Chen H, Mei X, Lu S, Xie H, Liu J, Chai L, Xu Q, Eurtzel ET, Ye J, Deng X. 2023. Transcription factor *CsMADS3* coordinately regulates chlorophyll and carotenoid pools in *Citrus* hesperidium. *Plant Physiology* 519: 519-536.

CAPÍTULO 7
El agua en el árbol

7.1. Introducción

El agua es esencial para la vida de las plantas, y su disponibilidad en cantidades adecuadas es necesaria para su normal crecimiento y desarrollo.

En condiciones de escasez de agua, la deshidratación de los tejidos, por debajo de un nivel de humedad crítico, causa alteraciones irreversibles en los mismos que, en última instancia, pueden producir la muerte de la planta.

La importancia del agua para las plantas se debe a sus especiales propiedades fisicoquímicas que le permiten ejercer las siguientes funciones vitales:

- Es la forma en que el hidrógeno es absorbido por la planta, para ser luego asimilado fotosintéticamente, pasando a ser un componente fundamental de todas las moléculas orgánicas.
- Al ser el disolvente de numerosos compuestos inorgánicos y orgánicos, constituye el medio en el que ocurren todas las reacciones bioquímicas.
- El estado líquido es el medio en el que se produce la difusión y el flujo masivo de iones inorgánicos y metabolitos, que son los procesos fundamentales en su transporte y distribución.
- El agua del interior de las células, normalmente hidratadas, ejerce presión sobre las paredes celulares, manteniendo así la turgencia de las hojas u otros órganos de la planta.

Los cítricos constituyen un cultivo que requiere volúmenes importantes de agua, ya sean aportados por la lluvia o por el riego. En estos, como ocurre en otras especies, el agua es el constituyente mayoritario de las hojas, en las que supone cerca del 65 % del peso fresco, y de los órganos leñosos, de los que constituye el 55 %. Los órganos vegetativos (brotes y raíces), en estados incipientes de desarrollo, pueden contener cerca del 80 % de su peso fresco de agua, e igual sucede con los frutos maduros.

7.2. Relaciones suelo-árbol-atmósfera. Absorción y transporte del agua

Los procesos fundamentales en las relaciones hídricas de los cítricos con el medio que los rodea son:

- La absorción de agua del suelo por la raíz.
- Su transporte a lo largo del árbol.
- La liberación de vapor de agua a la atmósfera por la transpiración.

7.2.1. Absorción del agua del suelo por la raíz

El árbol debe reponer continuamente el agua perdida en la transpiración para mantener la turgencia de la parte aérea y poder realizar todas las funciones vitales, de forma que se asegure su supervivencia. La mayor parte del agua que incorpora la planta es absorbida del suelo por las raíces, mientras que la que toma del rocío o la lluvia por vía foliar constituye una fracción insignificante.

Para que la absorción de agua por la raíz sea efectiva se han de dar dos condiciones:

1. El contacto directo de la raíz y el suelo. Debe tener lugar en un área superficial de la raíz suficientemente amplia para optimizar la absorción de agua.
2. El crecimiento constante de la raíz para explorar nuevas zonas del suelo, ya que la demanda de agua por parte del árbol es tan elevada que las raíces suelen desecar las zonas próximas del suelo.

La diferencia de potencial hídrico entre dos puntos del suelo es la fuerza que hace posible que el agua se desplace de uno a otro, de modo que el agua fluye espontáneamente desde las zonas más húmedas a las más secas. A medida que las raíces absorben agua del suelo, la zona de la rizosfera se va desecando, lo cual reduce el potencial hídrico en dicha zona con respecto a las zonas del suelo adyacentes y más húmedas en las que el potencial del agua es mayor. Como los espacios porosos del suelo están interconectados y, en condiciones normales de humedad, están llenos de agua, el agua se mueve hacia la raíz mediante un flujo másico a través de estos impulsado por un gradiente de potencial hídrico.

Los factores que determinan la intensidad del flujo del agua en el suelo son la magnitud del gradiente de potencial y la conductividad hidráulica del suelo. Este último parámetro mide la facilidad con que el agua se mueve a través del suelo y varía con el tipo de suelo y el contenido en agua. Los suelos arenosos, entre cuyas partículas quedan grandes espacios, presentan conductividades hidráulicas altas, mientras que los arcillosos, con pequeños espacios entre partículas, presentan valores mucho más bajos.

A medida que el conjunto del suelo se seca, su conductividad hidráulica disminuye. Esto es debido a que parte del agua que llenaba los poros del suelo es sustituida por aire, con lo cual el movimiento del agua queda restringido a la periferia de los espacios entre partículas. Además, al disminuir el contenido de humedad del suelo se reduce su potencial hídrico, lo que hace que el agua quede más fuertemente retenida, por fuerzas matriciales, a la superficie de las partículas del suelo, con lo cual se restringe su movilidad (Fig. 7.1). Cuando las raíces no pueden extraer agua del suelo por desecación de este, se alcanza el *punto de marchitez permanente*, que se define como *el contenido de humedad en la zona de las raíces para el que la planta marchita ya no puede recobrar igual turgencia al colocarla en una atmósfera saturada durante 12 h.*

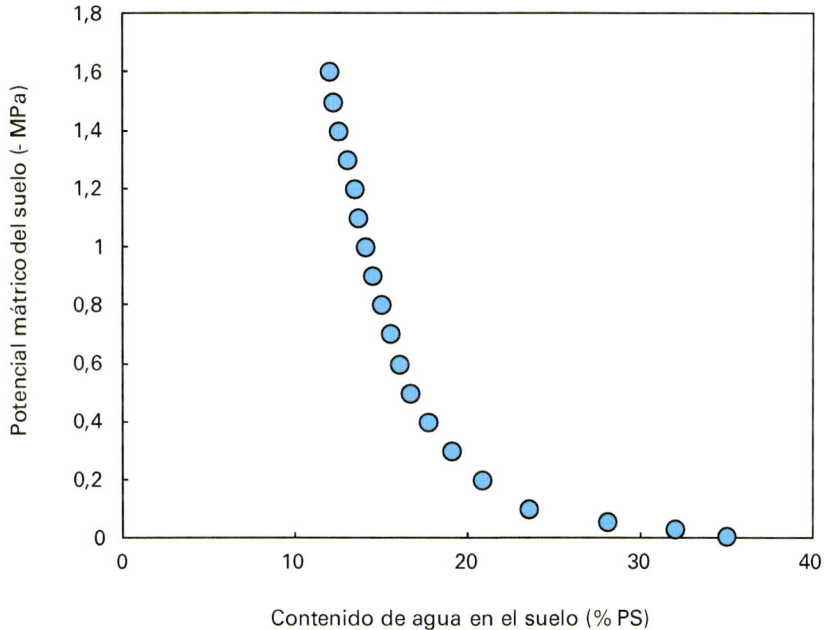

Figura 7.1. Cambios en el potencial mátrico de un suelo en función de su contenido en humedad.

El punto de marchitamiento permanente está en función no solo del contenido de agua en las distintas capas del suelo, sino de la rapidez con que esta se mueve hacia la zona radicular. Este punto también depende de otros factores inherentes a la planta —como son la extensión del sistema radicular, su capacidad de absorción de agua o la presión de turgencia necesaria para el marchitamiento— y de factores climáticos —tales como la temperatura, la humedad relativa del aire o el viento—. Por consiguiente, el punto de marchitamiento permanente no tiene un valor fijo, sino que, en función de los factores indicados, corresponde a un contenido de humedad del suelo en el cual las plantas no son capaces de absorber agua a suficiente velocidad para mantener una presión de turgencia positiva. Se considera que el potencial del agua en el suelo, cuando se produce el marchitamiento irreversible de la planta, puede estar próximo a –15 bares, aunque este parámetro puede no ser constante a lo largo del perfil del suelo.

El agua entra en las raíces *succionada* por un gradiente de potencial hídrico generado en el xilema entre la hoja y la raíz como consecuencia de la transpiración. Obviamente, el flujo mayoritario hacia el interior de la raíz tendrá lugar en las zonas de menor resistencia al paso del agua; por consiguiente, el agua penetra más intensamente por la parte apical de la raíz, que se encuentra inmediatamente por debajo del meristemo. En esta zona la epidermis desarrolla los pelos radiculares, que aumentan considerablemente el área superficial de la raíz proporcionando una mayor capacidad para la absorción de agua. La zona meristemática del extremo de la raíz tiene muy poca capacidad de absorción de agua debido a que el xilema en esta zona no está todavía diferenciado. Las raíces finas poseen una capa externa de células, la hipodermis, cuyas paredes se engrosan y suberizan al ir madurando. Como la suberina es una sustancia hidrófoba, la hipodermis se va haciendo impermeable al agua con el tiempo. Las raíces gruesas muy suberificadas solo pueden absorber agua, en cantidades moderadas, a través de las grietas que se forman en la peridermis y felodermis.

El necesario contacto directo entre el suelo y la superficie de las raíces puede perderse con el trasplante de los árboles (como sucede con las plantas de vivero) y, por ello, durante los días posteriores son sensibles a la deshidratación. Posteriormente, cuando se restaura el crecimiento radicular, los árboles recuperan la capacidad de absorción.

7.2.2. Transporte del agua en el árbol

7.2.2.1. El potencial del agua en la planta

El agua se desplaza de un punto a otro de la planta si el potencial termodinámico en estos es diferente. El parámetro que determina la capacidad de movimiento de las moléculas de agua, como se ha dicho, es el potencial hídrico (ψ), que mide la energía libre del agua. Su magnitud en las hojas se utiliza también para expresar el estado hídrico del árbol.

En las células vegetales dicho potencial viene determinado principalmente por tres componentes:

$$\psi = \psi_o + \psi_m + \psi_t.$$

El ψ_o, o potencial osmótico, es consecuencia de la presencia de solutos en el interior de la célula y está determinado principalmente por las sustancias con actividad osmótica que se encuentran en la vacuola. En las células vegetales el criterio de signos se establece según el sentido vectorial de la fuerza; cuando esta es hacia el interior de la célula el signo es −, y cuando es hacia el exterior es +. Por consiguiente, ψ_o siempre tiene valores negativos, esto es, de succión de la célula, y equivale a la presión osmótica del líquido vacuolar, que se va aproximando a cero a medida que las células se hidratan.

El ψ_m, o potencial mátrico, se debe a las fuerzas que retienen el agua por adsorción en macromoléculas y coloides del citoplasma y por capilaridad en las microfibrillas celulósicas de la pared celular. Los valores de ψ_m son también negativos y disminuyen (se hacen más negativos) si la planta pierde agua.

El ψ_t, o potencial de turgencia, indica la presión que ejerce el agua del interior de la célula sobre la paredes de esta (presión de turgencia). Dicha presión se genera cuando el agua entra en la célula, provocando un aumento del volumen vacuolar, que es lo que ejerce la fuerza hacia el exterior. Los valores de ψ_t son, por tanto, positivos siempre que la vacuola haya incorporado suficiente agua. Cuando la célula se deshidrata, la vacuola se contrae progresivamente con lo cual disminuye la turgencia celular. A medida que el valor de ψ_t se aproxima a cero, la célula entra en un proceso denominado plasmólisis que se produce cuando la vacuola deja de presionar sobre la pared celular. En consecuencia, y teniendo en cuenta el criterio de signos apuntado, el potencial hídrico puede calcularse como:

$$\psi = \psi_t - \psi_o - \psi_m.$$

Otro componente que puede considerarse es ψ_g, o potencial gravitacional, que se debe a la diferencia de altura respecto a un nivel de referencia. Los valores de este potencial son positivos para medidas efectuadas por encima del nivel de referencia y negativos en el caso contrario. Para calcular este componente, que puede adquirir cierta importancia en árboles de gran altura, puede utilizarse la siguiente fórmula:

$$\psi_g = \rho \ g \ h$$

donde ρ es la densidad del agua, g la aceleración de la gravedad, y h la altura sobre el nivel de referencia.

7.2.2.2. Movimiento del agua en el árbol

El movimiento del agua en las plantas es un fenómeno pasivo, esto es, sin gasto energético. El agua en las células vegetales no posee transportadores específicos de membrana propios del transporte activo, aunque sí existen canales selectivos que permiten su desplazamiento a través de ella. Estos canales transmembrana están formados por *acuaporinas*, unas proteínas que forman poros en las membranas celulares por los que transporta mayoritariamente agua (véase apt. 7.2.2.4).

Los tipos fundamentales de movimiento de agua en la planta son el flujo masivo y la difusión.

Flujo masivo: en este sistema, el agua se desplaza (junto con los solutos) en una dirección, como consecuencia de la diferencia de presión. Este tipo de movimiento es característico del ascenso del agua por el xilema impulsada por la evapotranspiración en la parte aérea de la planta.

Difusión: de este modo, el agua se desplaza de unas células a otras movida por la diferencia de potencial hídrico entre ellas, que marca la dirección del desplazamiento.

El flujo masivo es responsable del transporte de agua a larga distancia en la planta, mientras que la difusión regula su desplazamiento a cortas distancias.

Considerando que el movimiento del agua a través del suelo, raíces, tallos y hojas, así como su evaporación a la atmósfera, son procesos estrechamente interrelacionados, se ha desarrollado el concepto de "continuo suelo - planta - atmósfera (*SPAC*)", que permite determinar el balance hídrico de las plantas, teniendo en cuenta tanto las fuerzas motrices como las resistencias al transporte de agua que actúan según el tejido u órgano que se considere. Así, el flujo de agua se podría expresar como:

$$\text{Flujo} = \frac{\text{Diferencia de } \psi}{\text{Resistencia}}.$$

Aplicando este concepto a un flujo de agua a través de la planta en equilibrio estable se obtiene:

$$\text{Flujo} = \frac{\psi_{suelo} - \psi_{raíz}}{r_1} = \frac{\psi_{raíz} - \psi_{tallo}}{r_2} = \frac{\psi_{tallo} - \psi_{hoja}}{r_3} = \frac{C_{hoja} - C_{aire}}{r_{hoja} + r_{aire}},$$

donde los valores de las distintas r indican las resistencias al paso de agua de los tramos respectivos y C representa la concentración de vapor de agua.

Por consiguiente, el flujo de agua es directamente proporcional a la conductividad hidráulica, que es la inversa de la resistencia. En el suelo este parámetro depende de sus características fisicoquímicas y del grado de humedad del mismo, mientras que en la planta está estrechamente relacionado con la permeabilidad de las membranas.

Mediante el concepto *SPAC* se puede analizar el modo en que algunos factores externos afectan al movimiento del agua. Así, por ejemplo, se conoce que la sequía incrementa la resistencia al flujo del agua en el suelo, causando una reducción del potencial hídrico de las hojas, y que el aumento de la temperatura ambiente incrementa el gradiente de concentración de vapor de agua, que constituye la fuerza motriz desde la hoja a la atmósfera, y produce un aumento de la transpiración.

7.2.2.3. El transporte del agua a través de la raíz

Cuando el agua accede a la raíz, por su superficie exterior, debe desplazarse por su interior en sentido radial hasta alcanzar el xilema, por el que será transportada por el tallo a lo largo de sus vasos. Para ello, y antes de alcanzar el tejido vascular, debe atravesar la epidermis, exodermis, parénquima cortical (córtex), endodermis (con su banda de Caspary) y periciclo (Foto 7.1). Para este desplazamiento existen tres posibles rutas:

La ruta apoplástica: el apoplasto es el sistema continuo que forman el entramado de paredes celulares y espacios intercelulares por el que el agua circula sin atravesar las membranas y, por tanto, sin entrar en las células (Foto 7.2).

La ruta simplástica: el simplasto está formado por una trama continua de citoplasmas celulares interconectados por *plasmodesmos*, que son los conductos que unen los protoplastos de células vecinas, atravesando sus paredes celulares contiguas y la lámina media común. En esta ruta, el agua pasa de una célula a otra, a través de los plasmodesmos (Foto 7.2).

La ruta transcelular o transmembrana: en esta, el agua se desplaza también a través del interior de las células, pero atravesando las paredes celulares y las membranas y no vía plasmodesmos.

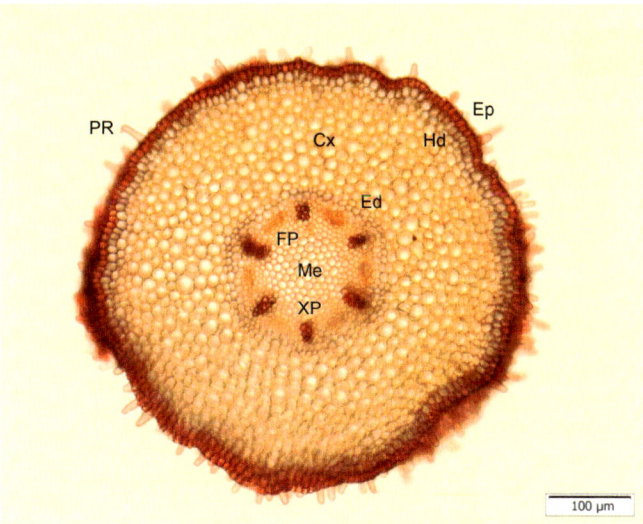

Fotografía 7.1. Sección transversal de la zona absorbente de una raíz primaria en la que pueden observarse las paredes de la epidermis, la hipodermis, la endodermis, y los vasos xilématicos teñidos con un color rojizo más intenso que indica la deposición de lignina y/o suberina en las mismas. En la parte exterior de la epidermis pueden observarse abundantes pelos radiculares. Epidermis (Ep), pelo radicular (PR), exodermis o hipodermis (Hd), córtex (Cx), endodermis (Ed), floema primario (FP), xilema primario (XP), médula (Me). Tomado de Martínez-Alcántara *et al.,* 2015.

El movimiento del agua por el apoplasto está controlado por dos barreras suberificadas localizadas en la exodermis (o hipodermis) y en la endodermis (Foto 7.1). La primera limita la entrada del agua y los solutos a través de la superficie radicular, mientras que la segunda restringe el flujo apoplástico e impide la entrada incontrolada de solutos en el xilema.

La maduración de la exodermis lleva consigo la deposición de láminas de suberina en las paredes de sus células, la cual, por su carácter hidrófobo, produce un efecto impermeabilizante en este tejido. Así pues, el estado de suberización de la exodermis puede condicionar la intensidad de la absorción de agua y solutos, así como la importancia relativa de la ruta de desplazamiento. Los patrones de cítricos cuyas raíces fibrosas tienen diámetros medios pequeños y, consecuentemente, una LRE (longitud radicular específica) relativamente alta, tienden a presentar células exodérmicas de menor tamaño que las de los patrones con raíces fibrosas más gruesas. En esta línea se observó que las diferencias entre distintos patrones en la conductividad hidráulica radial de la raíz estaban relacionadas con determinadas características anatómicas, tales como la anchura del córtex, el grosor de la exodermis y su grado de suberización.

Una vez atravesada la exodermis, para que el agua y los iones puedan llegar al xilema vía apoplasto, deben pasar la *banda de Caspary*. Esta consiste en una franja lignificada que se localiza en las paredes transversales y radiales de las células de la endodermis,

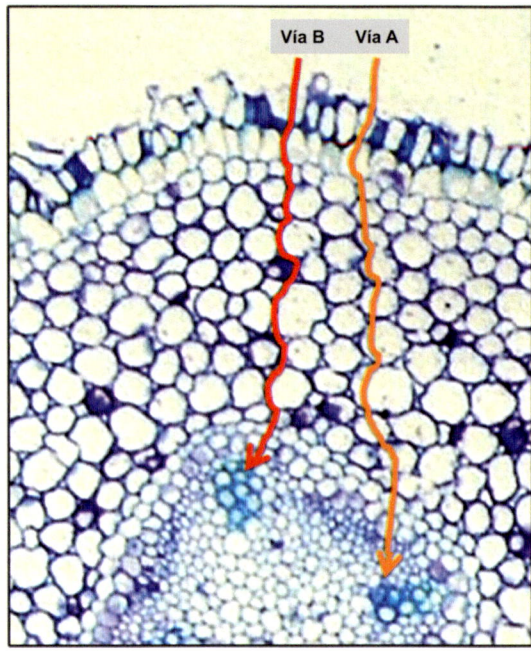

Fotografía 7.2. Movimiento del agua a través de la raíz desde el suelo hasta los haces vasculares y corte histológico en el que se representa el recorrido. Vía A: el agua atraviesa la membrana y sigue un continuo citoplasmático: ruta de transporte simplástico; vía B: el agua pasa por entre las paredes celulares y espacios intercelulares: ruta de transporte apoplástico; en esta, el agua se encuentra con la *banda de Caspary,* que es impermeable y se encuentra situada en las paredes celulares de la endodermis. Esta consta de una sola fila de células, de modo que el agua solo puede fluir hacia xilema atravesándola por su interior celular, y, una vez superada, regresa de nuevo al apoplasto.

donde comienza a diferenciarse a partir de unos 5 mm desde el ápice de la raíz, coincidiendo con la maduración del protoxilema. Así pues, la *banda de Caspary* está presente a lo largo de toda la raíz, excepto en unos pocos milímetros justo por encima del ápice. La lignina que se deposita en esta banda actúa como una barrera que impide el movimiento del agua y los solutos, con lo cual la *banda de Caspary* interrumpe la ruta apoplástica y, para sobrepasarla, el agua y los solutos deben atravesar la membrana plasmática de las células de la endodermis, para desplazarse a continuación vía simplasto hasta su expulsión al exterior de las células de la estela, desde donde, de nuevo vía apoplasto, pasan al xilema. Adicionalmente, sobre la superficie interna de las paredes de las células de la endodermis se depositan capas de suberina, creando una estructura laminar secundaria, a partir de aproximadamente 1 cm por encima del meristemo apical. La suberización de la endodermis aísla a los protoplastos de sus células del apoplasto, limitando también el paso del agua y los solutos.

Por otra parte, la ruta del simplasto incluye tres etapas. La primera es la entrada de agua y solutos en las células epidérmicas, exodérmicas, corticales o endodérmicas; la siguiente es su transporte célula a célula a través de los plasmodesmos, y la última es la descarga al xilema desde las células del periciclo y del parénquima xilemático. El desarrollo secundario de las paredes de la exodermis bloquea los plasmodesmos y, por tanto, las conexiones simplásticas de la membrana plasmática de las células exodérmicas, con el consiguiente aumento de la resistencia al paso del agua. En tales circunstancias, los principales lugares para la absorción de agua e iones en el simplasto son las *células pasaje* de la exodermis, cuyas paredes son más delgadas.

A medida que las capas de células más externas de la raíz (epidermis y exodermis) envejecen y se van distanciando del ápice, aumenta su suberificación y lignificación, lo cual afecta a la absorción del agua a través de la raíz. Por esta razón, se piensa que la mayor parte del agua y los nutrientes se absorben por el ápice de la raíz en crecimiento activo, a pesar de que el área de su superficie es muy pequeña en comparación con la de las porciones radiculares más suberificadas y lignificadas. Además, la diferenciación de la *banda de Caspary* en la endodermis comienza a varios milímetros del extremo del ápice, lo que implica que el agua y los solutos pueden entrar con gran facilidad por la parte donde esta banda todavía no se ha desarrollado.

Es muy probable que los cítricos utilicen las tres rutas para el paso del agua a través de la raíz, aunque la contribución de cada una de ellas al flujo total puede depender de las condiciones externas. Así, cuando estas propician una alta tasa de transpiración, el transporte apoplástico será más importante, alcanzando valores próximos al 20 % del total del agua transportada. Por el contrario, si la transpiración es débil, las vías simplástica y transcelular aumentan su contribución y, cuando se detiene durante la noche, estas vías son la únicas disponibles.

7.2.2.4. Acuaporinas

El movimiento del agua a través de las células es facilitado por una familia de proteínas, denominadas acuaporinas, las cuales forman canales que permiten la difusión de las moléculas de agua a través de las membranas celulares, regulando su permeabilidad.

La estructura de las acuaporinas presenta 6 dominios transmembrana unidos por 3 bucles extracelulares y 2 intracelulares, estando los extremos C y N de la proteína inmersos en el citosol.

En las plantas, las acuaporinas se encuentran en múltiples estructuras isoformas, entre las cuales, las más abundantes en las membranas plasmática y vacuolar, pertenecen a las subfamilias PIP (*plasmamembrane instrinsic proteins*) y TIP (*tonoplast instrinsic proteins*). Las PIP pueden a su vez dividirse en dos subgrupos, PIP1 y PIP2, algunos de cuyos miembros se han detectado en las raíces de los cítricos, donde desempeñan una importante función en el control del transporte de agua. Además, su elevada expresión en las raíces indica su implicación en la absorción del agua del suelo, mientras que en las hojas posiblemente participan en la descarga del fluido xilemático en las células del mesófilo y en la corriente de la transpiración.

Así pues, el flujo del agua en células y tejidos está controlado por la apertura y el cierre de las acuaporinas. Algunos factores ambientales, como la sequía, actúan como un estímulo externo capaz de regular la expresión de las PIP, las cuales tienen una fuerte influencia en las relaciones hídricas del árbol y están involucradas en la tolerancia al estrés hídrico. El bloqueo de las acuaporinas, lo que se puede conseguir con iones Hg^{2+}, reduce la conductividad hidráulica de las raíces y la tasa de transpiración.

7.2.2.5. El flujo de agua por el xilema

El transporte del agua desde la raíz a la parte aérea se realiza a través del xilema. Este sistema de transporte se caracteriza por su baja resistencia si se compara con la de la compleja ruta que sigue para atravesar otros tejidos. Por ello, más del 95 % del total del agua que se desplaza por la planta pasa por el xilema. Los vasos xilemáticos, que son los conductos por donde se desplaza el agua, están formados por células (elementos de los vasos) altamente especializadas en el transporte de grandes cantidades de agua con alta eficiencia. Durante su formación, se diferencia el protoxilema en cuyos órganos en crecimiento, los vasos, se depositan capas sucesivas de lignina que, debido a la tensión a la que están sometidos (véase Cap. 2, apt. 2.3.1.), desarrollan estructuras anilladas y espiraladas en la pared secundaria (Foto 7.3 A). Los elementos de los vasos pierden el citoplasma con la maduración y desarrollan paredes celulares gruesas, muy lignificadas, y relativamente rígidas (Foto 7.3 B). Los extremos de estas células tienen paredes perforadas en sus extremos, que forman las denominadas placas perforadas. En las paredes laterales desarrollan punteaduras, que son pequeñas áreas que carecen de pared secundaria y cuya pared primaria es fina y porosa. Los elementos de los vasos se unen por sus extremos formando hileras para constituir una unidad más larga denominada, genéricamente, vaso (Foto 7.3 A). Los elementos de los vasos que ocupan los extremos de ellos no tienen la pared terminal perforada y se comunican con los

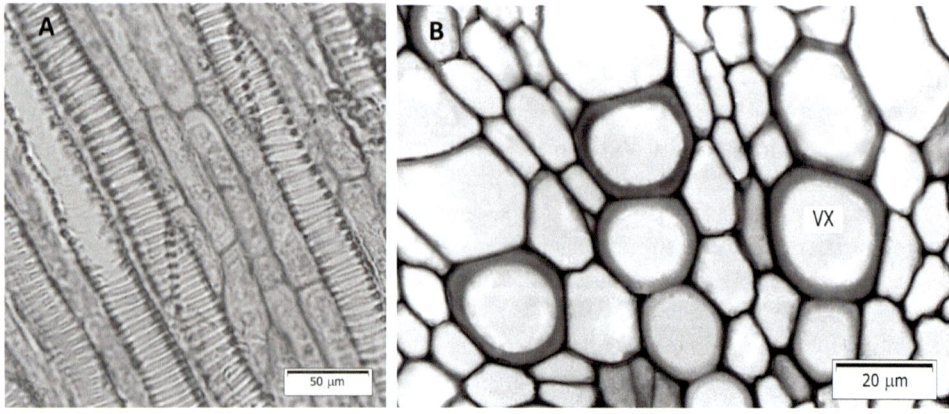

Fotografía 7.3. Sección longitudinal de una raíz mostrando la unión entre vasos de estructuras anilladas **(A)** y sección transversal de la misma con sus vasos xilemáticos (Vx) de paredes anchas y lignificadas **(B)**. Tomado de Martínez-Alcántara *et al.*, 2015.

vasos vecinos por medio de pares de *punteaduras*. La longitud máxima de los vasos puede superar los 10 cm y su diámetro oscila entre 20 y 100 μm. Los vasos de las raíces confluyen en los del tronco, que a su vez se extienden por las ramas hacia las hojas y los frutos, ramificándose repetidamente.

Por tanto, el aparato conductor del xilema debe considerarse como un conjunto de tubos huecos, interrumpidos a intervalos frecuentes, a través de los cuales se mueve el agua, que también circula transversalmente atravesando las paredes laterales, perforadas, y que parecen ser necesarias para el funcionamiento continuado del sistema de transporte. De este modo, el agua puede pasar de un vaso a otro gracias a la existencia de numerosos puntos permeables en sus paredes laterales formados por punteaduras enfrentadas (pares de punteaduras).

La transpiración crea un gradiente de potencial hídrico, a través del mesófilo foliar, que se transmite a los extremos de los nervios de la hoja. La pérdida de agua genera así una fuerte tensión (presión hidrostática negativa) en la parte superior del árbol, que succiona el agua a través del xilema. Este esquema se ajusta a la teoría de la tensión-cohesión, según la cual, debido a las propiedades cohesivas de las moléculas de agua, al aplicar una tensión en la parte superior de los vasos, esta se transmitirá a lo largo de la columna de agua, causando su movimiento hacia arriba. La magnitud de dicha tensión dependerá, por tanto, de la intensidad transpiratoria. La estructura de los vasos proporciona una resistencia relativamente baja al movimiento del agua, con lo cual se reducen los gradientes de presión desde el suelo a las hojas, aunque estos son necesarios para transportar el agua.

Por otra parte, las raíces, al absorber iones desde la solución diluida del suelo y transportarlos al xilema, generan una presión radicular, debido a que la acumulación de solutos en el fluido xilemático produce un aumento en su potencial osmótico (ψ_o) y, por tanto, una disminución de su potencial hídrico (ψ_h). Este descenso de ψ_h en el xilema favorece la absorción de agua, generando una presión hidrostática positiva. No obstante, el fluido xilemático es una solución diluida cuyo potencial osmótico no suele sobrepasar el valor de –0,2 Mpa, con tendencia a disminuir cuando la transpiración es alta. Parece pues evidente que la presión radical debida a la acumulación de iones en el fluido xilemático no es responsable del ascenso del agua en los árboles.

Por tanto, la reducción del potencial hídrico de la hoja causado por la transpiración se transmite a través del xilema hasta las raíces, donde provoca que el agua fluya a través del suelo hacia el interior de las mismas. En tales condiciones se creará un flujo masivo continuo desde el suelo a la atmósfera pasando por las raíces, tallos y hojas. En este sistema la velocidad de absorción de agua por las raíces dependerá de la diferencia de potencial hídrico entre las hojas y el suelo.

Las grandes tensiones que se producen en el xilema de los árboles se transmiten a las paredes de los vasos, de forma que, si estas no estuvieran reforzadas por los engrosamientos secundarios lignificados, los vasos podrían resultar dañados y colapsarse. Sin embargo, a medida que aumenta la tensión en la columna de agua se produce una tendencia a succionar aire a través de los microporos de las paredes de los vasos xilemáticos. Ello puede dar lugar a la formación de una burbuja de aire que puede romper la continuidad de la columna de agua. Este fenómeno se denomina *cavitación* y conlleva que, en una columna bajo tensión, las burbujas se expandan formando una embolia que impide el transporte de agua en el xilema. Si ello ocurriera, podría provocar un fuerte estrés hídrico en las hojas.

La cavitación del xilema se minimiza de varias formas. Por una parte, las burbujas de aire no pasan fácilmente a través de las membranas de las punteaduras, con lo cual no pueden extenderse por los vasos adyacentes. Por otra parte, como los vasos están interconectados, el agua puede moverse lateralmente, hacia los vasos vecinos, sorteando el conducto bloqueado. Las burbujas gaseosas también pueden ser eliminadas del xilema durante la noche, cuando la transpiración disminuye y el potencial hídrico del xilema aumenta. En tales condiciones el aire tiende a disolverse en la solución del xilema. A medida que madura el nuevo xilema generado durante el crecimiento secundario anual, va sustituyendo en su función al anterior, cuando este pierde capacidad de transporte debido a la oclusión por burbujas. De esta forma, una parte importante del xilema de los árboles viejos puede no ser funcional debido a las embolias.

7.2.2.6. Dinámica del agua en las hojas

En los nudos del tallo se forman derivaciones del sistema conductor que se prolongan por el peciolo de la hoja hasta el limbo foliar.

El agua llega a las hojas a través del xilema del haz vascular del peciolo, que se ramifica en la hoja formando una red de nervios cuyo diámetro va decreciendo a medida que se van distanciando del nervio principal. Así, las nerviaciones más finas se distribuyen por el mesófilo, cubriendo las necesidades hídricas de todas sus células (Foto 7.4 A, B). Las microfibrillas de celulosa y otras macromoléculas hidrofílicas confieren a las paredes

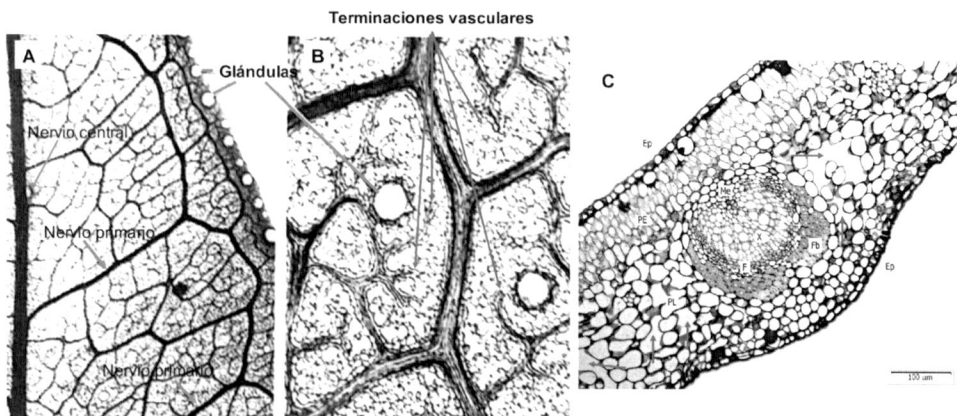

Fotografía 7.4. Nerviaduras central y primarias (flechas) **(A),** islas y terminaciones vasculares del mesófilo (flechas) y anastomosis de los nervios de menor rango **(B)**. Sección transversal con un nervio secundario **(C)** en la que se aprecian los espacios intercelulares (flechas) del parénquima lagunar (PL), el haz vascular con el xilema (X) y el floema (F), la médula (Me), fibras esclerenquimáticas (Fb), el parénquima en empalizada (PE), y la epidermis (Ep). Varios autores y propias.

de las células del mesófilo de las hojas un alto potencial mátrico (negativo), lo que hace que el agua que llega por el xilema se adhiera a las mismas. Dichas células limitan el entramado de espacios intercelulares, de forma que las moléculas de agua transpiradas por las hojas se liberan previamente en dichos espacios, mediante evaporación desde los microcapilares de las paredes celulares que están en estrecho contacto con la atmósfera foliar. Cuando el contenido en humedad de estas paredes se reduce por debajo del nivel de saturación, su potencial hídrico también disminuye. Así se establece un gradiente de potencial hídrico en el mesófilo que hace que el agua se desplace hacia las zonas más deshidratadas, es decir, hacia las células con mayor superficie de pared bordeando los espacios intercelulares. Finalmente, el agua perdida por evaporación será reemplazada por la que procede de las terminaciones vasculares (Foto 7.4 B). La extracción del agua del xilema origina una tensión en las columnas de agua del interior de los vasos que se transmite hasta las raíces.

Una vez que el agua se ha evaporado desde la superficie celular al espacio intercelular, el vapor de agua sale de la hoja por difusión. Como se expone más adelante, este proceso tiene lugar a través del *ostiolo* del *estoma* (véase Foto 2.10), ya que la cutícula cérea que recubre la superficie foliar constituye una barrera muy efectiva frente al paso del agua.

El agua del xilema es, por tanto, succionada por las paredes de las células del mesófilo de la hoja, desde donde se evapora a los espacios intercelulares (Foto 7.4 C). Desde allí, el vapor de agua sale de la hoja, a través del estoma, por difusión y, por ello, el movimiento del agua está controlado por el gradiente de concentración del vapor de agua entre la hoja y la atmósfera. De esta forma, la tensión necesaria para succionar el agua del xilema es generada por la evaporación del agua en las hojas.

7.2.3. Transpiración

Se denomina transpiración al proceso de pérdida de agua por la planta en forma de vapor. La mayor parte de este se libera a través de las hojas (más del 90 %), aunque una pequeña fracción puede perderse por las *lenticelas*, que son pequeñas aberturas que se encuentran en la corteza de las ramas jóvenes. Los estomas son los órganos de la hoja por los que se difunde el vapor de agua a la atmósfera. Su existencia se justifica porque las hojas (también las de los cítricos) poseen una epidermis formada por una capa de células de paredes gruesas, compactas, tanto en el haz como en el envés. La superficie externa de la hoja, además, está recubierta por la *cutícula*, una capa fina, impermeable, cuyo principal componente es la cutina; esta sustancia está compuesta por un conjunto heterogéneo de ácidos grasos hidroxilados de cadena larga (C_{16-18}) que al formar ésteres entre ellos dan lugar a un entramado de polímeros. La cutina, a su vez, está recubierta por ceras epicuticulares (Foto 7.5 A), formadas por hidrocarburos de cadena larga junto con alcoholes, aldehídos y cetonas que forman una mezcla compleja, altamente hidrófoba. Todo ello constituye un fuerte impedimento para el paso del agua, tanto en forma líquida como de vapor, y, por tanto, sirve para evitar la evaporación del agua a partir de las superficies externas de las células epidérmicas. Con ello protege de la deshidratación tanto a estas células como a las del mesófilo. No obstante, donde no se encuentran estomas, como sucede en la epidermis del haz de la hoja, la impermeabilidad no es total, ya que la cutícula permite una pequeña transpiración.

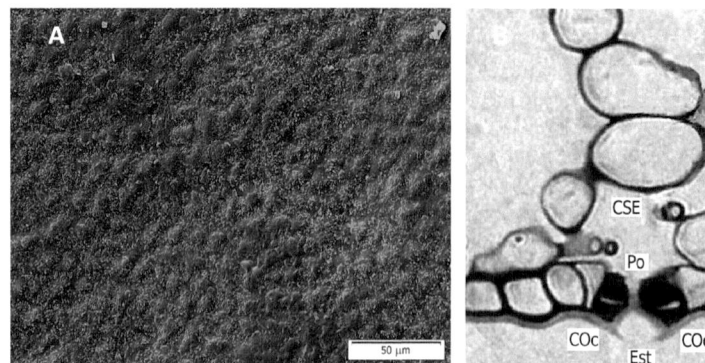
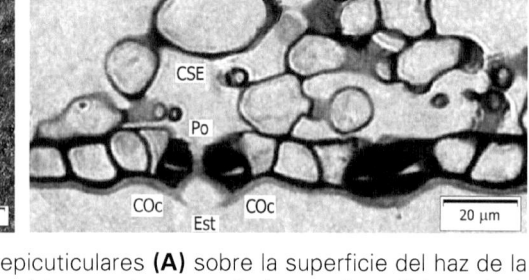

Fotografía 7.5. Morfología de las ceras epicuticulares **(A)** sobre la superficie del haz de la hoja y estoma **(B)** de una hoja de naranjo dulce en el que se distinguen las células oclusivas (COc), el ostiolo (Po) y la cámara subestomática (CSE). Tomado de Martínez-Alcántara *et al.*, 2015.

7.2.3.1. *Factores que afectan a la transpiración*

La tasa de transpiración por unidad de superficie foliar (que se expresa en mmol H_2O m^{-2} s^{-1}) está determinada por la interacción entre factores ambientales y endógenos. Entre los primeros, los más importantes son la radiación, el déficit de presión de vapor del aire, la temperatura, la iluminación, la velocidad del viento y la disponibilidad de agua. Entre los factores inherentes a la propia planta está la conductancia estomática (Fig. 7.2), que depende del número de estomas por unidad de área foliar y del grado de apertura de los mismos, y la conductancia hidráulica de la raíz (Fig. 7.2), que desempeña una función fundamental en el control del movimiento del agua en el sistema suelo-planta. En este último aspecto se ha observado que la resistencia (1/conductancia) al paso del agua impuesta por el patrón muestra una relación inversa con la transpiración; por ejemplo, el patrón citrange Carrizo, que se considera relativamente vigoroso, tiene una mayor conductancia hidráulica radicular y una superior tasa de transpiración que el mandarino Cleopatra, de menor vigor (Fig. 7.3).

Esto indica que la conductancia hidráulica radicular de un patrón respecto de otros puede dar lugar a diferencias en el flujo de agua hacia los tallos, lo que, a su vez, determina la transpiración de las hojas. Los patrones con mayores conductancias hidráulicas suelen tener mayor abundancia de vasos xilemáticos, cuya anchura es también superior. La conductancia de la raíz se ha asociado con la actividad de determinadas acuaporinas.

La tasa de transpiración por unidad de superficie foliar también se halla influida por la morfología de la planta y concretamente por la relación hojas/raíces, de modo que,

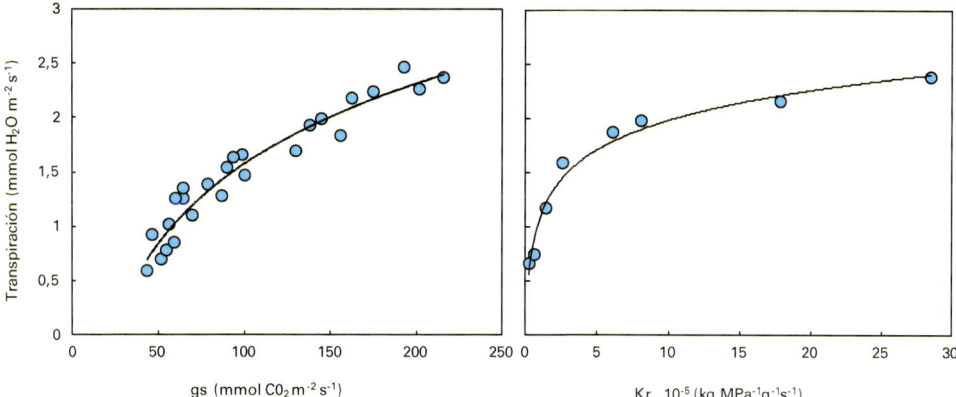

Figura 7.2. Relación entre la tasa de transpiración por unidad de superficie foliar y la conductancia estomática (gs) y la conductancia hidráulica radicular (Kr) en árboles de naranjo dulce. Para la gs se utilizaron árboles adultos y para la Kr árboles jóvenes de una misma variedad injertados sobre distintos patrones para obtener diferentes Kr.

cuanto mayor es esta, menor es la tasa de transpiración, y viceversa (Fig. 7.4). Este efecto se aprecia claramente cuando se procede a efectuar manualmente una poda significativa de raíces o del árbol eliminando, aproximadamente, el 50 % de las hojas; en el primer caso la tasa de transpiración por unidad de superficie foliar se reduce, mientras que en el segundo aumenta.

Finalmente, por regla general, se da una correlación positiva entre la transpiración total del árbol y su biomasa foliar, si bien la intensidad de la dependencia puede variar entre las distintas combinaciones injerto/patrón, como consecuencia de las características del patrón.

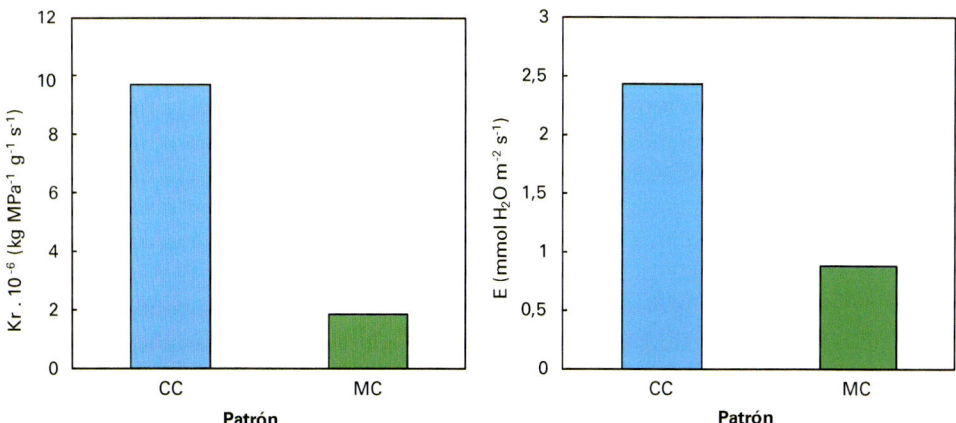

Figura 7.3. Conductancia hidráulica de las raíces (Kr) de los patrones citrange Carrizo (CC) y mandarino Cleopatra (MC) y su influencia sobre la tasa de transpiración (E) foliar.

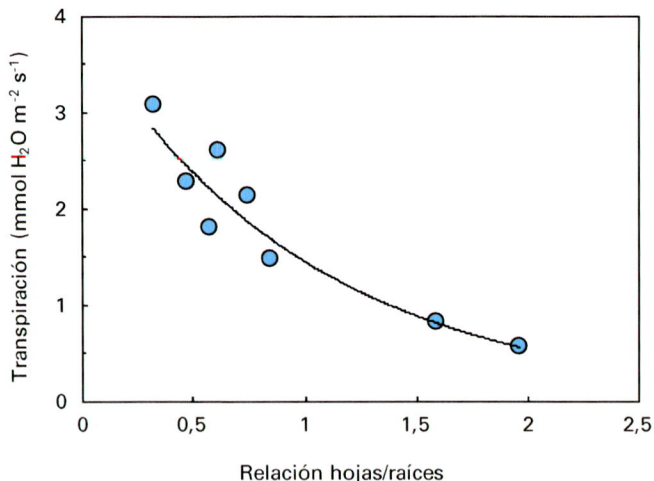

Figura 7.4. Influencia de la relación hojas/raíces (peso seco) sobre la tasa de transpiración por unidad de superficie foliar en árboles jóvenes de naranjo dulce.

7.2.3.2. Estructura y funcionamiento de los estomas

Los estomas son poros situados en la epidermis que permiten el intercambio de gaseoso entre la planta y la atmósfera. Dicho poro u ostiolo se encuentra entre dos células oclusivas con forma arriñonada, rodeadas por células epidérmicas adyacentes o anexas, que en su conjunto forman lo que se denomina aparato estomático (Foto 7.5 B). Los estomas se localizan principalmente en la epidermis del envés de las hojas (véase Foto 2.10 C), aunque también pueden encontrarse, en menor proporción, en otros tejidos verdes, tales como tallos jóvenes, sépalos o frutos jóvenes.

Las células oclusivas están altamente especializadas y sus paredes presentan características especiales. En estas, las microfibrillas de celulosa se disponen de forma que la parte de la pared que bordea internamente el poro es menos elástica que el resto, debido a la distinta orientación de las microfibrillas. Además, dichas paredes presentan engrosamientos en la parte más próxima al poro, los cuales, vistos en sección, semejan cuernos (Foto 7.5 B). Por consiguiente, las paredes más alejadas de la abertura son más delgadas y gozan de mayor extensibilidad.

En el interior del mesófilo, en la cara interna del estoma, se encuentra la denominada *cámara subestomática*, que está formada por los amplios espacios intercelulares que dejan las células del parénquima lagunar circundante (Foto 7.5 B). Esta cavidad, que parece tener un origen lisígeno, tiene una extensión variable y está comunicada con la red de espacios intercelulares de la hoja. La capa de cutícula que recubre también la epidermis inferior forma unas protuberancias que sobresalen sobre el poro del estoma.

La apertura y el cierre de los estomas se produce como consecuencia de cambios en la presión de turgencia de las células oclusivas. Así pues, cuando aumenta la turgencia, el volumen de estas también lo hace, y la pared externa se dilata más que la interna, produciéndose el arqueamiento de las células. Como la parte de la pared más gruesa y menos elástica que limita el poro queda recta o ligeramente cóncava, la separación entre ambas células oclusivas se ensancha, con lo cual el poro queda abierto. En caso contrario, cuando la turgencia y el volumen celular disminuyen, las paredes se relajan y el poro se cierra. Por consiguiente, las células oclusivas controlan el grado de apertura del estoma mediante cambios de forma y tamaño.

Las células oclusivas pueden alterar rápida y reversiblemente su turgencia como consecuencia de cambios activos en su potencial osmótico. El aumento del potencial osmótico en estas células es consecuencia de un aumento drástico del contenido en solutos de la misma que origina un descenso del potencial hídrico (ψ se hace más negativo; véase apt. 7.2.2.1). A medida que esto sucede, el agua entra en las células oclusivas, siguiendo el gradiente de potencial hídrico, y la turgencia de estas aumenta, con lo cual su forma cambia y el estoma se abre.

Al amanecer, que es cuando normalmente se abren los estomas, las células oclusivas incorporan iones potasio (cuyos niveles pueden aumentar hasta 10 veces) procedentes de la paredes celulares y de las células circundantes. La absorción de K^+ por las células oclusivas se realiza a través de canales selectivos para este ion localizados en el plasmalema y depende de la activación de la H^+-ATPasa ligada a esta membrana, que bombea activamente protones fuera de estas células. El K^+ se incorpora a la célula impulsado por el gradiente decreciente de carga eléctrica generado por la extrusión de H^+. Al desplazarse los protones fuera de las células oclusivas, el pH exterior disminuye y el intracelular aumenta. Como se ha expuesto anteriormente, el incremento del potencial de membrana que esto produce provoca la entrada masiva de K^+, que deben ser compensados con otros aniones distintos del OH^-. Para conseguir el equilibrio, los iones cloruro entran en estas células junto con protones, mediante un cotransporte H^+/Cl^-, impulsado por el gradiente de pH. Otro posible anión de equilibrio puede ser el malato sintetizado en el interior de las células oclusivas. Otro tipo de canal de K^+ facilita el paso de este ión a través del tonoplasto, lo que permite almacenar estos iones en la vacuola.

Otro fenómeno que se debe considerar es que, si bien durante la mañana la apertura de los estomas se asocia al incremento del contenido en K^+ y Cl^- en las células oclusivas, a partir del mediodía, la concentración de estos iones comienza a descender, sin que se cierren los estomas. La razón de ello es que durante la tarde el nivel de sacarosa aumenta en estas células, con lo que pasa a ser el principal soluto responsable del mantenimiento de la turgencia.

Las células oclusivas no están comunicadas por plasmodesmos con las células adyacentes y el hecho de estar simplásticamente desconectadas se debe a la necesidad de evitar movimientos de solutos que puedan interferir con los mecanismos de apertura y cierre. Consecuentemente, la sacarosa proviene de la hidrólisis del almidón de las propias células oclusivas, las cuales disponen de plastos que contienen abundantes gránulos de este polisacárido. En síntesis, tanto la entrada y salida de K^+ como la hidrólisis o la regeneración del almidón son la causa de las variaciones que provocan el aumento y descenso de la turgencia celular, regulando de este modo la apertura y cierre de los estomas.

7.2.3.3. Factores que afectan la apertura estomática

De entre los factores ambientales que regulan la apertura estomática se pueden destacar:

La **luz**. En árboles cultivados en condiciones adecuadas de humedad, la apertura de los estomas depende estrechamente de la intensidad luminosa, dentro de lo que se considera radiación fotosintéticamente activa (PAR: 400-700 nm). Por ello, los estomas permanecen abiertos durante el día y se cierran por la noche. La luz puede promover la apertura estomática a través de dos mecanismos. En el primero, la radiación activa es absorbida por las clorofilas de los cloroplastos de las células oclusivas con la finalidad de proveer a estas de ATP y solutos orgánicos (malato, sacarosa...). El otro sistema es dependiente de la luz azul, la cual es absorbida por el pigmento zeaxantina en los cloroplastos de las células oclusivas, donde estimula el bombeo de protones y la hidrólisis del almidón.

El **dióxido de carbono**. Las bajas concentraciones de CO_2 en el mesófilo de la hoja aumentan la abertura de los estomas, mientras que las altas la reducen.

La **humedad relativa del aire**. Los estomas de los cítricos se cierran en respuesta a un incremento en el gradiente de presión de vapor entre la hoja y el aire. Este efecto es posiblemente el causante del cierre estomático que ocurre al mediodía, especialmente cuando la humedad del aire es baja y la temperatura es elevada. En estas condiciones las tasas transpiratorias superan la capacidad de absorción de agua por las raíces y el cierre estomático al mediodía puede impedir la embolia y la cavitación.

El **déficit hídrico**. El cierre parcial o total de los estomas en periodos de sequía es una respuesta de la planta para asegurar su supervivencia. El grado de abertura estomática está regulado por el nivel de humedad del suelo que, a su vez, afecta al potencial hídrico de la raíz e induce la síntesis de ácido abscísico (ABA). Esta hormona es liberada al xilema para ser transportada a la parte aérea donde alcanza el apoplasto del mesófilo foliar, a partir del cual puede llegar a las células oclusivas. Por tanto, el ABA es la señal que mandan las raíces a las hojas para cerrar los estomas en respuesta a la falta de agua en el suelo. El mecanismo mediante el cual el ABA reduce la turgencia de las células oclusivas se basa en su unión a un receptor de membrana de estas, induciendo en su citoplasma un aumento tanto de la concentración de iones calcio como del pH. Esto provoca que los iones K^+ salgan rápidamente de la vacuola y, después, de la célula, para lo cual en la membrana plasmática se activan los canales de salida y se inhiben los de entrada. La pérdida de iones hace que la turgencia de las células oclusivas disminuya, causando el cierre parcial o total de los estomas.

7.2.3.4. Pautas de variación diaria de la conductancia estomática

La conductancia estomática es el parámetro que más frecuentemente se relaciona con el grado de abertura de los estomas, de forma que las conductancias altas corresponden a estomas muy abiertos. Según las medidas de la conductancia estomática a lo largo del día, en diferentes condiciones ambientales, se puede establecer que las hojas de los cítricos muestran diversas pautas de comportamiento (Fig. 7.5), que pueden relacionarse con los factores expuestos en el apartado anterior.

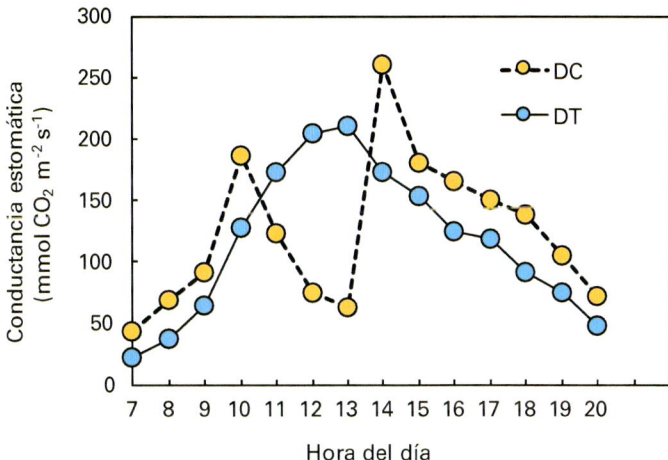

Figura 7.5. Cambios en la conductancia estomática durante el transcurso de un día con temperaturas templadas (DT) y de un día cálido y seco (DC).

En árboles adecuadamente regados y en días templados los estomas se abren al principio de la mañana, permanecen abiertos durante todo el día y se cierran por la tarde. En este modelo el factor determinante de las variaciones en la conductancia estomática es la iluminación.

En días calurosos con baja humedad relativa en el aire y alta temperatura foliar, el modelo característico presenta dos máximos de conductancia separados por un cierre parcial o total de los estomas a mediodía.

En condiciones de escasez de agua en el suelo, los estomas se abren moderadamente solo por la mañana, se cierran parcialmente a mediodía y permanecen así hasta el cierre completo por la tarde.

Bibliografía consultada

Barrs HD. 1968. Water deficits and plant growth. En: Kozlowski TT (Ed.), *Determination of Water Deficits in Plant Tissue,* 1.ª ed. Academic Press, Nueva York, Londres, pp. 235-368.

Camacho-B SE, Kaufmann MR, Hall AE. 1974. Leaf water potential response to transpiration by citrus. *Physiologia Plantarum* 31: 101-105.

Comstock JP. (2002). Hydraulic and chemical signaling in the control of stomatal conductance and transpiration. *Journal of Experimental Botany* 53: 195-200.

Davies WJ, Zhang J. 1991. Root signals and the regulation of growth and development of plants in drying soil. *Annual Review of Plant Biology* 42: 55-76.

Dzikiti S, Steppe K, Lemeur R, Milford JR. 2007. Whole-tree level water balance and its implications on stomatal oscillations in orange trees [*Citrus sinensis* (L.) Osbeck] under natural climatic conditions. *Journal of Experimental Botany* 58: 1893-1901.

García-Sánchez F, Syvertsen JP, Gimeno V, Botía P, Pérez-Pérez JG. 2007. Responses to flooding and drought stress by two citrus rootstock seedlings with different water-use efficiency. *Physiologia Plantarum* 130: 532-542.

Gómez-Cadenas A, Tadeo FR, Talón M, Primo-Millo E. 1996. Leaf abscission induced by ethylene in water-stressed intact seedlings of Cleopatra mandarin requires previous abscisic acid accumulation in roots. *Plant Physiology* 112: 401-408.

Khairi MM, Hall AE. 1976. Temperature and humidity effects on net photosynthesis and transpiration of citrus. *Physiologia Plantarum* 36: 29-34.

Levy Y. 1980. Effect of evaporative demand on water relations of Citrus limon. *Annals of Botany* 46: 695-700.

Martínez-Alcántara B, Tadeo FR, Mesejo C, Martínez-Cuenca MR, Ruiz M, Reig C, Forner-Giner MA, Iglesias DJ, Talón M, Agustí M, Primo-Millo E. 2015. *Anatomía de los cítricos.* E Primo-Millo, M Agustí (Eds.). Gráficas Agulló, Cocentaina, Alicante, España, 173 pp.

Moya JL, Primo-Millo E, Talón M. 1999. Morphological factors determining salt tolerance in citrus seedlings: the shoot to root ratio modulates passive root uptake of chloride ions and their accumulation in leaves. *Plant, Cell and Environment* 22: 1425-1433.

Nardini A, Salleo S. 2000. Limitation of stomatal conductance by hydraulic traits: sensing or preventing xylem cavitation? *Trees* 15: 14-24.

Rodríguez-Gamir J, Intrigliolo DS, Primo-Millo E, Forner-Giner MA. 2010. Relationships between xylem anatomy, root hydraulic conductivity, leaf/root ratio and transpiration in citrus trees on different rootstocks. *Physiologia Plantarum* 139: 159-169.

Rodríguez-Gamir J, Ancillo G, Legaz F, Primo-Millo E, Forner-Giner MA. 2012. Influence of salinity on pip gene expression in citrus roots and its relationship with root hydraulic conductance, transpiration and chloride exclusion from leaves. *Environmental and Experimental Botany* 78: 163-166.

Sanchez-Díaz M, Aguirreolea J. 2008. El agua en la planta. Movimiento del agua en el sistema suelo-planta-atmósfera. En: Azcón-Bieto J, Talón M (Eds.). *Fundamentos de Fisiología Vegetal.* 2.ª ed. McGraw-Hill Interamericana, Madrid, España, pp 25-80.

Steppe K, Dzikiti S, Lemeur R, Milford JR. 2006. Stomatal oscillations in orange trees under natural climatic conditions. *Annals of Botany* 97: 831-835.

Syvertsen JP. 1981. Hydraulic Conductivity of Four Commercial Citrus Rootstocks. *Journal of the American Society for Horticultural Science* 106: 378-381.

Syvertsen JP, Graham JH. 1985. Hydraulic conductivity of roots, mineral nutrition, and leaf gas exchange of citrus rootstocks. *Journal of the American Society for Horticultural Science* 110: 865-869.

CAPÍTULO 8
Nutrición mineral

8.1. Introducción

Los cítricos, al igual que las demás plantas superiores, toman del suelo los elementos minerales que necesitan para su desarrollo, con excepción del carbono. Los nutrientes inorgánicos asimilables por las raíces se encuentran en forma iónica disueltos en la solución del suelo. En tal forma pueden ser absorbidos a través de la membrana plasmática o plasmalema para acceder al interior de las células de la raíz, donde son metabolizados, almacenados o transportados a otras células, tejidos u órganos.

La membrana plasmática está constituida por una doble capa lipídica, compuesta por fosfolípidos y esteroles, entre los que se insertan distintos tipos de proteínas, muchas de ellas con una marcada actividad biológica. Una de las funciones fundamentales de estas es facilitar el paso de los iones a su través, con lo cual las células pueden incorporar y acumular nutrientes.

8.2. Consideraciones termodinámicas

Los iones se mueven cuando una fuerza (fuerza ion motriz) actúa sobre ellos. La energía de un ion (j) depende de sus características intrínsecas, de su concentración (C_j) y de las condiciones eléctricas (E) en que se encuentra. La suma de estos tres componentes se denomina potencial electroquímico (μ_j, expresado en J mol^{-1}) y expresa la energía libre del ion:

$$\mu_j = \mu_j{}^\star + RT \ln C_j + zFE,$$

donde: $u_j{}^\star$ es el potencial electroquímico en condiciones estándar, R la constante de la ecuación general de los gases (8.31 J K^{-1} mol^{-1}), T la temperatura absoluta (ºK), z la carga del ion, F la constante de Faraday (96.5 J mol^{-1} mV^{-1}) y E el campo eléctrico en que se encuentra el ion.

Si un ion está en equilibrio termodinámico entre el exterior y el interior de la célula, los potenciales electroquímicos a ambos lados de la membrana son iguales, esto es, $\mu_j = \mu_j{}^*$, lo que da lugar a la siguiente ecuación:

$$\mu_j{}^* + RT \ln C_{ji} + zF\, E_i = \mu_j{}^* + RT \ln C_{je} + zF\, E_e$$

de la que

$$E_i - E_e = \frac{RT}{zF} \ln \frac{C_{je}}{C_{ji}}.$$

El término ($E_i - E_e$) es la diferencia de potencial eléctrico entre el interior y el exterior de la célula, o potencial de membrana, con el que el ion j estaría en equilibrio y que se conoce como potencial de Nernst (ΔE_n).

Por tanto, la ecuación anterior puede expresarse como:

$$\Delta E_n = \frac{RT}{zF}\, 2{,}3 \log \frac{C_{je}}{C_{ji}}$$

y se denomina ecuación de Nernst.

No obstante, puesto que generalmente los iones no están en equilibrio, el gradiente de potencial electroquímico (A_{uj}) que se produce es la diferencia entre el del interior y el del exterior de la célula, que se expresa como:

$$\Delta_{\mu j} = (\mu^*{}_j + RT \ln C_{ji} + zF\, E_i) - (\mu^*{}_j + RT \ln C_{je} + zF\, E_e)$$

y que puede transformarse en:

$$\Delta_{\mu j} = [zF\,(E_i - E_e)] - \left(RT \ln \frac{C_{je}}{C_{ji}}\right).$$

Sustituyendo el último término de la ecuación por su equivalente, según la ecuación de Nernst, se obtiene:

$$\Delta_{\mu j} = [zF\,(E_i - E_e)] - (\Delta E_n\, zF).$$

Como el potencial de membrana ($E_i - E_e$; ΔE_m) puede obtenerse insertando un microelectrodo en la célula y midiendo la diferencia de voltaje entre el interior de la célula y el medio externo, y cuyo valor es siempre negativo, esta ecuación puede expresarse también así:

$$\Delta_{\mu j}/F = z\,(\Delta E_m - \Delta E_n).$$

Por tanto, el gradiente de potencial electroquímico (expresado en mV) para un determinado ion (o fuerza motriz) es la diferencia entre el potencial de membrana (ΔE_m) y el potencial de Nernst (ΔE_n) del mismo multiplicada por la carga (z).

Por consiguiente, cuando el potencial de membrana es inferior al de Nernst, el gradiente electroquímico será negativo, con lo que el ion tenderá a penetrar en el interior de la célula; por el contrario, cuando el gradiente es positivo, el ion tenderá a salir de la célula. Si el potencial de membrana y el de Nernst son iguales, el gradiente de potencial electroquímico es nulo, y el ion se encuentra en equilibrio.

8.3. Transporte activo y pasivo

El movimiento de un ion a favor del gradiente de potencial electroquímico o fuerza ion motriz se denomina transporte pasivo o difusivo. Este implica que la concentración que el ion tiende a alcanzar en el interior de la célula es próxima al equilibrio para un determinado potencial de membrana. Por consiguiente, variaciones en la concentración externa o interna del ion suponen un reajuste de estas a ambos lados de la membrana, hasta alcanzar, de nuevo, el equilibrio.

Por el contrario, el desplazamiento del ion en contra del gradiente de potencial electroquímico o fuerza motriz, consumiendo para ello energía metabólica, se denomina transporte activo. Ello permite su acumulación en el interior de la célula a niveles superiores o inferiores a los de la concentración interna de equilibrio.

8.3.1. Bombas de protones

La energía metabólica se transforma en energía utilizable para el transporte de iones a través de las membranas gracias a la bomba de protones o H^+-ATPasa, que extrae los iones H^+ del citoplasma para liberarlos al medio externo. Esto genera una asimetría en la concentración de H^+ y una diferencia de potencial eléctrico a ambos lados del plasmalema, lo que da lugar a un gradiente de potencial electroquímico. Las H^+-ATPasas del plasmalema (tipo P) se activan en dos pasos durante cada ciclo de bombeo de H^+. En primer lugar se fosforilan mediante el fosfato proveniente de la hidrólisis del ATP y, posteriormente, se unen a una proteína reguladora (Fig. 8.1).

La vacuola es el compartimento celular en el que las células vegetales acumulan los solutos. La energía que utiliza la membrana que delimita la vacuola, *tonoplasto*, para introducir iones en este orgánulo se obtiene, fundamentalmente, por acción de dos bombas de protones. Una de ellas es una H^+-ATPasa (tipo V), cuya estructura difiere notablemente de la H^+-ATPasa del plasmalema y, la otra, es una pirofosfatasa (H^+-PPasa) que también cataliza el transporte de H^+ al interior de la vacuola, empleando pirofosfato (PP) como fuente de energía. Como consecuencia de la acción de las bombas de la vacuola el contenido de esta es más ácido que el del citoplasma, y el potencial de membrana, más positivo.

8.3.2. Sistemas de transporte de iones

Lo anteriormente expuesto indica que las bombas de protones (primarias) acumulan energía en las membranas que posteriormente es consumida en el transporte de los di-

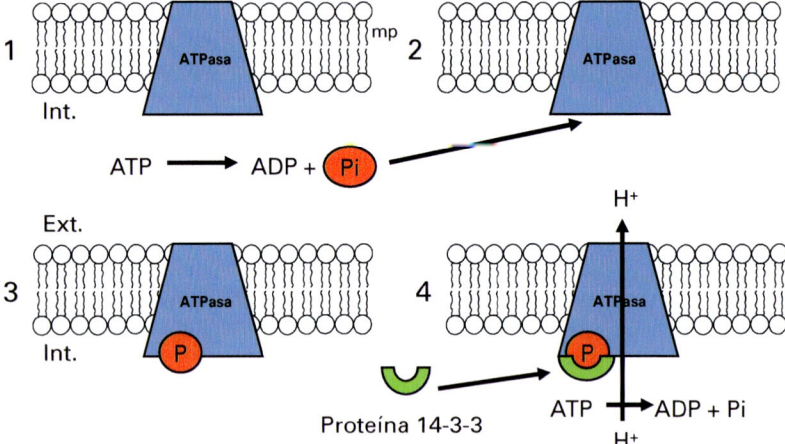

Figura 8.1. Esquema del funcionamiento de la H⁺-ATPasa del plasmalema en cuatro etapas. Su activación se produce después de la fosforilación de la proteína del enzima, al unirse la molécula fosforilada a una proteína reguladora 14-3-3. mp: plasmalema. Fuente: Primo-Millo, 2017.

ferentes iones (secundario). Por ello el transporte secundario de iones causa la despolarización de la membrana, al disipar la diferencia de potencial entre el interior y el exterior de la célula generado por el transporte primario.

El transporte secundario de iones se realiza mediante proteínas de membrana, que se clasifican en canales iónicos y transportadores, según su función.

8.3.2.1. Canales iónicos

En los canales las subunidades proteicas forman poros selectivos para los iones a través de los cuales estos se transportan pasivamente (Fig. 8.2 A). Los canales se encuentran en la mayoría de las membranas celulares vegetales, aunque son especialmente importantes los del plasmalema y el tonoplasto. Se ha demostrado que los canales pueden abrirse y cerrarse a gran velocidad (*gating*) y la frecuencia de apertura indica la actividad del canal. Por tanto, el paso de iones a través de un canal es un proceso discontinuo, y el flujo, cuando aquel está abierto, viene determinado por su conductancia y por la magnitud de la fuerza motriz del ion. La permeabilidad de una membrana para un determinado ion es, pues, función del número de canales por unidad de superficie, de su actividad y de su conductancia. La apertura y cierre de algunos canales, como los de K⁺ del plasmalema, están regulados por los cambios en el potencial de la membrana y desempeñan un papel muy importante en la regulación de este. La actividad de los canales aniónicos del plasmalema también está regulada por el voltaje. Otros canales, como los de Ca²⁺, están regulados por *ligandos*, en cuyo caso la unión de una molécula específica a la proteína del canal da lugar a un cambio conformacional de la misma, lo que produce el paso del estado cerrado al abierto o viceversa.

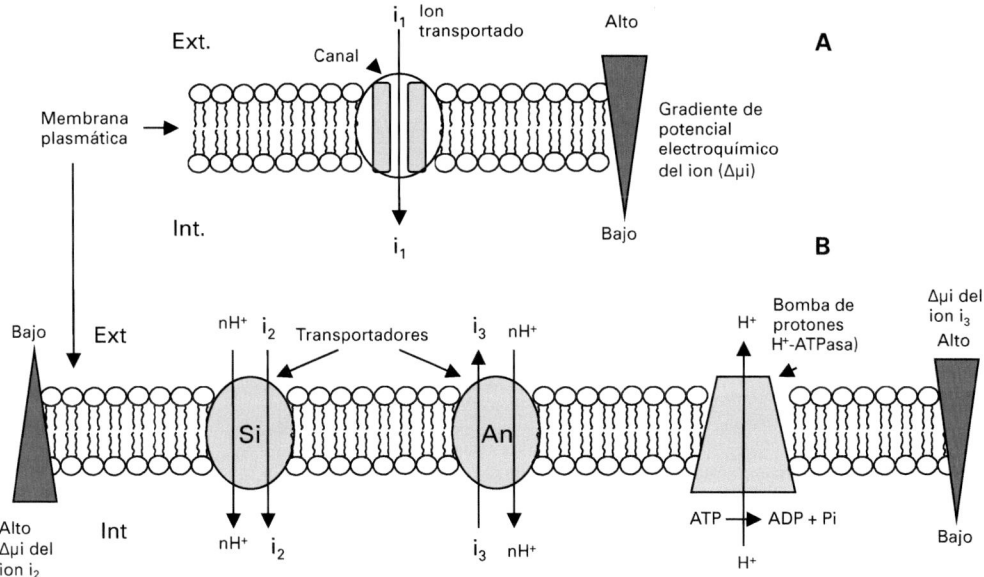

Figura 8.2. A. Esquema de un proceso de transporte pasivo, por difusión a favor de un gradiente de potencial electroquímico, de un ion a través de la membrana mediante un canal. **B.** Esquemas de dos procesos de transporte activo secundario, simporte (Si) y antiporte (An), acoplados a un gradiente primario de protones. Fuente: Primo-Millo, 2017.

8.3.2.2. Transportadores

Los transportadores (*carriers*) constituyen otro grupo de proteínas de membrana cuya función es el transporte activo de los iones a través de la misma (Fig. 8.3). Estas moléculas permiten a la célula incorporar o liberar iones en contra del gradiente de potencial electroquímico, utilizando la energía acumulada en la membrana por la actividad de las bombas de protones (fuerza protón motriz). Por tanto, el transporte activo es impulsado por H^+ según dos modelos de funcionamiento, definidos por el sentido del flujo del ion motriz (H^+) con respecto al del ion que se transporta. Uno de ellos es el *simporte*, en cuyo caso la entrada a la célula del protón motriz impulsa la entrada del otro ion en contra del gradiente de potencial electroquímico. El otro caso es el *antiporte*, en el que la entrada a la célula del protón motriz impulsa la salida de otro ion, también en contra del gradiente de potencial electroquímico (Fig. 8.2 B). Para que estos procesos puedan ser energéticamente viables es necesario que la energía asociada al protón motriz sea mayor que la energía necesaria para mover el ion que se transporta.

El transporte activo implica la unión específica del ion a la proteína transportadora, la cual sufre un cambio en su conformación, que se reestablece al liberar el ion transportado (Fig. 8.4). Ello explica que el proceso de transporte muestre una cinética saturable y su velocidad sea inferior a la de los canales.

Figura 8.3. Representación idealizada de una proteína transportadora de la membrana plasmática con los posibles dominios que, según los casos, pueden encontrarse. S1-8: hélices transmembrana; DP: dominio del poro; SV: sensor de voltaje con aminoácidos cargados positivamente; N: dominio de unión a nucleótidos; P: dominios de fosforilación. Fuente: Primo-Millo, 2017.

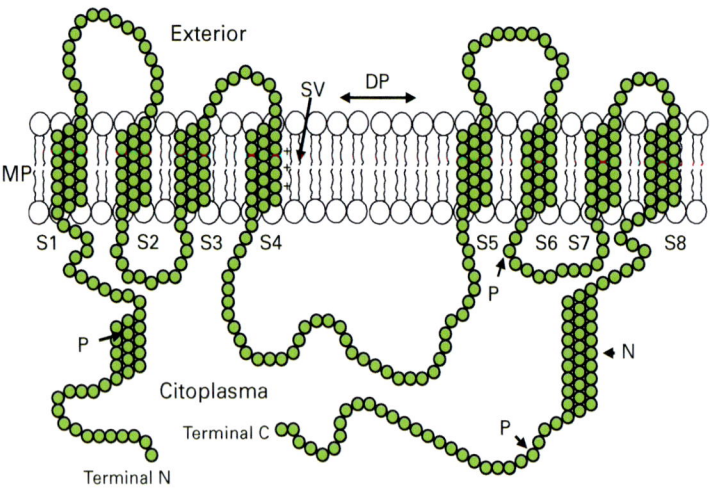

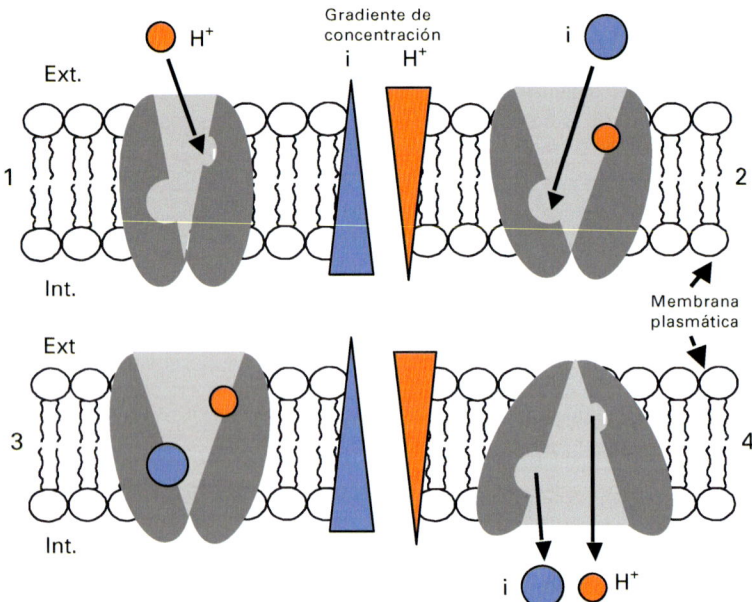

Figura 8.4. Esquema del posible funcionamiento del transporte activo secundario. La energía necesaria para realizar el proceso se encuentra en el gradiente de concentración de protones (flecha roja) y es empleada en introducir un ion en la célula en contra de su gradiente de concentración. 1: en su forma inicial el transportador puede tomar un protón; 2: esta unión produce un cambio en la conformación de la proteína transportadora; 3: este cambio permite su unión al ion (i); 4: la incorporación del ion al transportador da lugar a otro cambio en la conformación de este, que expone los lugares donde se encuentran unidos, tanto el protón como el ion, hacia el interior de la célula. La liberación del protón y del ion en el interior de la célula restablece la forma original del transportador, con lo cual puede reiniciarse el proceso. Fuente: Primo-Millo, 2017.

8.3.3. Regulación del potencial de membrana

Las células son capaces de mantener constante el potencial de membrana a pesar de la entrada o salida de iones, debido a que los desajustes en la distribución de las cargas a ambos lados de la membrana se compensan con cambios en la actividad de las bombas de protones y de los canales de K^+ y Cl^-. Así, la despolarización de la membrana, como consecuencia del transporte de iones, aumenta la actividad de la H^+-ATPasa del plasmalema (ya que impulsa los protones en contra de una menor fuerza protón motriz) y, simultáneamente, se abren los canales de salida de K^+. Ambos procesos dan lugar a una rápida repolarización de la membrana. Por el contrario, cuando la membrana se hiperpolariza, la actividad de la H^+-ATPasa del plasmalema disminuye (al bombear los protones en contra de una mayor fuerza protón motriz) y, al mismo tiempo, se abren los canales aniónicos para permitir la salida de iones negativos (principalmente Cl^-), así como los de entrada de K^+, y todo ello favorece la despolarización de la membrana.

Algunos factores endógenos (hormonas) o exógenos (luz, estrés...) pueden influir en la actividad de la H^+-ATPasa y, por tanto, alterar el potencial de membrana. En algunos casos, estos factores pueden actuar modificando el estado de fosforilación de la H^+-ATPasa, mientras que, en otros, la actividad de la bomba puede ser regulada a nivel transcripcional, como sucede con las auxinas.

8.4. Movimiento de los iones en la raíz

Antes de su transporte al interior de la célula, los iones deben llegar a la zona de absorción de la raíz, lo cual, generalmente, se produce mediante alguna de las siguientes vías:

a) Difusión a través de la solución del suelo.
b) Arrastre por el flujo de agua hacia la raíz.
c) Crecimiento de las raíces.

Una vez que los iones son absorbidos por las células periféricas de la raíz, deben desplazarse en sentido radial hacia el tejido vascular central de la misma para ser transportados a la parte aérea a través de los vasos del xilema. Para recorrer este trayecto, los iones, al igual que el agua, pueden seguir dos vías: la del apoplasto y la del simplasto (Fig. 8.5).

El apoplasto o espacio libre aparente está formado por los espacios intercelulares que dejan las paredes que rodean a las células vegetales y que, en su conjunto, constituyen un entramado poroso. El agua y los iones pueden difundirse por el apoplasto, desde la superficie de la raíz hasta la endodermis, a través del córtex. No obstante, a lo largo de su recorrido, los iones, pueden ser absorbidos tanto por las células de la epidermis e hipodermis como del parénquima cortical. El transporte apoplástico esta regulado por dos barreras de suberina localizadas en la exodermis y en la endodermis. La primera limita la entrada de agua y solutos por la superficie radicular, mientras que la segunda restringe el flujo apoplástico e impide el vertido incontrolado de iones al xilema.

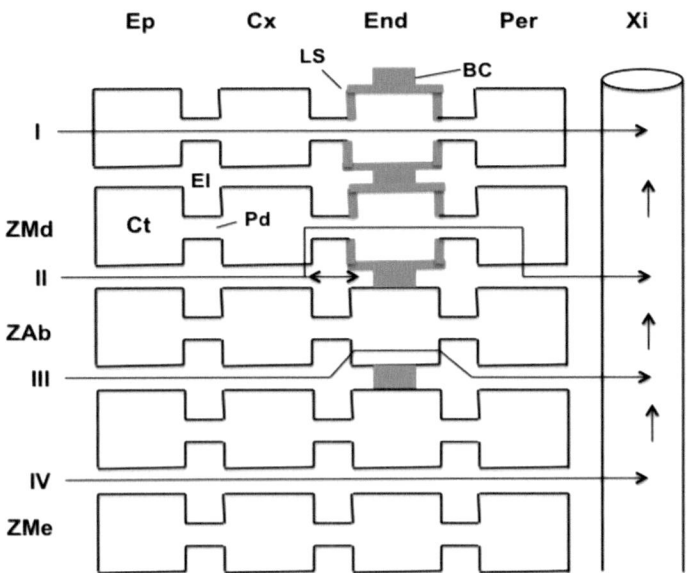

Figura 8.5. Esquema del transporte de iones a través de la raíz. Ep: epidermis; Cx: córtex; End: endodermis; Pr: periciclo; Xi: xilema; Ct: citoplasma celular; Pd: plasmodesmos; EI: espacio intercelular; BC: banda de Caspary; LS: lámina de suberina formada en las células maduras de la endodermis; ZMd: zona de maduración; ZAb: zona de absorción; ZMe: zona meristemática; I: transporte simplástico; II: transporte apoplástico detenido en la endodermis por la banda de Caspary y la lámina de suberina, que obliga a los iones a entrar por las células del córtex anteriores a esta capa; III: transporte apoplástico detenido por la banda de Caspary, que hace que los iones tengan que pasar por el interior en las células de la endodermis, cuando estas todavía no han desarrollado la lámina de suberina; IV: transporte apoplástico directo por la zona meristemática del ápice de la raíz. Fuente: Primo-MIllo, 2017.

Por tanto, para alcanzar el xilema, los elementos que se desplazan vía apoplasto necesitan pasar la banda de Caspary (véase Cap. 7, apt. 7.2.2.3, y Foto 7.2). Esto ocurre en dos pasos: el primero supone su entrada en las células y el segundo su exportación desde las células al xilema.

La mayor parte de la absorción de agua y nutrientes se atribuye a los ápices radiculares en crecimiento activo, donde las anteriores barreras están escasamente desarrolladas, a pesar de que las zonas suberificadas y lignificadas de la superficie radicular de la raíz son ampliamente mayoritarias.

La otra posible vía seguida por los iones es la simplástica, en cuyo caso estos son primero absorbidos por las células de la epidermis —e incluso del parénquima cortical— y luego son transportados hasta el xilema a través de las células del córtex, la endodermis y el periciclo. El transporte de iones de una célula a otra se lleva a cabo mediante los plasmodesmos, que, al conectar los citoplasmas de células adyacentes, constituyen la vía principal para el transporte de iones.

Los iones que se desplazan por el simplasto deben ser transferidos a las células conductoras del xilema (vasos) para ser transportados al tallo. El vertido se realiza desde las células del periciclo o desde las células vivas del xilema. Como los vasos son células muertas y carecen de conexión citoplásmica con las células que los rodean, para entrar en ellos los iones deben salir del simplasto, atravesando el plasmalema. Posteriormente, los iones entran en los vasos xilemáticos, denominándose a este proceso *carga del xilema*. Se ha considerado la posibilidad de que los iones sean vertidos al fluido xilemático de forma pasiva, impulsados por un gradiente de potencial electroquímico favorable, como parece ser el caso de los iones K^+, Na^+, NO_3^-, SO_4^- y Cl^-. Sin embargo, también se ha propuesto que se requiera de un sistema de transporte activo para el proceso final de carga del xilema.

Se han presentado evidencias de que las células del parénquima xilemático están fuertemente involucradas en el proceso de carga del xilema, ya que sus membranas plasmáticas disponen de bombas de protones, canales de agua y canales iónicos especializados (como los específicos para la salida de K^+). Esto indica que posiblemente el flujo de iones desde estas células a los vasos xilemáticos está controlado metabólicamente a través de la regulación de la H^+-ATPasa de la membrana plasmática.

8.5. Elementos minerales esenciales

Algunos elementos minerales son considerados nutrientes esenciales por desempeñar una función fundamental en algún proceso fisiológico de la planta, de forma que su ausencia impide el normal desarrollo de su ciclo vital. Estos elementos son, mayoritariamente, absorbidos del suelo por las raíces y, junto con el carbono, oxígeno e hidrógeno, que las plantas toman del aire, y el agua, permiten la síntesis de todos los compuestos orgánicos que el árbol necesita para su metabolismo y crecimiento.

Tradicionalmente los elementos minerales se han clasificado en macronutrientes y micronutrientes u oligoelementos, en función de las concentraciones en que se encuentran en los tejidos. En esta agrupación, meramente cuantitativa, el nitrógeno, el fósforo, el azufre, el potasio, el calcio y el magnesio se consideran dentro del primer grupo, ya que sus concentraciones en las hojas de los cítricos están generalmente por encima del 0,1 % sobre el peso seco. El segundo grupo incluye al hierro, cinc, manganeso, cobre, boro y molibdeno, cuyas concentraciones en las hojas de los cítricos son inferiores al 0,1 ‰ sobre el peso seco. La utilización de estos elementos minerales por la planta requiere varias etapas: la movilización en la rizosfera, la absorción por las raíces, el transporte al tallo por el xilema, la incorporación y almacenamiento en las hojas, y su retraslocación por el floema hacia otros órganos.

Cuando los oligoelementos se acumulan en exceso en los tejidos pueden resultar tóxicos para la planta. Para ello las plantas disponen de mecanismos homeostáticos que, además de su transporte y distribución, implican un complejo entramado de procesos de quelación, secuestro y compartimentación celular que permiten controlar los niveles intracelulares de estos elementos hasta niveles no tóxicos.

Los nutrientes minerales también se pueden clasificar atendiendo a su función fisiológica. Según esta, los elementos esenciales se dividen en cinco grupos:

1. Elementos minerales que se encuentran en la planta constituyendo, junto con el carbono, oxígeno e hidrógeno, las moléculas orgánicas. Los principales miembros de este grupo son el nitrógeno y el azufre.
2. Elementos que participan en reacciones de transferencia de energía, como es el caso del fósforo.
3. Elementos que contribuyen al mantenimiento de la integridad estructural, tales como el boro y el calcio.
4. Elementos que se encuentran en los tejidos vegetales en forma iónica, ejerciendo importantes funciones como cofactores enzimáticos o en la regulación de los potenciales osmóticos. A este grupo pertenecen, entre otros, el potasio, el magnesio, el manganeso, etc.
5. Elementos implicados en reacciones redox que conllevan una transferencia electrónica. En este grupo se encuentran el hierro, el cinc, el cobre y el molibdeno.

Además de los nutrientes minerales reconocidos como esenciales, las plantas pueden adquirir otros elementos que, en pequeñas cantidades, pueden ser beneficiosos para el metabolismo. En algunos casos estos elementos podrían ser capaces de suplir, al menos parcialmente, la falta de un elemento esencial o, en otros, de aumentar la tolerancia a las concentraciones excesivas de algún otro elemento, antagonizando su absorción o reduciendo sus efectos tóxicos.

8.6. Nitrógeno

8.6.1. Funciones del nitrógeno en la planta

El nitrógeno (N) es uno de los elementos minerales que los cítricos necesitan en mayor cantidad, ya que su contenido total, referido al peso seco, oscila entre el 1 y 4 %, dependiendo del órgano. También es el nutriente más importante para el desarrollo de la planta, ya que forma parte de las principales biomoléculas que constituyen la materia viva. Así, la mayor parte del N (más del 70 %) se halla en compuestos de elevado peso molecular (proteínas, ácidos nucleicos, clorofila...) y el resto en forma de N orgánico soluble (aminoácidos, amidas, aminas...), junto con una pequeña facción de N inorgánico (principalmente iones nitrato y amonio). Por consiguiente, dado que los compuestos nitrogenados participan en la práctica totalidad de las funciones vitales de la planta, la disponibilidad de N es absolutamente esencial para esta y, consecuentemente, la carencia de este elemento afecta muy negativamente su crecimiento y productividad.

8.6.2. Absorción del nitrógeno por las raíces

Los cítricos pueden absorber el N como ion nitrato (NO_3^-) o ion amonio (NH_4^+). Sin embargo, el NO_3^- es la principal fuente de N mineral para los cítricos, ya que estos normalmente se cultivan en suelos aerobios, en los que el N mineral se oxida rápidamente, mediante el proceso de nitrificación, para generar NO_3^- como producto final. Además, la movilidad del NO_3^- en el suelo permite su desplazamiento al subsuelo, donde la densidad radicular es mayor. Por ello, el NO_3^- es más accesible por las raíces que el NH_4^+, el cual es mayoritariamente retenido en las posiciones de intercambio catiónico de la capa superficial del suelo. No obstante, cuando ambas fuentes de N se suministran a los cítricos mediante soluciones nutritivas, la capacidad de absorber NH_4^+ es una mucho mayor que la de NO_3^-.

Las plantas adquieren el NO_3^- de la solución del suelo absorbiéndolo a través de la membrana plasmática de las células epidérmicas y corticales de la raíz.

Las consideraciones termodinámicas sugieren que la absorción de NO_3^- requiere un sistema de transporte activo, incluso con las mayores concentraciones de este ion que pueden encontrarse en la solución del suelo.

Se ha propuesto un mecanismo de *simporte* $2H^+/NO_3^-$ promovido por la energía derivada del gradiente de protones generado por la H^+-ATPasa de la membrana plasmática, estando, pues, asociado el influjo de NO_3^- con la despolarización de la membrana.

El estudio de la cinética de este proceso muestra que las raíces de los cítricos tienen, al menos, tres sistemas distintos de absorción de NO_3^-, dos de los cuales muestran una alta afinidad por este ion, mientras que el tercero tiene una baja afinidad. Uno de los sistemas de alta afinidad es inducido por el aporte externo de NO_3^- (iHATS), mientras que el otro se expresa constitutivamente (cHATS).

Los sistemas de alta afinidad muestran una cinética de saturación de Michaelis-Menten, lo que indica que el transporte del NO_3^- a través del plasmalema es facilitado por un transportador (Fig. 8.6 A). El cHATS tiene una afinidad por el NO_3^- similar a la del iHATS (Kms muy próximas), pero este último tiene una mayor capacidad de absorción de NO_3^-, ya que su velocidad máxima (Vmax) después de la inducción con NO_3^- es superior a la del cHATS (no inducible).

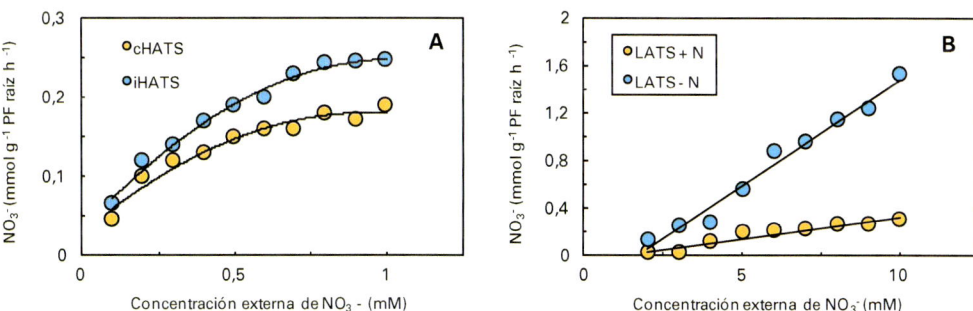

Figura 8.6. Cinéticas de absorción neta de NO_3^- por las raíces de los cítricos en función de su concentración en la solución externa. **A:** Sistema de transporte de alta afinidad (HATS) constitutivo (c) e inducido (i); **B:** Sistema de transporte de baja afinidad (LATS) en raíces pretratadas con o sin NO_3^-.

El sistema de transporte de baja afinidad (LATS) es constitutivo, opera a concentraciones de NO_3^- por encima de 1 mM y, aunque muestra una cinética lineal, presenta características de un sistema de transporte activo, dependiente de H^+, ya que su actividad se reduce en presencia de inhibidores de la ATPasa y de desacopladores metabólicos. La capacidad de absorción de NO_3^- mediante el LATS se reduce en plantas pretratadas con NO_3^-, y también es inhibida por el amonio y algunos aminoácidos, tales como la glutamina y asparagina. Estos hechos indican que la actividad del LATS está inversamente regulada por el nivel de N de la planta (Fig. 8.6 B).

El pH también influye notablemente en la absorción del NO_3^- (Fig. 8.7), tanto por el HATS como por el LATS, alcanzándose, en ambos casos, las mayores tasas de absorción en medios marcadamente ácidos (pH 4-5).

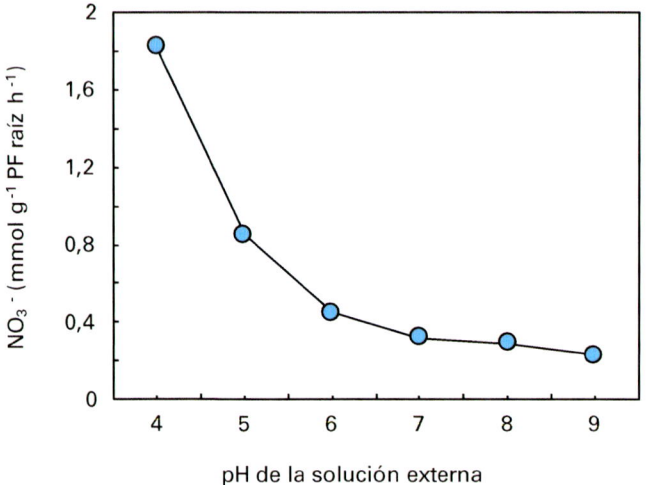

Figura 8.7. Influencia del pH de la solución externa en la tasa de absorción de NO_3^- por las raíces de los cítricos.

Las raíces de los cítricos poseen también un sistema HATS para el NH_4^+, que se satura a concentraciones próximas a 1 mM. El HATS está regulado por el nivel de N en la planta, siendo reprimido en plantas adecuadamente nutridas con N y estimulado en plantas deficitarias en este elemento (Fig. 8.8 A). A concentraciones por encima de 1mM el influjo de NH_4^+ muestra una respuesta lineal típica de un sistema LATS (Fig. 8.8 B).

Los desacopladores metabólicos reducen fuertemente el influjo de NH_4^+ mediado por el HATS, lo que indica que este sistema es estrechamente dependiente de la energía metabólica y del gradiente electroquímico de H^+ transmembrana. Por el contrario, el LATS no es afectado por los protonóforos e inhibidores de la ATPasa, lo que sugiere que su actividad es dirigida principalmente por el gradiente de NH_4^+ transmembrana. De acuerdo con lo anterior, el influjo de NH_4^+ mediante el HATS es fuertemente inhibido cuando el pH de la solución externa aumenta de 4 a 7, mientras que el influjo por medio del LATS aumenta con el incremento de pH.

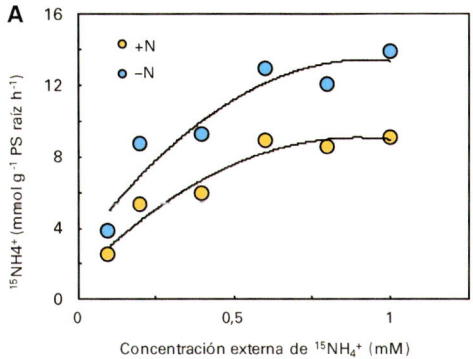
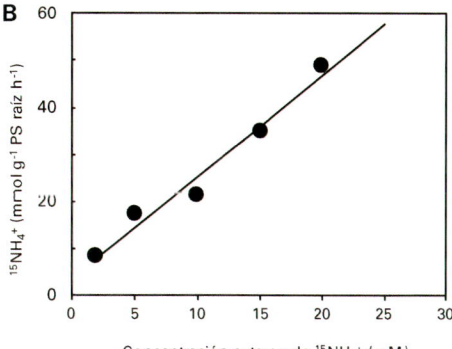

Figura 8.8. Cinéticas del influjo de NH_4^+ en raíces de cítricos en función de su concentración en la solución externa. **A:** Sistema de transporte de alta afinidad (HATS) en plantas pretratadas (+N) o no (–N) con NH_4^+; **B:** Sistema de transporte de baja afinidad con plantas tratadas con NH_4^+ (LATS).

Las familias génicas que se han identificado para los transportadores de NO_3^- son *NRT1* y *NRT2*, que codifican los del LATS y HATS, respectivamente, aunque se han presentado evidencias de que el *NRT1* codifica un transportador con doble afinidad, que puede actuar en ambos sistemas.

La estructura predecible para el transportador de alta afinidad NRT2 es la formada por 12 dominios transmembrana, con un amplio bucle hidrofílico central de 90 aminoácidos entre los dominios 6 y 7, y un largo tramo final (terminal-C) de unos 70 aminoácidos.

En el caso del NH_4^+, se han identificado dos familias de genes, *AMT1* y *AMT2*, que codifican transportadores del HATS y LATS, respectivamente.

El transportador AMT1 está constituido por 10 dominios transmembrana con los tramos inicial y final (terminales-N y -C, respectivamente) fuera del citoplasma.

Se ha demostrado que los procesos de absorción, tanto de NO_3^- como de NH_4^+, son afectados por factores internos y externos a la planta, los cuales, en muchos casos, actúan a través de la inducción o la represión de la actividad génica. Así pues, se ha comprobado que los genes *NRT1* y *NRT2* son inducidos por el NO_3^-, mientras que los *AMT1* son fuertemente activados por la carencia de N. También se ha comprobado que los genes *NRT1*, *NRT2* y *AMT1* están regulados por la luz y por los niveles de sacarosa, indicando la estrecha relación entre los metabolismos del C y del N. Por su parte, la actividad de los genes *NRT2* es reprimida por el amonio y la glutamina, lo cual sugiere que los transportadores implicados en el HATS sufren una retroinhibición (*feedback*) por productos finales. Esta regulación podría ser dependiente de una señal a larga distancia desde el tallo. Por otra parte, la expresión del gen *AMT1* se regula por el nivel de auxina en la raíz.

8.6.3. Reducción del NO_3^-

Después de su absorción por las raíces, el NO_3^- puede seguir tres vías: *a)* ser transportado como tal por el xilema; *b)* acumularse en las vacuolas; y *c)* ser reducido y asimilado.

La reducción del NO_3^- se produce en distintos órganos de la planta, en dos reacciones consecutivas. En la primera, el nitrato es reducido a nitrito por el enzima nitrato reductasa (NR) y, en la segunda, el nitrito es reducido a amonio por la nitrito reductasa (NiR).

8.6.3.1. La nitrato reductasa

La nitrato reductasa (NR) está formada por un homodímero cuyo peso molecular es de 200-230 kDa. Cada una de las dos subunidades iguales (100-115 kDa) contiene tres grupos prostéticos redox: FAD, hemo (citocromo b_{557}) y un cofactor (MoCo). El MoCo es un complejo entre un átomo de molibdeno y una molécula orgánica llamada pterina.

La NR, que se localiza mayoritariamente en el citosol, cataliza la siguiente reacción:

$$NO_3^- + NADH + H^+ \longrightarrow NO_2^- + NAD + H_2O$$

Los electrones suministrados por el NADH son aceptados por el FAD y traspasados sucesivamente a los otros coenzimas (hemo y MoCo), hasta ser transferidos al NO_3^-, que, finalmente, es reducido a NO_2^-.

La forma más común de la nitrato reductasa utiliza únicamente NADH como dador de electrones; otras formas pueden usar NADPH.

Cada forma isoforma de la NR parece estar regulada por un solo gen, mientras que en la biosíntesis y posterior ensamblaje del MoCo están implicados hasta seis genes, cuya expresión es necesaria para la actividad del enzima.

La NR es la principal proteína que contiene molibdeno, con lo cual la deficiencia de este elemento produce una acumulación de nitrato en los tejidos, como consecuencia de la disminución de la actividad del enzima.

La actividad NR está influida por la temperatura, mostrando el valor máximo a 33 °C, mientras que a 0,5 °C dicha actividad es inferior al 15 % de la máxima. En la reducción de la actividad del enzima a bajas temperaturas influye también la disminución en la absorción del nitrato que estas conllevan.

La NR está presente en la mayoría de los órganos de los cítricos, aunque la mayor actividad se encuentra en las hojas, donde puede alcanzar un nivel del orden de 10 veces superior al de las raíces finas, que es el siguiente órgano en importancia. En el resto de los órganos (frutos, semillas, ramas, troncos y raíces gruesas), la actividad NR es mucho más baja. Por ello, la reducción del NO_3^- absorbido se realiza mayoritariamente en las hojas y raíces finas.

Posiblemente, en condiciones de alta disponibilidad de NO_3^- por las raíces, como sucede frecuentemente en las plantaciones de cítricos, la capacidad de reducción del NO_3^- en las raíces finas se satura, y el excedente de NO_3^- absorbido es transportado a las hojas, donde induce la actividad del enzima.

8.6.3.2. La nitrito reductasa

La NiR es un monómero con un peso molecular de 60-63 kDa, que contiene un centro sulfoférrico (del tipo Fe_4S_4) y un sirohemo (una tetraporfirina de hierro) como grupos prostéticos redox.

La NiR cataliza la reducción del nitrito a amonio según la siguiente reacción global:

$$NO_2^- + 6\ Fd_{red} + 8\ H^+ + 6\ e^- \longrightarrow NH_4^+ + 6\ Fd_{ox} + 2H_2O$$

Esta reacción implica la transferencia de 6 electrones desde la ferredoxina reducida (Fd_{red}) al nitrito, a través de los grupos sulfoférrico y sirohemo, para rendir finalmente NH_4^+. La ferredoxina reducida se genera en la cadena de transporte electrónico fotosintético de los cloroplastos o por la ruta oxidativa de las pentosas fosfato en tejidos no fotosintéticos.

La NiR se encuentra en los cloroplastos de las hojas y en los plastidios de las raíces. La NiR es codificada por un gen nuclear, que da lugar a la síntesis en el citosol de una proteína precursora que posee en su extremo N terminal un fragmento de unos 30 aminoácidos. Dicho fragmento es el péptido de tránsito que facilita la entrada de la proteína en el cloroplasto, escindiéndose posteriormente.

En los tejidos verdes de la planta, la actividad NiR es muy superior a la de la NR, con lo cual se evita la acumulación del NO_2^- producido por la NR, que podría tener efectos tóxicos.

8.6.3.3. Regulación de la reducción del NO_3^-

La reducción del NO_3^- está regulada por el propio nitrato, la luz y los carbohidratos. Así, la síntesis de los enzimas NR y NiR es inducida por el NO_3^-, que de esta forma autorregula su oxidación. Tras la adición de NO_3^- se produce una rápida activación de la transcripción de los genes que codifican para la NR y la NiR, seguida, tras un lapso de tiempo, de un incremento de la síntesis y, por consiguiente, de la actividad enzimática.

La luz incrementa también la transcripción de ambos genes y, consecuentemente, la actividad de los correspondientes enzimas. Este efecto parece estar mediatizado por los azúcares (glucosa, fructosa y sacarosa) procedentes de la asimilación fotosintética del CO_2. Por el contrario, algunos aminoácidos, como la glutamina y el glutamato, reprimen la síntesis de NR y NiR, lo que indica una regulación por productos finales de la asimilación del NO_3^-.

La NR dispone, además, de un mecanismo de regulación postranscripcional que permite cambios muy rápidos y reversibles en su actividad en respuesta a la luz y a la oscuridad. Dichos cambios son causados por la fosforilación reversible de la proteína. De esta forma, la desactivación de la NR en la oscuridad ocurre cuando un residuo de serina de la misma es fosforilado por ATP, mediante una proteína quinasa específica. Posteriormente, la enzima fosforilada se une con una proteína inhibidora en presencia de iones Mg^{2+} o Ca^{2+}. La activación de la NR en la luz se produce cuando el complejo NR fosforilada-proteína inhibidora es desfosforilado por una fosfatasa, causando la separación de la proteína inhibidora.

8.6.4. Asimilación del amonio

La primera reacción para la asimilación del NH_4^+, procedente de la reducción del NO_3^- o directamente absorbido por la planta, consiste en su incorporación al glutamato para producir glutamina. Esta reacción es catalizada por el enzima glutamina sintetasa (GS), que requiere ATP e iones Mg^{2+} o Mn^{2+} para su actividad.

Una vez formada la glutamina, la siguiente reacción consiste en la transferencia de su grupo amido al 2-oxoglutarato, generando dos moléculas de glutamato. Esta reacción está catalizada por el enzima glutamato sintetasa-oxoglutarato amino transferasa (GO-GAT), que es dependiente de ferredoxina reducida y del NADPH. Por tanto, en el denominado ciclo GS-GOGAT se forman dos moléculas de glutamato a partir de una de glutamina, con lo cual el sistema está siempre abastecido de glutamato. De estas dos moléculas, una es reutilizada en el ciclo, mientras que la segunda transfiere su grupo amino a diversos oxoácidos para la síntesis de otros aminoácidos mediante reacciones catalizadas por las aminotransferasas o transaminasas (Fig. 8.9).

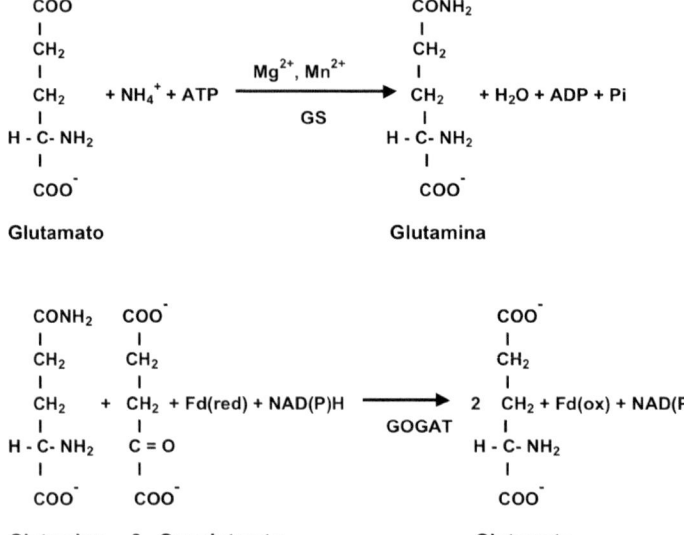

Figura 8.9. Asimilación del amonio: síntesis de la glutamina. GS: glutamina sintetasa; GOGAT: glutamina-oxoglutarato aminotransferasa.

Un ejemplo de ellas es la transferencia reversible del grupo amino del glutamato al oxalacetato para producir 2-oxoglutarato y aspartato, la cual es catalizada por la aspartato aminotransferasa (o glutamato-oxalacetato transaminasa).

La síntesis de la asparragina se produce mediante la transferencia del grupo amido de la glutamina al aspartato para producir glutamato y asparagina. Esta reacción está catalizada por el enzima asparragina sintetasa y requiere ATP y pirofosfato (Fig. 8.10).

Otra reacción, secundaria, involucrada en la asimilación del amonio es la síntesis de glutamato mediante la aminación reductiva del 2-oxoglutarato, catalizada reversiblemente por la glutamato deshidrogenasa (GDH). Este enzima se induce fuertemente en las

Oxalacetato Glutamato 2 - Oxoglutarato Aspartato

Aspartato Glutamina Glutamato Asparagina

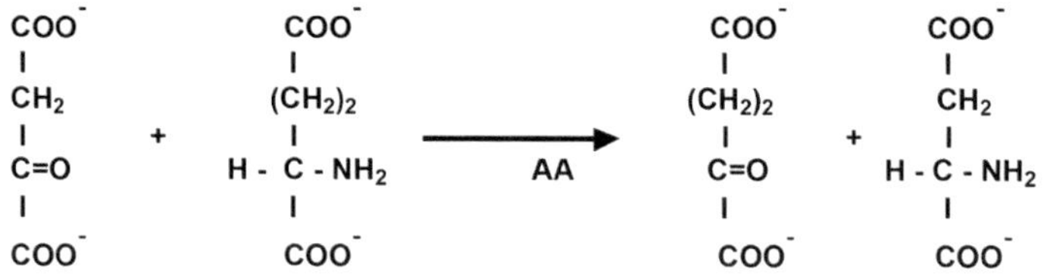

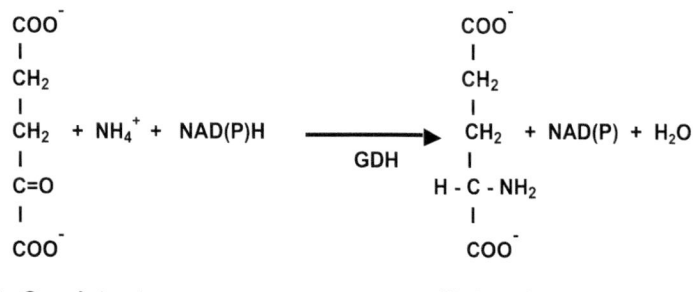

Figura 8.10. Síntesis de la asparagina. AA: aspartato aminotransferasa; AS: asparagina sintetasa.

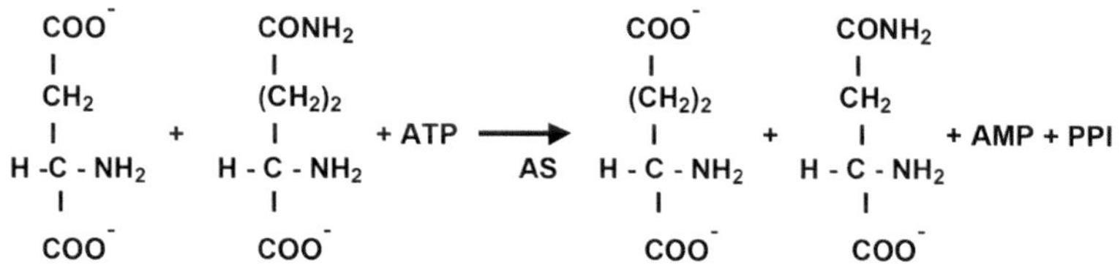

plantas expuestas a altas concentraciones de NH_4^+, lo que sugiere que puede desempeñar una función fundamental en la detoxificación del amonio (Fig. 8.11).

La asimilación del NH_4^+ absorbido se produce mayoritariamente en las raíces finas, a diferencia de lo que ocurre con el NO_3^-, que, en una cierta proporción no reducida en las raíces, es transportado a las hojas u otros órganos, donde es asimilado.

2 - Oxoglutarato Glutamato

Figura 8.11. Asimilación del exceso de amonio (detoxificación). GDH: glutamato deshidrogenasa.

8.6.5. Transporte de los compuestos nitrogenados

El transporte del N incorporado por las raíces hasta la parte aérea se realiza fundamentalmente a través del xilema. No obstante, mediante el uso de compuestos nitrogenados marcados con ^{14}C, se ha demostrado que la arginina, asparagina y prolina se desplazan hacia la copa tanto por el xilema como por el floema, aunque la traslocación por el primero es muy superior. También se ha demostrado, utilizando segmentos de troncos y aminoácidos marcados isotópicamente, la existencia de un movimiento lateral de algunos de ellos desde el xilema hasta el floema, y en sentido inverso. Los análisis del fluido xilemático extraído de diferentes partes del tronco indican la ocurrencia de cambios en los aminoácidos durante el transporte en el xilema. Este hecho se atribuye al intercambio de dichos compuestos entre el xilema y las células del parénquima xilemático circundante, donde tiene lugar la transformación metabólica de los mismos.

La concentración de N en el fluido xilemático es muy variable, dependiendo de las condiciones del árbol y de su nutrición nitrogenada, así como de la época del año. Los valores que se han dado para este parámetro oscilan entre 0,005 y 0,1 % (p/v). La mayor parte de este N se encuentra en forma de aminoácidos (más del 85 %) y el resto en forma de NO_3^- (en condiciones normales no más del 5 %). Generalmente no se detectan iones amonio o nitrito, y si se encuentran es a concentraciones muy bajas (Fig. 8.12).

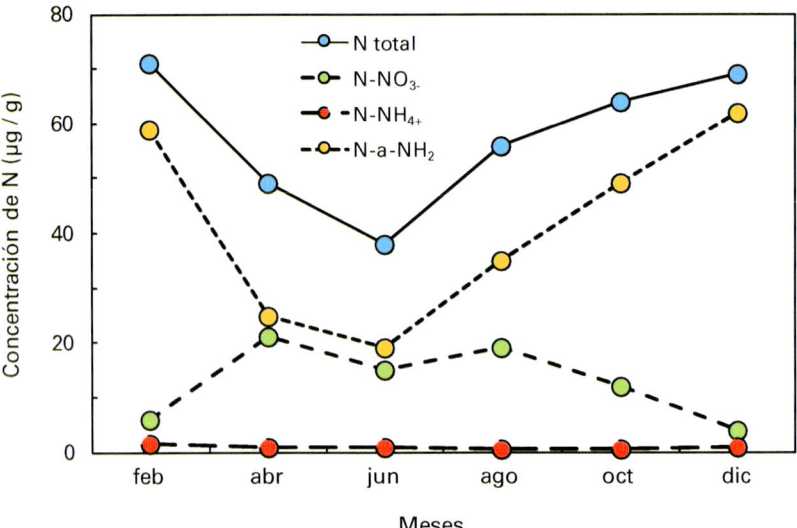

Figura 8.12. Variaciones estacionales en la concentración del N contenido en diferentes fracciones nitrogenadas presentes en el fluido xilemático.

La prolina, arginina y asparagina son, cuantitativamente, los aminoácidos más importantes transportados por el xilema, llegando a suponer entre los tres cerca del 70 % del N orgánico en el mismo (prolina 40-45 %, arginina 9-11 % y asparragina 18-22 %). También se encuentran otros aminoácidos minoritarios, como glutamina, aspartato, glutamato, serina, ácido Υ-aminobutírico, lisina, valina, alanina y otros.

Los compuestos nitrogenados que se encuentran en el fluido xilemático no solo proceden del absorbido o asimilado recientemente en las raíces finas, sino también del almacenado en las células vivas de otros tejidos de la planta.

En los cítricos nutridos con $^{15}NH_4^+$, los compuestos que aparecen marcados más intensamente con ^{15}N en el xilema son la asparagina y, en menor proporción, la glutamina. Si el N se aporta como $^{15}NO_3^-$, casi la totalidad del ^{15}N del xilema se encuentra en forma de nitrato. Esto indica que la asparagina, la glutamina y el nitrato son los principales compuestos nitrogenados aportados por las raíces finas, mientras que la prolina y la arginina parecen llegar a los vasos conductores desde los tejidos parenquimáticos de reserva de los troncos y las raíces. También se ha encontrado que, inmediatamente después de un aporte de fertilizante nitrogenado, aparecen fuertes picos en la concentración del nitrato y asparagina en el fluido del xilema (alcanzando cerca del 14 y el 30 %, respectivamente, del total de la concentración de N), lo cual confirma que ambos compuestos son las principales formas de transporte del N recién absorbido por las raíces.

La concentración de aminoácidos en el xilema está sometida a fuertes variaciones estacionales. La concentración de prolina es muy alta durante el invierno, disminuyendo durante la primavera y el verano, para aumentar progresivamente en el otoño. El contenido relativamente bajo en prolina durante la primavera y el verano coincide con el incremento en la concentración en otros aminoácidos. No obstante, como se ha mencionado anteriormente, las pautas de abonado nitrogenado pueden alterar la concentración de los componentes del fluido xilemático.

8.6.6. Distribución en la planta del N absorbido

La distribución del N absorbido por las raíces entre los distintos órganos de la planta se ha determinado aportando al sustrato nutrientes marcados isotópicamente (principalmente $^{15}NO_3^-$) durante periodos relativamente cortos. Los datos del enriquecimiento en ^{15}N de los órganos, analizados separadamente, dan una buena indicación de los lugares hacia donde fluye el N e indican que el reparto depende, en gran medida, del momento de su aplicación, y sigue la siguiente pauta:

a) La proporción de ^{15}N traslocado a la parte aérea alcanza los mayores valores durante la primavera y el verano, llegando a alcanzar valores superiores al 70 % del ^{15}N total absorbido por la planta.

b) En primavera, la mayor parte del ^{15}N absorbido de la solución nutritiva se acumula en las hojas (alrededor del 50 %), mayoritariamente en las jóvenes (cerca del 30 %), mientras que los órganos florales y frutos en fase inicial de desarrollo, hojas viejas, ramas, tronco y raíces reciben cantidades de N menores.

c) Durante el verano y otoño, la mayor proporción de ^{15}N respecto al total absorbido se acumula en las hojas (> 40 %). Sin embargo, el porcentaje de ^{15}N contenido en las hojas de la brotación de primavera y en las hojas del año anterior disminuye en estos periodos, mientras que aumenta el ^{15}N traslocado a las hojas de las posteriores brotaciones. Esto indica que la capacidad de las hojas para retener el N disminuye con su envejecimiento, ya sea porque se reduce su metabolismo basal, ya sea porque este elemento se dirige preferentemente a las nuevas brotaciones. Tampoco puede descartarse la posibilidad de que parte del N que llega a las hojas maduras sea reexportado rápidamente hacia las nuevas brotaciones o los frutos.

d) La demanda de ^{15}N de los frutos también disminuye con su crecimiento y maduración, reduciéndose progresivamente la proporción del ^{15}N acumulado en los mismos durante el verano y otoño.

e) El porcentaje de ^{15}N retenido en las raíces aumenta durante el otoño y es máximo en invierno, disminuyendo consecuentemente el N traslocado a la parte aérea. En invierno, dicho porcentaje puede oscilar entre el 50 y el 90 % del ^{15}N total absorbido por la planta, dependiendo posiblemente de la temperatura durante este periodo (véase Cap. 6, apt. 6.3.2.3).

La Tabla 8.1 muestra la distribución porcentual de la absorción de ^{15}N por los distintos órganos de un árbol adulto de naranjo dulce, tras la adición al medio de ^{15}NO$_3^-$, durante periodos sucesivos de 20 días, en diferentes etapas del ciclo vegetativo.

Tabla 8.1. Distribución porcentual del nitrógeno acumulado por los distintos órganos del árbol procedente directamente del absorbido por las raíces en diferentes épocas del año. Resultados de árboles cultivados en arena inerte y nutridos con solución nutritiva ^{15}NO$_3^-$ sustituida periódicamente, cada 20 días, hasta el 30 de abril (primavera), el 30 de julio (verano), el 30 de octubre (otoño) y el 30 de enero (invierno). Tras el marcado, los árboles se arrancaron y se despiezaron, analizándose el contenido en N total y ^{15}N en los distintos órganos para calcular el absorbido directamente de la solución nutritiva

Órganos		N absorbido (%)			
		Primavera	Verano	Otoño	Invierno
Órganos florales		13,6			
	C	4,9			
Frutos			7,9	6,7	0,6
	C		2,4		
Hojas nuevas	I	30,1	14,2	14,7	
	II		18,5	21,5	
Hojas viejas		17,4	8,2	7,2	
	C	0,7	0,4	0,3	
Total hojas		48,2	41,3	43,7	31,9
Ramas y tronco		17,3	19,1	15,0	14,2
TOTAL PARTE AÉREA		84,0	70,7	65,4	46,7
Raíces gruesas		7,2	13,4	18,2	29,7
Raíces fibrosas		8,8	15,9	16,4	23,6
TOTAL RAÍCES		16,0	29,3	34,6	53,3

C: órganos caídos; I: hojas de la brotación de primavera; II: hojas de las brotaciones posteriores (verano y otoño).

8.6.7. El N de reserva

El N acumulado en diferentes partes de la planta puede constituir una reserva en este elemento que se moviliza hacia los órganos en desarrollo, especialmente en épocas de alta demanda, como sucede durante la primavera. El marcado con ^{15}N de los compuestos nitrogenados aportados al suelo durante un año completo ha mostrado cómo se desplaza el N hacia los nuevos órganos durante el ciclo fenológico siguiente, así como su procedencia.

8.6.7.1. Movilización del N de reserva

La mayor liberación de N por parte de los órganos presentes el año anterior se produce durante el principio de la primavera, coincidiendo con la primera brotación vegetativa y la floración. En este periodo se moviliza, aproximadamente, el 50 % del N de reserva acumulado durante el ciclo precedente. Al final de la primavera la proporción de este N traslocado alcanza el 70 % y el restante lo hace paulatinamente a lo largo del año (Fig. 8.13).

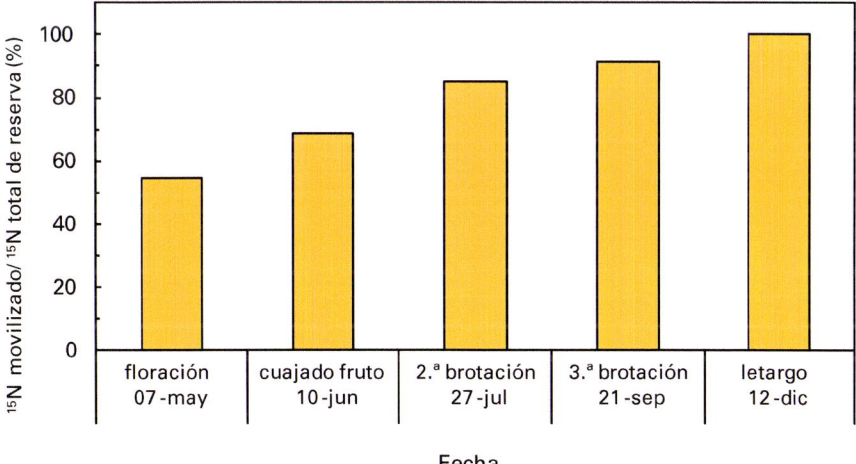

Figura 8.13. Proporción de N de reserva movilizado (en % sobre el total de N de reserva del árbol) en diferentes etapas del ciclo fenológico.

El marcado con ^{15}N de las reservas muestra, también, que el N traslocado desde los órganos de reserva supone más del 77 % del contenido total en las flores (abril). Este porcentaje disminuye, progresivamente, con el desarrollo y la maduración del fruto, de forma que, finalmente, el N aportado por las reservas supone el 67 % del total del órgano durante el cuajado (junio), el 34 % durante la fase de crecimiento (agosto) y el 24 % al inicio de la maduración (octubre). Algo semejante sucede con la brotación vegetativa de primavera, en cuya fase inicial de desarrollo, el N procedente de los órganos de reserva constituye más del 70 % de su N total. Sin embargo, durante el verano y otoño, las hojas jóvenes reciben un fuerte flujo de N absorbido de la solución fertilizante, lo que hace que la proporción del N procedente de las reservas en las mismas disminuya, paulatinamente, hasta valores del 38 % y 29 % al final del verano y el otoño, respectivamente (Fig. 8.14).

Las contribuciones relativas del N de reserva y del absorbido del fertilizante a la nutrición de los órganos nuevos a lo largo del año se estudió sometiendo a los árboles a una solución nutritiva enriquecida con $^{15}NO_3^-$, de forma continua, durante un ciclo completo y analizando el enriquecimiento en ^{15}N de los órganos en varias etapas del mismo. Durante la primavera, el N procedente de las reservas se reparte en partes aproximadamente iguales entre los brotes vegetativos y los órganos fructíferos. Sin embargo, durante el verano y otoño, la cantidad recibida por las hojas jóvenes es muy superior a la consumida por los frutos, debido a que las necesidades de N de estos últimos disminuye al avanzar su desarrollo.

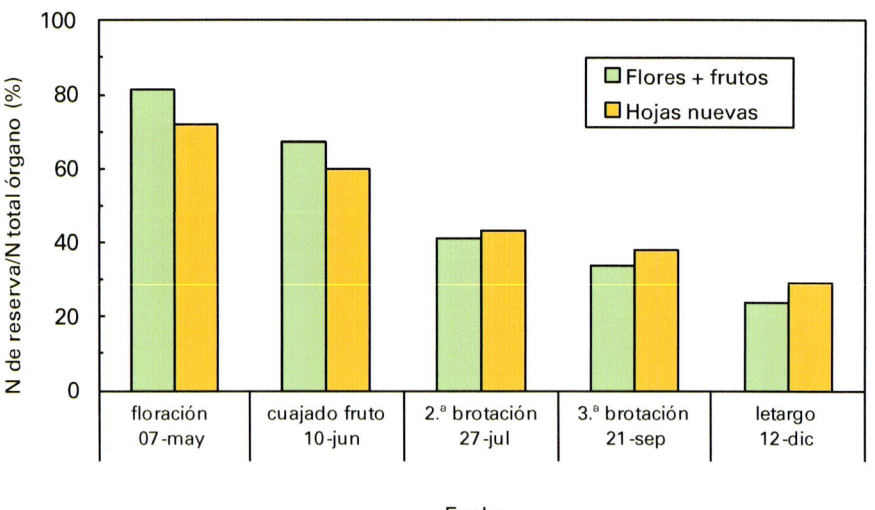

Figura 8.14. Contribución porcentual del N traslocado desde los órganos de reserva al N total acumulado en los órganos nuevos en diferentes etapas del ciclo fenológico.

De acuerdo con ello, durante los periodos de floración y postfloración se establece una competencia por el N de reserva entre los brotes vegetativos, por una parte, y las flores y frutos en su fase inicial de desarrollo, por otra, y, dado que el N de reserva es mayoritario en la nutrición del ovario en crecimiento, esta competencia puede determinar, en parte, el número de frutos cuajados.

No obstante, una parte del N acumulado en las hojas de la brotación de primavera durante su fase de crecimiento es reexportado posteriormente hacia los frutos en desarrollo, lo que indica que estas hojas ejercen una función de reservorio transitorio.

8.6.7.2. Órganos de reserva

La función como órganos de reserva de las hojas maduras generadas el año anterior se manifiesta por la disminución en la concentración del N total que experimentan durante la primavera, y que se hace más patente cuando el N de dichas hojas se marca previamente con ^{15}N. El enriquecimiento en este isótopo sufre también una considerable reducción en las raíces, ramas y tronco durante el ciclo siguiente, lo que indica que se produce la exportación del N almacenado en estos órganos. No obstante, dicha pérdida es reemplazada por N procedente de la solución fertilizante, lo que permite mantener constante la concentración de N total en estos órganos. Las hojas viejas también reciben N del fertilizante, aunque no en cantidad suficiente para restaurar su contenido inicial, ya que los procesos de su senescencia y abscisión suponen una pérdida adicional de N.

Las hojas maduras, desarrolladas el año anterior, constituyen el principal órgano exportador de N de reserva, aportando entre el 50 y el 60 % del total traslocado. Las raíces contribuyen en un 30-40 % y las ramas y tronco entre el 10-20 % (Fig. 8.15). De cualquier forma, estos porcentajes pueden sufrir variaciones dependiendo del nivel de nutrición nitrogenada y del estado vegetativo de la planta, ya que ambos factores pueden determinar las relaciones entre las masas de los distintos órganos y la cantidad de N almacenado en los mismos.

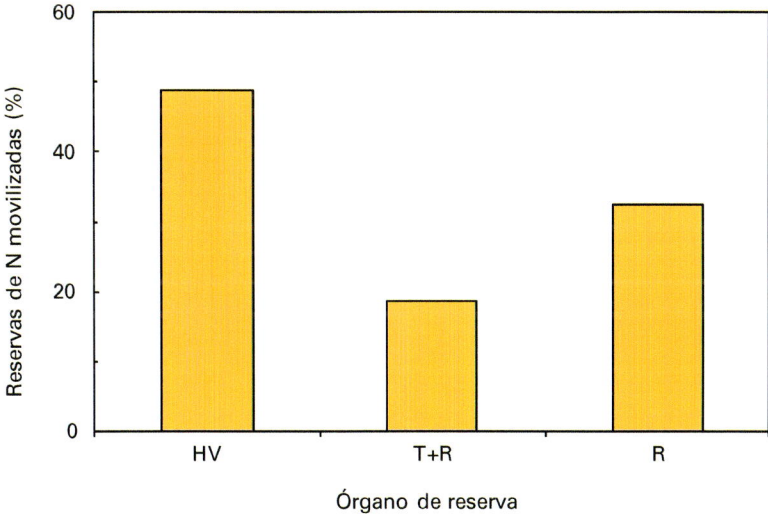

Figura 8.15. Contribución porcentual de los diferentes órganos al total de reservas de N movilizadas por el árbol. HV: hojas del año anterior; T+R: tronco y ramas; R: raíces.

8.6.7.3. Compuestos en los que se almacena el N de reserva

Los compuestos que se consideran como formas químicas de almacenamiento de N en los cítricos son proteínas y algunos aminoácidos.

Las condiciones que debe cumplir un compuesto nitrogenado para que se considere de reserva son:

a) Acumularse en cantidades importantes durante el otoño e invierno en los órganos de reserva, tales como hojas maduras, ramas, tronco y raíces.
b) Movilizarse en primavera y traslocarse a los órganos nuevos en fase de desarrollo (brotes vegetativos y frutos jóvenes).
c) Contener una elevada proporción de N en su molécula.
d) Responder a la fertilización nitrogenada, incrementando su concentración en los tejidos de reserva.

Los aminoácidos arginina, asparagina y prolina, en forma libre, se consideran importantes formas de almacenamiento de N, ya que todos ellos se acumulan en los órganos de reserva durante el otoño e invierno y se movilizan con la brotación de primavera.

La arginina se almacena principalmente en la corteza y el leño de ramas, tronco y raíces gruesas (Fig. 8.16 A). Este aminoácido es muy rico en N y su concentración en los tejidos está directamente relacionada con el nivel de N en el árbol. Es probable que parte de esta arginina proceda de la síntesis en las raíces fibrosas para ser luego retraslocada, aunque otra parte puede ser sintetizada en los tejidos leñosos.

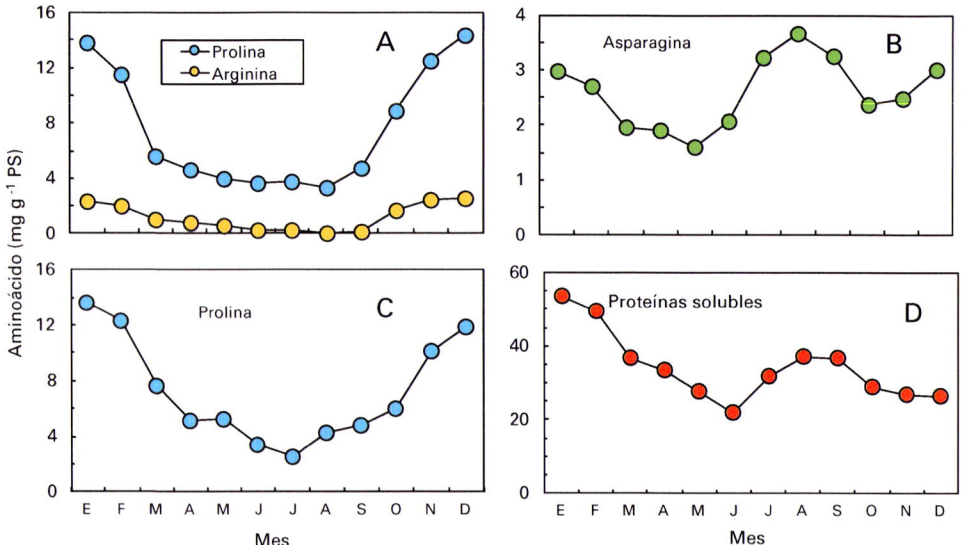

Figura 8.16. Evolución de la concentración de arginina y prolina en la corteza del tronco **(A)**, de asparagina en las raíces fibrosas **(B)**, y de prolina **(C)** y proteínas solubles **(D)** en las hojas maduras del año anterior.

La asparagina se acumula principalmente en las raíces fibrosas durante el final del otoño y el invierno (Fig. 8.16 B). Este aminoácido se sintetiza en estos órganos a partir del N recientemente absorbido y cuando las temperaturas descienden se restringe su transporte hacia la parte aérea, quedando retenido en las raíces. Este efecto está relacionado con el anteriormente descrito en relación con la distribución temporal del ^{15}N en el árbol, según el cual el N absorbido en otoño e invierno es progresivamente retenido en las raíces, probablemente como consecuencia de las bajas temperaturas.

La prolina se concentra en las hojas y, en menor cuantía, en las ramas, tronco (Fig. 8.16 A) y raíces, durante el final del otoño y el invierno. Aunque este aminoácido puede considerarse de reserva, su acumulación responde más al frío que a la fertilización nitrogenada. La síntesis de la prolina tiene lugar, mayoritariamente, en las hojas y, desde ellas, se desplaza a las ramas y raíces (Fig. 8.16 C).

En las hojas maduras, la concentración de proteínas solubles —que contienen la fracción mayoritaria del N foliar— disminuye desde el periodo de parada invernal (enero) hasta la postfloración (mayo), lo que indica la movilización de este N hacia los nuevos órganos en desarrollo (Fig. 8.16 D).

Junto con la disminución en el contenido en proteínas solubles en la hoja durante la primavera, se produce también una fuerte disminución del enzima ribulosa 1,5 difosfato carboxilasa/oxigenasa (rubisco), así como descensos menos acusados en proteínas de bajo peso molecular. Puesto que la rubisco supone entre el 40 y el 50 % del peso total de las proteínas de la hoja, su proteólisis puede representar una importante fuente de aminoácidos para los nuevos órganos en desarrollo. Una característica de esta proteína es que se descompone muy rápidamente cuando la demanda de N es alta, pero vuelve a recuperarse en las mismas hojas cuando las necesidades de N disminuyen. No obstante, ya que la rubisco es un enzima fotosintético, no puede considerase como una proteína específica de reserva, aunque sí parece desempeñar una función adicional como reservorio de N.

Además, en árboles con las reservas marcadas isotópicamente, la disminución del contenido en ^{15}N de las fracciones de N proteico y soluble del periodo anterior indican que la mayor parte del N movilizado desde las hojas en primavera procede de las proteínas. Por el contrario, el ^{15}N acumulado en la fracción proteica de los troncos, ramas y raíces durante el ciclo anterior apenas se removiliza en la primavera siguiente, por lo que casi todo el ^{15}N exportado desde estos órganos procede de la fracción de N soluble (Fig. 8.17).

No obstante, en los cítricos no se han encontrado proteínas específicas de reserva —que generalmente tienen una alta proporción de algún aminoácido—, sino que, más bien, su contribución al crecimiento de los nuevos órganos se debe a la proteólisis, más o menos intensa, de la mayoría de ellas.

En resumen, existe cierta especialización entre los distintos órganos de reserva en cuanto a los compuestos nitrogenados que almacenan y que, más tarde, son exportados a los nuevos órganos durante la primavera. Así, las principales reservas de N de las hojas maduras se encuentran en las proteínas (especialmente en la rubisco) y en la prolina; las de los órganos leñosos (ramas, tronco y raíces gruesas) en la prolina, la arginina e, inespecíficamente, en el conjunto de las proteínas; finalmente, las de las raíces fibrosas se encuentran en la asparagina.

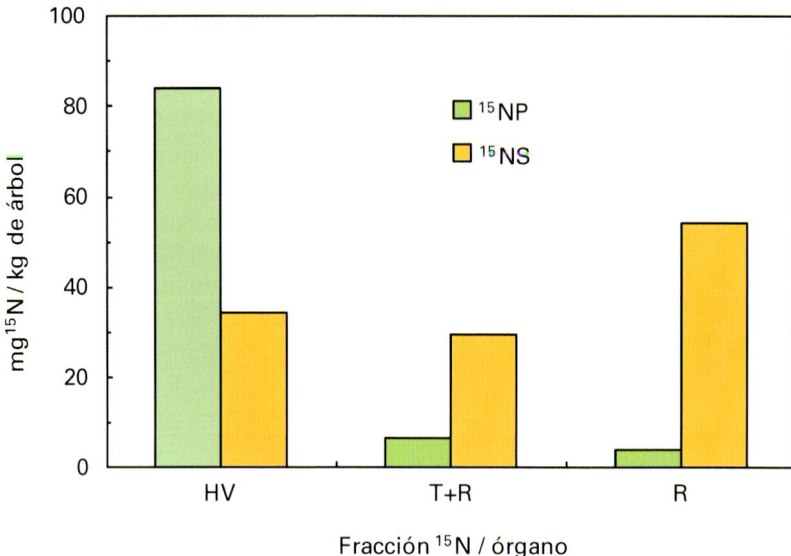

Figura 8.17. Cantidad de ^{15}N exportado desde las fracciones proteica (NP) y soluble (NS) de los diferentes órganos de reserva, durante el periodo comprendido entre la latencia (31 de enero) y la postfloración (10 de junio). Valores calculados para una planta ideal de 1 kg de peso. HV: hojas del año anterior; T+R: tronco y ramas; R: raíces.

8.6.8. Concentración de N en las hojas

La evolución de la concentración de N en las hojas a lo largo del año confirma lo anteriormente expuesto sobre el movimiento del N en la planta. Así, las hojas del año anterior (HV) sufren una reducción en su contenido en N durante la primavera, alcanzando un mínimo al final de la misma. Posteriormente, durante el verano, se recupera hasta alcanzar su nivel inicial. Al entrar en el periodo de senescencia previo a la abscisión, la concentración de N en las hojas más viejas disminuye considerablemente. Todo ello indica que las hojas del año anterior actúan como un reservorio de N que se exporta a los nuevos órganos en periodos de fuerte demanda, como la que se produce durante la primavera como consecuencia de la floración y el inicio del desarrollo de los frutos. Y son estas hojas las que muestran los síntomas cuando el N esta en deficiencia (Foto 8.1).

Las hojas de la brotación de primavera (HJ) alcanzan una elevada concentración de N en sus estados iniciales de desarrollo. Posteriormente, la concentración disminuye debido, por una parte, a la dilución por efecto de su crecimiento y, por otra, a su removilización parcial hacia los frutitos en fase inicial de desarrollo. A principios del verano, la concentración de N en estas hojas asciende de forma gradual, a consecuencia de la disminución del consumo, para alcanzar al final de esta estación un nivel que se mantiene relativamente estable durante el otoño e invierno. Las variaciones en la concentración del N total en el tronco y las ramas o en las raíces son mucho menos acusadas (Fig. 8.18).

Fotografía 8.1. Sintomatología de la deficiencia de nitrógeno en el árbol y hojas. Son las hojas del año anterior las que muestran más claramente los síntomas.

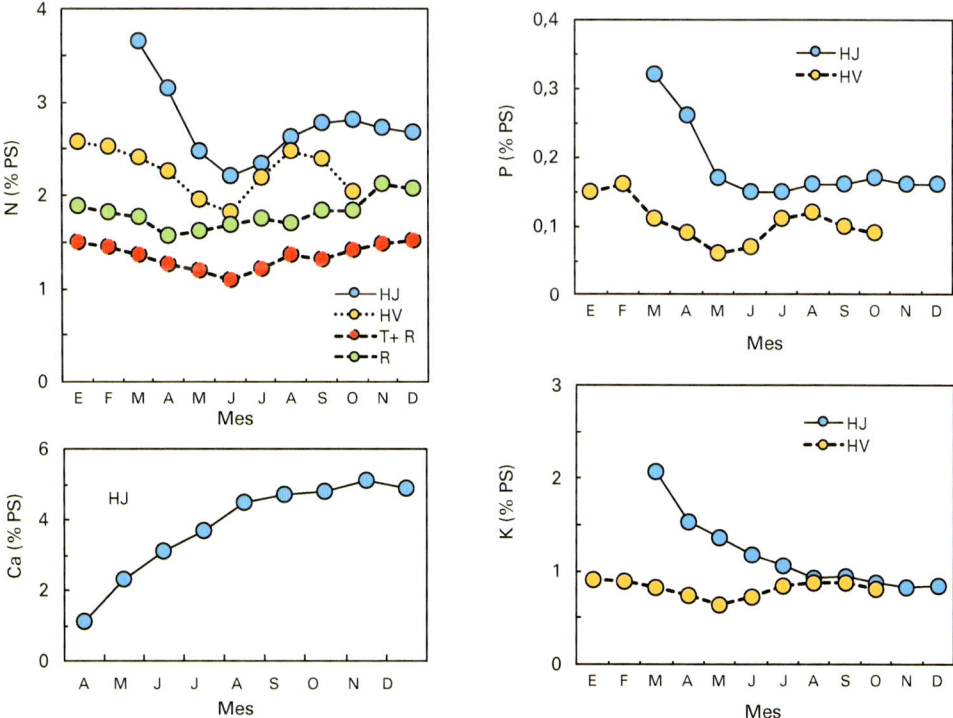

Figura 8.18. Evolución de la concentración de N en distintos órganos, y de Pi, K y Ca en las hojas, a lo largo del año. HJ: hoja joven; HV: hoja vieja; T+R: tronco y ramas; R: raíces.

8.7. Fósforo

8.7.1. Funciones del fósforo en la planta

El fósforo se encuentra en la planta como fosfato, ya sea en forma libre (PO_4^{3-}) o formando ésteres fosfóricos con grupos hidroxilo de compuestos orgánicos; así es como aparece en los intermediarios azúcar-fosfato de la respiración y fotosíntesis, o en los ácidos nucleicos, donde forma enlaces diéster. También desempeña una función estructural, unido mediante enlaces éster a lípidos de las membranas celulares formando fosfolípidos.

Otras moléculas importantes que contienen fosfato son el ATP y el ADP, en las que forma enlaces anhídridos ricos en energía. No obstante, una parte considerable del fosfato permanece en forma iónica libre, y de esta la mayor proporción se almacena en la vacuola, mientras que el resto se localiza en el citosol y en los orgánulos citoplasmáticos.

El fósforo participa en los principales procesos vitales: respiración, fotosíntesis, multiplicación celular, funcionamiento de las membranas y cualquier reacción metabólica que requiera la transferencia de energía desde el ATP, y por consiguiente es absolutamente esencial para el mantenimiento del metabolismo y del crecimiento de la planta.

8.7.2. Absorción del fósforo por las raíces

Los cítricos absorben el fósforo inorgánico (Pi) mayoritariamente como ion ortofosfato ($H_2PO_4^-$), aunque en suelos básicos puede también absorberse como anión divalente (HPO_4^{2-}).

La concentración de Pi en la solución del suelo suele ser del orden de 5-10 μM, aunque puede presentar valores inferiores a 1μM. Puesto que en el suelo existe un cierto equilibrio entre el P disuelto y el precipitado, este último se puede solubilizar lentamente a medida que el primero va siendo consumido por las plantas. Adicionalmente, los iones fosfato deben desplazarse a los lugares de absorción por las raíces por el relativamente lento proceso de difusión. En suelos pobres en Pi, esto puede dar lugar a su depleción de la solución alrededor de las raíces, siendo necesario el crecimiento de estas para explorar zonas del terreno no agotadas.

8.7.2.1. Transportadores de Pi de alta afinidad

Los bajos niveles de Pi que normalmente se encuentran disponibles en la solución del suelo (alrededor de 5 μM) imponen la utilización de un sistema de transportadores de alta afinidad (baja Km).

Los principales transportadores de fosfato pertenecen a la familia Pht 1 de proteínas transportadoras, cuyo tamaño es de aproximadamente 58 KDa y están constituidas por 12 dominios transmembrana, separados en dos grupos de 6 entre los cuales hay un largo polipéptido, formando un bucle. Cada uno de los 12 dominios está compuesto por 17-25 aminoácidos que forman una hélice que cruza la membrana y están separados por bucles polipeptídicos, extra- e intracelulares, cargados hidrofílicamente. Además, presentan lugares conservados de fosforilación y N-glicosilación.

Los transportadores Pht 1 muestran una alta afinidad por el $H_2PO_4^-$, que es transportado mediante un proceso de simporte $H^+/H_2PO_4^-$, dependiente de energía. Este sistema es impulsado por un gradiente de protones a través de la membrana, generado por H^+-ATPasas asociadas al plasmalema. En función de la disponibilidad de Pi en la solución externa y de su concentración en el interior de la célula, el proceso de transporte podría ser impulsado por el simporte de 2 a 4 $H^+/H_2PO_4^-$. El transporte activo de Pi ocasiona una reducción transitoria del pH citosólico y la despolarización de la membrana. Además, la actividad de estos transportadores se ve reducida cuando el pH aumenta de 4,5 a 7,5, probablemente como consecuencia de su dependencia del gradiente de protones.

Los transportadores Pht 1 se expresan preferentemente en las raíces y su actividad es inducida en condiciones de carencia de Pi. Estas proteínas se localizan en la membrana plasmática y son especialmente abundantes en las células de la epidermis de las raíces deficientes en Pi.

8.7.2.2. Regulación de la absorción de Pi en sistemas de alta afinidad

La regulación transcripcional parece ser un importante modo de control para muchos transportadores de Pi. Así, la expresión de los genes *Pht 1:1* y *Pht 1:2* aumenta considerablemente cuando las raíces carecen de Pi, esto es, en plantas deficientes en Pi, y disminuye rápidamente con el aporte de este nutriente. La deficiencia de cinc también provoca la sobreexpresión de *Pht 1*, incluso en plantas que crecen con altas concentraciones externas de Pi.

La modificación postranslacional es otro modo potencial de control de la actividad de los transportadores Pht 1, que puede efectuarse mediante la fosforilación y glicosilación.

8.7.2.3. Transportadores de Pi de baja afinidad

El análisis de la cinética de absorción del Pi indica también la existencia de transportadores de baja afinidad. Estos tienen naturaleza constitutiva y están involucrados en el movimiento intracelular de Pi entre el citosol y orgánulos tales como vacuolas, cloroplastos y mitocondrias. El gen *Pht 2:1* codifica un transportador de baja afinidad, constituido por una proteína de 64 kD, y se expresa mayoritariamente en los tejidos verdes. El nivel de transcripción de este gen no es inducido por la deficiencia de P. El transportador Pth 2.1 funciona mediante un simporte $H^+/H_2PO_4^-$.

8.7.2.4. Estrategias de las raíces para aumentar la adquisición de Pi

Además de inducir el sistema de absorción de baja afinidad, las raíces desarrollan otras estrategias basadas en cambios morfológicos y bioquímicos que se originan en respuesta a la deficiencia de Pi.

Las estrategias morfológicas se basan en incrementar la superficie del suelo explorado por las raíces para sobrepasar la zona de depleción de Pi que se crea alrededor de los lugares de absorción de estas y buscar áreas donde el Pi de la solución no está agotado. Para ello, el sistema radicular origina un elevado número de ápices, que son las partes más eficientes para absorber Pi, con lo que aumenta la densidad de los pelos radiculares y volumen de suelo en exploración. La superficie radicular en contacto con el suelo puede verse, a su vez, incrementada por un aumento del diámetro de las raíces y de la longitud de los pelos radicales.

Las estrategias bioquímicas se basan en la excreción de sustancias, tales como carboxilatos, protones y fosfatasas ácidas, que ayudan a la liberación de Pi a partir de los compuestos que retienen este nutriente en el suelo de forma inasimilable por la planta. Los ácidos orgánicos malato y citrato liberan el Pi de los complejos inorgánicos del suelo por el mecanismo de sustitución de ligandos. La extrusión de protones contribuye a la desorción del fosfato unido a la superficie de los minerales arcillosos a través de enlaces iónicos con metales di- o trivalentes. Las fosfatasas ácidas catalizan la hidrólisis de los enlaces monoéster del Pi con la materia orgánica del suelo, siendo su actividad dependiente del pH; por ello, estos enzimas están implicados en la degradación de los complejos orgánicos que contienen Pi para liberarlo a la rizosfera.

8.7.2.5. Absorción de Pi a través de micorrizas

Otra estrategia adicional para la adquisición de Pi es el establecimiento de una asociación simbiótica con hongos micorríticos, que permiten un mayor acceso al Pi del suelo.

En el caso de las micorrizas arbusculares, el proceso de colonización comienza cuando el micelio del hongo entra en contacto con la superficie de la raíz y se diferencia una estructura denominada *apresorio*, a partir de la cual se forma la *hifa* de penetración. Esta hifa atraviesa las celulas epidérmicas, o las bordea por el apoplasto, hasta alcanzar el córtex. Allí atraviesa las paredes celulares y desarrolla estructuras ramificadas (arbúsculos) dentro de las células corticales (Foto 8.2 A). Estos arbúsculos, altamente ramificados, quedan rodeados de una membrana plasmática invaginada de las células corticales o membrana periarbuscular. Estas estructuras son fundamentales en la simbiosis, ya que en ellas tiene lugar el intercambio de nutrientes entre la planta y el hongo. Algunas especies de micorrizas forman vesículas (Foto 8.2 B), que son estructuras de reserva, y se las denomina micorrizas vesiculares-arbusculares. En los cítricos, la mayor parte de estas pertenecen al género *Glomus*, siendo *G. intraradices Schenck & Smith* la especie más abundante.

Por la parte exterior de la raíz, las hifas de las micorrizas pueden extenderse y alcanzar hasta 25 cm de longitud, incrementando considerablemente, de este modo, el volumen de suelo explorado. El Pi tomado por el hongo es posteriormente traslocado a lo largo de la hifa hasta los arbúsculos, y desde allí, a través de la membrana periarbuscular, transferido al simplasto de la raíz.

Se han identificado transportadores de Pi en micorrizas arbusculares que se expresan en las hifas y que presentan similitudes con los de la familia Pht 1. Por tanto, estos transportadores, de alta afinidad para el Pi, deben ser los responsables de la su absorción inicial desde el suelo. Posteriormente debe existir un sistema de canales o transportadores de origen fúngico involucrados en la descarga del Pi desde la hifa a las células corticales. Aunque se han identificado transportadores de origen vegetal en la membrana periarbuscular, este proceso es poco conocido.

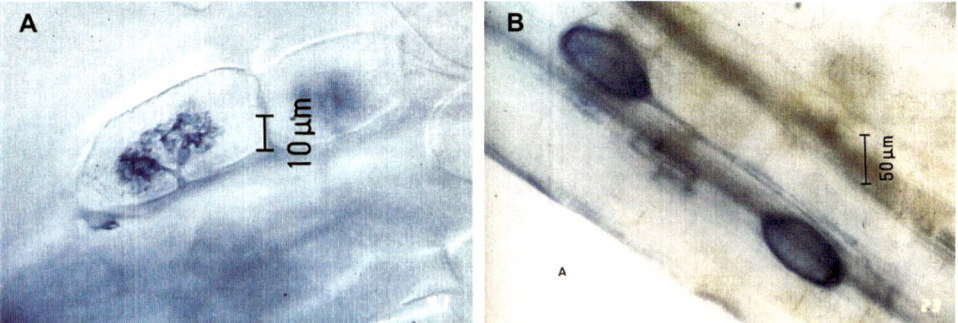

Fotografía 8.2. Arbúsculo **(A)** y vesículas **(B)** de *Glomus intrarradices* colonizando raíces de citrange Carrizo.

8.7.3. Movimiento del Pi en el árbol

El Pi absorbido del suelo por las raíces es rápidamente transferido al xilema, desplazándose por este hacia la parte aérea del árbol, donde se acumula, preferentemente, en los órganos en crecimiento. Como también se desplaza fácilmente por el floema, este nutriente sufre una constante carga y descarga entre los distintos órganos, lo que, probablemente, requiere de la acción de varios transportadores. Por todo ello, el Pi está considerado como un nutriente muy móvil en el árbol, reciclándose desde los órganos viejos y senescentes y desplazándose a los nuevos en fase de desarrollo, de ahí que en condiciones de deficiencia de Pi los primeros síntomas de su carencia se aprecien en las hojas viejas.

La movilidad del Pi se manifiesta, también, en los cambios en la concentración de este elemento en las hojas. Así, las del año anterior alcanzan un mínimo durante la primavera, lo que indica su transporte a los nuevos órganos en desarrollo. Por consiguiente, al principio de la primavera, las hojas nuevas alcanzan una elevada concentración de Pi, que luego va reduciéndose hasta alcanzar un nivel que se mantiene estable durante el resto del año (Fig. 8.18).

8.7.4. Homeostasis del Pi

La adquisición, la distribución (intra- y extracelular) y el metabolismo del Pi son procesos regulados y coordinados para mantener la homeostasis y optimizar el uso de este nutriente, a veces limitante. Por tanto, las células poseen mecanismos para mantener los niveles citosólicos de Pi, a pesar de que se produzcan fuertes fluctuaciones en su concentración externa. El exceso de Pi se almacena en la vacuola, la cual desempeña un papel fundamental en la regulación de la concentración del Pi del citoplasma. Por consiguiente, en condiciones de suficiencia de Pi, la mayor parte (hasta un 95 %) de su contenido celular se encuentra en la vacuola, lo que hace que la concentración de Pi del citosol se mantenga constante. En contraposición, los niveles citosólicos de Pi pueden ser mantenidos a expensas del Pi vacuolar durante periodos cortos de carencia de este nutriente.

El mantenimiento de la homeostasis implica el transporte bidireccional del Pi a través del tonoplasto. Las células de plantas con un adecuado aporte de Pi mantienen una concentración citosólica de Pi comprendida entre 5 y 20 mM, mientras que la concentración vacuolar suele superar el valor de 120 mM. Es, por tanto, muy probable que la pirofosfatasa o la H^+-ATPasa asociadas al tonoplasto aporten la energía requerida para mantener el gradiente de potencial electroquímico de H^+ a través del tonoplasto que permite el transporte del Pi hacia el interior de la vacuola.

El movimiento del Pi entre el citosol y el estroma de los cloroplastos está mediado por triosa-fosfato/Pi y se realiza por acción de un transportador localizado en la membrana interna del cloroplasto. El desplazamiento del Pi hacia el interior de la mitocondria se produce por medio de transportadores mitocondriales de fosfato.

Las proteínas que facilitan el transporte del Pi entre el citosol y los orgánulos pertenecen a grupos distintos a los de la familia de transportadores Pht 1, implicados en la absorción inicial del Pi de la solución del suelo.

Por último, el eflujo de Pi desde la raíz puede ayudar también a mantener la homeostasis, evitando la acumulación excesiva de este nutriente en las células.

8.8. Azufre

8.8.1. Funciones del azufre en la planta

El azufre en forma de sulfato ($SO_4^=$) forma parte de los sulfolípidos y heteropolisácaridos y, en forma reducida, se encuentra en aminoácidos, como la cisteína y la metionina. También está integrado en diversos coenzimas, como la tiamina, la biotina y la coenzima A. Esta última es necesaria para la activación de los ácidos orgánicos y, por tanto, interviene en los procesos de síntesis y degradación de los ácidos grasos y en la respiración celular. Por otra parte, el grupo tiol o sulfidrilo, -SH, es clave en muchas reacciones enzimáticas, determinando, según esté en forma oxidada o reducida, la actividad de estas.

El S también se encuentra en las fitoquelatinas, proteínas de bajo peso molecular con un elevado contenido en aminoácidos, principalmente cisteína. Estas proteínas forman complejos con metales pesados (Cd, Pb, Cu, etc.), de forma que constituyen uno de los principales mecanismos de defensa frente a estos agentes, potencialmente tóxicos.

8.8.2. Absorción del azufre por las raíces

El azufre se absorbe por las raíces como ión sulfato ($SO_4^=$). Puede ser absorbido, también, por los estomas de las hojas en forma de dióxido de azufre (SO_2), un contaminante atmosférico procedente de la combustión del carbón y derivados del petróleo. No obstante, en suelos normalmente provistos de sulfatos, esta forma de absorción es minoritaria con respecto a la vía radical.

La absorción del $SO_4^=$ del medio externo por las células de la raíz se lleva a cabo mediante sistemas de transporte de alta y baja afinidad (HATS y LATS, respectivamente).

El HATS muestra una cinética saturable y presenta las características de un transporte activo. En este, el influjo de $SO_4^=$ a través de la membrana plasmática se realiza mediante proteínas transportadoras y en contra de un potencial negativo en el interior de la célula; por lo tanto, este sistema utiliza el gradiente de protones a través de la membrana, generado por la H^+-ATPasa, como fuerza motriz. Es decir, la entrada de $SO_4^=$ en la célula utiliza un cotransporte $H^+/SO_4^=$. Los transportadores de $SO_4^=$ presentan 12 dominios transmembrana y un tramo terminal con funciones reguladoras, y son regulados por la concentración de $SO_4^=$, por los niveles internos de algunos S-metabolitos (cisteína y glutatión, una proteína compuesta por cisteína, ácido glutámico y glicina), o por su demanda metabólica. Adicionalmente, la absorción y acumulación del $SO_4^=$ en las raíces aumenta con el suministro de algunos microelementos (Cd, Cu, Se y Zn).

Los transportadores de $SO_4^=$ pertenecen a una familia que comprende entre 12 y 16 genes. Dos de ellos, *SULTR1:1* y *SULTR1:2*, codifican transportadores de alta afinidad, que facilitan la absorción de este anión especialmente en condiciones de escasez del mismo. Estos transportadores se expresan, predominantemente, en los pelos radicales y en las células de la epidermis y del córtex de la raíz.

La transcripción de estos genes aumenta cuando la concentración de $SO_4^=$ en el tejido es baja o la concentración de O-acetilserina es alta, mientras que disminuye con elevados niveles internos de $SO_4^=$, cisteína y glutatión. La expresión de los transportadores de $SO_4^=$ aumenta tras un tratamiento con concentraciones elevadas de los microelementos mencionados anteriormente.

8.8.3. Reducción del $SO_4^=$

Antes de su reducción, el sulfato debe ser activado por adenilación, reacción catalizada por la ATP sulfurilasa (ATPS). El adenosina 5´-fosfosulfato (APS) resultante es posteriormente reducido por la APS reductasa (APR) para dar sulfito ($SO_3^=$), el cual es finalmente reducido a sulfuro (SH_2) por medio de la sulfito reductasa (SiR), que es dependiente de la ferredoxina.

El SH_2 generado en la última reacción es el sustrato para la biosíntesis de la cisteína. Para integrar el sulfuro libre en los esqueletos carbonados, la serina debe ser primero activada por la serina acetil-transferasa (SAT), que utiliza el acetil coenzima A para formar O-acetilserina (OAS). En un segundo paso, el grupo acetilo es intercambiado por sulfuro en una reacción catalizada por la O-acetilserina (tiol) liasa (OAS-TL) para rendir cisteína. Por otra parte, el APS puede ser adicionalmente fosforilado por mediación del enzima APS quinasa (APK) para formar 3´- fosfoadenosina 5´-fosfosulfato (PAPS), que es un donante de sulfato activo para muchas reacciones de sulfatación.

En los organismos fotosintéticos la reducción del $SO_4^=$ ocurre en los plástidos.

8.8.4. Movimiento del S en la planta

El S se transporta por el xilema como anión $SO_4^=$. En el cilindro central, cuando existe deficiencia de $SO_4^=$, se expresa el gen *SULTR2:1*, que codifica un transportador de $SO_4^=$ de baja afinidad. La función de este transportador es mediar en el influjo del $SO_4^=$ hacia el interior de las células del parénquima xilemático para elevar su concentración y, así, posibilitar su posterior descarga al xilema. Este sistema tiene, pues, como función final facilitar la traslocación de este anión desde la raíz a la parte aérea por vía xilemática.

El azufre también se transporta por el floema, pero no solo como sulfato, sino también como glutatión y S-metilmetionina. Se ha identificado un transportador de $SO_4^=$ de alta afinidad, el *SULTR1:3,* presente en las células acompañantes del floema, capaz de controlar la transferencia de $SO_4^=$ entre órganos (fuente / sumidero).

El desplazamiento del S desde los tejidos maduros a los órganos jóvenes en desarrollo está bastante restringido, a diferencia de otros macronutrientes, con lo cual la deficiencia de S suele apreciarse en primer lugar en las hojas más jóvenes.

8.8.5. Homeostasis del $SO_4^=$

Dentro de las células, el sulfato es almacenado en las vacuolas o metabolizado en los cloroplastos u otros plastos. El $SO_4^=$ acumulado en la vacuola sirve para regular el contenido de este en el citosol, de modo que es liberado desde la vacuola cuando baja su nivel en el citosol y, contrariamente, entra en ella en condiciones de exceso en el citosol.

De acuerdo con ello, se han identificado genes que codifican para transportadores de $SO_4^=$ que se expresan en el tonoplasto, tales como *SULTR4:1* y *SULTR4:2*. Estos transportadores extraen el $SO_4^=$ de las vacuolas e, indirectamente, facilitan su flujo simplástico antes de su descarga al xilema.

8.9. Potasio

8.9.1. Funciones del potasio en la planta

El potasio es uno de los elementos más abundantes en las células vegetales, llegando a suponer hasta el 4 % del peso seco de los tejidos de los cítricos.

El ion potasio (K^+) desempeña importantes funciones en la planta, tanto a nivel bioquímico como biofísico. Entre ellas, el mantenimiento general del aparato fotosintético requiere K^+, y, por tanto, su deficiencia reduce la actividad fotosintética, además de la traslocación de los fotoasimilados; el cierre de los estomas se debe a la presión de turgencia generada por el K^+ en las células oclusivas; la presión osmótica que produce la acumulación de este catión permite el alargamiento de las células y, por tanto, interviene en el crecimiento de los órganos y en la expansión de las hojas; la célula requiere K^+ a elevadas concentraciones para neutralizar los ácidos orgánicos disociados y los grupos aniónicos de las macromoléculas; por su facilidad de transporte, el K^+ interviene en el control del potencial de membrana; y los niveles elevados de potasio en el árbol se asocian con una mayor resistencia a los estreses.

Por otra parte, el K^+ activa más de 50 sistemas enzimáticos, entre los que destacan oxirreductasas, deshidrogenasas, transferasas, sintetasas y quinasas, aunque su especificidad en alguno de ellos es baja pudiendo ser sustituido por otros cationes.

Por consiguiente, la deficiencia de K^+ produce importantes alteraciones en el crecimiento y la producción de los cítricos.

8.9.2. Absorción del potasio por las raíces

Las raíces absorben el potasio de la solución del suelo como ion K$^+$, dentro de un amplio intervalo de concentraciones que, generalmente, se encuentran entre 0,1 y 10 mM.

El influjo de K$^+$ sigue, en función de su concentración en el medio externo, un modelo bifásico resultante de la adición de dos mecanismos de absorción distintos que operan en la membrana plasmática.

8.9.2.1. El sistema de absorción de K$^+$ de alta afinidad

El sistema de absorción de alta afinidad (HATS) cataliza el transporte activo de K$^+$ a bajas concentraciones. El HATS muestra una cinética saturable a concentraciones por debajo de 1 mM. El transporte activo de K$^+$ está acoplado al influjo pasivo de H$^+$, a favor de su gradiente electroquímico, que se mantiene por la bomba de protones (H$^+$-ATPasa) de la membrana plasmática. La estequiometría del simporte H$^+$/K$^+$ es del orden de 1:1.

La absorción de K$^+$ por el HATS es estimulada en condiciones de carencia de potasio, mientras que es muy baja en plantas bien provistas de este elemento. El influjo de K$^+$ mediado por el HATS es fuertemente inhibido por el NH$_4^+$ externo, posiblemente como consecuencia de una competencia directa entre el NH$_4^+$ y el K$^+$ por la entrada en la célula. De forma semejante, cuando el Na$^+$ alcanza una suficiente concentración en el medio externo (del orden mM), también reduce la absorción de K$^+$ por el HATS.

Se han identificado varios genes que pueden codificar transportadores de alta afinidad. Los más importantes se agrupan en las familias *HAK, KUP, KT, HKT* y *TRK*.

Los transportadores HAK realizan un simporte activo de H$^+$/K$^+$.

La falta de K$^+$ promueve la abundancia de transcritos de *HAK*, lo que indica que estos transportadores incrementan su actividad para adquirir el K$^+$ con bajos niveles externos de este. Recíprocamente, el suplemento de K$^+$ reduce la transcripción de estos genes. Además, su expresión es menor en presencia de Na$^+$ o NH$_4^+$. La mayor expresión de *HAK* se produce en la membrana plasmática de las células epidérmicas de la raíz. También se han localizado transportadores HAK en el tonoplasto, lo que sugiere que estos transportadores pueden movilizar K$^+$ desde la vacuola, en condiciones de deficiencia de este ion. Los transportadores HAK no actúan únicamente en la absorción de K$^+$ del suelo por las raíces, ya que se expresan en la mayor parte de los órganos de la planta (flores, frutos, tallos, hojas, etc.). Las proteínas transportadoras HAK disponen de 12 dominios transmembrana, con un largo polipéptido en forma de bucle en el citosol.

Por otra parte, la actividad de los transportadores HKT está fuertemente influida por la presencia de Na$^+$, lo que indica que actúan mediante un simporte Na$^+$/K$^+$, aunque también podría utilizar el H$^+$. Las proteínas transportadoras HKT están formadas por 8 dominios transmembrana y 4 bucles bordeando el poro.

8.9.2.2. El sistema de absorción de K$^+$ de baja afinidad

El sistema de transporte de baja afinidad (LATS) para el K$^+$ funciona predominantemente a altas concentraciones externas (por encima de 1 mM) y se considera que se realiza pasivamente a través de un canal. La absorción de cantidades considerables de K^+ mediante este sistema produce la entrada de una carga positiva neta que requiere la eliminación activa de los protones para mantener la neutralidad eléctrica y evitar una rápida despolarización de la membrana, que perdería sus propiedades eléctricas normales. El influjo de K^+ mediado por el LATS no es reducido por las altas concentraciones externas de K^+ y es insensible al NH_4^+, a diferencia de lo que ocurre con el HATS. En contraste con ello, el Na^+ inhibe el influjo de K^+ por el LATS.

Se han identificado genes que codifican para las proteínas que constituyen los canales de K^+, como son el *KAT1*, que se expresa en las células guarda de los estomas, el *AKT1*, que se expresa mayoritariamente en las raíces, y otras isoformas de *AKT*, que se encuentran en otros órganos.

Las proteínas transportadoras KAT1, AKT1 y muchos de sus homólogos tienen algunos componentes semejantes, tales como 6 dominios transmembrana, un poro localizado entre el 5.º y 6.º dominio y un sensor de voltaje en el 4.º dominio. Este último se caracteriza por contener gran cantidad de residuos cargados positivamente que reaccionan a los cambios en el potencial de membrana. Estos canales se activan cuando se hiperpolariza la membrana, permitiendo la entrada de iones K^+, que restituyen los valores normales del potencial.

Los niveles de transcripción del *AKT1* no responden a la falta de K^+, mientras que el aumento de la concentración externa de Na^+ reduce la abundancia de transcritos de este gen.

Algunos tejidos pueden disponer de canales de extrusión para el K^+ (tipo KCO) cuya principal función está relacionada con la regulación del potencial de membrana en casos de despolarización de la misma. Cuando esto sucede, los canales se abren dando lugar a la salida de K^+, lo cual repolariza de nuevo la membrana. Prediciblemente, los canales de extrusión de K^+ están constituidos por 4 dominios transmembrana y dos poros.

El gen *KCO1*, identificado en las plantas, es activado por el Ca^{2+} citosólico y se expresa en toda la planta.

8.9.3. El movimiento del K^+ en el árbol

El K^+ es muy móvil en el árbol, de forma que puede reciclarse entre las hojas y las raíces, tanto a través del xilema como del floema.

La descarga del K^+ al xilema se atribuye a la actividad del SKOR, un canal de eflujo que opera en las células del parénquima xilemático. La carga y descarga del floema podría estar mediada por el canal AKT2, pues se han presentado evidencias de que el gen responsable de su síntesis se expresa en este tejido.

En plantas bien nutridas con NO_3^-, el K^+ se cotransporta con este hacia el tallo por el xilema, pero, si la concentración de NO_3^- en el flujo xilemático es baja se cotransporta con aminoácidos. El K^+ liberado al floema desde las hojas puede constituir una señal que module el influjo de K^+ en las raíces.

El K^+ recirculado puede constituir una importante fuente de K^+, especialmente en periodos de elevada demanda de este nutriente o cuando se produce una depleción transitoria del mismo en la solución del suelo. En este sentido, y debido a su alta solubilidad y a su baja afinidad con los ligandos orgánicos, el K^+ se distribuye rápidamente entre los órganos del árbol, desplazándose especialmente desde los adultos a los jóvenes en activo desarrollo. Esto hace que, en condiciones de carencia de K^+, los primeros síntomas se produzcan en las hojas viejas (Foto 8.3).

Fotografía 8.3. Síntomas de deficiencia de potasio en las hojas. Los primeros síntomas se producen en las hojas viejas.

La movilidad del K^+ se evidencia en la evolución anual de la concentración de K en las hojas. Así, las hojas del año anterior alcanzan su nivel mínimo durante la primavera como consecuencia de su traslocación hacia los órganos fructíferos y a las nuevas brotaciones vegetativas. Por consiguiente, en sus estados iniciales de desarrollo, la concentración de K en las hojas es muy alta, disminuyendo después con su crecimiento, hasta su estabilización a partir del verano (Fig. 8.18).

8.9.4. Homeostasis del K^+

El nivel de K^+ citosólico parece mantenerse bastante estable a concentraciones alrededor de 100 mM. Sin embargo, el K^+ puede acumularse considerablemente en la vacuola, llegando a alcanzar concentraciones de hasta 500 mM. De acuerdo con ello, la vacuola actuaría como un depósito de K^+ en la célula, del que entraría o saldría en función de que su nivel en el citosol fuera alto o bajo, respectivamente, regulando así su concentración. La presencia detectada de transportadores tipo HAK y canales de extrusión KCO1 en el tonoplasto apoya esta hipótesis.

Otro posible mecanismo regulador de la concentración intracelular de K^+ es el eflujo de este ion observado en las células radicales. Este efecto es importante, pues de él depende, en parte, la eficiencia del uso del K^+ por el árbol, ya que una fuerte extrusión de K^+ desde las raíces al medio externo puede suponer una considerable pérdida de este nutriente para la planta. Sin embargo, se conoce poco acerca de los mecanismos moleculares que actúan en este proceso.

8.10. Calcio

8.10.1. Funciones del calcio en la planta

El calcio es el elemento mineral más abundante en los cítricos, pudiendo alcanzar su concentración en las hojas valores de hasta el 7 %. El ion Ca^{2+} interviene en la planta tanto a nivel estructural como funcional. Es parte integral de la pared celular, donde establece enlaces cruzados entre las moléculas de pectina, confiriéndoles estabilidad; es también indispensable para el mantenimiento de la integridad de las membranas celulares, mediante su interacción con los fosfolípidos y las proteínas de la superficie externa de la membrana; su acción sobre la membrana plasmática es necesaria para asegurar su permeabilidad selectiva, interactúa con los iones que se encuentran en la interfase entre la membrana plasmática y la pared celular, mitigando algunos efectos adversos, como pueden ser los producidos por pH muy bajos; y confiere cierta protección ante estreses producidos por elementos externos, previniendo la absorción y los efectos de iones salinos tóxicos o metales pesados.

A nivel funcional, el Ca^{2+} tiene un papel esencial en la división y expansión celular. Y nutricionalmente una correcta absorción de Ca^{2+} equilibra el balance entre los cationes mayoritarios, con la consiguiente mejora del estado nutricional del árbol.

Los cambios en la concentración citoplásmica de Ca^{2+} son el medio de transmisión de los estímulos inducidos por factores ambientales o de desarrollo a las respuestas metabólicas o fisiológicas a los mismos. Para ello, el Ca^{2+} se une a la proteína calmodulina, formando un complejo que estimula algunas actividades enzimáticas. Por ello, generalmente, se acepta que el Ca^{2+} actúa como un mensajero secundario en las células vegetales. Así, algunos enzimas importantes, como la Ca^{2+}-ATPasa, la NAD quinasa, la NAD-quinato oxireductasa y algunas proteína-quinasas, son estimulados por el complejo Ca-calmodulina. La acción se inicia cuando se produce un incremento transitorio de la concentración de Ca^{2+} en el citoplasma, lo cual hace que el Ca^{2+} se una a la calmodulina y, posteriormente, el complejo Ca-calmodulina se une al enzima, causando su activación. Por otra parte, determinados enzimas se activan tras su fosforilación mediante proteína-quinasas que, a su vez, son activadas por la Ca-calmodulina.

Los fosfoinosítidos también pueden desempeñar un papel en la transmisión de los mensajes del Ca^{2+}. El modelo de funcionamiento consiste en que un estímulo primario, que podrían originar las hormonas o la luz, interacciona con un receptor y activa la fosfolipasa C. Este enzima produce la disociación del lípido de la membrana fosfatidilinositol-4-5-bifosfato en diacilglicerol y trifosfato de inositol, y este libera Ca^{2+} del retículo endoplasmático activando, así, los enzimas dependientes de calmodulina, como las proteína-quinasas.

8.10.2. Absorción del Ca^{2+} por las raíces

Las células de la raíz absorben el calcio de la solución del suelo como ion Ca^{2+}. Puesto que la concentración de Ca^{2+} en la solución de la rizosfera está en el rango mM mientras que su concentración citosólica es del orden submicromolar, existe un considerable gradiente de potencial electroquímico para impulsar el influjo de Ca^{2+} en las células radicales.

El Ca^{2+} puede entrar en las células a través de diversos canales permeables cuya apertura está estrechamente regulada, ya que pequeños cambios en la concentración de

Ca^{2+} del citosol inducen respuestas metabólicas específicas. En la membrana plasmática de las células radicales se han identificado varios tipos de estos canales, que incluyen canales activados por la despolarización, activados por la hiperpolarización, canales de cationes insensibles al voltaje (VIC) y canales rectificadores de cationes (KORK o NORK). También es probable la presencia de canales de Ca^{2+} mecano-sensitivos o activados por el segundo mensajero. A estos canales se les atribuyen funciones en la señalización intracelular, además de contribuir a mantener el nivel basal de Ca^{2+} en el citoplasma.

La concentración de Ca^{2+} en el citosol está también regulada por Ca^{2+}-ATPasas de la membrana plasmática que lo extraen del mismo.

8.10.3. Movimiento del Ca^{2+} en la planta

El Ca^{2+} se transporta desde las raíces al tallo por el xilema, tanto como ion Ca^{2+} libre como en forma de complejos con ácidos orgánicos. La raíz debe efectuar una fuerte descarga de Ca^{2+} al xilema para cubrir las altas necesidades de este elemento en la parte aérea, especialmente de las hojas, en las que se alcanzan concentraciones muy elevadas. No obstante, el transporte en sentido radial a través de la raíz de una cantidad elevada de Ca^{2+} debe conjugarse con el mantenimiento de una baja concentración de Ca^{2+} (submilimolar) en el citosol que sea compatible con la percepción de las señales intracelulares mediadas por Ca^{2+}. Para que esto sea posible, el flujo mayoritario de Ca^{2+} debe discurrir por el apoplasto, a través del córtex de la raíz, hasta la endodermis. Para sobrepasar la banda de Caspary (véase Cap. 7, apt. 7.2.2.3), el Ca^{2+} debe entrar en el citoplasma de las células endodérmicas a través de los canales permeables al Ca^{2+} de su membrana plasmática. Las células de la endodermis están conectadas con las de los tejidos próximos mediante plasmodesmos funcionales, con lo cual el Ca^{2+} puede llegar hasta las células de la estela por el simplasto, aunque para poder ser transferido a los vasos del xilema debe ser bombeado después por las Ca^{2+}-ATPasas del plasmalema desde el citoplasma al apoplasto estelar.

La necesidad de que el Ca^{2+} atraviese el plasmalema de las células de la endodermis permite a la raíz controlar la tasa de transporte de este ion al tallo, así como ejercer una selectividad con respecto a otros iones bivalentes potencialmente tóxicos (Ba^{2+} o Sr^{2+}). Por el contrario, la selectividad de la ruta apoplástica, que es determinada por las propiedades de intercambio iónico de la pared celular, es mínima. Por consiguiente, el transporte simplástico del Ca^{2+}, aunque solo sea a nivel de la endodermis, debe establecer un proceso competitivo entre cationes bivalentes, ya que los canales de Ca^{2+} de la membrana muestran una alta selectividad para estos. Este efecto es reforzado por la posterior extrusión del Ca^{2+} al apoplasto estelar, ya que las Ca^{2+}-ATPasas muestran también una alta especificidad por los cationes, con una marcada preferencia por el Ca^{2+} sobre el Ba^{2+} o el $Sr^{2+.}$ Adicionalmente, el paso a través del plasmalema implica que el sistema de transporte debe saturarse a partir de una determinada concentración externa de estos. Sin embargo, las anteriores premisas no parecen cumplirse plenamente y, consecuentemente, un esquema basado únicamente en el desplazamiento del Ca^{2+} por el simplasto no explica algunas de las características de su transporte. En primer lugar, no se produce un efecto competitivo entre el Ca^{2+} y algunos cationes divalentes, como el Ba^{2+} o el Sr^{2+}, por el transporte al tallo, y, en segundo lugar, la cinética del transporte del Ca^{2+} no sigue un modelo saturable, como sería de esperar en un sistema mediado por proteínas transportadoras.

Todo ello indica la existencia de una ruta alternativa, exclusivamente apoplástica, para el transporte del Ca^{2+} hasta el xilema. Además, el considerable efecto de la transpiración sobre el flujo de Ca^{2+} hacia el tallo puede considerarse como una evidencia a favor del desplazamiento de este ion por el apoplasto de los tejidos de la raíz hasta alcanzar el xilema. Por último, cálculos cinéticos y termodinámicos indican que el suministro de Ca^{2+} al xilema no puede depender únicamente del flujo de este ion que llega por el simplasto desde la endodermis, ya que a las Ca^{2+}-ATPasas de las células, tanto de la endodermis como de la estela, les faltaría capacidad para bombear, desde su citoplasma al apoplasto estelar, una cantidad suficiente de Ca^{2+} para cubrir la demanda nutricional del tallo.

Puesto que la ruta simplástica, por sí sola, no parece capaz de suministrar al xilema el Ca^{2+} fisiológicamente necesario, deben coexistir separadamente un flujo simplástico de suministro de Ca^{2+} a las células de la raíz y un flujo apoplástico mayoritario para atender la demanda del tallo sin comprometer las señales intracelulares mediadas por este ion.

No obstante, el transporte del Ca^{2+}, únicamente por vía apoplástica, implica sobrepasar la banda de Caspary sin penetrar en las células de la endodermis. Esto podría realizarse por dos lugares: el primero estaría en las inmediaciones del ápice de la raíz, donde la banda de Caspary no está, todavía, plenamente desarrollada. A favor de ello juega el hecho de que el aporte de Ca^{2+} al xilema es máximo en la zona apical de la raíz donde se encuentra una alta proporción de células endodérmicas inmaduras que, no obstante, al desarrollarse restringen severamente el suministro de Ca^{2+} al xilema. El segundo está en la zona basal de la raíz, donde emergen las raíces laterales. Estas, al iniciar su desarrollo, atraviesan la endodermis, dejando un área desprovista de banda de Caspary. No obstante, este efecto es solo transitorio, puesto que, rápidamente, se deposita una nueva banda en los primordios radiales laterales, la cual se cierra con la de la endodermis de la raíz madre, formando una barrera continua.

La tasa de transporte de Ca^{2+} por el floema es muy baja, y por ello, los órganos maduros o senescentes retienen una gran cantidad de este elemento. Esta escasa movilidad del Ca^{2+} explica por qué la concentración de este elemento en las hojas aumenta con la edad de la misma, evidenciando una tendencia acumulativa (Fig. 8.18), y por qué los síntomas de deficiencia se manifiestan en las hojas jóvenes, que toman un color amarillo intenso en las áreas del limbo entre los nervios principal y secundarios (Foto 8.4).

Fotografía 8.4. Síntomas de la deficiencia de calcio en un brote. Los síntomas se producen en las hojas jóvenes.

8.10.4. Homeostasis del Ca^{2+}

En las células, el Ca^{2+} se acumula en la zona de la pared celular, en la que puede alcanzar concentraciones entre 1 y 5 mM. Estas concentraciones tan elevadas son necesarias para proteger la membrana plasmática y mantener la integridad estructural de la pared celular. Sin embargo, en el citosol, las concentraciones de Ca^{2+} libre son extremadamente bajas, manteniéndose generalmente en valores inferiores a 1 μM, y son reguladas por factores tanto internos como externos, entre ellos, las hormonas y la luz. En el interior de la célula, el Ca^{2+} se halla almacenado en el retículo endoplasmático, las mitocondrias, los cloroplastos y la vacuola. El mantenimiento de niveles adecuados de Ca^{2+} en estos orgánulos es crítico para el buen funcionamiento de la célula, por lo que su distribución está estrictamente regulada. Así, concentraciones relativamente elevadas de Ca^{2+} son dañinas para la célula debido a que este ion puede reaccionar con el fosfato inorgánico y formar un precipitado insoluble, con lo que la energía metabólica dependiente de fosfato se vería notablemente reducida.

Las plantas han desarrollado mecanismos para mantener la concentración de Ca^{2+} en el citosol mediante la coordinación de los flujos de Ca^{2+}. Estos proceden de la liberación del Ca^{2+} al citosol desde los orgánulos donde se almacena o de la absorción de este ion por la célula, lo cual suele ser contrarrestado por el eflujo desde el citoplasma al exterior de la célula o la reabsorción por los orgánulos, respectivamente. Las alteraciones en este equilibrio generan señales de Ca^{2+} en el citosol que dan lugar a respuestas fisiológicas específicas.

La vacuola es el principal orgánulo en cuanto al almacenamiento de Ca^{2+}. En este orgánulo el Ca^{2+} puede encontrarse como ion libre o formando complejos solubles con proteínas o ácidos orgánicos. También puede precipitar en forma de compuestos insolubles como oxalato, fosfato o fitato cálcico. Algunas células especializadas de las hojas pueden contener cristales de oxalato cálcico.

El hecho de que la concentración citosólica de Ca^{2+} se mantenga a concentraciones submicromolares mientras la vacuolar se encuentra en el rango milimolar implica que la absorción de este ion por la vacuola debe ser un proceso dependiente de energía. El transporte de este ion a través del tonoplasto puede realizarse mediante dos tipos de transportadores que toman el Ca^{2+} del citosol y lo introducen en la vacuola. Uno de ellos está constituido por las Ca^{2+}-ATPasas, transportadores de alta afinidad que actúan en respuesta a pequeños cambios en el Ca^{2+} citosólico. Son miembros de la familia de ATPasas tipo P, que se caracterizan por la formación de un intermediario fosforilado durante su ciclo catalítico. Estos transportadores están codificados por miembros de las familias de genes P_{2a}-*ATPasa* (*ECA*) o P_{2b}-*ATPasa* (*ACA*). El otro tipo lo componen los intercambiadores Ca^{2+}/H^+, que son transportadores de baja afinidad y alta capacidad, y que ejercen su acción tras un aumento de la concentración del Ca^{2+} citosólico. El antiporte de H^+ provee la energía necesaria para transportar el Ca^{2+} a través del tonoplasto. La estequiometría estimada para el intercambio Ca^{2+}/H^+ sería de 1 ion Ca^{2+} por 2 o 3 protones. La acidificación de las vacuolas por las bombas de protones del tonoplasto genera un acusado gradiente de H^+ a través de este, que puede ser utilizado para impulsar la absorción de Ca^{2+}. Esta función la realizan las H^+-ATPasas y las H^+-pirofosfatasas del tonoplasto, cuya actividad es crucial para el intercambio Ca^{2+}/H^+. Los antiportadores Ca^{2+}/H^+ están codificados por los genes *CAX*.

8.11. Magnesio

8.11.1. Funciones del magnesio en la planta

El magnesio participa en funciones vitales esenciales de la planta tales como la fotosíntesis, la biosíntesis de las proteínas y la transcripción del mensaje genético, de ahí que la mayor parte del Mg^{2+} de la planta se utilice para la unión y estabilización de las subunidades de los ribosomas y sea necesario en la activación de la RNA polimerasa. También interviene en el proceso de transferencia de energía metabólica en la planta, ya que las ATPasas utilizan como sustrato un complejo Mg-ATP. Adicionalmente, los iones Mg^{2+} son necesarios para la formación del ATP a partir de la fosforilación del ADP.

Aproximadamente, el 20 % del Mg total de las hojas se encuentra en los cloroplastos, en parte como constituyente de las moléculas de clorofila, y el resto localizado en el espacio intratilacoidal en forma iónica soluble. Al iluminarse el cloroplasto, el Mg pasa al estroma donde activa algunos enzimas, tales como la ribulosa-1,5-bisfosfato carboxilasa/oxigenasa (rubisco), la fosfoenol piruvato carboxilasa (PEPC) y la glutamato sintasa (GS). Adicionalmente, parece que un nivel adecuado de Mg^{2+} es necesario para la descarga de fotoasimilados en el floema y, consecuentemente, la deficiencia de este elemento inhibe la exportación de sacarosa desde las hojas.

8.11.2. Absorción del Mg^{2+} por las raíces

El Mg^{2+} se encuentra en la solución del suelo a concentraciones entre 0,1 y 10 mM, que suelen ser suficientes para proveer a las raíces de un flujo masal que satisfaga su demanda. Puesto que la concentración citosólica de Mg^{2+} no suele exceder el valor de 0,5 mM, es posible que a concentraciones elevadas en el medio externo este ion entre en la célula a través de canales permeables a los cationes. No obstante, las células radicales disponen de un sistema de transporte activo que facilita el influjo de este ion a través de la membrana plasmática a concentraciones bajas de Mg^{2+} en el medio externo. Este sistema opera mediante proteínas transportadoras del tipo MGT (MGT1) perteneciente a la familia MRS2.

8.11.3. Movimiento del Mg^{2+} en el árbol

El Mg^{2+} se transporta desde las raíces a la parte aérea por el xilema, tanto en forma de ion Mg^{2+} como unido a ácidos orgánicos mediante enlaces complejos. La tasa de transporte por el xilema está influida por la intensidad del flujo generado en este por la transpiración y por la demanda de Mg^{2+} en la parte aérea, que se refleja en su concentración en el apoplasto de las hojas.

El Mg^{2+} se transporta también por el floema, produciéndose rápidamente su traslocación desde las hojas maduras a los órganos vegetativos o fructíferos en desarrollo.

Debido a su gran movilidad, las hojas adultas son las primeras en manifestar la deficiencia de magnesio (Foto 8.5).

Fotografía 8.5. Síntoma foliar de la deficiencia de magnesio. Los síntomas se producen en las hojas del año anterior.

8.11.4. Homeostasis del Mg²⁺

El exceso de Mg^{2+} absorbido por las células se almacena en las vacuolas que actúan de reservorio de este ion. El influjo en la vacuola está mediatizado por un antiportador Mg^{2+}/H^+ (MHX), y su extrusión a través de canales de cationes permeables del tipo SV. El transportador MR11 facilita la entrada de Mg^{2+} en el cloroplasto.

8.12. Hierro

8.12.1. Funciones del hierro en la planta

La esencialidad del hierro para la planta deriva de la importancia de las proteínas a las que está unido, constituyendo un elemento fundamental para su actividad.

El Fe forma parte de las hemoproteínas, que son enzimas redox con un grupo hierro-porfirina (grupo *hemo*) como núcleo prostético. Entre estas se encuentran los citocromos, la catalasa, las peroxidasas y la nitrato reductasa. También se encuentra en las proteínas sulfo-férricas, donde 2 átomos de hierro están coordinados con 4 de azufre (2Fe-4S) procedentes de restos de cisteína. Enzimas de este tipo son la ferredoxina, la aconitasa y la superóxido dismutasa. La oxidasa del ácido aminociclopropano-1-carboxílico, que cataliza la última etapa de la síntesis del etileno, también requiere iones Fe para su actividad.

La biosíntesis de la clorofila es dependiente de Fe, ya que este elemento regula la actividad de los enzimas que catalizan tanto la biosíntesis de su precursor, el ácido levulínico, como el paso de la protoporfirina-Mg a la protoclorofílida, previo a la formación de la clorofila.

Los átomos de Fe actúan como donantes o aceptores de electrones mediante cambios reversibles en los estados redox Fe^{2+}/Fe^{3+}. Por tanto, el Fe tiene una participación importante en la respiración y en la fotosíntesis, como componente de los citocromos y la ferredoxina, que forman parte de la cadena de transporte electrónico de las mitocondrias y cloroplastos.

También interviene en otros procesos importantes como el metabolismo del nitrógeno, la síntesis de la clorofila y la producción de etileno.

Finalmente, los cloroplastos requieren elevadas cantidades de Fe para mantener la integridad estructural de las membranas tilacoidales, y, por ello, los cloroplastos son muy sensibles a la deficiencia de Fe.

8.12.2. El hierro en el suelo

El hierro es un elemento abundante en la mayoría de los suelos, donde se encuentra en proporciones que, normalmente, oscilan entre el 0,02 y el 5 %, aunque en algunos casos se puede superar este intervalo, llegando incluso a valores próximos al 10 %. Por el contrario, las arenas ácidas muy lavadas contienen cantidades muy pequeñas de hierro. De cualquier forma, la concentración de Fe total en el suelo no es indicativa de la disponibilidad del mismo para las plantas.

8.12.3. Absorción y transporte del hierro

Aunque el Fe es un elemento abundante en la mayoría de los suelos, no está en formas fácilmente disponibles para las plantas. En suelos bien aireados, con un pH próximo a la neutralidad, la concentracion de Fe^{3+} en la solución acuosa del suelo no excede de 10^{-15} M, mientras que los cítricos necesitan mantener concentraciones de Fe total del orden de 10^{-3} M para un normal crecimiento.

Para vencer estas dificultades, cuando se presentan, las plantas han desarrollado respuestas ante la deficiencia de Fe, y el comportamiento de los cítricos, al igual que otras dicotiledóneas, se encuadra dentro de lo que se denomina estrategia 1 (véase Cap. 9, apt. 9.4.2). Para mejorar la solubilidad del hierro en suelos alcalinos, las raíces pueden extruir protones a la rizosfera mediante una H^+–ATPasa estimulada por la deficiencia de Fe. Por otra parte, las plantas afectadas por la deficiencia de Fe acumulan ácidos orgánicos de bajo peso molecular (cítrico, málico…) del ciclo de Krebs, regulado por la PEPC, que exudan a la rizosfera, contribuyendo a acidificarla y, por tanto, a la reducción del Fe^{3+}. La acidificación del suelo ayuda a liberar iones Fe^{3+} y Fe^{2+} a la solución del suelo a partir de $Fe(OH)_3$.

Los iones Fe se encuentran en los suelos principalmente en forma trivalente pero son transportados al interior de la célula en estado bivalente y, por tanto, el Fe^{3+} debe ser reducido a Fe^{2+} antes de su entrada en la célula. Esto es realizado por la quelato férrico reductasa (FCR), enzima específico de la membrana plasmática de las células superficiales de la zona subapical de la raíz que, a través de ella, transporta electrones desde el NADH asociado para reducir el Fe^{3+}. Los genes de la familia *FRO* codifican los enzimas FCR. El gen *FRO2* se expresa en la membrana plasmática de las células de la raíz, y es inducido por la deficiencia de Fe^{2+}. En las raíces de los cítricos también se expresa el gen *FRO1*, que no es inducido por la deficiencia de Fe y, posiblemente, representa la actividad FCR constitutiva.

Posteriormente la absorción del ion Fe^{2+} por las células es mediado por miembros de la familia de transportadores ZIP, que incluye transportadores regulados por hierro (*IRT*). Principalmente, el Fe^{2+} es llevado al interior de la célula por el transportador de alta afinidad *IRT1*, que se expresa en las células epidérmicas de las raíces deficientes en Fe y se localiza en su membrana plasmática. En las raíces de los cítricos también se expresa constitutivamente el gen *IRT2*.

Todo ello indica que las raíces de los cítricos disponen permanentemente de una capacidad moderada, pero continua, para reducir Fe^{3+} y absorber Fe^{2+} en condiciones normales. La deficiencia de Fe estimula fuertemente las actividades anteriores, como estrategia de defensa ante esta fisiopatía.

Una vez que el Fe^{2+} ha entrado en la célula, debe unirse a compuestos quelantes que permiten que se mantenga disuelto. En este sentido, el citrato se une al Fe^{3+} y la nicotinamida (NA) forma complejos estables con el Fe^{2+} y el Fe^{3+}. Posteriormente los complejos (Fe-quelato) deben desplazarse por el simplasto, a través de las conexiones intercelulares, hasta la estela. Antes de la descarga del Fe en los vasos del xilema se requiere que este elemento pase del simplasto al apoplasto. La proteína FPT1 (o REG1) se localiza en las células de la membrana plasmática de las células de la estela, lo que sugiere que puede desempeñar un papel en la liberación del Fe con destino a los vasos del xilema.

Se acepta, de forma general, que el Fe se transporta por el xilema en forma de complejos Fe(III)-citrato. Cuando este Fe(III) llega a las hojas debe ser reducido en el exterior de las células antes de ser transportado al interior. Esta función parece realizarse por un sistema similar al que opera en las células de la raíz, ya que los genes *FRO* e *IRT* se expresan también en el tallo.

Por el floema el Fe se transporta en pequeña proporción, con lo cual la removilización desde los órganos maduros a las nuevas brotaciones en desarrollo es escasa. Para permanecer disuelto en el fluido floemático el Fe debe unirse a compuestos quelantes. En este aspecto, la proteína ITP, que se encuentra en el floema, puede unirse específicamente al Fe^{3+}, lo que sugiere que el Fe se transporta por el floema como un complejo Fe(III)-ITP.

Adicionalmente, la NA puede estar implicada en el transporte del Fe por el floema por su capacidad para formar complejos estables con el Fe^{2+} a pH fisiológicos. Es también posible que los transportadores del tipo YSL (*yellow-stripe like*) mediaticen el transporte de los complejos de Fe(III)-NA.

La baja tasa de traslocación del Fe desde las hojas viejas a las jóvenes hace que este elemento tienda a acumularse en las primeras, mientras que los síntomas de deficiencia aparecen tempranamente en las segundas (Foto 8.6). La concentración de Fe en las hojas en función de la edad de las mismas sigue una función creciente (Fig. 8.19 A), lo que corrobora la escasa capacidad de traslocación de este elemento.

Fotografía 8.6. Síntomas de deficiencia de hierro en las hojas. La deficiencia aparece en las hojas jóvenes.

Los niveles elevados de Zn^{2+} o Mn^{2+} en el medio de cultivo inducen la deficiencia de Fe en las hojas (Fig. 8.19 B). Puesto que el transportador IRT1 es capaz de transportar también iones Mn^{2+} y Zn^{2+} (aunque su afinidad por estos es menor que la que muestra por el Fe^{2+}), este efecto puede ser debido a la competencia entre estos cationes bivalentes por los lugares de unión al transportador.

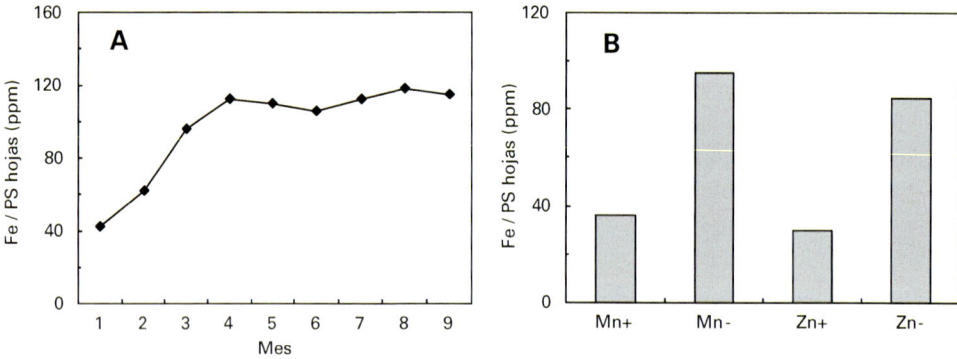

Figura 8.19. Influencia de la edad de la hoja **(A)** y de la deficiencia (–) y el exceso (+) de Mn^{+2} y Zn^{+2} **(B)** sobre la concentración foliar de Fe y su evolución.

8.12.4. Homeostasis del Fe

A partir de ciertos niveles críticos, los iones Fe pueden ser tóxicos para la célula. Una de los efectos adversos es el estrés oxidativo que se produce como consecuencia de que muchas reacciones intracelulares utilizan oxígeno molecular como aceptor de electrones, produciendo superóxido (O_2^-) o peróxido de hidrógeno (H_2O_2). Estos compuestos no son excesivamente perjudiciales para la célula, pero contribuyen a la generación de radicales hidroxilo (–OH), extremadamente reactivos. Su formación está activada por los iones hierro, según las siguientes reacciones:

$$Fe^{3+} + O_2^- \longrightarrow Fe^{2+} + O_2$$

$$Fe^{2+} + H_2O_2 \longrightarrow Fe^{3+} + OH^- + OH.$$

El radical hidroxilo es escasamente selectivo y reacciona con muchas moléculas de la célula, que incluyen ácidos nucleicos, proteínas, lípidos y azúcares

Para evitar estos efectos adversos de los iones Fe, las plantas han desarrollado mecanismos homeostáticos que incluyen una compleja trama, altamente regulada, de procesos de transporte, quelación y retención que controlan la absorción, distribución y almacenamiento del Fe, manteniendo sus concentraciones dentro de los niveles adecuados en los diferentes compartimentos celulares. La vacuola desempeña la función de acumular el exceso de Fe y, por el contrario, exportar hierro al citosol cuando el aporte de Fe desde el exterior es insuficiente. Se ha identificado un transportador vacuolar (VIT1), que se localiza en el tonoplasto y facilita el almacenamiento de Fe en este orgánulo. Por otra parte, los miembros de la familia NRAMP de proteínas de membrana pueden actuar como transportadores de iones metálicos bivalentes, con una amplia especificidad para los mismos. El gen *NRAM3* se sobreexpresa en condiciones de deficiencia de Fe y codifica una proteína localizada en el tonoplasto que libera Fe^{2+} desde la vacuola al citosol cuando el nivel de Fe en este disminuye.

Más del 80 % del Fe de las células de la hoja se concentra en los cloroplastos. El Fe se almacena en el estroma de los plástidos como fitoferritina, que es una proteína especializada en la reserva de Fe, constituida por 24 subunidades que forman una esfera hueca capaz de incorporar más de 4500 átomos de Fe en su interior. La expresión de los genes que codifican las fitoferritinas es controlada por los niveles de Fe.

8.13. Cinc

8.13.1. Funciones del cinc en la planta

La esencialidad del Zn se debe a su papel de cofactor de alrededor de 300 metaloenzimas, que incluyen las NADH-deshidrogenasas, la alcohol-deshidrogenasa, las anhidrasas carbónica y, junto con el Cu, algunas superóxido dismutasas (CuZn-SODs). El Zn contribuye al mantenimiento de la estructura y función de la membrana plasmática impidiendo la oxidación de los grupos sulfidrilo de las proteínas y la peroxidación de los lípidos. La concentración de auxinas está relacionada con los niveles de Zn, posiblemente a través de la síntesis del triptófano, precursor de la hormona. Finalmente, el Zn activa la RNA polimerasa y participa en la estabilidad del ribosoma. Ello indica su implicación en la síntesis proteica a nivel de transcripción y traducción.

8.13.2. Absorción y transporte del Zn²⁺

Las raíces de los cítricos absorben el Zn en la forma iónica Zn^{2+}. La concentración de este ion en la solución del suelo puede variar entre 10^{-10} M a pH 8 y 10^{-4} M a pH 5. En los suelos ácidos se produce una mayor liberación de Zn^{2+} a la solución, procedente de las formas insolubles, y, por ello, en estos suelos, la absorción del Zn^{2+} por las raíces es elevada. Por el contrario, las condiciones alcalinas favorecen la fijación del Zn^{2+} en el complejo arcillo-húmico así como la formación de hidróxido de cinc inasimilable por la planta, con lo que su absorción es menor. Por consiguiente, al igual que para el Fe, la acidificación de la rizosfera por la exudación de H^+ o ácidos orgánicos por las raíces aumenta la disponibilidad de Zn^{2+} para estas.

Los estudios sobre la cinética del influjo de Zn^{2+} sugieren la existencia de un sistema saturable (tipo Michaelis Menten) que operaría a concentraciones externas por debajo de 1 μM y sería inducible por la deficiencia de Zn. Para concentraciones más altas de Zn^{2+} en el medio podría operar un sistema lineal de baja afinidad.

La absorción de Zn^{2+} por las células está mediada por miembros de la familia de transportadores ZIP, algunos de los cuales (ZIP1 y ZIP3) se expresan en las raíces en condiciones de deficiencia de Zn, lo que sugiere que desempeñan una función en su absorción del suelo, y, asimismo, un incremento de la concentración de Cu^{2+} en la solución del suelo reduce la absorción de Zn^{2+} por las raíces, posiblemente por su interacción con los transportadores ZIP. El transportador IRT1, que pertenece a la misma familia, tiene capacidad para transportar diversos cationes metálicos bivalentes, y aunque esencialmente actúa como un transportador de Fe de alta afinidad, también muestra una baja afinidad para el transporte de Zn^{2+}. Posiblemente por esta razón, la deficiencia de Zn, que induce la actividad del IRT1, favorece la absorción de Fe (Fig. 8.19 B), y viceversa.

Después de ser absorbido por las células de la epidermis y el córtex de la raíz, el Zn^{2+} se desplaza vía simplástica hasta el xilema a través de los plasmodesmos. La extracción del Zn^{2+} desde las células de la estela y su descarga en el xilema parece estar mediada por transportadores de metales pesados del tipo HMA (HMA2 y HMA4), que se localizan en la membrana plasmática de las células xilemáticas. No obstante, una parte del Zn^{2+} puede desplazarse extracelularmente hasta el apoplasto de la estela, pasando por aquellas zonas donde la banda de Caspary no está plenamente formada.

Una vez descargado en los vasos xilemáticos, el Zn^{2+} es arrastrado por la corriente de transpiración hacia los organos aéreos, donde queda inmovilizado en su mayor parte, de ahí que su deficiencia se manifieste , sobre todo, en las hojas jóvenes (Foto 8.7). Sin embargo, una pequeña proporción del acumulado en las hojas maduras puede removilizarse hacia las nuevas brotaciones o a los frutos por el floema. Este transporte se realiza en forma de quelatos de Zn^{2+} con nicotinamina y, aunque los transportadores que realizan esta función no son bien conocidos, se piensa que los del grupo YSL pueden estar implicados.

8.13.3. Homeostasis del Zn^{2+}

La vacuola es el orgánulo que realiza la función de almacenar el excedente de Zn^{2+} cuando se produce una elevada incorporación de este elemento en la célula y, asimismo, la de liberarlo al citosol cuando se producen situaciones de deficiencia temporal. Los transportadores de Zn^{2+} a la vacuola pertenecen a la familia de proteínas MPT (*metal transporte protein*), de las cuales la MPT1 y la MPT3 se localizan en el tonoplasto. El trans-

Fotografía 8.7. Síntomas de deficiencia de cinc en las hojas. Los síntomas se manifiestan en las hojas jóvenes.

portador NRAMP3, también localizado en el tonoplasto, podría tener un papel relevante en la extrusión del Zn^{2+} vacuolar, ya que, aunque desempeña su principal función en la homeostasis del Fe, extrayendo Fe^{2+} de la vacuola, no es específico de un solo sustrato, y puede transportar otros iones metálicos bivalentes, como el Zn^{2+}.

Adicionalmente, los cloroplastos requieren Zn^{2+}, junto con Cu^{2+}, como cofactores de determinados tipos de superóxido dismutasas (CuZn-SODs), que catalizan la conversión de los superóxidos en peróxido de hidrógeno, evitando los daños que pudieran producir los extremadamente activos radicales hidroxilo.

8.14. Manganeso

8.14.1. Funciones del manganeso en la planta

El manganeso es un micronutriente esencial para los cítricos, ya que, en pequeñas cantidades, interviene en diversos procesos metabólicos de vital importancia.

Este elemento es particularmente importante en la fotosíntesis, ya que forma un complejo Mn-proteína que requiere un grupo de, al menos, 4 átomos de Mn para formar el centro de reacción que cataliza la oxidación del agua por la luz, transfiriendo los electrones al fotosistema II. El Mn^{2+} es también cofactor de una superóxido dismutasa, la Mn-SOD, presente en las mitocondrias, peroxisomas y cloroplastos. Y es necesario para la actividad de algunos enzimas del ciclo de Krebs (descarboxilasas y deshidrogenasas), aunque en esta acción puede ser reemplazado por el Mg^{2+}. Finalmente, desempeña una importante función en el mantenimiento de la estructura del cloroplasto, ya que su deficiencia produce específicamente la desorganización de las membranas tilacoidales.

8.14.2. Absorción y transporte del Mn^{2+}

Las raíces de los cítricos absorben el manganeso del suelo en su forma más reducida, como catión bivalente Mn^{2+}. La concentración de este ion en la solución del suelo suele variar considerablemente en función de su pH. En los suelos ácidos se produce una mayor liberación de Mn^{2+} a la solución procedente de las formas insolubles y, por ello, en estos, la absorción del Mn^{2+} por las raíces es mayor. Por el contrario, las condiciones alcalinas y oxidantes favorecen la formación de óxidos insolubles e inasimilables por la planta, con lo que la absorción de Mn^{2+} se reduce. Por consiguiente, la acidificación de la rizosfera como consecuencia de la exudación de H$^+$ o ácidos orgánicos por las raíces aumenta la disponibilidad de Mn^{2+} para estas. Los suelos fuertemente ácidos, ricos en Mn, pueden producir toxicidad en el árbol por absorción y acumulación excesiva de este elemento.

Las raíces no pueden absorber los estados oxidados Mn(III) y Mn(IV), aunque, en condiciones de deficiencia de hierro, la FCR de la membrana plasmática ve estimulada su actividad y puede reducir el Mn^{3+} a Mn^{2+}.

Como ya se ha dicho (véase apt. 8.13.2), la absorción de cationes metálicos divalentes en las células está mediada por miembros de la familia de transportadores ZIP, que incluye proteínas ZRT/IRT (transportadores regulados por cinc/transportadores regulados por hierro). Algunos transportadores ZIP parecen tener capacidad para transportar Mn^{2+}. El transportador de alta afinidad IRT1, que se localiza en la membrana plasmática de las células epidérmicas de la raíz, tiene como función principal la absorción de Fe^{2+}, aunque puede transportar también Mn^{2+}. El IRT1 podría constituir la principal vía de transporte de Mn^{2+} en plantas deficientes en Fe, pero, en este caso, la adquisición de manganeso estaría supeditada a unas determinadas condiciones ambientales.

Por consiguiente, la deficiencia de hierro incrementa la absorción de Mn^{2+}, mientras que el suplemento de iones Fe a la solución la reduce (Fig. 8.19 B). Estos efectos son, posiblemente, debidos a la inducción de la FCR y del transportador IRT1 por la carencia de Fe, y viceversa, que afectarían la absorción del Mn^{2+}. No obstante, tampoco puede descartarse que se produzca una competencia entre ambos iones por el uso de los transportadores.

Otra ruta adicional para la entrada de Mn^{2+} en la planta puede ser la que constituyen los canales de Ca^{2+} de la membrana plasmática, que pueden ser permeables a otros cationes, incluyendo el Mn^{2+}.

Una vez absorbido por las raíces, el Mn^{2+} se transporta hacia la parte aérea por el xilema, desplazándose, preferentemente, hacia los órganos jóvenes en desarrollo, donde queda fijado en su mayor parte. Por ello, la tasa de traslocación del manganeso por el floema, desde las hojas maduras hacia las nuevas brotaciones, es limitada y su deficiencia se muestra en las brotaciones jóvenes (Foto 8.8).

8.14.3. Homeostasis del Mn^{2+}

El Mn^{2+} es tóxico para los cítricos cuando se acumula en los tejidos por encima de determinados niveles. Por ello, las plantas han desarrollado mecanismos para contrarrestar

Fotografía 8.8. Síntomas de deficiencia de manganeso en las hojas. Su deficiencia se muestra en las brotaciones jóvenes.

la toxicidad de este ion, inactivándolo por unión, mediante enlaces complejos, a compuestos orgánicos para formar quelatos naturales, o secuestrándolo en compartimentos internos. A nivel celular, el Mn^{2+} se acumula predominantemente en la vacuola y, en menor extensión, en los cloroplastos. También puede encontrarse Mn^{2+} en otros orgánulos, como el retículo endoplasmático, aunque su acumulación en estos es mucho menor.

La incorporación del Mn^{2+} a la vacuola podría efectuarse a través de antiportadores catión/H^+ localizados en el tonoplasto, que son codificados por miembros de la familia de genes *CAX*. Concretamente, el transportador CAX2 es el que desempeña el papel principal en la absorción de Mn^{2+} por la vacuola. Por otra parte, el transportador NRAMP3, localizado en el tonoplasto, tiene como función la liberación de iones metálicos bivalentes desde la vacuola al citosol, mostrando una amplia especificidad para los mismos, que incluiría el Mn^{2+}.

El Mn^{2+} interviene en la homeostasis del Fe, ya que este elemento a concentraciones elevadas genera especies reactivas de oxígeno al reaccionar con H_2O_2 para formar radicales hidroxilo, mientras que el Mn^{2+}, como cofactor de la Mn-SOD, contribuye a la detoxificación de aquellas.

8.15. Cobre

8.15.1. Funciones del Cu en la planta

La esencialidad del cobre se debe, fundamentalmente, a su presencia en diversas proteínas implicadas en procesos de oxireducción. La más abundante de ellas es la plastocianina, una proteína cloroplástica que actúa en la fotosíntesis, transfiriendo los electrones desde el complejo citocromo b6f al fotosistema I. Otra de ellas es la citocromo C oxidasa, un enzima respiratorio que cataliza la transferencia de electrones hasta el oxígeno en las mitocondrias.

El Cu es también cofactor de algunas proteínas (CuZn-SOD) que protegen a la célula de las especies reactivas de oxígeno.

Asimismo, el Cu interviene en la lignificación como componente de las fenolasas, que catalizan la oxidación de los fenoles, generando algunos precursores de la biosíntesis de la lignina.

Los receptores de etileno requieren Cu para unirse a este.

8.15.2. Absorción y transporte del Cu en la planta

La forma mayoritaria de cobre en la solución acuosa del suelo es como ion Cu^{2+}, sin embargo, las plantas lo toman principalmente como ion Cu^+. Por consiguiente, antes de su entrada en la célula, el Cu^{2+} debe ser reducido a Cu^+, siendo esta función realizada por la reductasa férrica codificada por el gen *FRO2*. La absorción del suelo es llevada a cabo por el transportador COPT1, que se encuentra en la membrana plasmática de las raíces, donde su expresión es estimulada por la deficiencia de Cu. No obstante, las raíces podrían absorber una proporción limitada de Cu como Cu^{2+} a través de algunos transportadores de la familia ZIP, que son sobrerregulados por la deficiencia de Cu (ZIP2 y ZIP4).

Después de su absorción, los iones Cu son quelatados por moléculas específicas, antes de ser transferidos a los transportadores de los orgánulos o a las proteínas citosólicas dependientes de Cu.

La posterior extracción del Cu del simplasto de la raíz previa a su descarga en el xilema se realiza a través del transportador HMA5 (una ATPasa tipo P), que se expresa mayoritariamente en la raíz y es fuertemente inducido de forma específica por el exceso de Cu. Probablemente, el Cu se desplaza desde la raíz al tallo en forma de quelato con nicotinamina. Este compuesto podría ser utilizado también para la posterior removilización del Cu hacia los órganos nuevos, por el floema, mediatizada por transportadores del tipo YSL.

8.15.3. Homeostasis del Cu

Puesto que un exceso moderado de Cu puede causar daños en el citosol, las células utilizan mecanismos de exportación y quelación para evitarlos. La extrusión de Cu de las células se asocia a la actividad del transportador HMA5, localizado en la membrana plasmática. Asimismo, determinadas metalo-proteínas ricas en cisteína pueden secuestrar el Cu, tamponando su concentración citosólica. Por otra parte, algunas metalo-chaperonas citosólicas parecen estar implicadas en el transporte a través de los plasmodesmos, facilitando el desplazamiento del Cu por vía simplástica.

Los cloroplastos requieren Cu para la plastocianina y como cofactor de la CuZn-SOD. Se han identificado dos miembros de la familia de transportadores de Cu del tipo P_{1B}-ATPasa, el HMA6 (PAA1) y el HMA8 (PAA2), que son necesarios para el suministro de Cu a la plastocianina. PAA1 se localiza en la cubierta interna del cloroplasto y PAA2 en los tilacoides. Adicionalmente, el transportador HMA1, localizado en la cubierta del cloroplasto, es una bomba de Ca^{2+}, cuya actividad ATPasa es estimulada por el Cu y el Zn. Este transportador desempeña una función especializada en el suministro de Cu a la superóxido dismutasa.

El Cu participa en la cadena de transporte electrónico respiratorio. Los transportadores que regulan su aporte a la mitocondria no han sido bien identificados, aunque la chaperona Cox17 está implicada en este proceso.

8.16. Boro

8.16.1. Funciones del boro en la planta

La mayor parte del B de la planta se encuentra unido a las paredes celulares mediante enlaces éster del ácido bórico con los grupos cis-diol de dos moléculas de ramnogalacturonano II. Esto indica su implicación en el mantenimiento de la estructura de la pared celular y, posiblemente, también participa en la formación y en la expansión de la misma. En este sentido, la deficiencia de B reduce la actividad de diversos enzimas hidrolíticos de la pared celular, tales como xiloglucano endotransglicosilasa/hidrolasas, expansinas, pectin-metilesterasas, poligalacturonasas y pectato liasas, que desempeñan un papel fundamental en el alargamiento celular. Como consecuencia de ello, la falta de B causa la detención del crecimiento de los meristemos apicales de las raíces y yemas.

La deficiencia de B afecta la expresión de algunos genes relacionados con aspectos funcionales de la membrana plasmática, como son los que codifican para varias arabinogalactano-proteínas. Se ha propuesto que el B podría unirse también a los grupos cis-dioles que se encuentran en las membranas (principalmente en azúcares, glicolípidos o asociados a proteínas). La formación de complejos estables B-membrana, localizados en lugares concretos de esta, daría lugar a dominios fisiológicamente activos con funciones específicas.

La deficiencia de B reduce los niveles de ascorbato y glutatión, mediante la inhibición de la actividad de enzimas tales como la ascorbato peroxidasa y la glutatión reductasa. Puesto que la disminución de la síntesis de estos dos compuestos se ha asociado a la generación de especies tóxicas de O_2^-, el B parece estar también relacionado con la protección ante el estrés oxidativo.

Otros efectos de la carencia de B son la acumulación de compuestos fenólicos, como consecuencia de la activación del enzima fenilalanina-amonio liasa, y la acumulación de nitrato, como consecuencia de la reducción de la actividad de la nitrato reductasa

El B se ha asociado también con el metabolismo de los carbohidratos y con el crecimiento del tubo polínico.

8.16.2. Absorción, transporte y homeostasis del B

El B es absorbido por las raíces en forma de ácido bórico no disociado, cuyas concentraciones en el suelo, expresadas como B asimilable, se encuentran entre 0,1 y 3 ppm, que por regla general son valores muy inferiores a los del B total.

Inicialmente se asumió que la difusión del BO_3H_3 a través de la membrana plasmática constituía el principal mecanismo para la absorción del B por las células, sobre la base de la alta permeabilidad de la doble capa lipídica de la membrana al ácido bórico no disociado. Así pues, cuando la concentración externa de B está en un nivel adecuado o excesivo, la absorción del B tiene lugar mediante absorción pasiva del BO_3H_3. En consecuncia, la incorporación del B a la célula es el resultado de un proceso no metabólico determinado por la concentración externa de BO_3H_3, la permeabilidad celular, la formación de complejos con el B en la raíz, la traslocación de B en la planta y la tasa de transpiración.

Sin embargo, en condiciones de deficiente disponibilidad de B, el influjo pasivo de B parece ser insuficiente para cubrir su demanda por la planta, por lo que la absorción de B debe ser facilitada por un proceso metabólicamente activo que utilice un transportador inducible.

El principal canal implicado en la absorción de BO_3H_3 es el NIP5:1, el cual facilita el influjo de B en las células de la raíz. Este se encuentra localizado en la membrana plasmática de las células de la epidermis, del córtex y de la endodermis. El NIP5:1 es necesario para la incorporación de B desde la superficie de la raíz, de modo que el gen que codifica para este aumenta fuertemente su expresión en condiciones de deficiencia de B; por el contrario, la presencia de altas concentraciones la reduce, impidiendo la acumulación de niveles tóxicos de B en los tallos. El NIP6:1 actúa en la transferencia de B del xilema al floema, distribuyendo este nutriente a los tejidos jóvenes en desarrollo.

Por otra parte, BOR1 es una proteína de la membrana plasmática con capacidad para exportar $BO_3H_3/B(OH)_4^-$ fuera de las células de la raíz, regulando su concentración en las mismas. El gen que codifica para el BOR1 se expresa predominantemente en las células del periciclo de las raíces y está implicado en la carga de B en el xilema. En condiciones de deficiencia de boro, este gen se sobreexpresa, aumentando así el transporte de este elemento desde las raíces a los tallos. La proteína BOR4 es un transportador que facilita un eflujo activo de B a través de la membrana plasmática, de modo que, cuando las plantas se exponen a altas concentraciones de B, su actividad aumenta considerablemente, bombeándolo fuera de la célula y mitigando, así, su toxicidad en el citoplasma.

Otro mecanismo de protección frente a la toxicidad de B se lleva acabo a través de su compartimentación vacuolar, que se ha relacionado con la actividad del transportador TIP5, un miembro de la familia de las acuaporinas localizado en el tonoplasto. En estas condiciones el gen *TIP5* se sobreexpresa y, con ello, reduce la concentración de B en el citoplasma y lo acumula en la vacuola, confiriendo tolerancia a niveles tóxicos de B. En el Capítulo 9 (apt. 9.3.2) se da una visión más profunda de los mecanismos de tolerancia al exceso de B.

El B apenas se retrasloca por el floema, y, por tanto, se acumula progresivamente en las hojas al envejecer estas, pudiendo causar una grave toxicidad en las mismas si se alcanzan niveles excesivos. Su deficiencia se manifiesta en las hojas jóvenes; en las maduras los nervios se ensanchan, amarillean y suberifican. También produce una proliferación de yemas que originan brotes múltiples. Y en los frutos da lugar a bolsas de goma en el albedo y eje central (Foto 8.9).

Fotografía 8.9. Sintomatología de deficiencia de boro en las hojas viejas, en el número de yemas y la brotación y en el fruto.

8.17. Molibdeno

8.17.1. Funciones del molibdeno en la planta

Para adquirir actividad biológica el molibdeno debe formar un complejo con una molécula ogánica, la pterina, con la que constituye un grupo prostético denominado cofactor molibdeno (Moco). En las plantas se conocen, hasta el momento, cinco enzimas dependientes de Mo: nitrato reductasa (NR), sulfito oxidasa (SO), xantina dehydrogenasa (XDH), aldehído oxidasa (AO) y amidoxima reductasa mitocondrial (mARC). Estos Mo-enzimas catalizan reacciones redox, en las que la transferencia de dos electrones hace que el átomo de Mo cambie su estado de oxidación entre IV y VI. Estos enzimas son proteínas homodiméricas que funcionan solo como dímero pero no como monómero. Todas ellas están asociadas a una cadena de transporte electrónico formada por diferentes grupos prostéticos (FAD, hemo, Fe-S y Moco) que se unen a dominios separados de cada monómero.

La biosíntesis del Moco es un proceso de cuatro pasos que implica la interacción de 6 genes que codifican otras tantas proteínas. Después de su síntesis el Moco debe ser transferido a las apoproteínas de las Mo-enzimas, para lo cual debe unirse a una proteína transportadora específica para Moco, la cual también participa en su inserción en la apoproteína. Esta proteína sirve, además, para proteger al Moco de la oxidación y almacenarlo, para poder suplir su demanda cuando la célula lo requiere. Se ha identificado una familia de proteínas con capacidad de unirse al Moco (MoBP).

Por consiguiente, como componente de los anteriores enzimas, el Mo participa en el metabolismo del N (primer paso de la reducción del NO_3^-) y del S (formación del SO_4), el catabolismo de las purinas y la biosíntesis del AIA.

8.17.2. Absorción, transporte y homeostasis del Mo

El Mo es absorbido por las plantas en forma de ion $MoO_4^=$, que normalmente se encuentra disponible en la solución del suelo a concentraciones que oscilan alrededor de 0,2 ppm.

La absorción del molibdato por las células radicales podría realizarse inespecíficamente por transportadores de aniones del plasmalema, posiblemente en sustitución del fosfato o el sulfato. Esto no está en contraposición con la existencia de un sistema de transporte activo para el molibdato, ya que se ha encontrado que la proteína MOT1, localizada en las membranas, es capaz de transportar molibdato a través de estas, presentando una ultra alta afinidad para el mismo (con valores de Km del orden nM). La vacuola se ha postulado como un importante lugar de almacenamiento de molibdato y se ha identificado otro transportador para este en el tonoplasto (MOT2).

Además del secuestro del Mo para la formación del Moco, este elemento puede formar quelatos con las antocianinas o el ácido málico. Estos complejos orgánicos incrementan, posiblemente, la tolerancia de la planta a la toxicidad por altas concentraciones de Mo.

La deficiencia de Mo en las hojas solo se manifiesta en los casos muy pronunciados, provocando la aparición de manchas amarillas de forma redonda u ovalada, bien delimitadas e irregularmente repartidas por el haz (Foto 8.10).

Fotografía 8.10. Síntoma de deficiencia de molibdeno en las hojas.

Bibliografía consultada

Akao S, Kubota S, Hayashida M. 1978. Utilization of Reserve Nitrogen, Especially, Autumn Nitrogen, by Satsuma Mandarin Trees during the Development of Spring Shoots (I). *Journal of the Japanese Society for Horticultural Science* 47: 31-38.

Bonilla I. 2008. Introducción a la nutrición mineral de las plantas. Los elementos minerales. En: J Azcón-Bieto, M Talón (Eds.), *Fundamentos de Fisiología Vegetal,* 2.ª ed., McGraw-Hill-Interamericana de España. Madrid, España, pp. 103-121.

Brown PH, Bellaloui N, Wimmer MA, Bassil ES, Ruiz J, Hu H, Pfeffer F, Dannel F, Römheld V. 2002. Boron in plant Biology. *Plant Biology* 4: 205-223.

Bucher M. 2007. Functional biology of plant phosphate uptake at root and mycorrhiza interfaces. *New Phytologist* 173: 11-26.

Burkhead JL, Gogolin-Reynolds KA, Abdel-Ghany SE, Cohu Ch M, Pilon M. 2009. Copper homeostasis. *New Phytologist* 182: 799-816.

Camanes G, Cerezo M, Primo-Millo E, Gojon A, García-Agustín P. 2009. Ammonium transport and CitAMT1 expression are regulated by N in *Citrus* plants. *Planta* 229: 331-342.

Cerezo M, Camañes G, Flors V, Primo-Millo E, García-Agustín P. 2007. Regulation of nitrate transport in citrus rootstocks depending of nitrogen availability. *Plant Signaling and Behavior* 2: 337-342.

Chapman HD. The mineral nutrition of citrus. En: W Reuthe, LD Batchelor, HJ Webber (Eds.),- *The Citrus Industry*, vol. II. University of California, pp. 127-289.

Embleton TW, Jones WW, Labanauskas CK, Reuther W. 1973. Leaf analysis as a diagnostic tool and guide to fertilization. En: W Reuther (Ed.), *The Citrus Industry*, vol. III. University of California, pp. 183-210.

Fernández JA, García-Sánchez MJ, Maldonado JM. 2008. Absorción y transporte de nutrientes minerales. En: J Azcón-Bieto, M Talón (Eds.). *Fundamentos de Fisiología Vegetal*, 2.ª ed., McGraw-Hill-Interamericana de España, Madrid, España, pp. 123-142.

García-Martínez JL, Moreno J. 1986. Proteolysis of ribulose-1, 5-bisphosphate carboxylase/oxygenase in *Citrus* leaf extracts. *Physiologia Plantarum* 66: 377-383.

González Sicilia E. 1968. *El cultivo de los agrios.* Ed. Bello, Valencia. 814 pp.

Haydon MJ, Cobbett ChS. 2007. Transporters of ligands for essential metal ions in plants. *New Phytologist* 174: 499-506.

Hell R, Stephan UW. 2003. Iron uptake, trafficking and homeostasis in plants. *Planta* 216: 541-551.

Intrigliolo F, Roccuzzo G. 2009. Nutrizione minerale e fertilizzazione. En: V Vacante, F Calabrese (Eds.), *Citrus. Trattato di Agrumicoltura.* Edagricole, Milán, Italia, pp. 217-243.

Kato T, Kubota S. 1982. Effects of low temperature in autumn on the uptake, assimilation and partitioning of nitrogen in citrus trees. *Journal of the Japanese Society for Horticultural Science* 51: 1-8.

Kato T, Kubota S, Bambang S. 1982. Uptake of ^{15}N-nitrate by citrus trees in winter and repartitioning in spring. *Journal of the Japanese Society for Horticultural Science* 50: 421-426.

Legaz F, Primo-Millo E, Gil C, Primo-Yufera E, Rubio JL. 1982. Nitrogen fertilization in citrus: I. Absorption and distribution of nitrogen in calamondin trees (*Citrus mitis* Bl.), during flowering, fruit set and initial fruit development periods. *Plant and Soil* 66: 339-351.

Legaz F, Serna MD, Primo-Millo E. 1995. Mobilization of the reserve N in citrus. *Plant and Soil,* 173: 205-210.

Moreno J, García-Martínez JL. 1984. Nitrogen accumulation and mobilization in *Citrus* leaves throughout the annual cycle. *Physiologia Plantarum* 61: 429-434.

Pittman JK. 2005. Managing the manganese: molecular mechanisms of manganese transport and homeostasis. *New Phytologist* 167: 733-742.

Pittman JK. 2011. Vacuolar Ca^{2+} uptake. *Cell Calcium* 50: 139-146.

Primo-Millo E. 2017. *Fundamentos fisiológicos de la Citricultura*. Tecnidex, Fruit Protection, SAU. Valencia. España. 697 pp.

Quiñones A, Martínez-Alcántara B, Primo-Millo E, Legaz F. 2012. Fertigation. Concept and application in citrus. En: AK Srivastava (Ed.), *Advances in Citrus nutrition*. Springer Berlin. Heilderberg, Alemania, pp. 281-302.

Sorgonà A, Cacco G. 2002. Linking the physiological parameters of nitrate uptake with root morphology and topology in wheat (*Triticum durum*) and citrus (*Citrus volkameriana*) rootstock. *Canadian Journal of Botany* 80: 494-503.

Touraine B, Daniel-Vedele F, Forde BG. 2001. Nitrate uptake and its regulation. En: PJ Lea, J. Morot-Gaudry (Eds.), *Plant Nitrogen*. Springer Berlin. Heidelberg, Alemania. pp. 1-36.

Véry AA, Sentenac H. 2003. Molecular mechanisms and regulation of K^+ transport in higher plants. *Annual Review of Plant Biology* 54: 575-603.

White PJ. 2001. The pathways of calcium movement to the xylem. *Journal of Experimental Botany* 52: 891-899.

CAPÍTULO 9
Fisiopatías

9.1. Introducción

Las fisiopatías se definen como estreses de origen abiótico que sufren las plantas como consecuencia de determinadas características adversas del medio. Si no se tratan adecuadamente con medidas correctoras, limitan la producción, con el consiguiente perjuicio sobre la rentabilidad del cultivo. Las principales fisiopatías que afectan a los cítricos son la salinidad, la clorosis férrica y la asfixia radicular, que se encuentran difundidas por extensas zonas citrícolas del mundo. La sequía y el exceso de B son, asimismo, fisiopatías de importancia en algunas áreas de cultivo.

9.2. Salinidad

9.2.1. Respuestas fisiológicas a la salinidad

Los cítricos constituyen un cultivo sensible a la salinidad y, consecuentemente, la presencia de altas concentraciones de NaCl en el medio en que se desarrollan las raíces causa a sus árboles importantes alteraciones fisiológicas.

Las respuestas de los cítricos a la salinidad son inducidas por dos componentes o fases inherentes a las soluciones salinas:

- Los efectos iniciales de la salinización (fase I) se atribuyen al estrés hídrico producido en la planta por la reducción del potencial hídrico del suelo debida al componente osmótico de la solución salina.
- Los efectos posteriores (fase II) están relacionados con la toxicidad causada por la acumulación de iones salinos en las hojas.

En la fase I el estrés hídrico se produce inmediatamente después de que la concentración de las sales en la solución del suelo en contacto con las raíces aumenta, alcanzando un nivel crítico (alrededor de 40 mM de NaCl) que desencadena una serie de eventos fisiológicos en el árbol. El primero de ellos es la disminución de la apertura estomática (Fig. 9.1). Este efecto se ha relacionado con un fuerte incremento de la concentración de ácido abscísico (ABA) que aparece en las raíces, fluido xilemática y hojas (Fig. 9.1) después de un fuerte shock osmótico inferido por una alta concentración de NaCl. El incremento de la concentración de ABA en las hojas coincide con una drástica reducción de la conductancia estomática (Fig. 9.2 A). Por tanto, bajo condiciones salinas, el ABA sintetizado en las raíces es transportado, vía xilema, a las hojas, donde cierra los estomas. Esta reducción de la conductancia estomática inducida por la salinidad causa una disminución de la transpiración y de la asimilación neta de CO_2, tanto más intensas cuanto mayor es la concentración de NaCl (Fig. 9.2 B y C). En este aspecto se ha encontrado una estrecha relación entre los valores de conductancia estomática obtenidos con diferentes niveles de salinización y los correspondientes valores de asimilación neta de CO_2 (Fig. 9.2 D), lo que sugiere que la reducción de la fotosíntesis se debe mayoritariamente al cierre estomático. Sin embargo, a pesar de que la asimilación neta de CO_2 disminuye al hacerlo la conductancia estomática, los valores de la concentración intercelular de CO_2 (Ci) se mantienen o incluso aumentan en las hojas salinizadas. Los niveles de Ci relativamente más elevados se asocian a alteraciones en la anatomía de las hojas o a cambios en la fluorescencia de la clorofila, que indican un posible desacoplamiento de la cadena de transporte electrónico en las hojas salinizadas. Este efecto debe considerarse también como parcialmente responsable de la disminución de la capacidad fotosintética de las plantas con estrés salino.

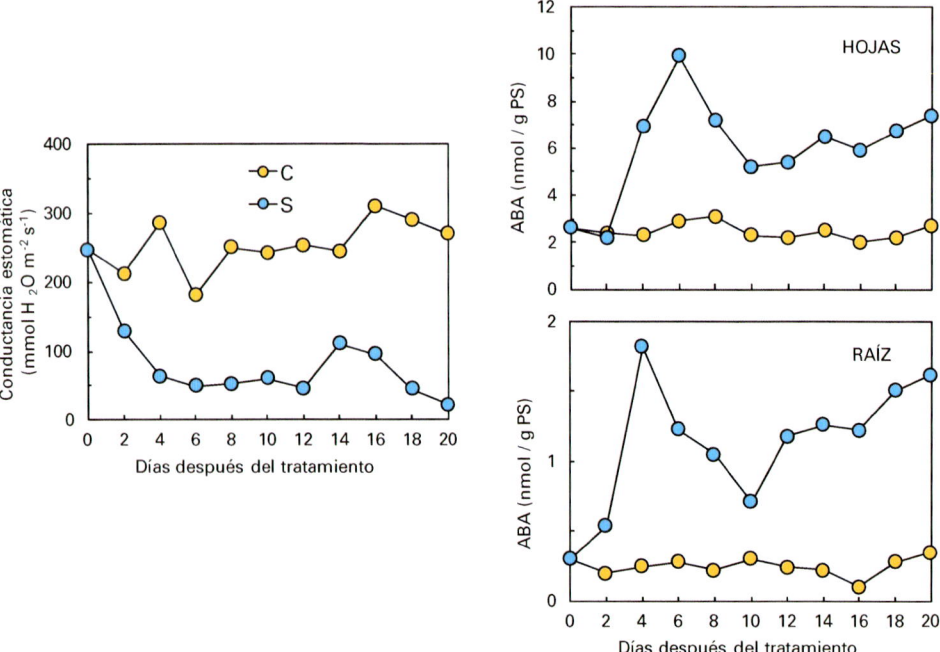

Figura 9.1. Efecto del estrés salino sobre la conductancia estomática y la concentración de ácido abscísico (ABA) en hojas y raíces de plántulas de citrange Carrizo tratadas (S) y no tratadas (C) con 200 mM de NaCl en la solución nutritiva.

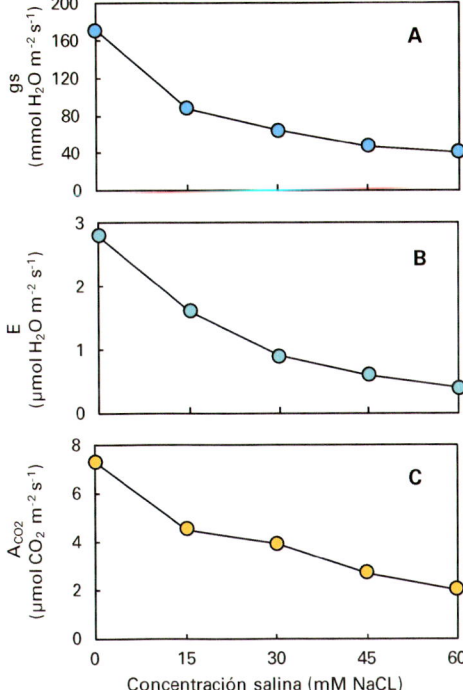

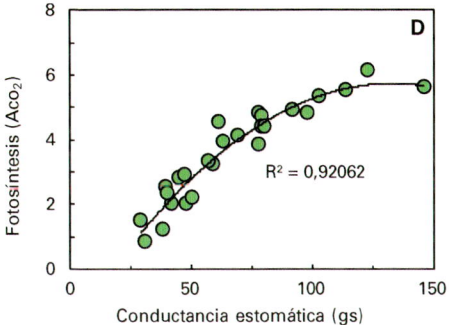

Figura 9.2. Efecto de la concentración creciente de NaCl sobre los parámetros de intercambio gaseoso en hojas de naranjo. **(A)** conductancia estomática (gs: mmol H_2O m^{-2} s^{-1}), **(B)** transpiración (E: µL H_2O m^{-2} s^{-1}), **(C)** asimilación neta de CO_2 (Aco$_2$: µmol CO_2 m^{-2} s^{-1}), **(D)** relación entre la conductancia estomática y la asimilación neta de CO_2. Valores para hojas cultivadas en solución nutritiva con concentraciones crecientes de NaCl durante 6 semanas.

El efecto osmótico del NaCl a elevadas concentraciones causa una acusada reducción del potencial hídrico de las hojas. Dicha reducción es compensada por una disminución del potencial osmótico de las hojas, debido principalmente a la acumulación de Cl⁻ y Na⁺ en estas (Fig. 9.3). Este efecto permite a las hojas salinizadas mantener la turgencia con valores semejantes, e incluso superiores, a los de las hojas normales. Tal fenómeno se denomina ajuste osmótico e impide la deshidratación de las hojas a pesar de las condiciones hídricas adversas impuestas por la salinidad.

Figura 9.3. Efecto del NaCl (60mM) en la solución nutritiva sobre las relaciones hídricas en las hojas de naranjo dulce durante un periodo de 6 semanas. C: hojas control; S: hojas salinizadas; PH: potencial hídrico; PO: potencial osmótico; PT: potencial de turgencia.

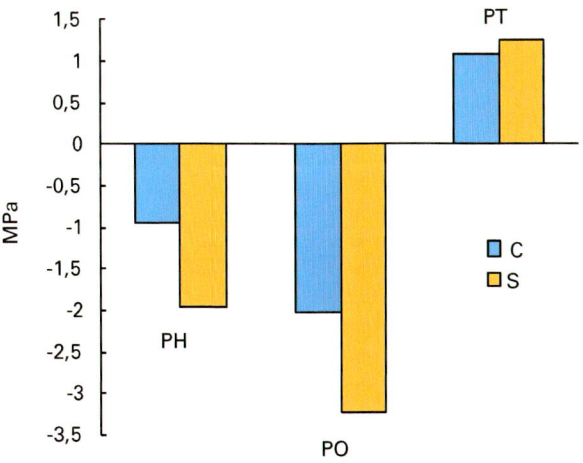

En la fase II la toxicidad específica debida a los iones salinos aparece más tarde, a medida que se van acumulando concentraciones elevadas de estos en las hojas de mayor edad. Diversas evidencias indican que los daños provocados por la sal en los cítricos se deben principalmente a la toxicidad del ion Cl⁻, tal como se puso de manifiesto en experimentos en que estas plantas se trataron con diferentes tipos de sales que contenían los iones Cl⁻ y Na⁺ por separado.

El estrés salino produce abundante defoliación (Foto 9.1), habiéndose demostrado una clara relación entre la concentración de Cl⁻ en las hojas y su tasa de abscisión. Estas se vuelven inicialmente amarillas, lo que es un síntoma de la degradación de la clorofila, y posteriormente la intoxicación produce manchas necróticas en los ápices y los bordes donde, probablemente, se retiene el ion Cl⁻ (Foto 9.1). Finalmente, la producción de etileno inducida por la elevada concentración de Cl⁻ provoca su abscisión.

Fotografía 9.1. Árboles de una plantación de mandarina Satsuma afectados de salinidad mostrando su defoliación y síntomas en hojas de naranjo dulce. En estados avanzados los bordes y el ápice de estas se necrosan.

9.2.2. Crecimiento y productividad en condiciones de estrés salino

La salinidad disminuye la capacidad fotosintética de la planta, tanto por la reducción del intercambio gaseoso debido al cierre de los estomas, como por los daños en las hojas y la defoliación. La consecuencia es la reducción del desarrollo vegetativo, que es proporcional a la concentración total de sales solubles o al potencial osmótico de la solución del suelo. No obstante, el grado de inhibición del crecimiento por la sal varía considerablemente entre las especies de cítricos y su combinación con el patrón; por tanto, la intensidad de la respuesta depende, en parte, de la sensibilidad propia de cada genotipo (Fig. 9.4).

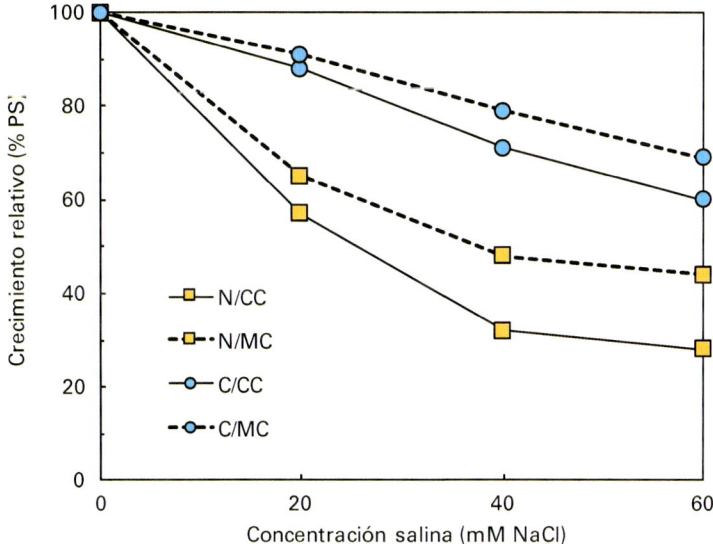

Figura 9.4. Efecto de la concentración salina sobre el crecimiento relativo al control (0 NaCl) de árboles cítricos con diferentes combinaciones injerto/patrón. N/CC: naranjo dulce/citrange Carrizo; N/MC: naranjo dulce/mandarino Cleopatra; C/CC: mandarino Clementino/citrange Carrizo; C/MC: mandarino Clementino/mandarino Cleopatra. Valores para un periodo de 8 semanas.

El estrés salino reduce significativamente la cosecha de los árboles. Este efecto es consecuencia de la disminución del número de frutos producidos por árbol, ya que el tamaño de estos raramente se ve afectado por la salinidad.

Se ha propuesto que para salinidades que provoquen daños aceptables dentro de un margen compatible con el cultivo, la reducción de la cosecha es función de la concentración de sales en la solución del suelo, según la siguiente ecuación:

$$P = 100 - b \, (EC_{es} - a),$$

en la que P es la producción relativa respecto a la normal en condiciones no salinas; EC_{es} es la conductividad eléctrica del extracto de saturación del suelo tomado de la zona radicular (expresado en dS m^{-1} = mmhos cm^{-1}); a es el límite de conductividad (en dS m^{-1}) por debajo del cual la cosecha no responde a la salinidad; y b es la pendiente expresada en % por dS m^{-1}. El valor de a se ha estimado en alrededor de 1,4 dS m^{-1}, y el de b sobre el 13 % por cada unidad de conductividad (en dS m^{-1}) que sobrepasa el valor de a.

En ocasiones, los efectos de la salinidad del agua de riego sobre la producción pueden tardar varios años en manifestarse.

9.2.3. Influencia de la salinidad en la nutrición: interacciones iónicas

La salinización supone la incorporación a la solución del suelo de cantidades importantes de iones Na^+ y Cl^- que interfieren la absorción por las raíces de otros cationes y aniones. Por consiguiente, el balance nutricional en los órganos de la planta es alterado por el NaCl, que, generalmente, conlleva la disminución de los niveles de los principales cationes (Ca^{2+}, K^+ y Mg^{2+}) y aniones (NO_3^- y PO_4^{3-}) en hojas y raíces, asociada al aumento de los contenidos de Na^+ y Cl^-.

A continuación, se revisan las principales interacciones entre iones en condiciones salinas.

9.2.3.1. Efecto de la salinidad sobre la absorción del nitrato

La salinidad reduce la eficiencia del uso del $N-NO_3^-$ por los cítricos. A bajas concentraciones de NO_3^-, el Cl^- inhibe competitivamente la absorción de NO_3^-; sin embargo, a altas concentraciones, su absorción es insensible al Cl^- externo, pero es reprimida por los pretratamientos con soluciones de NaCl (Tabla 9.1). Esto indica que, dependiendo de la concentración externa de NO_3^-, su inhibición se produce, tanto por el antagonismo de ambos iones en la solución del suelo, como por efecto de la concentración endógena de Cl^- en las células de la raíz.

Tabla 9.1. Efecto del pretratamiento, durante 21 días, con diferentes concentraciones de NaCl (0, 30, 60 y 120 mM), sobre la concentración de Cl^- en los órganos de la planta (raíces y hojas) y la tasa de absorción de NO_3^- por las raíces

Pretratamiento [NaCl] mM	[Cl^-] μmol g^{-1} PS		Absorción radical $^{15}NO_3^-$ (μmol g^{-1} PS h^{-1})
	Raíces	Hojas	
0	200	76	1,90
30	259	169	0,99
60	299	507	0,65
120	338	873	0,39

9.2.3.2. Efecto de la salinidad sobre la absorción de potasio y calcio

El incremento de la concentración de NaCl en el medio de cultivo produce un aumento de la concentración de Na^+ en las raíces que se asocia a la reducción de la absorción de los principales cationes (K^+ y Ca^{2+}) (Fig. 9.5 A). Este efecto produce una disminución de la concentración de estos elementos en las hojas, al mismo tiempo que aumenta la de Na^+ (Fig. 9.5 B).

De acuerdo con ello, el Na^+ antagoniza la entrada del K^+ al interior de las células, lo que hace que la tasa de absorción de K^+ por la raíz disminuya a medida que aumenta la concentración externa de Na^+. Al mismo tiempo, se ha propuesto que el Ca^{2+} puede estar involucrado en el proceso, puesto que este ion constituye un importante factor en el man-

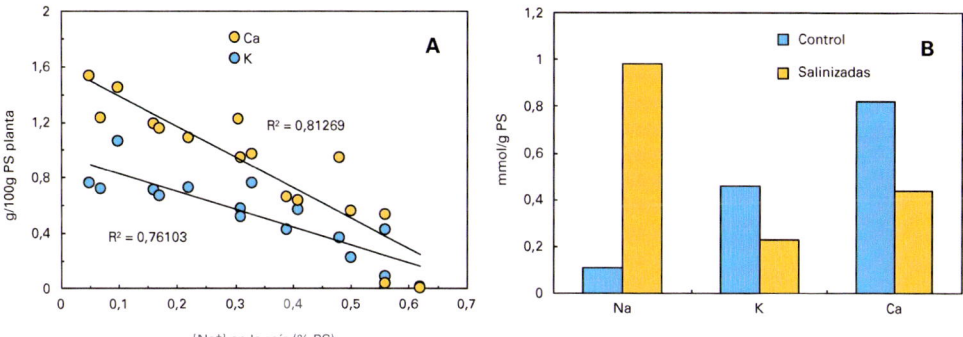

Figura 9.5. Relación entre la concentración de Na en la raíz y la absorción de calcio y potasio **(A)** y contenido en las hojas de Na, K, y Ca tras 8 semanas de aplicación de NaCl (60 mM) **(B)**. Valores para el naranjo dulce injertado sobre mandarino Cleopatra.

tenimiento de la integridad de la membrana y en la regulación del transporte de iones. Así pues, el Na^+ desplazaría al Ca^{2+} de la membrana plasmática de las células radiculares, alterando su permeabilidad. En estas condiciones, la concentración de K^+ en las raíces disminuye, aunque se restaura aumentando la concentración externa del Ca^{2+} hasta niveles adecuados, que a su vez inhiben la absorción de Na^+ (Fig. 9.6). Por consiguiente, el Ca^{2+} protege las membranas de los efectos adversos del Na^+, preservando su integridad y minimizando, con ello, la extrusión del K^+. Las altas concentraciones de Ca^{2+} en el medio externo salino permiten, además, mantener la selectividad K^+/Na^+ del plasmalema de las células radiculares, así como el nivel de Ca^{2+} en el conjunto de los órganos de la planta.

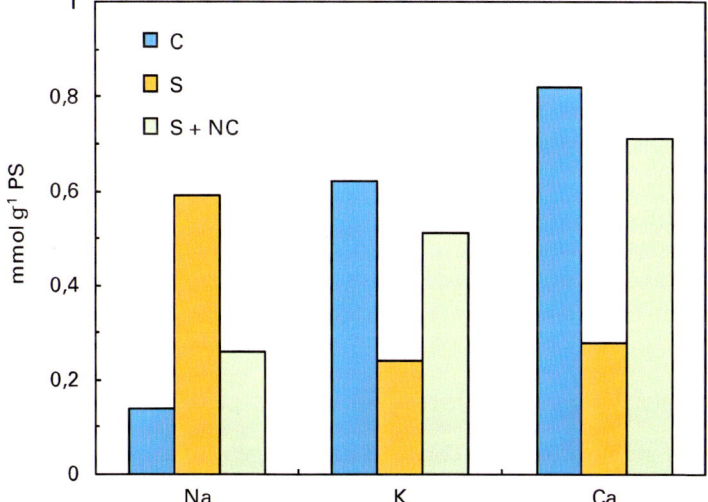

Figura 9.6. Efecto de la adición a la solución nutritiva de una concentración 60 mM de NaCl (S) y 60 mM NaCl + 30 mM $Ca(NO_3)_2$ (S+NC) sobre la concentración de sodio, potasio y calcio en raíces de mandarino Cleopatra (C: control sin tratar).

9.2.4. Interacciones entre la salinidad y los factores ambientales

Los efectos de la salinidad sobre los árboles cítricos están marcadamente influidos por las condiciones del medio. En general, su tolerancia a niveles elevados de salinidad es mayor en un ambiente fresco y húmedo que cálido y seco. La combinación de una alta concentración de sal en la solución del suelo con condiciones que imponen una alta demanda evaporativa —como son las temperaturas elevadas, la baja humedad o el viento— provoca efectos estresantes mucho más perniciosos que el efecto de la sal por sí misma.

Una posible explicación a ello es que aquellas condiciones que dan lugar a amplias diferencias de presión de vapor entre las hojas y el aire (como sucede con temperaturas muy elevadas) favorecen el aumento de la transpiración. En tales circunstancias, el aumento del transporte del agua desde la raíz a las hojas conlleva una mayor acumulación de Cl^- en estas y, consecuentemente, un incremento del estrés salino en la planta.

Un nivel moderado de salinización mejora la tolerancia de este cultivo al frío, ya que la absorción de iones salinos, en cantidades que no causen graves daños en el arbolado, aumenta el valor absoluto del potencial osmótico en las hojas, con lo cual su deshidratación por efecto de temperaturas inferiores a 0 °C se reduce.

El déficit hídrico es otro factor que influye sobre la incidencia de la salinidad en el cultivo. El estrés hídrico aumenta la síntesis de ABA en las raíces, desde las que es transportado a las hojas donde induce el cierre de los estomas, reduciendo así la conductancia estomática y la transpiración. Este efecto está considerado como un mecanismo de defensa contra la sequía, ya que restringe la pérdida de agua por la planta, lo cual, además, la protege de la salinidad al reducir la acumulación de Cl^- en las hojas. Experimentalmente se ha comprobado que un pretratamiento con ABA reduce la abscisión de hojas e incrementa la tolerancia a la salinidad de los cítricos.

Por otra parte, las plantas se defienden contra la pérdida de agua en condiciones de sequía reduciendo su potencial osmótico mediante el incremento de la síntesis de solutos, tales como la prolina y otros. Además de esto, en condiciones salinas, el reajuste osmótico debido al aumento de la concentración de Cl^- y Na^+ en las hojas reduce su potencial osmótico, protegiéndolas contra la deshidratación si posteriormente sobreviene una situación de sequía. Por consiguiente, las plantas de cítricos que sufren de escasez de agua mantienen mejor el estado hídrico de sus hojas y resisten mejor el estrés si han sido preacondicionadas con agua salina que si no lo han sido. Sin embargo, una vez superada la sequía, las altas concentraciones de iones salinos de estas plantas dificultan la recuperación del estado hídrico normal y la capacidad fotosintética de sus hojas.

9.2.5. Mecanismos de tolerancia de los cítricos a la salinidad

Las especies del género *Citrus*, así como las de otros géneros afines y sus híbridos, difieren en su capacidad para absorber y traslocar los iones salinos (Cl^- o Na^+).

Puesto que la toxicidad debida a la salinidad es consecuencia, principalmente, de la acumulación de Cl^- en las hojas, la tolerancia o sensibilidad de estas plantas a la sal es función de su capacidad de exclusión del ion Cl^-. Este proceso puede tener lugar durante la absorción del ion por las raíces o su transporte al tallo, de forma que los genotipos más tolerantes son aquellos que, en las mismas condiciones de salinización, presentan menores concentraciones de Cl⁻ en las hojas. En plantas jóvenes (sin injertar) cultivadas en condiciones salinas se han observado importantes diferencias en la acumulación de Cl⁻ en la hoja de las diferentes especies del género *Citrus*, mientras que la concentración de Na⁺ apenas difiere entre ellas. La absorción de Cl⁻ por las raíces y su acumulación en las hojas están directamente relacionadas con la tasa de transpiración y con el uso del agua. A título de ejemplo, en plantas sin injertar no salinizadas de mandarino Cleopatra, la tasa de transpiración de las hojas es menor que en las de citrange Carrizo y esta diferencia se mantiene después de que este parámetro disminuya en ambos tras un tratamiento salino. Por consiguiente, en plantas de tamaño semejante, el mandarino Cleopatra absorbe menos agua que el citrange Carrizo, lo cual implica que, tanto la concentración de Cl⁻ en las hojas como el contenido total de este ion en la planta completa son más bajos en el primero que en el segundo (Tabla 9.2).

Tabla 9.2. Transpiración, agua absorbida, concentración de cloruro en las hojas y cloruro total absorbido en plantas de citrange Carrizo y mandarino Cleopatra tratadas con 60 mM de NaCl durante 15 días

	Citrange Carrizo		Mandarino Cleopatra	
	Control	Salinizado	Control	Salinizado
Transp. ($\mu L\ H_2O\ m^{-2}\ min^{-1}$)	195	108	36	23
H_2O absorbida (mL/planta)	238	108	82	45
[Cl⁻] foliar (mg/g p.s.)	2,2	8,5	0,6	1,7
Cl⁻ absorbido (mg/planta)	-	71	-	39

El cierre de los estomas, y la consiguiente reducción de la transpiración, se ha considerado como mecanismo de defensa ante la salinidad, ya que con ello se limita la absorción y traslocación del Cl⁻. Por otra parte, la tasa de transpiración está relacionada con la conductividad hidráulica de las raíces, que es uno de los principales factores que limitan la absorción de agua y solutos. Por consiguiente, la diferencia en este parámetro entre las distintas especies puede determinar su mayor o menor capacidad de transportar el Cl⁻ a la parte aérea.

La conductancia hidráulica de las raíces está, en gran parte, determinada por sus rasgos morfológicos y anatómicos. Así:

a) Las raíces con menores diámetros y mayores longitudes específicas (LRE: longitud por unidad de peso de raíz) presentan conductividades hidráulicas más altas. Esta propiedad se atribuye al menor desplazamiento radial que deben efectuar el agua y los solutos desde la superficie de la raíz al xilema en las raíces más finas comparadas con las más gruesas.

b) La anchura de los vasos del xilema y su densidad por unidad de superficie transversal de la raíz influyen considerablemente en su conductividad hidráulica. Por ejemplo, las secciones transversales de la raíz del mandarino Cleopatra presentan menos vasos y estos son más estrechos que los del citrange Carrizo, con lo cual el primero dispone de una menor conductancia hidráulica y una más baja tasa de transpiración que el segundo. Como resultado de todo ello, el mandarino Cleopatra es más tolerante a la salinidad que el citrange Carrizo, lo que se traduce en que la capacidad del primero para acumular Cl⁻ en las hojas es más reducida.

c) Las diferencias en la conductividad de la raíz están relacionadas con su grosor y grado de suberización de la exodermis. La deposición de lignina y suberina en las paredes de las células exodérmicas puede bloquear los plasmodesmos, restringiendo el movimiento simplástico del agua y los iones, por lo que el estado de las paredes celulares de la exodermis puede ser determinante de la tasa de absorción de agua y solutos en raíces salinizadas. Es más, en estas raíces salinizadas se produce un incremento de la suberización de la exodermis, lo que se considera como una respuesta adaptativa de la raíz al estrés salino cuyo objetivo es limitar la absorción de iones tóxicos. Consecuentemente, la salinidad reduce la conductividad hidráulica de la raíz y la transpiración de la planta, sin afectar a la expresión de los genes que codifican acuaporinas del tipo PIP.

Las especies de *Citrus* y géneros afines disponen también de un mecanismo para excluir Na⁺ de las hojas. A niveles moderados de salinidad, el mandarino Cleopatra presenta una menor capacidad de concentración de Cl⁻ en las hojas que el *Poncirus trifoliata* y sus híbridos (Tabla 9.2), mientras que este es más eficiente excluyendo el Na⁺ en ellas (Fig. 9.7 A). El *P. trifoliata* restringe el transporte de Na⁺ mediante la acumulación de altas cantidades de Na⁺ en la base del tallo y en las raíces (Fig. 9.7 B). La elevada concentración de Na⁺ en estos órganos y la menor traslocación de este ion al tallo es consecuencia de una elevada tasa de retención del Na⁺ por las células de la raíz del *P. trifoliata*.

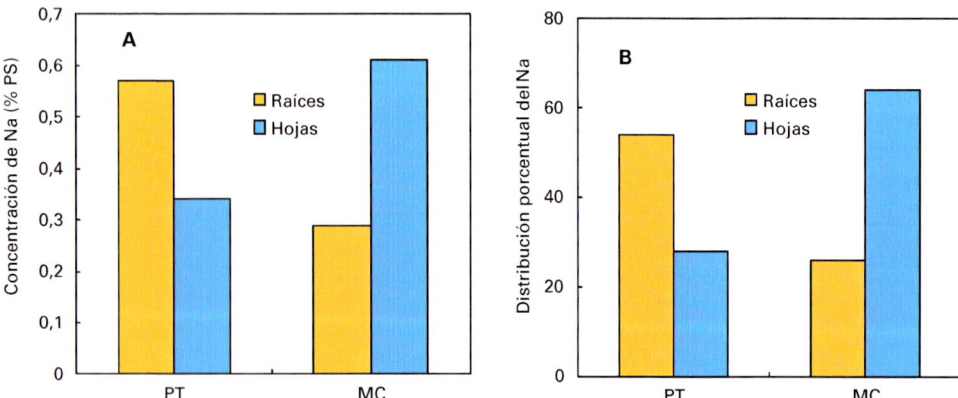

Figura 9.7. Diferencias entre el *Poncirus trifoliata* (PT) y el mandarino Cleopatra (MC), cultivados durante un periodo de 8 semanas en una solución salina (60mM NaCl) en: **(A)** concentración de sodio en hojas y raíces y **(B)** distribución de este elemento entre dichos órganos (expresada en % de Na sobre el total de la planta).

Este efecto se debe a la mayor expresión de los genes *SOS1* y *HKT1* en el *P. trifoliata* en comparación con el mandarino Cleopatra. El *SOS1* codifica un transportador de Na^+ de la membrana plasmática que se expresa mayormente en las células que rodean el cilindro vascular, regulando la liberación del Na^+ al xilema. En las células del parénquima xilemático, el transporte de Na^+ mediante la actividad del *SOS1* se efectúa en ambas direcciones, de forma que, en condiciones de alta salinidad, el *SOS1* podría retener el Na^+ del flujo xilemático, mientras que, con baja salinidad, liberaría este ion al xilema. Así pues, la actividad del gen *SOS1* aumenta en las raíces de *P. trifoliata* sometidas a estrés salino, donde posiblemente controla el transporte del Na^+ desde las raíces al tallo. El gen *HKT1* codifica un transportador de Na^+ que facilita el influjo de este ion en las células. Su actividad se manifiesta principalmente alrededor de los tejidos conductores del tallo y las raíces, donde absorbe el Na^+ del fluido xilemático y libera K^+ a la misma. Por consiguiente, se considera que el *HKT1* es uno de los factores fundamentales en la respuesta de las plantas a las altas concentraciones de Na^+ en el medio, regulando la distribución del Na^+ entre la raíz y el tallo. La mayor actividad del *HKT1* que se detecta en el *P. trifoliata* al compararlo con el mandarino Cleopatra, explicaría, en parte, la mayor capacidad del primero para excluir el Na^+ de las hojas mediante la acumulación de este ion en el sistema radicular.

Adicionalmente, el gen *NHX1* codifica para una proteína del tonoplasto que protege a la célula de las altas concentraciones de Na^+, secuestrándolo en la vacuola. Los mayores niveles de transcripción del gen *NHX1*, junto con las elevadas actividades de las bombas de protones del tonoplasto (V-ATPasa y V-PPiasa) que se encuentran en el *P. trifoliata*, causan una mayor acumulación de Na^+ en las vacuolas de las células radiculares de este en comparación con las del mandarino Cleopatra. Todo ello apunta a que el *P. trifoliata* dispone de un mecanismo de exclusión de Na^+, basado en su retención mediante secuestro preferencial en la vacuola de las células radiculares, que reduce la liberación al xilema de este ion.

Hay que recalcar que la capacidad de los distintos genotipos para acumular Cl^- o Na^+ en las hojas se mantiene en las hojas de la variedad injertada cuando tales genotipos son utilizados como patrones. Así, por ejemplo, las diferencias en la distribución relativa del Cl^- y Na^+ entre plantas sin injertar de mandarino Cleopatra y *P. trifoliata* también se dan en el naranjo dulce cuando este se injerta sobre ellos (Tabla 9.3).

Tabla 9.3. Efecto del NaCl (60mM) o del $NaCl + Ca(NO_3)_2$ (60 + 30 mM) en la solución nutritiva, durante un periodo de 8 semanas, sobre las concentraciones de Cl^-, Na^+ y K^+ (en mmol/L en el agua del tejido) en las hojas y raíces de naranjo injertado sobre *Poncirus trifoliata* (N/PT) y mandarino Cleopatra (N/MC)

Tratamiento	Comb. Inj/pat	[Cl⁻] mmol/L		[Na⁺] mmol/L		[K⁺] mmol/L	
		Hojas	Raíz	Hojas	Raíz	Hojas	Raíz
NaCl	N/PT	728	148	218	119	126	78
NaCl+Ca(NO₃)₂	N/PT	314	197	138	141	203	62
NaCl	N/MC	221	206	400	100	92	109
NaCl+Ca(NO₃)₂	N/MC	110	297	279	144	182	89

Por consiguiente, en condiciones de cultivo con plantas injertadas, la absorción y el transporte de los iones salinos está controlada por el patrón, que es el que mayoritariamente determina el nivel de acumulación del Cl⁻ y Na⁺ en las hojas. Puesto que el principal ion causante de daños es el Cl⁻, la tolerancia a la salinidad de las combinaciones injerto/patrón se establece normalmente por la capacidad del patrón de excluir el Cl⁻ de las hojas.

La variedad injertada tiene también cierta influencia en la tolerancia a la salinidad de la combinación injerto/patrón. En este sentido, se ha observado que el contenido en Cl⁻ de las hojas de mandarino Clementino es menor que en las de naranjo, cuando ambos están injertados sobre el mismo patrón (Fig. 9.8 A). Este efecto no resta importancia al patrón, cuya influencia en la tolerancia a la salinidad es preponderante, ya que ambas especies acumulan más Cl⁻ cuando están injertadas sobre el patrón citrange Carrizo que cuando lo están sobre el mandarino Cleopatra, mientras que con el Na⁺ ocurre lo contrario. Como consecuencia, la defoliación en las distintas combinaciones variedad/patrón está en función de la capacidad de estas de concentrar Cl⁻ en las hojas y, por tanto, en los árboles injertados sobre citrange Carrizo, el porcentaje de hojas caídas es superior que en los injertados sobre mandarino Cleopatra, mientras que con el mismo patrón, los clementinos se defolian menos que los naranjos (Fig. 9.8 B).

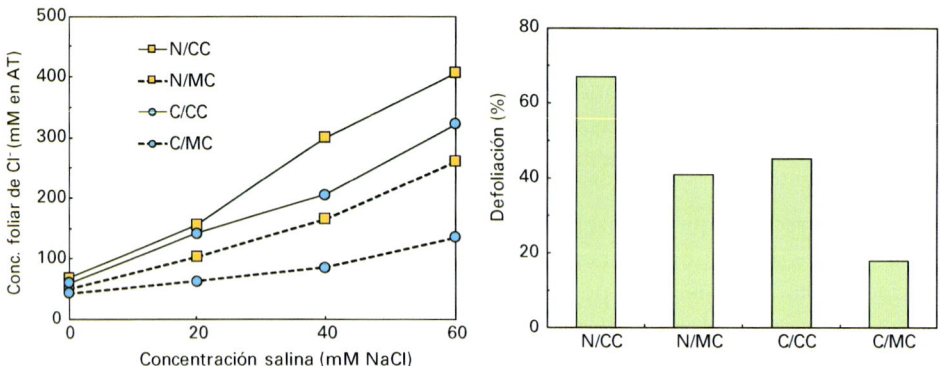

Figura 9.8. Efecto de la concentración salina (0, 20, 40 y 60 mM de NaCl) en la solución nutritiva, durante un periodo de 8 semanas, sobre la concentración de Cl⁻ en las hojas y la defoliación de diferentes combinaciones injerto/patrón. N/CC: naranjo/citrange Carrizo; N/MC: naranjo/mandarino Cleopatra; C/CC: m. clementino/citrangeCarrizo; C/MC: m. clementino/mandarino Cleopatra.

Por otra parte, el incremento de la síntesis de algunos solutos en plantas expuestas a elevadas concentraciones salinas se considera como un mecanismo de defensa ante esta fisiopatía. Estos compuestos tienen un efecto osmótico en las hojas que contribuye a evitar su deshidratación, aunque su acción en este sentido es escasa en comparación con la que ejerce el aumento de la concentración de Cl⁻ y Na⁺. Uno de estos solutos es la prolina, cuyo incremento de síntesis es una respuesta común en plantas sometidas a diferentes estreses abióticos. En estas, además de su posible contribución al balance del potencial hídrico en las hojas, se le atribuyen otras funciones, tales como la preservación de enzimas del citoplasma, la detoxificación de especies reactivas de oxígeno (ROS) y la protección de las membranas contra la peroxidación de los lípidos.

9.3. Exceso de boro

9.3.1. Sensibilidad al boro

Los cítricos son un cultivo sensible al exceso de boro (B) y, en ellos la toxicidad por este elemento causa importantes alteraciones que finalmente reducen el vigor vegetativo y la cosecha. Esta toxicidad, en la mayor parte de los casos, se debe a la presencia de altos niveles de dicho elemento en la solución del suelo.

Los suelos de tipo ácido ricos en B son más propensos a que se dé esta toxicidad, ya que en ellos el B está en forma de ácido bórico (BO_3H_3), que es la molécula más fácilmente absorbible por las raíces; por el contrario, la tolerancia al boro aumenta en terrenos alcalinos, ya que en estos el B se encuentra como ion borato [$B(O_4H_4)^-$]. Por esta razón, en suelos con pH bajo, los problemas de toxicidad en los árboles pueden comenzar a partir de una concentración de B en el agua de riego de 0,7 mg/L. Sin embargo, en los suelos alcalinos pueden soportar aguas con concentraciones de 1 mg/L, e incluso superiores.

El B absorbido por las raíces se acumula progresivamente en las hojas a medida que estas envejecen. A partir de que la concentración foliar de B supera un nivel crítico, comienza a desarrollarse la toxicidad en las mismas. Por consiguiente, los síntomas de toxicidad normalmente aparecen en las hojas más viejas y se manifiestan inicialmente por la amarillez en el ápice y bordes de las hojas, así como por la aparición de manchas amarillas en el limbo. Posteriormente, todas estas áreas decoloradas adquieren una tonalidad marrón y finalmente sus tejidos se necrosan, presentando un aspecto quemado (Foto 9.2). Ocasionalmente, pueden aparecer excreciones de goma de aspecto resinoso en el envés. Todo este proceso culmina con la abscisión prematura de las hojas maduras. Además, la toxicidad por exceso de B se asocia con el acortamiento de los entrenudos e, incluso, con la seca de ramillas.

9.3.2. Tolerancia a la toxicidad por exceso de B

Los cítricos disponen de diversos mecanismos que actúan conjuntamente para tolerar elevados niveles de B (véase Cap. 8, apt. 8.16.2). Estos incluyen:

1. *Reducción de la absorción de B por las células de la raíz.* La adquisición del B por las células se asocia con la actividad de algunos miembros de la familia de las acuaporinas (NIP y PIP). NIP5 es una proteína que constituye un canal de ácido bórico que facilita el influjo de este en las células de la raíz. Esta proteína se localiza en la membrana plasmática de las células epidérmicas, corticales y endodérmicas de la raíz, donde se requiere para la absorción del B por la superficie de la

Fotografía 9.2. Sintomatología de la toxicidad por exceso de boro. Aspecto de árboles afectados y sus hojas.

misma. La expresión del gen *NIP5* aumenta con la deficiencia B, permitiendo una eficiente absorción de este elemento cuando su concentración en el medio externo es muy baja, pero disminuye en las raíces expuestas a elevadas concentraciones de B, con lo que reduce su absorción por la raíz. Este comportamiento, esto es, la variación de su expresión según el nivel de B, indica que *NIP5* actúa como regulador del influjo de ácido bórico en las células radiculares.

La actividad del gen que codifica la acuaporina PIP1 también se reduce en condiciones de exceso de B, lo cual sugiere una reducción de la permeabilidad celular como medida de prevención de esta toxicidad.

2. *Activación de la salida de B de las células.* El gen *BOR4* codifica para un transportador que permite el eflujo de B a través de la membrana plasmática. Dicho transportador se localiza preferentemente en el plasmalema de las células epidérmicas de la zona de elongación de la raíz. La transcripción del gen *BOR4* aumenta

considerablemente en las raíces expuestas a altas concentraciones de B, cuando se comparan con aquellas que se encuentran en un medio con un nivel normal de B. La sobreexpresión de este gen hace que el exceso de B sea bombeado fuera de la célula, mitigando su toxicidad en el citoplasma. La mayor parte de este B extruido quedaría posteriormente ligado a la pared celular.

El transportador BOR4, que se concentra en las proximidades del ápice de la raíz, tiene importancia estratégica para impedir que se acumulen altas concentraciones de B no solo en las células en crecimiento de la raíz, sino también en el xilema, ya que, posiblemente, la mayor parte del B absorbido por la raíz entre por la zona apical.

Otro importante transportador de este tipo es el BOR1, que se localiza principalmente en la membrana plasmática de las células del periciclo de la raíz, donde facilita la descarga de B al xilema. La expresión de este gen es estimulada por los bajos niveles de B, con lo cual se fomenta la traslocación de B desde la raíz al tallo en estas condiciones. Sin embargo, la actividad del gen *BOR1* no es reprimida por los altos niveles de B en el medio, lo cual explica la elevada acumulación de este elemento en las hojas.

3. *Compartimentación en la vacuola.* El influjo de B en la vacuola guarda relación con la actividad del gen *TIP5*, que codifica a un transportador de la familia de las acuaporinas, localizado en el tonoplasto. Con niveles tóxicos de B en las células, este gen se sobreexpresa, aumentando el transporte de B desde el citoplasma al interior de la vacuola a través del tonoplasto. De esta forma se acumula B en la vacuola, donde forma complejos con polioles, al tiempo que se reduce el nivel de B en el citoplasma. Con esto aumenta la tolerancia de la célula a la toxicidad por este elemento.

   El exceso de B aumenta también la actividad de la bomba de protones V-PPasa, que está involucrada en la formación del gradiente electroquímico en la vacuola.

4. *Fijación del B en la pared celular.* La insolubilización del B mediante su unión a polisacáridos de la pared celular supone la principal fracción de B en la planta. Se ha propuesto que la fijación del B en la pared celular podría ser un modo de bloquear, al menos en parte, el exceso de B, protegiendo a las células de su toxicidad al impedir su entrada en el citoplasma.

5. *Activación de un sistema contra el estrés oxidativo.* Los cítricos disponen de un eficiente sistema que es capaz de hacer frente a las ROS generadas por el exceso de B. La prolina, que aumenta en hojas y raíces expuestas a altos niveles de B, es capaz de contrarrestar la toxicidad por ROS, formando complejos estables con ellos, con lo cual inhiben el proceso de peroxidación de los lípidos.

9.4. Clorosis férrica

9.4.1. Respuestas fisiológicas

La clorosis férrica es la fisiopatía más extendida entre los cítricos que se cultivan en los suelos calcáreos de la cuenca mediterránea, donde limita el rendimiento de las plantaciones y causa importantes pérdidas económicas.

La clorosis férrica es una fisiopatía característica de los suelos marcadamente alcalinos, generalmente como consecuencia de su alto contenido en carbonato cálcico. La alcalinización de la solución del suelo reduce la disponibilidad de hierro y otros microelementos para los árboles. No obstante, esta alteración se asocia con la deficiencia de Fe, ya que, con independencia de que los suelos contengan cantidades relativamente altas del mismo, su absorción por las raíces está restringida por las condiciones del suelo.

El hierro participa en diversos procesos fisiológicos que son absolutamente esenciales para el normal mantenimiento de la vida de las plantas y, por ello, la clorosis férrica causa importantes alteraciones en todos ellos.

Los síntomas de la clorosis férrica en el arbolado se manifiestan principalmente en las hojas, que pierden su color verde intenso y evolucionan hacia tonos que van desde el verde claro hasta el amarillo pálido, según la intensidad de la afección (véase Foto 8.6). Este hecho es debido a una disminución de la concentración de pigmentos fotosintéticos, fundamentalmente de clorofilas, ya que la falta de hierro bloquea varios de los pasos de su ruta biosintética. Solo las nerviaciones de las hojas suelen mantener el color verde oscuro.

Como consecuencia de la pérdida de clorofila la capacidad fotosintética de los árboles afectados por la clorosis férrica disminuye. Por otra parte, la falta de hierro altera la actividad de los diversos sistemas enzimáticos en los que participa, como se expone en el Capítulo 8 (apt. 8.12.1).

Todo ello produce un notable deterioro del metabolismo que da lugar a la aparición de alteraciones en el crecimiento y desarrollo de la planta. Así:

a) Las nuevas brotaciones son progresivamente menos vigorosas, sus entrenudos más cortos y sus hojas más pequeñas. Si la clorosis se agudiza, provoca una defoliación prematura de los brotes que conlleva la muerte progresiva de los mismos, comenzando por su zona apical.

b) Los árboles sometidos a condiciones deficitarias de Fe ven afectada su producción de manera especialmente significativa, ya que disminuye el número de frutos cuajados y el tamaño de los mismos.

c) La clorosis férrica tiende a acortar el periodo en que el árbol mantiene su capacidad productiva, reduciendo, por tanto, su vida útil.

d) La clorosis férrica provoca cambios morfológicos en el sistema radicular, ya que favorece la proliferación de raíces laterales y pelos radiculares, así como el engrosamiento de los ápices. De esta forma se aumenta la superficie radicular y, por tanto, las zonas de acidificación, reducción y absorción del Fe. Además, a nivel histológico, se aprecia un incremento de las células de transferencia de la exodermis, posiblemente para facilitar el aumento del flujo de H^+ hacia el exterior de las raíces con deficiencia de Fe.

9.4.2. Mecanismos de defensa de las raíces contra la clorosis férrica

Los cítricos, como otras especies dicotiledóneas, han desarrollado un mecanismo adaptativo para aumentar la capacidad de absorción de Fe en condiciones de escasa disponibilidad de este elemento en suelos de elevada alcalinidad. Dicho sistema, que se conoce como estrategia I, incluye una serie de reacciones que se desarrollan en respuesta a la deficiencia de Fe y que, coordinadamente, propician la movilización del Fe del suelo, así como su reducción y su adquisición por las raíces (Fig. 9.9).

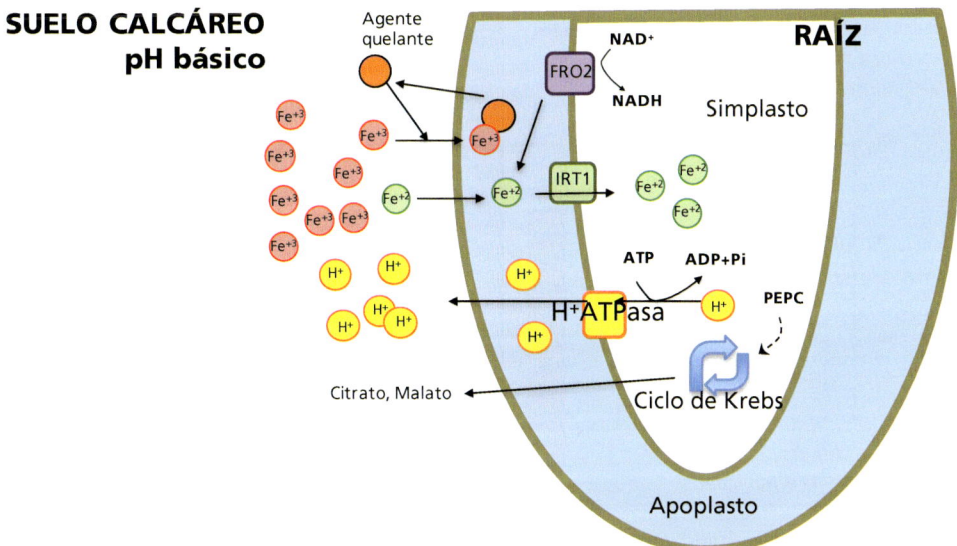

Figura 9.9. Modelo de absorción de hierro por las raíces de las plantas. FRO2: enzima quelato férrico reductasa; IRT1: transportador de Fe^{+2}; H^+-ATPasa: enzima protón ATPasa; PEPC: enzima fosfoenolpiruvatocarboxilasa. Adaptado de Hell y Stephan, 2003.

9.4.2.1. *Acidificación del medio externo*

En condiciones de deficiencia de Fe, las plantas que utilizan la estrategia I son capaces de acidificar el entorno externo de la raíz (rizosfera) y los espacios intercelulares (apoplasto) para favorecer la solubilización del Fe^{3+} que allí se encuentra (Fig. 9.10 A). El descenso del pH en el exterior de las células radiculares se realiza mediante H^+– ATPasas específicas, que se localizan en la membrana plasmática de las células epidérmicas de la raíz, desde donde excretan protones (Fig. 9.10 B). Estas bombas se activan en condicionas de deficiencia de Fe en el medio exterior a la célula y disminuyen su actividad cuando se suministra hierro, con la consiguiente reducción de la liberación de H^+ (Fig. 9.10 B). Las H^+– ATPasas activadas por Fe están reguladas por una amplia familia de genes denominada *HA* y, al menos uno de ellos, el *AHA1*, es inducido en raíces deficientes en Fe. Así pues, el gen *AHA1* incrementa su expresión en las raíces de cítricos carentes de Fe, al tiempo que lo hace la actividad H^+– ATPasa (Fig. 9.10 C). Es de destacar que entre patrones no se encuentran diferencias en la capacidad de extrusión de protones.

La acidificación del medio exterior por el sistema radical en respuesta a la deficiencia de Fe promueve:

a) La disolución de las formas de hierro precipitadas en el suelo hasta, aproximadamente, 2 mm de distancia de la raíz. Un efecto semejante se produce también en el apoplasto radicular.

b) Un pH próximo al óptimo para la actividad del enzima FCR, con lo cual se mejora la capacidad de reducción del Fe^{3+}.

c) Un gradiente electroquímico a través de la membrana que constituye la fuerza motriz para la absorción del Fe^{2+} reducido por la enzima FCR en el entorno de la raíz.

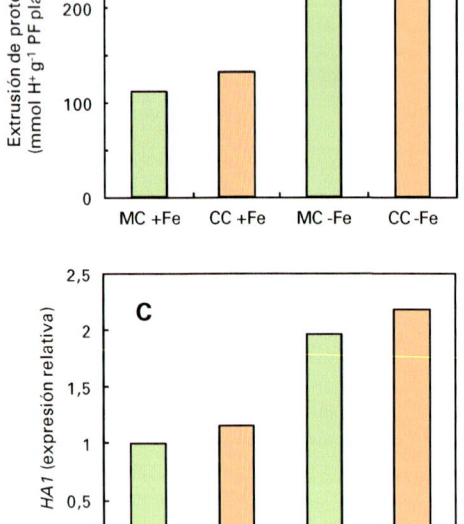

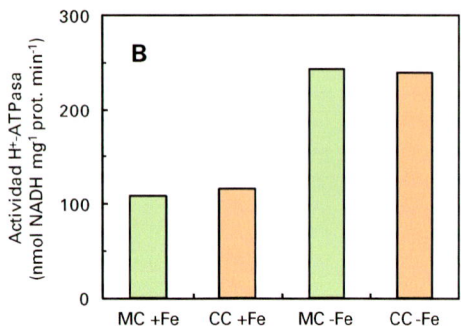

Figura 9.10. Capacidad de acidificación medida como protones extruidos después de un periodo de incubación de 8 h **(A)**. Actividad H⁺-ATPasa **(B)** y expresión relativa del gen *HA1* **(C)** en raíces de mandarino Cleopatra (CM) y citrange Carrizo (CC). Las plantas fueron cultivadas en soluciones nutritivas con (+Fe) y sin (-Fe) FeEDDHA.

9.4.2.2. Incremento de la capacidad de reducción del Fe(III) a Fe(II)

Para que las raíces puedan absorber el Fe del suelo, los iones Fe^{3+} deben reducirse a formas Fe^{2+} por acción de la FCR, enzima cuya actividad se induce cuando los niveles de Fe^{3+} en la rizosfera son muy bajos; por consiguiente, la capacidad de las raíces para reducir el Fe^{3+} del medio aumenta en condiciones de deficiencia de Fe (véase Cap. 8, apt. 8.12.3).

Los enzimas FCR de la membrana plasmática están codificados por la familia de genes *FRO*, cuyos transcritos se acumulan en respuesta a la deficiencia de Fe. El gen *FRO2*, que se expresa en las células epidérmicas de las raíces, es el principal responsable del aumento de la actividad FCR debida a la deficiencia de Fe y su sobreexpresión confiere tolerancia a la clorosis férrica. La expresión del gen *FRO2* y la actividad del enzima FCR aumentan en condiciones de falta de Fe, tanto en las raíces del patrón mandarino Cleopatra, tolerante a la clorosis férrica, como en las del citrange Carrizo, sensible a esta fisiopatía (Fig. 9.11 A). Sin embargo, los incrementos de la expresión génica y de la actividad FCR son mayores en el primero que en el segundo, lo cual se asocia a la diferente susceptibilidad de estos patrones a la clorosis férrica (Fig. 9.11). El incremento de la actividad FCR cuando un determinado genotipo se transfiere a un medio desprovisto de Fe se ha utilizado como criterio de selección de nuevos patrones de cítricos frente a la clorosis férrica.

Con el aporte de Fe, el enzima se degrada impidiendo que se produzca una excesiva reducción de hierro y que pueda ser tóxico para la planta.

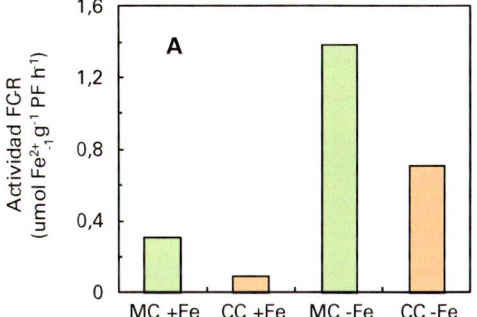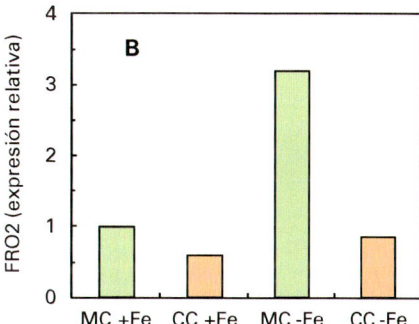

Figura 9.11. Actividad FCR **(A)** y expresión relativa del gen *FRO2* **(B)** en raíces de mandarino Cleopatra (CM) y citrange Carrizo (CC). Plantas cultivadas en soluciones nutritivas con (+Fe) y sin (-Fe) FeEDDHA.

9.4.2.3. *Transporte de Fe (II) al interior de las células de la raíz*

El Fe (II) reducido, (Fe^{2+}), es transportado al interior de la célula mediante el transportador férrico IRT1 (Fig. 9.9). Este está constituido por una proteína que se localiza en la membrana plasmática y funciona principalmente como un transportador de alta afinidad que regula la absorción de Fe^{2+} en la raíz. La absorción de Fe^{2+} es estimulada por la deficiencia de Fe, como se ha comprobado al aportar a las raíces un quelato enriquecido en [59]Fe. Este efecto va ligado a un aumento de la actividad de la proteína IRT1, que se produce como consecuencia de que el gen *IRT1* incrementa su transcripción en raíces con deficiencia de Fe. Sin embargo, al igual que en el caso de la FCR, la proteína transportadora se degrada cuando existe un aporte suficiente de Fe, evitando, de esta manera, la toxicidad por excesiva absorción de este del elemento.

9.4.2.4. *Sinergia de los enzimas H⁺–ATPasa, FCR y PEPCasa en el mecanismo de absorción de Fe*

La estimulación de las capacidades de acidificación y de reducción de las raíces por la deficiencia de hierro se considera como una acción sinérgica de las enzimas H^+– ATPasa y FCR para mejorar la absorción de Fe por la raíz. La actividad del primer enzima fomenta la disolución de los iones Fe^{3+}, que son, posteriormente, reducidos a Fe^{2+} por el segundo.

Ambos enzimas interactúan también dentro de la célula, de forma que el rápido aumento de la actividad FCR provoca la oxidación del NAD(P)H, que es el principal donante de electrones para la reducción del Fe^{3+}. La acumulación de protones dentro de la célula ayuda a bajar el pH en el citosol e induce la actividad de la H^+– ATPasa.

Finalmente, la estrategia se completa con la inducción del transportador IRT1 por la deficiencia de Fe, con lo cual se activa la entrada del Fe^{2+} al interior de la célula.

9.4.2.5. Biosíntesis de ácidos orgánicos

Las plantas afectadas por la clorosis férrica se caracterizan por la acumulación de ácidos orgánicos de bajo peso molecular, principalmente malato y citrato, en las raíces (Fig. 9.9). El incremento de la concentración de estos ácidos está relacionado con la inducción de la actividad de enzimas citosólicas como fosfoenolpiruvato carboxilasa (PEPCasa) y la malato deshidrogenasa (cMDH), por la carencia de Fe, la cual, además, estimula algunos enzimas mitocondriales involucrados en el ciclo de Krebs (fumarasa, malato deshidrogenasa y citrato sintetasa).

La síntesis de dichos ácidos carboxílicos se efectúa, principalmente, en la mitocondria y desde esta pasan al citoplasma. Para ello, la membrana de la mitocondria dispone de transportadores que se estimulan en condiciones de deficiencia de Fe para facilitar el tránsito de metabolitos entre su interior y el citosol.

La PEPCasa, que facilita la carboxilación del fosfoenol piruvato, constituye la principal enzima relacionada con el aporte de compuestos intermediarios (oxalacetato, malato) del ciclo de los ácidos tricarboxílicos en tejidos de la raíz (no fotosintéticos) bajo condiciones deficitarias de Fe.

Como consecuencia de estos cambios metabólicos, las concentraciones de citrato y malato se incrementan en el fluido xilemático y en el exudado de las raíces de plantas con carencia de Fe.

La síntesis de ácidos orgánicos bajo condiciones de deficiencia de Fe podría desempeñar las siguientes funciones:

a) Exudar ácidos orgánicos que contribuyan a la solubilización del Fe^{3+} del suelo.

b) Formar complejos con el Fe del suelo para facilitar su absorción por la raíz.

c) Neutralizar el pH del citoplasma para compensar la alcalinización del mismo causada por la extrusión de protones por el enzima H^+– ATPasa. El aumento del pH activa la fijación de CO_2 por el enzima PEPCasa, dando lugar a la carboxilación del fosfoenolpiruvato que propicia la formación de ácidos orgánicos (principalmente cítrico y málico) que rebajan el pH del citosol.

d) Formar quelatos entre el citrato y el Fe(III) en el fluido xilemático para facilitar su transporte a larga distancia, es decir, desde el sistema radical al resto de los órganos de la planta.

9.4.3. Factores que influyen sobre la incidencia de la clorosis férrica

9.4.3.1. Contenido de caliza y bicarbonato del suelo

El carbonato cálcico genera una marcada reacción alcalina en el suelo que impide la disolución del Fe^{3+} que se encuentra en forma de óxidos e hidróxidos. Esto limita la disponibilidad del Fe para las raíces, generando la sintomatología en el arbolado propia de la clorosis férrica.

En la solución de suelos calizos se encuentran, normalmente, altas concentraciones de ion bicarbonato, que es un fuerte inductor de la clorosis férrica, ya que interfiere con la absorción y el transporte de Fe. La formación del bicarbonato en el suelo está regulada por la siguiente reacción:

$$(1) \; CaCO_3 + H_2O \longrightarrow Ca^{2+} + HCO_3^- + OH^-$$

Esto hace que la mayoría de los suelos calizos tengan un valor de pH que oscila entre 7,5 y 8,5, pudiendo llegar incluso a valores superiores. Para estos valores de pH la concentración de Fe soluble es inferior a 10^{-20} M, mientras que los niveles requeridos por los árboles se encuentran entre 10^{-9} y 10^{-4} M. En consecuencia, este elemento pasa a ser un nutriente deficitario para las plantas. Este efecto se agrava en presencia de bicarbonato que puede formar hidróxido férrico mediante la reacción:

$$(2) \; 4 \, Fe^{2+} + O_2 + 8 \, HCO_3^- + 2 \, H_2O \longrightarrow 4 \, Fe(OH)_3 + 8 \, CO_2$$

En consecuencia, el contenido en ion ferroso de los suelos calizos con una aireación normal es, generalmente, muy escaso, predominando el hidróxido férrico, que es una forma termodinámicamente estable del hierro presente en los suelos, aunque no utilizable por la planta por su baja solubilidad.

Por otra parte, los altos niveles de HCO_3^- en la solución del suelo pueden inducir directamente la deficiencia de hierro en las plantas, desacoplando su absorción y transporte (Fig. 9.12). Se han propuesto tres mecanismos para explicar la actuación del ion bicarbonato.

a) Efecto tampón en la solución del suelo, a la cual mantiene en un rango de valores de pH entre 7,5 y 8,5, que reducen la solubilidad y disponibilidad del Fe. Por consiguiente, la adición del bicarbonato al medio de cultivo impide la acidificación de este por las raíces, reduciendo así la absorción del Fe^{2+}.

b) Bloqueo del transporte de Fe desde la raíz al tallo.

c) Alcalinización del fluido xilemático y del apoplasto de la hoja, lo que reduce la absorción de Fe por las células del mesófilo.

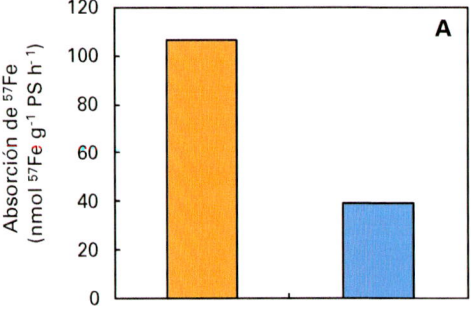
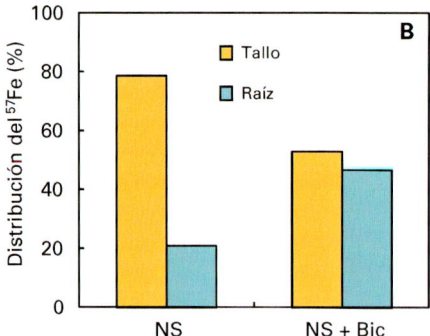

Figura 9.12. Absorción por las raíces **(A)** y distribución en la planta **(B)** del ^{57}Fe aplicado mediante soluciones nutritivas sin (NS) y con (NS + Bic) 10 mM $NaHCO_3$. El marcado de las soluciones se efectuó con 20 μM ^{57}FeEDDHA.

9.4.3.2. Factores ambientales

Las bajas temperaturas del suelo ralentizan el crecimiento de las raíces, y ello afecta negativamente la absorción de Fe. Por una parte, el sistema radicular explora menos volumen de terreno, por otra, la actividad de los enzimas que participan en la adquisición del Fe por las raíces se halla limitada. El máximo de absorción del Fe se produce con temperaturas ambientales por encima de los 37/30 °C (temperatura día/noche); cuando estas descienden hasta los 17/10 °C, la cantidad de Fe absorbido se reduce a menos de la mitad.

9.4.3.3. Encharcamiento

En suelos con alta humedad y poca aireación (condiciones reductoras) se produce una acumulación de anhídrido carbónico (CO_2) debido a la menor velocidad de difusión de los gases en el agua. Este exceso de CO_2 reacciona con el carbonato cálcico y el agua para formar bicarbonato, que se concentra en la solución del suelo, de acuerdo con la siguiente reacción:

$$CaCO_3 + CO_2 + H_2O \longrightarrow Ca^{2+} + 2\ HCO_3^-$$

e inhibe la absorción de Fe por las raíces, al mismo tiempo que reduce la cantidad de iones ferrosos debido a la formación de hidróxido férrico [véase reacción (2)].

En experimentos realizados con el isótopo ^{57}Fe, la inundación del sustrato redujo la absorción del Fe en plantas deficientes en este elemento. Esto se debe a que el encharcamiento impide el desarrollo de las actividades H$^+$– ATPasa y FCR, que característicamente son inducidas en las plantas con deficiencia de Fe. La represión de la absorción del Fe en plantas que sufren encharcamiento está relacionada con los efectos inhibidores de la anoxia sobre los genes *HA1* y *FRO2*, como consecuencia del escaso suplemento de energía que proporciona el metabolismo anaeróbico y que, en consecuencia, puede ser insuficiente para mantener el sistema de adquisición del Fe.

De acuerdo con lo expuesto, el encharcamiento del suelo es un factor que acentúa la clorosis férrica.

9.5. Asfixia radicular

9.5.1. El exceso de agua en el suelo

El exceso de agua es pernicioso para los cítricos, al igual que para muchos otros cultivos que son sensibles a la asfixia radicular. Generalmente, el encharcamiento se produce como consecuencia de lluvias o riegos excesivos en suelos poco permeables y con un deficiente drenaje. En otros casos, gran parte del sistema radicular puede quedar sumergido por la presencia de una capa freática poco profunda que ascienda hasta encontrar las raíces. Sea por unas u otras razones, la inundación de un suelo promueve diversos procesos físicos, químicos y biológicos que alteran el rendimiento del cultivo.

Entre los primeros destaca la degradación de la estructura del suelo, que incluye la dispersión de los agregados, la defloculación de las arcillas, y la destrucción de los agentes cementantes.

Los principales cambios químicos se deben al desplazamiento del aire de los poros del suelo, al llenarse estos de agua. En estas condiciones se produce una rápida depleción de oxígeno y acumulación de dióxido de carbono como consecuencia de la respiración de las raíces y microorganismos del suelo. La inundación también reduce el potencial redox, de forma que en los suelos bien drenados este parámetro puede alcanzar un valor superior a +300 mV, mientras que en los suelos inundados no suele sobrepasar los -300 mV. Finalmente, en condiciones de escasa oxigenación, los suelos ácidos, ricos en hierro y manganeso, pueden liberar a la solución del suelo grandes cantidades de estos elementos en su forma más reducida (Fe^{2+} y Mn^{2+}); esto causa la excesiva absorción de estos iones por la planta, con lo cual se acumulan en las hojas, donde puede causar fitotoxicidad.

A nivel biológico, los microorganismos aeróbicos característicos de los suelos bien drenados son reemplazados, en los suelos inundados, por los anaeróbicos, principalmente bacterias. Estos, al igual que las raíces, pueden liberar al suelo algunos productos propios de su respiración anaeróbica (etanol, acetaldehído etc.), que pueden propiciar la acumulación de otros compuestos potencialmente nocivos.

9.5.2. Efectos fisiológicos inducidos por la asfixia radicular

La falta de oxígeno (anoxia) en las raíces produce una serie de alteraciones fisiológicas en el árbol; las más importantes se resumen a continuación.

9.5.2.1. Cierre de los estomas

La primera respuesta que se puede detectar inmediatamente después del encharcamiento del suelo es la reducción de la conductancia estomática, cuyo objeto es evitar las pérdidas de agua (Fig. 9.13 A). Este efecto tiene como consecuencia la reducción del intercambio gaseoso entre las hojas y la atmósfera, es decir, de la transpiración y de la asimilación neta de CO_2.

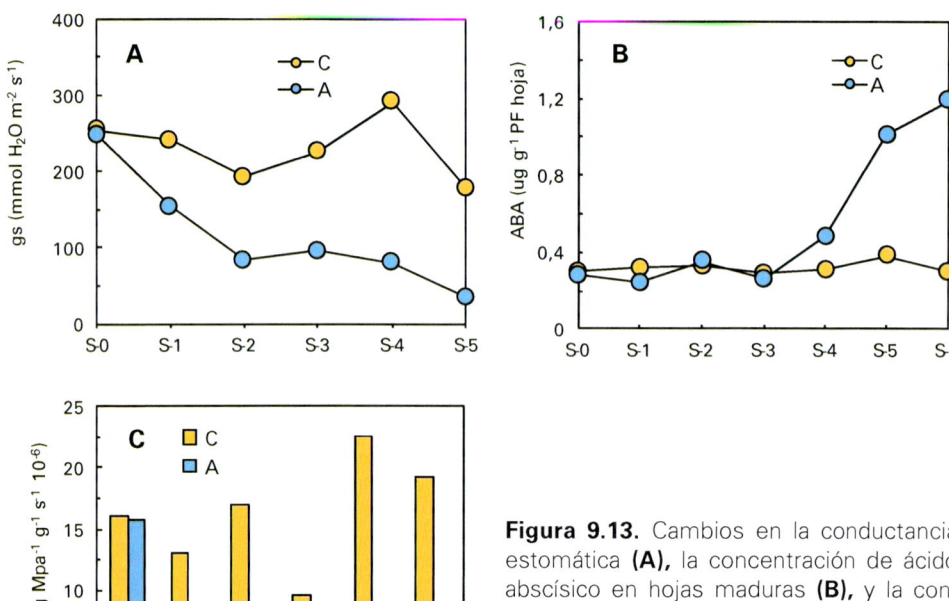

Figura 9.13. Cambios en la conductancia estomática **(A)**, la concentración de ácido abscísico en hojas maduras **(B)**, y la conductancia hidráulica de las raíces **(C)** de plantas de citrange Carrizo con las raíces normalmente aireadas (C) o sometidas a asfixia (A) durante un periodo de varias semanas (S-0, S-1…).

9.5.2.2. Síntesis de ácido abscísico

El ABA se incrementa en las hojas después de que las raíces de las plantas hayan estado sometidas a un periodo relativamente largo de falta de oxígeno (Fig. 9.13 B). Sin embargo, esta hormona no incrementa su concentración ni en las raíces ni en el fluido xilemático después de la inundación del suelo. Ello indica que es muy improbable que el aumento del nivel de ABA en las hojas sea debido a su traslocación desde las raíces.

La disminución de la conductancia estomática en las hojas se produce mucho antes de que se inicie el incremento del nivel de ABA en las mismas, lo que indica que, al menos durante los estados iniciales del estrés por anoxia, el cierre de los estomas no es inducido por el ABA (Fig. 9.13 A y B).

9.5.2.3. Disminución de la conductancia hidráulica de las raíces

El encharcamiento produce una considerable pérdida de conductancia hidráulica en las raíces, lo cual limita el flujo de agua que asciende por la planta, especialmente en periodos de alta demanda evaporativa. Este efecto comienza a ser evidente alrededor de una semana después del encharcamiento y, al cabo de varias semanas, el valor de este parámetro puede reducirse en un 85-90 % con respecto al de los árboles sin estrés (Fig. 9.13 C). Simultáneamente, la conductancia estomática disminuye cerca del 80 %, y la transpiración, en más del 50 %.

9.5.2.4. Acción de las acuaporinas

Se acepta generalmente que las acuaporinas (proteínas de la membrana que constituyen canales) facilitan el paso del agua a través de las membranas celulares, manteniendo el contenido de humedad en los tejidos. La reducción de la conductancia hidráulica de la raíz en condiciones de anoxia se relaciona con la baja expresión de las acuaporinas tipo PIP, las cuales regulan el transporte de agua a través de la ruta transcelular (simplástica) de los tejidos de la raíz.

9.5.2.5. Acidificación de la savia

El encharcamiento del suelo reduce el pH de la savia extraída de las raíces, posiblemente porque la anoxia inhibe el bombeo de protones por acción de la H^+– ATPasa en las células radiculares, produciendo su acidificación. Este efecto se asocia con el cierre de las acuaporinas y, consecuentemente, con un aumento de la resistencia de la raíz al paso del agua. La reducción de la conductancia estomática que acompaña a este proceso se debe a una eficiente regulación del cierre de los estomas en respuesta a los déficits hídricos generados por el descenso en la conductancia hidráulica radicular para, de esta forma, ajustar las pérdidas de agua por transpiración a la capacidad de absorber agua por las raíces.

9.5.2.6. Relaciones hídricas

El potencial hídrico en las hojas y su contenido relativo en agua (RWC) se mantienen a niveles semejantes en plantas inundadas y en plantas normalmente aireadas, al menos durante un periodo de tiempo relativamente amplio desde que se produce el encharcamiento. Esto corrobora lo indicado en el apartado anterior, esto es, que el cierre de los estomas es un mecanismo adaptativo capaz de contrarrestar la posible deshidratación causada por la disminución de la conductancia hidráulica en las raíces sumergidas.

Por ello, las hojas se mantienen turgentes en las plantas inundadas, hasta que llega un momento en que las raíces se colapsan y pierden totalmente su funcionalidad. Entonces se produce el marchitamiento de las hojas y, posteriormente, la muerte de la planta (Foto 9.3), lo cual suele ocurrir entre uno y tres meses desde el inicio del encharcamiento, dependiendo de la susceptibilidad del patrón.

9.5.2.7. Pérdida de capacidad fotosintética

La reducción de la conductancia estomática inducida por el encharcamiento causa una disminución de la asimilación neta de CO_2 (A_{CO_2}) por las hojas. Además, en los

Fotografía 9.3. Árbol afectado de asfixia radi-cal, próximo a la muerte, mostrando la marchi-tez y muerte de sus hojas.

árboles cuyas raíces permanecen inundadas se detectan valores más elevados de la concentración intercelular de CO_2 (Ci) que en las plantas no estresadas. Esto indica que los factores no estomáticos, como son la degradación de la clorofila y su fluorescencia, constituyen factores que pueden limitar de forma importante la A_{CO_2}, incluso por encima de la conductancia estomática. Todo ello conlleva una pérdida de capacidad fotosintética en el conjunto del árbol, que influye en su desarrollo y producción.

9.5.2.8. Daños oxidativos

El encharcamiento prolongado induce la acumulación de ROS, tales como el radical superóxido (O_2^-), el singlete de oxígeno ($^1O_2$) y el peróxido de hidrógeno (H_2O_2). Las ROS son nocivas para las células por su acción oxidativa sobre los lípidos, proteínas y ácidos nucleicos, lo que produce una prematura senescencia de las hojas que se manifiesta por su progresiva amarillez.

Para contrarrestar los efectos adversos de las ROS, las plantas sometidas a inundación activan un sistema antioxidante formado por diversos enzimas, entre los que destacan la superóxido dismutasa (SOD), la catalasa (CAT), la ascorbato peroxidasa (APX) y la glutatión reductasa (GR). La SOD actúa sobre los radicales superóxido, produciendo H_2O_2 y O_2. El H_2O_2 es, posteriormente, eliminado por la actividad de la CAT y la APX. Además de estos enzimas, algunos metabolitos de bajo peso molecular, tales como el ascorbato (AsA) y el glutatión reducido (GSH), que son los principales antioxidantes que intervienen en el ciclo ascorbato-glutatión (ruta Hallivell-Asada), desempeñan una importante función en la descomposición del H_2O_2 en algunos orgánulos celulares (mitocondrias, cloroplastos y peroxisomas). El balance entre el glutatión reducido (GSH) y el oxidado (GSSG) es crucial para mantener un potencial redox favorable para la detoxificación del H_2O_2. El enzima GR tiene como función la renovación del GSH consumido.

También se ha encontrado una relación directa entre la sensibilidad al estrés por asfixia y la acumulación temprana de malonaldehído (MDA).

Se ha propuesto que el retraso en la aparición del daño oxidativo está asociado con una mayor tolerancia al encharcamiento.

9.5.2.9. Distribución de carbohidratos

Experimentos realizados con el isótopo de carbono ^{13}C para medir la distribución relativa de los fotoasimilados en el árbol pusieron de manifiesto que, en las plantas inundadas, la proporción de ^{13}C acumulada en las hojas era mayor que en las de las plantas debidamente aireadas, mientras que en las raíces sucedía lo contrario.

Por otra parte, en las raíces sumergidas disminuye la concentración de almidón y aumenta la de sacarosa, en comparación con las raíces aireadas. Este incremento del contenido en sacarosa en la raíz está directamente relacionado con la hidrólisis del almidón, y, con ello, se mantiene el suministro de energía a las células de este órgano. Por consiguiente, la capacidad de las raíces para utilizar sus reservas de almidón durante el periodo de anoxia puede ser determinante en la supervivencia de los árboles en estas condiciones.

9.5.2.10. Absorción y transporte del nitrógeno

El encharcamiento del suelo reduce la absorción de nitrato por las raíces y su posterior transporte a las hojas. En un experimento en el que se aplicó $^{15}NO_3^-$ a árboles con o sin encharcamiento se comprobó que después de 36 días de anoxila la tasa de absorción de ^{15}N se redujo en más del 90 % y su acumulación relativa en las hojas (en % sobre el ^{15}N total de la planta) a menos de la mitad, con respecto a las plantas bien oxigenadas. Estos efectos suponen una disminución de más del 50 % en la concentración de N total en las hojas de los árboles con estrés por asfixia radicular en comparación con las de los no estresados.

9.5.2.11. Disponibilidad de hierro y manganeso

La toxicidad por exceso de hierro suele producirse en los suelos ácidos ricos en este elemento, donde se produce una abundante solubilización de iones Fe que pueden llegar a alcanzar concentraciones muy elevadas en la solución del suelo, con su subsiguiente acumulación en las hojas. Los suelos saturados de humedad y mal oxigenados favorecen la reducción del Fe^{3+} a Fe^{2+}, con lo cual aumenta la absorción del hierro por la planta. Por ello, el encharcamiento del suelo puede incrementar la toxicidad por exceso de Fe en condiciones ácidas. Esta se caracteriza por la aparición inicial de manchas amarillas en las hojas que, posteriormente, forman puntos necróticos, y en condiciones extremas por fuertes defoliaciones en el arbolado. El exceso de Fe^{2+} antagoniza la absorción de Mn^{2+}, y llega a provocar su deficiencia en la planta.

Cuando el pH del suelo supera el valor de 6,5, el Fe se encuentra mayoritariamente en forma de hidróxidos insolubles e inasimilables por la planta, con lo cual el anterior efecto no se produce. En estas condiciones, el encharcamiento del suelo reduce la capacidad de la planta para movilizar, reducir y absorber el Fe, con lo cual fomenta la deficiencia de este elemento.

En condiciones de escasa oxigenación, los suelos ácidos ricos en manganeso pueden liberar a la solución del suelo grandes cantidades de este elemento en su forma más reducida Mn^{2+}. Esto causa la excesiva absorción de este ion por la planta, con lo cual el Mn se acumula en las hojas, donde puede causar una toxicidad que se manifiesta por la aparición de manchas gomosas en el limbo de las hojas y por la caída de una abundante proporción de estas. En las anteriores condiciones, una alta concentración de iones Mn^{2+} en la solución del suelo antagoniza la absorción del Fe^{2+}, reduciendo sus niveles en las hojas.

9.5.3. Efectos de la asfixia radicular sobre los árboles

Los cítricos pueden considerarse como un cultivo sensible a la asfixia radicular, ya que no presentan cambios anatómicos específicos que les permitan adaptarse al encharcamiento del suelo. No obstante, se encuentran diferencias entre genotipos en la tolerancia a esta fisiopatía.

Así, un árbol puede permanecer inundado durante un periodo comprendido entre uno y varios meses sin que las hojas manifiesten pérdida de turgencia dependiendo de su genotipo, aunque a lo largo de este tiempo las hojas maduras pueden amarillear al entrar precozmente en senescencia. La pérdida de capacidad fotosintética, junto con la disminución de la conductancia hidráulica de las raíces, limita el crecimiento de las plantas en este periodo. Por las mismas razones, si el encharcamiento acontece durante el periodo de fructificación, tanto la cuantía de la cosecha como el tamaño del fruto pueden verse reducidos significativamente.

El desarrollo de las raíces también es afectado negativamente por el encharcamiento del suelo, ya que disminuye su crecimiento y se inhibe la formación de raíces laterales, con lo que el sistema radicular reduce su ramificación.

Un periodo de inundación que se prolongue por encima de la capacidad de tolerancia del patrón conlleva el decaimiento de las raíces, aumentando su sensibilidad a los hongos del suelo que causan su podredumbre. Cuando esto sucede, se produce el marchitamiento de las hojas y, finalmente, la muerte de la planta.

9.6. Sequía

Los cítricos se cultivan ampliamente en zonas semiáridas, como las que se encuentran en la cuenca mediterránea, donde los veranos son muy cálidos y secos, lo cual hace que la demanda evaporativa de los árboles sea muy alta en esta estación. En estas áreas, solo pueden cultivarse en condiciones de regadío, siendo los recursos hídricos el principal factor limitante de su expansión.

9.6.1. Efectos fisiológicos producidos por la sequía

La alta necesidad de agua que caracteriza al cultivo de los cítricos le confiere una alta sensibilidad a la falta de esta, que, si se prolonga en el tiempo, puede causar daños muy graves e incluso la muerte del árbol. No obstante, el déficit hídrico en el suelo produce una serie de alteraciones fisiológicas en el árbol, muchas de las cuales constituyen mecanismos de defensa contra esta adversidad. Las más importantes se resumen a continuación.

9.6.1.1. Cierre de los estomas

La disminución progresiva del potencial hídrico en el suelo, como consecuencia de la sequía, reduce gradualmente la conductancia estomática (gs) en las hojas y, paralelamente, la transpiración (E) y la asimilación neta de CO_2 (Aco_2) (Fig. 9.14).

El cierre de los estomas se inicia de forma inmediata cuando el déficit hídrico es todavía incipiente y se considera como un mecanismo de defensa de la planta ante la falta de agua en el suelo, ya que de esta forma se reducen sus pérdidas por transpiración de las hojas.

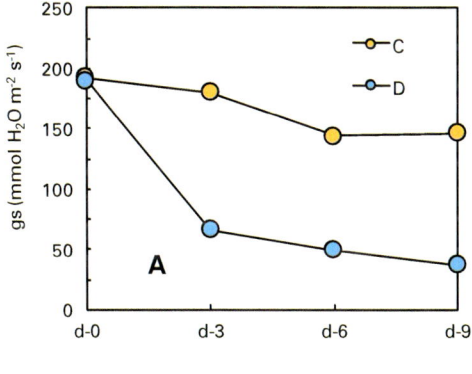

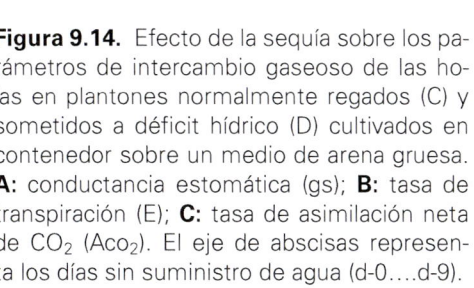

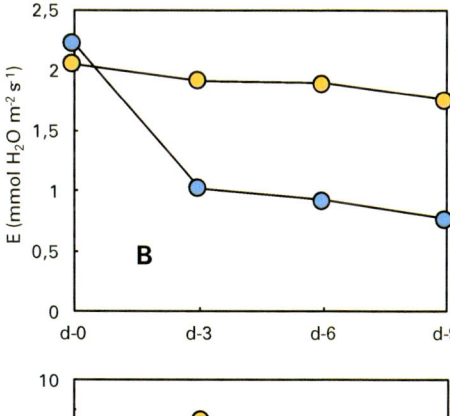

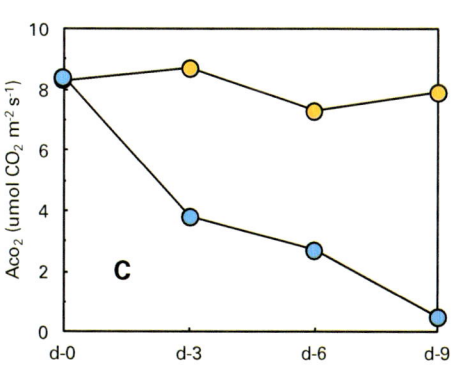

Figura 9.14. Efecto de la sequía sobre los parámetros de intercambio gaseoso de las hojas en plantones normalmente regados (C) y sometidos a déficit hídrico (D) cultivados en contenedor sobre un medio de arena gruesa. **A:** conductancia estomática (gs); **B:** tasa de transpiración (E); **C:** tasa de asimilación neta de CO_2 (Aco_2). El eje de abscisas representa los días sin suministro de agua (d-0….d-9).

9.6.1.2. Síntesis de ácido abscísico

Las raíces actúan como sensores de la humedad del suelo, ya que responden al déficit hídrico generando señales que son enviadas a la parte aérea. Así, cuando el suelo se seca, las raíces incrementan la síntesis de ABA, y este es transportado por la corriente transpiratoria que fluye por el xilema hasta las hojas, donde induce el cierre de los estomas para evitar las pérdidas de agua. La figura 9.15 muestra que cuando el ABA aumenta su concentración en las raíces de plantas sometidas a estrés hídrico lo hace también en el fluido xilemático y contribuye al incremento de su contenido en las hojas, en comparación con las regadas normalmente.

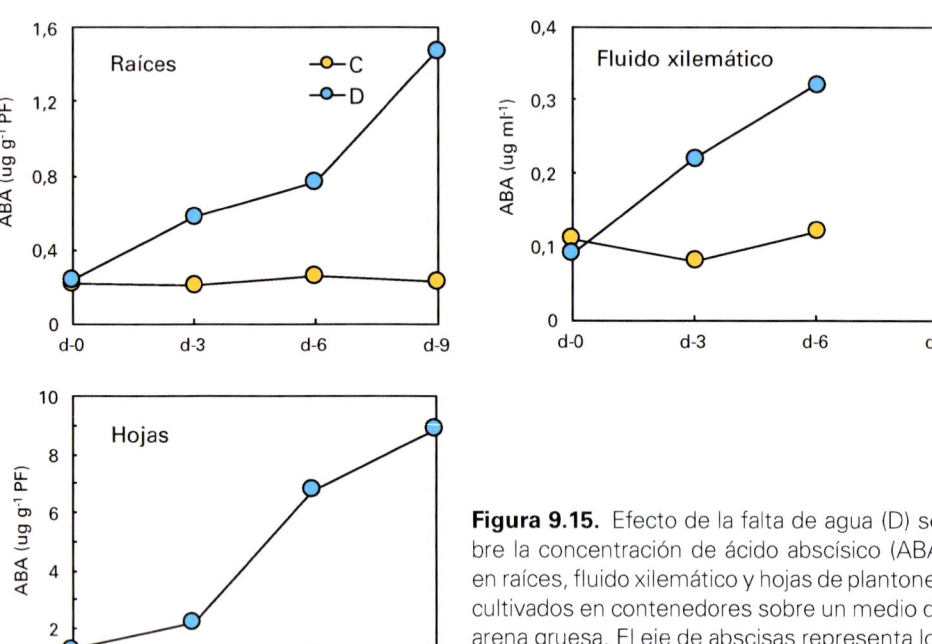

Figura 9.15. Efecto de la falta de agua (D) sobre la concentración de ácido abscísico (ABA) en raíces, fluido xilemático y hojas de plantones cultivados en contenedores sobre un medio de arena gruesa. El eje de abscisas representa los días sin suministro de agua (d-0...d-9). Valores comparados con plantones regados (C).

En los árboles que no reciben agua, las raíces detectan rápidamente pequeñas disminuciones del potencial hídrico del suelo al principio del proceso de desecación de este, sintetizando ABA en cantidad suficiente para causar el cierre de los estomas antes de que se detecte algún cambio en el contenido en humedad o en el potencial de turgencia de la hoja. A medida que el déficit hídrico se acentúa, con el transcurso del tiempo sin agua, se produce una manifiesta pérdida de la turgencia de las hojas junto con una disminución de su contenido en humedad. En estas condiciones, las hojas pueden producir cantidades importantes de ABA, que refuerza el cierre de los estomas. Todo ello indica que la acción del ABA sobre la conductancia estomática es un proceso secuencial, en el cual hay una fase inicial en las raíces y otra posterior en la que intervienen las hojas parcialmente deshidratadas.

9.6.1.3. Alteración de los componentes del potencial hídrico de las hojas

El estrés hídrico produce un descenso del potencial hídrico de la hoja, que es más acusado a medida que el déficit de agua es más intenso (Fig. 9.16 A). Simultáneamente, el potencial osmótico de la hoja también disminuye progresivamente, de forma que, durante un cierto tiempo, la turgencia de este órgano se mantiene en valores similares a los de las plantas no estresadas. Este efecto se debe al ajuste osmótico (véase apt. 9.2.4). No obstante, cuando el déficit hídrico es muy intenso, el contenido relativo de agua en las hojas disminuye considerablemente (Fig. 9.16 B), con lo que el potencial hídrico sufre un fuerte descenso y se aproxima al valor del osmótico, y la hoja pierde turgencia (Fig. 9.16 A).

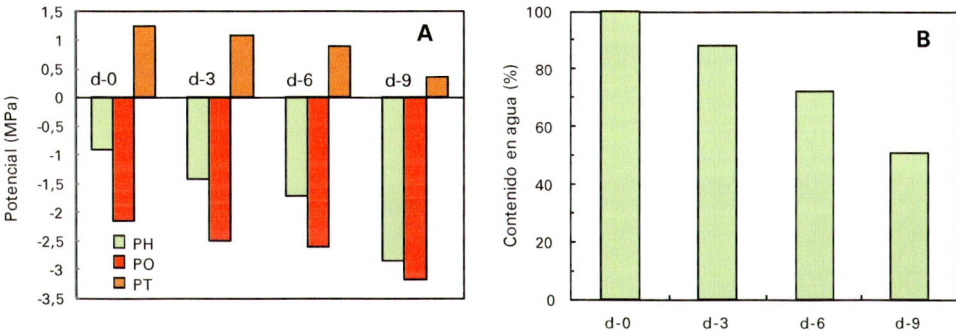

Figura 9.16. Alteración de los componentes del potencial hídrico **(A)** y reducción del contenido en agua (B) de las hojas en plantones cultivados en condiciones de déficit hídrico sobre un medio de arena gruesa. El eje de abscisas representa los días sin suministro de agua (d-0… .d-9). PH: potencial hídrico; PO: potencial osmótico; PT: potencial de turgencia.

9.6.1.4. Defoliación

La abscisión de hojas, inducida por el estrés hídrico, está considerada como uno de los principales mecanismos de defensa contra la sequía en algunas especies. La pérdida de hojas reduce la superficie de transpiración e impide que las plantas se deshidraten hasta niveles letales.

En los cítricos, sin embargo, esta abscisión de hojas por efecto del estrés hídrico se produce de un modo característico. Así, cuando los árboles sufren una sequía prolongada, las hojas pueden llegar a secarse, pero no se desprenden de las ramas. No obstante, si después de un déficit hídrico suficientemente intenso tiene lugar una lluvia o un riego, se produce la abscisión de las hojas de forma inmediata. La explicación a este fenómeno se basa en que el déficit hídrico promueve la síntesis del ácido 1-aminociclopropano-1-carboxílico (ACC) en las raíces, la cual es inducida por el ABA, que es la primera señal generada por el estrés hídrico en la raíz, donde modula el nivel de ACC. Cuando se produce la rehidratación de la planta y se restablece el flujo xilemático, el ACC es transportado al tallo por esta vía, donde es oxidado para producir etileno, que es el activador hormonal de la abscisión de las hojas.

Por consiguiente, en los cítricos, como la defoliación se produce después de que se haya aportado agua al árbol, la abscisión de hojas no puede considerarse como un mecanismo de protección contra la deshidratación.

9.6.2. Efectos de la sequía sobre los árboles

Los efectos de la sequía sobre los árboles dependen de su duración e intensidad, así como del periodo en que se produce en relación con el estado de desarrollo de la planta.

En primer lugar, la falta de agua durante el periodo de actividad reduce el crecimiento vegetativo del árbol. Esto obedece, principalmente, a dos motivos: *a)* el déficit hídrico inhibe la asimilación neta de CO_2 por las hojas y, por consiguiente, la capacidad fotosintética de la planta; y *b)* el flujo de agua a la parte aérea disminuye.

Si el periodo de sequía se prolonga, las hojas primero pierden turgencia, y más tarde se marchitan de forma irreversible, con lo cual el árbol pierde el follaje y, en un caso extremo, puede llegar a morir (Foto 4).

Fotografía 9.4. Plantaciones afectadas por la falta de agua. Los árboles llegan a perder las hojas.

Si la sequía coincide con el periodo de inducción floral (otoño) fomenta la formación de flores en la primavera siguiente. Además, la sequía durante el verano puede inducir una floración extemporánea cuando se restablece el aporte de agua mediante el riego o la lluvia; este efecto es más acusado en determinadas especies como el limonero o el cidro.

Un periodo de déficit hídrico durante el cuajado del fruto, si alcanza la intensidad suficiente, puede provocar una caída masiva de frutitos en la primera fase de desarrollo, con la consiguiente reducción de la cosecha.

La falta de agua durante el verano, en la fase de mayor expansión del fruto, supone una detención de su crecimiento que, posteriormente, condiciona su tamaño final.

9.6.3. Factores inherentes al árbol que influyen en la tolerancia a la sequía

Las características de la copa del árbol tienen una gran influencia sobre su comportamiento ante una situación de sequía, ya que este depende en gran parte del consumo de agua por la planta. Así pues, para árboles de la misma edad, aquellos que presenten menor superficie foliar serán capaces de resistir mejor el déficit hídrico.

Los genotipos con menor tasa de transpiración son más resistentes al estrés hídrico, ya que, en ellos, la pérdida de agua por unidad de superficie foliar es menor. No obstante, debe considerarse también la superficie foliar total para estimar la cantidad de agua transpirada por la planta completa, que es el parámetro que determina, en gran parte, el comportamiento del árbol en condiciones de estrés hídrico.

Los patrones con menor conductancia hidráulica radicular suelen ser más tolerantes a la falta de agua, ya que este carácter está inversamente relacionado con el flujo de savia que asciende por el xilema y con la transpiración.

Los sistemas radiculares extensos y profundos confieren al árbol resistencia a la sequía, mientras que los superficiales aumentan la sensibilidad a esta fisiopatía. Por consiguiente, los genotipos o combinaciones injerto/patrón cuya relación raíces/hojas (en peso) es alta toleran mejor el déficit hídrico y, quizá por esta razón, los árboles sometidos frecuentemente a largos periodos de escasez de agua tienden a incrementar el desarrollo radicular y a reducir tanto el tamaño de las hojas como el volumen de la copa.

Otro mecanismo que se ha asociado con la tolerancia al estrés hídrico de un determinado genotipo es la capacidad de reajuste osmótico de sus hojas, ya que de la eficiencia de este proceso depende que la hoja pueda mantener la humedad durante más tiempo, al desecarse el suelo progresivamente. Los árboles salinizados mantienen mejor el nivel hídrico de las hojas durante un periodo posterior de déficit de agua, gracias al efecto osmótico producido por la acumulación de iones Cl^- y Na^+ en las hojas. Sin embargo, los altos niveles foliares de iones salinos impiden la recuperación del estado hídrico y de la fotosíntesis si las plantas se riegan posteriormente con agua no salina.

Bibliografía consultada

Alva AK, Syvertsen JP. 1991. Irrigation water salinity affects soil nutrient distribution, root density, and leaf nutrient levels of citrus under drip fertigation. *Journal of Plant Nutrition* 14: 715-727.

Arbona V, Gómez-Cadenas A. 2008. Hormonal modulation of citrus responses to flooding. *Journal of Plant Growth Regulation* 27: 241-250.

Bañuls J, Primo-Millo E. 1992. Effects of chloride and sodium on gas exchange parameters and water relations of Citrus plants. *Physiologia Plantarum* 86: 115-123.

Bañuls J, Primo-Millo E. 1995. Effects of salinity on some citrus scion-rootstock combinations. *Annals of Botany* 76: 97-102.

Barry GH, Castle WS, Davis FS. 2004. Rootstocks and plant water relations affect sugar accumulation of citrus fruit via osmotic adjustment. *Journal of the American Society for Horticultural Science* 129: 881-889.

Belkhodja R, Morales F, Quílez R, López-Millán AF, Abadía A, Abadía J. 1998. Iron deficiency causes changes in chlorophyll fluorescence due to the reduction in the dark of the photosystem II acceptor side. *Photosynthesis Research* 56: 265-276.

Brumós J, Colmenero-Flores JM, Conesa A, Izquierdo P, Sánchez G, Iglesias DJ, López-Climent MF, Gómez-Cadenas A, Talón M. 2009. Membrane transporters and carbon metabolism implicated in chloride homeostasis differentiate salt stress responses in tolerant and sensitive *Citrus* rootstocks. *Functional Integral Genomics* 9: 293-309.

Cañón P, Aquea F, Rodríguez-Hoces A, Arce-Johnson P. 2013. Functional characterization of *Citrus macrophylla* BOR1 as a boron transporter. *Physiologia Plantarum* 149: 329-339.

Castle WS, Nunnallee J, Manthey JA. 2009. Screening citrus rootstocks and related selections in soil and solution culture for tolerance to low-iron stress. *HortScience* 44: 638-645.

Colmenero-Flores JM, Martínez G, Gamba G, Vázquez N, Iglesias D, Brumós J, Talón M. 2007. Identification and functional characterization of cation–chloride cotransporters in plants. *The Plant Journal* 50: 278-292.

Cooper WC, Gorton BS, Olson EO. 1952. Ionic accumulation in citrus as influenced by rootstock and scion and concentration of salts and boron in the substrate. *Plant Physiology* 27: 191-203.

Davies WJ, Zhang J. 1991. Root signals and the regulation of growth and development of plants in drying soil. *Annual Review of Plant Physiology* 42: 55-76.

Du Plessis HM. 1985. Evapotranspiration of citrus as affected by soil water deficit and soil salinity. *Irrigation Science* 6: 51-61.

Eide DJ, Broderius M, Fett J, Guerinot ML. 1996. A novel iron-regulated metal transporter from plants identified by functional expression in yeast. *Proceedings of the National Academy of Sciences USA* 93: 5624-5628.

Forner-Giner MA, Rodríguez-Gámir J, Primo-Millo E, Iglesias DJ. 2011 Hydraulic and chemical responses of citrus seedlings to drought and osmotic stress. *Journal of Plant Growth Regulation* 30: 353-366.

García-Sánchez F, Syvertsen JP. 2006. Salinity tolerance of Cleopatra mandarin and Carrizo citrange citrus rootstock seedlings is affected by CO2 enrichment during growth. *Journal of the American Society for Horticultural Science* 131: 24-31.

García-Sánchez F, Syvertsen JP, Martínez V, Melgar JC. 2006. Salinity tolerance of 'Valencia' orange trees on rootstocks with contrasting salt tolerance is not improved by moderate shade. Journal of Experimental Botany 57: 3697- 3706.

García-Sanchez F, Syvertsen JP, Gimeno V, Botia P, Pérez-Pérez JG. 2007. Responses to flooding and drought stress by two citrus rootstock seedlings with different water-use efficiency. *Physiologia Plantarum* 130: 532-542.

García-Sánchez F, Rubio F, Martínez V. 2010. Abiotic Stresses: Salinity and Drought. En: A González-Fontes, A Garate, I Bonilla (Eds.), *Agricultural Sciences: Topics in Modern Agriculture.* Studium Press, LLC. EE.UU., pp. 305-326.

Gómez-Cadenas A, Tadeo FR, Talón M, Primo-Millo E. 1996. Leaf abscission induced by ethylene in water-stressed intact seedlings of Cleopatra mandarin requires previous abscisic acid accumulation in roots. *Plant Physiology* 112: 401-408.

Greenway H, Munns R. 1980. Mechanisms of salt tolerance in nonhalophytes. *Annual Review of Plant Physiology* 31: 149-190.

Hell R, Stephan UW. 2003. Iron uptake, trafficking and homeostasis in plants. *Planta* 216: 541-551.

Herrera-Rodríguez MB, González-Fontes A, Rexach J, Camacho-Cristóbal JJ, Maldonado JM, Navarro-Gochicoa MT. 2010. Role of boron in vascular plants and response mechanisms to boron stresses. *Plant Stress* 4: 115-122.

Marschner H. 1986. *Mineral nutrition of higher plants*. Academic Press Ltd. Belfast. North Ireland. 674 pp.

Marschner H, Römheld V. 1995. Strategies of plants for acquisition of iron. En: J. Abadía (Ed.), *Iron Nutrition in Soils and Plants*. Kluwer Academic Publishers. Springer. Netherlands. pp. 375-388.

Martínez-Alcántara B, Jover S, Quiñones A, Forner-Giner MA, Rodríguez-Gámir J, Legaz F, Primo-Millo E, Iglesias DJ. 2012. Flooding affects uptake and distribution of carbon and nitrogen in citrus seedlings. *Journal of Plant Physiology* 169: 1150-1157.

Martínez-Alcántara B, Martínez-Cuenca MR, Quiñones A, Iglesias DJ, Primo-Millo E, Forner-Giner MA. 2015. Comparative expression of candidate genes involved in sodium transport and compartmentation in citrus. *Environmental and Experimental Botany* 111: 52-62.

Martínez-Cuenca MR, Forner-Giner MA, Iglesias DJ, Primo-Millo E, Legaz F. 2013. Strategy I responses to Fe-deficiency of two Citrus rootstocks differing in their tolerance to iron chlorosis. *Scientia Horticulturae* 153: 56-63.

Martínez-Cuenca MR, Iglesias DJ, Forner-Giner MA, Primo-Millo E, Legaz F. 2013. The effect of sodium bicarbonate on plant performance and iron acquisition system of FA-5 (Forner-Alcaide 5) citrus seedlings. Acta Physiologiae Plantarum 35: 2833-2845.

Martínez-Cuenca MR, Iglesias DJ, Talón M, Abadía J, López-Millán AF, Primo-Millo E, Legaz F. 2013. Metabolic responses to iron deficiency in roots of Carrizo citrange [*Citrus sinensis* (L.) Osbeck.× *Poncirus trifoliata* (L.) Raf.]. *Tree Physiology* 33: 320-329.

Pérez-Pérez JG, Syvertsen JP, Botía P, Gárcía-Sánchez F. 2007. Leaf water relations and net gas exchange responses of salinized Carrizo citrange seedlings during drought stress and recovery. *Annals of Botany* 100: 335-345.

Rodríguez-Gámir J, Ancillo G, González-Más C, Primo-Millo E, Iglesias DJ, Forner-Giner MA. 2011. Root signaling and modulation of stomatal closure in flooded citrus seedlings. *Plant Physiology and Biochemistry* 49: 636-645.

Ruiz-Sánchez MC, Domingo R, Morales D, Torrecillas A. 1996. Water relations of Fino lemon plants on two rootstocks under flooded conditions. *Plant Science* 120: 119-125.

Schmidt W. 2006. Iron stress responses in roots of strategy I plants. En: LL Barton, J Abadía (Eds.), *Iron Nutrition in Plants and Rhizospheric Microorganisms: Iron in Plants and Microbes*. Kluwer Academic Publishers. Norwell, MA. EE.UU. pp. 229-250.

Serrano R. 1989. Structure and function of plasma membrane ATPase. *Annual Review of Plant Physiology and Plant Molecular Biology* 40: 61-94.

Syvertsen JP, Zablotowicz RM, Smith ML. 1983. Soil temperature and flooding effects on two species of citrus: I. Plant growth and hydraulic conductivity. *Plant and Soil* 72: 3-12.

Syvertsen JP, Yelenoski C. 1988. Salinity can enhance freeze tolerance of citrus rootstock seedlings by modifying growth, water relations, and mineral nutrition. *Journal of the American Society for Horticultural Science* 113: 889-893.

Tudela D, Primo-Millo E. 1992. Aminocyclopropane-1-carboxylic acid transported from roots to shoots promotes leaf abscission in Cleopatra mandarin (*Citrus reshni* Hort. ex Tan.) seedlings rehydrated after water stress. *Plant Physiology* 100: 131-137.

Vu JCV, Yelenoski G. 1991. Photosynthetic responses of citrus trees to soil flooding. *Physiologia Plantarum* 81: 7-14.

Walker RR. 1986. Sodium exclusion and potassium-sodium selectivity in salt-treated trifoliate orange (*Poncirus trifoliata*) and Cleopatra mandarin (*Citrus reticulata*) plants. *Australian Journal of Plant Physiology* 135: 293-303.

Walker RR, Douglas TJ. 1983. Effect of salinity level on uptake and distribution of chloride, sodium and potassium ions in citrus plants. *Australian Journal of Agricultural Research* 34: 145-153.

Zhang J, Davies WJ. 1986. Chemical and hydraulic influences on the stomata of flooded plants. *Journal of Experiental Botany* 37: 1479-1491.

Zhang J, Davies WJ. 1989. Sequential response of whole plant water relations to prolonged soil drying and the involvement of xylem sap ABA in the regulation of stomatal behaviour of sunflower plants. *New Phytologists* 113: 167-174.

CAPÍTULO 10
Desórdenes fisiológicos

10.1. Alteraciones de la corteza ligadas a la senescencia

10.1.1. Descripción. Causas

Tras la maduración, el fruto inicia la fase de *senescencia*. La evolución de este proceso termina afectando, negativamente, las características internas y, sobre todo, externas del fruto, reduciendo su calidad comercial. Aunque la aparición de alteraciones en la corteza de los frutos es general en todas las variedades, la rapidez de su aparición depende de las características varietales. En este sentido las mandarinas son más sensibles que las naranjas.

Los estados iniciales de estas alteraciones se caracterizan por la aparición de decoloraciones en el flavedo que pierde el color característico de la variedad (Foto 10.1 A). Poco a poco el tejido se colapsa, pierde turgencia y se reblandece, y las manchas adquieren una coloración marrón-parduzca, al mismo tiempo que aparecen grietas blanquecinas, visibles, de mayor o menor tamaño (Foto 10.1 B, C). Estas grietas, en algunas variedades, aparecen preferentemente en la zona peripeduncular, pero en otras aparecen por todo el fruto, como en la mandarina 'Clemenules', una de las variedades más sensible a estas alteraciones.

La microscopía electrónica de barrido permite observar que las primeras decoloraciones amarillentas de la corteza ya son zonas agrietadas (Foto 10.2 A), observándose una red de pequeñas grietas (Foto 10.2 B) y el hundimiento generalizado del tejido que, en general, mantiene intactas sus glándulas de aceite (Foto 10.1 D). Inicialmente las grietas solo afectan a la capa cuticular, sin penetrar en el flavedo que, al igual que el albedo, permanece intacto. Posteriormente, rompen la cutícula y la epidermis y se hunden en el flavedo y primeras capas del albedo (Foto 10.1 E; Foto 10.2 C, D). A ello acompaña la rotura de la capa cerosa cuticular que produce su descamación en forma de pequeñas placas (Foto 10.2

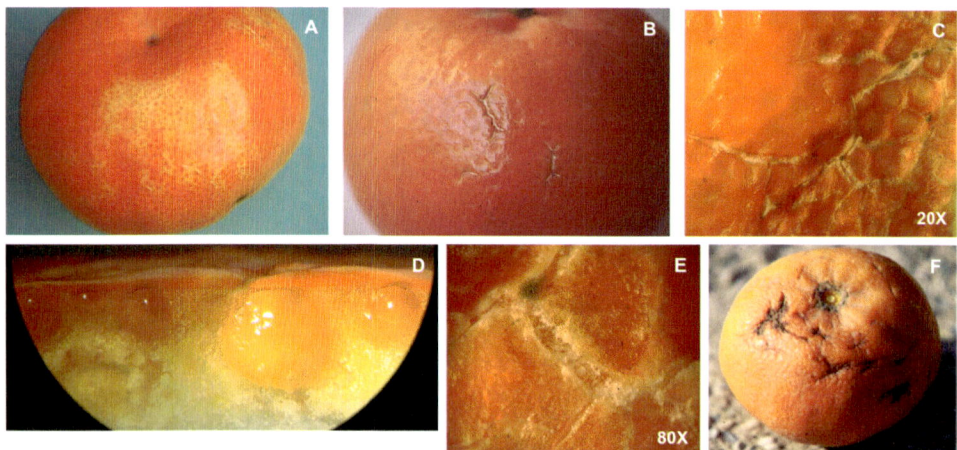

Fotografía 10.1. Alteraciones de la corteza de la mandarina 'Clemenules' asociadas a la senescencia. Los síntomas se inician con decoloraciones irregulares **(A)** y pequeñas grietas **(B y C)** que no afectan a las glándulas de aceites esenciales **(D),** que progresan en gravedad con el tiempo **(E)** y terminan necrosándose **(F)** o siendo invadidas por hongos.

D). Estas grietas son una vía de salida de agua desde los tejidos internos de la corteza, cuyas células pierden su contenido vacuolar, permaneciendo visibles sus paredes (Foto 10.2 E), provocando una pérdida de turgencia del tejido y explicando la depresión de la zona dañada de la corteza. Por otro lado, permiten la entrada de agua libre y patógenos que invaden los tejidos y, finalmente, los pudren (Foto 10.1 F).

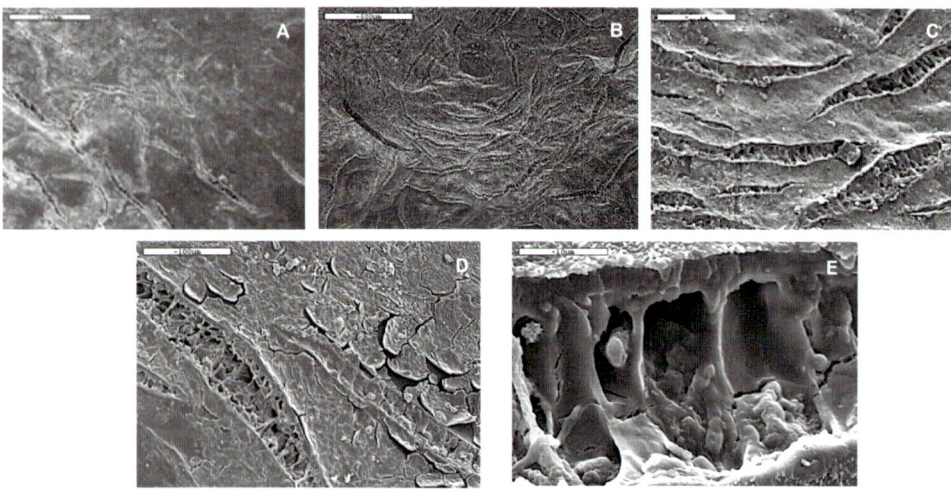

Fotografía 10.2. Las grietas de un fruto senescente afectan inicialmente a la capa cuticular **(A),** rompiéndola y alcanzando la epidermis **(B-D)** hasta profundizar en el flavedo **(E).** El proceso va acompañado de descamación de placas de cera de la cutícula **(D),** lo que contribuye a la pérdida de turgencia de las células del flavedo y albedo, dándole a la corteza un aspecto reseco.

La senescencia del fruto es inevitable e irreversible y los mecanismos que la regulan son únicos para todos los tipos de frutos (pomos, bayas, drupas, hesperidios...). En el proceso se hallan implicados factores de transcripción (FT) y fitohormonas, acompañados por cambios fisológicos en el color, aroma y componentes nutricionales. Los frutos verdes, no senescentes, de naranja contienen cantidades relativamente bajas de ácido abscísico en su corteza, pero cuando maduran y se les permite envejecer en el árbol lo acumulan rápidamente. Además, tras la cosecha, los frutos muestran un aumento en la producción de etileno, similar al climaterio, precedido por la inducción de los genes *CsACS1*, *CsACO1*, y del receptor de etileno *CsERS1*. Por último, el cambio de color se ve precedido por una pérdida de GA del flavedo, de modo que, aparentemente, es necesario el vaciado de estas hormonas para que se inicie la senescencia. En consecuencia, mientras el ABA y el etileno aceleran la senescencia de los tejidos y órganos, las GA la retardan.

El estudio de la senescencia de los frutos cítricos presenta algunos aspectos distintivos derivados de su estructura anatómica y de su carácter no climatérico. El hesperidio es una baya modificada desarrollada a partir de un pistilo sincárpico, con epicarpo (flavedo) consistente, pero blando, que alberga un mesocarpo (albedo) esponjoso, con grandes espacios intercelulares, que contiene haces vasculares, y un endocarpo (pulpa) formado por un conjunto de segmentos repletos de vesículas de zumo. Mientras está en el árbol e incluso tras su recolección, este fruto se mantiene vivo y en actividad, aunque con notables diferencias entre especies.

Los frutos de naranjas, limones y pomelos, que tienen una corteza apretada, tienen una vida media más prolongada que los de las mandarinas, que tienen una corteza suelta. Los genes que regulan estas modificaciones se expresan con mayor intensidad más tarde en los primeros que en los segundos.

La corteza del fruto maduro está directamente expuesta a las condiciones atmosféricas, lo que resulta en un gasto de energía debido al estrés abiótico ambiental y requiere de un transporte de nutrientes desde la pulpa para mantener su actividad. Con el agotamiento de sustancias internas se genera un nuevo estrés abiótico, principalmente por déficit de agua, que induce, además, reacciones hormonales, regulación de FT y alteraciones bioquímicas y fisiológicas.

Las diferencias anatómicas de la corteza del fruto entre variedades de cítricos, más esponjosa y suelta en las mandarinas, son un factor importante en el proceso de la senescencia, ya que condicionan el transporte pulpa-corteza. En las mandarinas, en general, este transporte se basa, principalmente, en el poderoso sistema vascular que existe entre ambos tejidos, lo que permite el transporte de manera eficiente, especialmente de agua. Algunos genes que codifican para la síntesis de acuaporinas, como *CsPIP2;2* (plasma membrane intrinsic proteins), algunos *CsTIP3;1* (tonoplast intrinsic proteins), y *CsNIP1;2* y *CsNIP5;1* (nodulin 26-like membrane intrinsic proteins), aumentan su expresión en estos frutos. Ambos factores, sistema vascular poderoso y acuaporinas activas, conducen a una rápida pérdida de agua y aceleran su senescencia inducida por el estrés abiótico. En consecuencia, resulta razonable que la rápida entrada en senescencia de las mandarinas clementinas puede ser el resultado del consumo excesivo de nutrientes en las primeras etapas en respuesta al estrés abiótico. Por el contrario, las naranjas, de piel más compacta, tienen un sistema de haces vasculares menos desarrollado, y en ellas los nutrientes y el agua se transportan desde la pulpa a la corteza principalmente vía simplasto; este transporte ineficiente da como resultado un proceso de senescencia de la corteza más lento y un mantenimiento más prolongado de la calidad de la pulpa

El control molecular de la senescencia del fruto puede consultarse en el Capítulo 6, apt. 6.7.

10.1.2. Control

El papel regulador de las giberelinas inhibiendo o reduciendo la síntesis de clorofilasas y controlando así el tiempo de degradación de las clorofilas (véase Cap. 6, apt. 6.3.2.2), es un indicador del papel de estas hormonas sobre la senescencia del fruto en los cítricos. Para que esta se inicie es necesario que en el flavedo disminuya su concentración y, del mismo modo, el reverdecimiento que experimenta este tejido en algunos cultivares cuando se mantiene el fruto en el árbol más allá de la actividad vegetativa reiniciada en primavera indica el mantenimiento de su propia actividad (véase Cap. 6, apt. 6.3.2.2). Por tanto, mientras dure la presencia de GA en el flavedo, el fruto se mantiene en un estado relativamente juvenil, y eso ha sido aprovechado agronómicamente para retrasar su senescencia y, en consecuencia, la aparición de las alteraciones ligadas a ella (véase Cap. 6, apt. 6.4). Así, la aplicación de GA_3 protege al fruto de las alteraciones de la corteza descritas cuando se aplica a una concentración óptima de 10 mg/L de materia activa al inicio del cambio de color del fruto (Fig. 10.1).

La relación inversa entre el contenido en N del fruto y la pérdida de clorofilas y la acumulación de carotenoides en el flavedo (véase Cap. 6, apt. 6.3.2.3) puede mejorar la respuesta al GA_3 cuando se aplica conjuntamente con sales nitrogenadas. Una mezcla de la hormona (10 mg/L) con $(NH_4)_3PO_4$ (1,5 %) o NH_4NO_3 (1,5 %) puede reducir la incidencia de frutos afectados entre un 70 % y 80 % en condiciones de cultivo (Fig. 10.1 B).

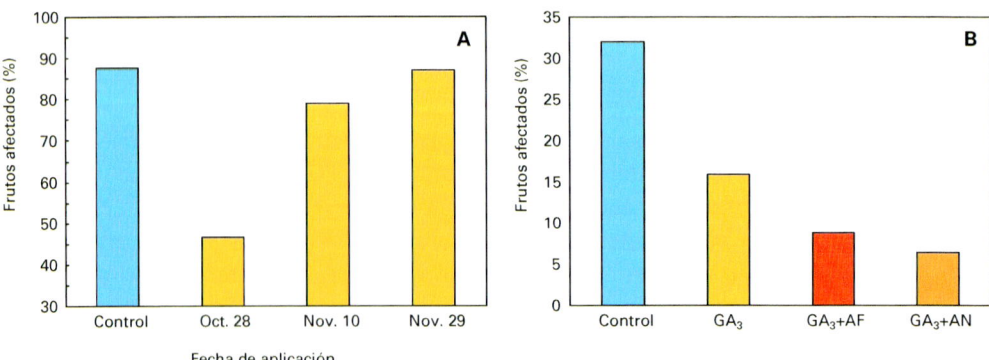

Figura 10.1. Influencia de la época de aplicación del ácido giberélico (GA_3, 10 mg/L; **(A)** y de la adición de sales nitrogenadas **(B)** en el control de las alteraciones asociadas a la senescencia de la mandarina 'Clemenules'. En A los frutos se dejaron en el árbol hasta bien avanzadas las alteraciones; en B la fecha de recolección siguió criterios comerciales. AF: Fosfato amónico (1,5 %); AN: nitrato amónico (1,5 %). El cambio de color se produjo los primeros días de noviembre.

10.2. *Bufado* de la corteza *(puffing)*

10.2.1. Descripción. Causas

Uno de los trastornos fisiológicos más conocidos de los frutos cítricos es el *bufado (rind puffing),* caracterizado por la degradación del albedo y la separación de la corteza de la pulpa cuando alcanzan la madurez (Foto 10.3 A y B). Ello conlleva la formación de grandes espacios aéreos en el albedo y la reducción de su resistencia mecánica. Los síntomas aumentan con el tiempo dado que la corteza continúa creciendo (Fig. 10.2) cuando la pulpa ha completado su desarrollo.

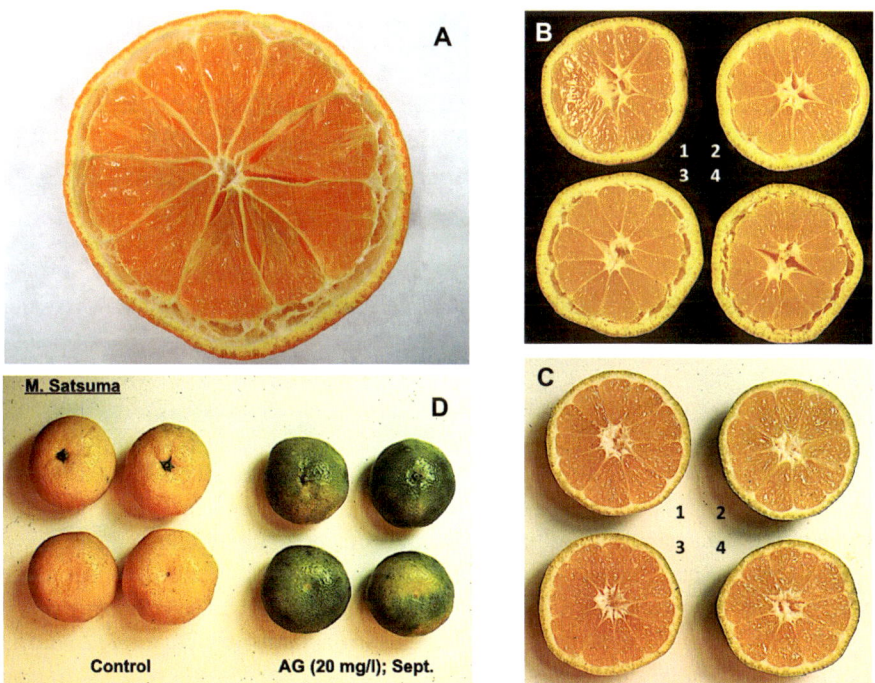

Fotografía 10.3. Frutos bufados de Clementina 'Oroval' **(A)** y Satsuma Owari **(B).** Efecto de la aplicación de 20 mg/L de GA_3 (AG) sobre la incidencia del bufado **(C)** y la coloración del flavedo **(D)** 20 días después del tratamiento (28 sept.). La intensidad de bufado se evalúa de 1 a 4 (B y C).

Durante el último periodo de crecimiento de los frutos *bufados*, el albedo sufre notables cambios anatómicos y las células subepidérmicas están en continua expansión. Como las células subepidérmicas de la piel de los cítricos contienen enzimas modificadores de la pared celular que aumentan su actividad durante la maduración del fruto, una hipótesis razonable es que la actividad enzimática podría conducir a las alteraciones estructurales observadas en los frutos afectados.

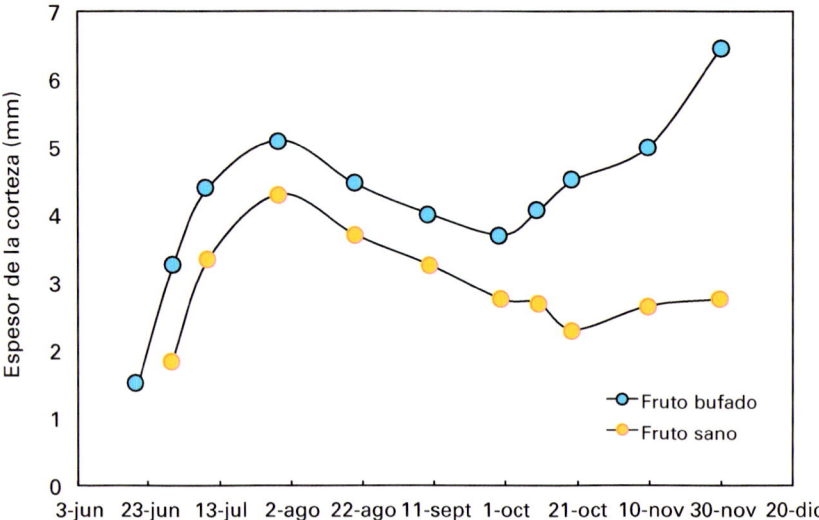

Figura 10.2. Evolución del crecimiento de la corteza de un fruto sano y otro bufado de mandarina clementina 'Oroval'.

Durante el crecimiento del fruto, las células del albedo y el flavedo crecen a velocidades diferentes, y esta diferencia aumenta marcadamente por acción de un estrés ambiental. El mecanismo que regula su aparición podría ser, por tanto, la consecuencia de una disminución de la actividad enzimática y el gradiente de presión osmótica provocado por un agrandamiento celular en el albedo. En este sentido, la causa principal del decaimiento celular sería la disolución de la lámina media, lo que constituye la base ultraestructural e histológica de la alteración. Así, el máximo en el contenido de pectinas, componente principal de la lámina media, se encuentra durante las primeras fases de desarrollo del fruto y va disminuyendo gradualmente hasta la maduración, acompañando a la destrucción de dicha lámina media y al desarrollo del *bufado* del fruto. El resultado es una profunda modificación ultraestructural de las paredes celulares y notables variaciones en su disposición fibrilar.

Los estudios histológicos muestran importantes trastornos ultraestructurales y de destrucción en las paredes celulares subepidérmicas en los frutos afectados. Así, son visibles grandes espacios intercelulares en los ángulos de las células subepidérmicas y otros, esquizógenos, entre paredes de células adyacentes, de forma y tamaño variables y, en todo caso, superiores a los de las células de los frutos sanos. En contadas ocasiones no aparecen, pero la ausencia de la lámina media es siempre evidente, así como la separación, en sentido longitudinal, de las microfibrillas de hemicelulosa de la pared celular. En ambos casos, cuando la lámina media se destruye, se produce un aflojamiento de las conexiones intercelulares y la hinchazón de las paredes, que alcanzan valores de 4-6 μm de ancho, frente a las 2-3 μm de los frutos sanos, produciéndose el *bufado*.

Con todo ello, la pérdida de firmeza de los frutos cítricos debe estar asociada a la actividad de los enzimas que degradan la pared celular. En este sentido, debe destacarse que la actividad celulasa y pectinasa permanecen altas durante el desarrollo del fruto, pero disminuyen a diferentes velocidades con la maduración, hasta llegar a ser insignificantes cuando se completa la maduración. En relación con ello, las paredes celulares del albedo en un fruto sano contienen mayores concentraciones de Ca, un elemento esencial en la composición de la lámina media, que las de los frutos *bufados*, de ahí que la aplicación de este elemento alivie la evolución del desorden. Sin embargo, si bien su mecanismo de acción se ha relacionado con la resistencia a la separación de la lámina media y a la desorganización y separación de las paredes celulares, se ha sugerido que el mecanismo de control del Ca es más fisiológico que físico, al mantener el estoma abierto para facilitar la transpiración. A ello contribuye su capacidad de penetrar en el fruto directamente a través de la cutícula cuando se aplica exógenamente.

Desde el punto de vista hormonal, los genes asociados a la señalización de la síntesis de giberelinas y citoquininas reducen su expresión en el tejido del albedo con síntomas de *bufado*, lo que indica que estas hormonas juegan un papel clave en el desarrollo de este desorden. En el albedo, la concentración de giberelinas es baja y, además, durante el crecimiento y la maduración del fruto su nivel disminuye. Por el contrario, en los tejidos del flavedo, los contenidos de ABA y azúcares aumentan durante dicho periodo.

En consecuencia, la asincronía en la velocidad de desarrollo del albedo y el flavedo y en la actividad hormonal y enzimática de estos tejidos debe ser la causa del *bufado*.

Los estudios moleculares revelan cambios en la expresión de los genes implicados en el metabolismo primario de los frutos *bufados*. Aunque estos podrían disminuir la energía disponible para el crecimiento celular, no existen evidencias claras de que ello sea la causa del *bufado* de la corteza. No obstante, los cambios en la glucólisis podrían afectar otras vías clave del metabolismo primario, como el metabolismo de la sacarosa y del almidón. Así, la expresión de los genes *SUCROSE-PHOSPHATE SYNTHASE* (*CitSPSs*) disminuye, mientras que la de *CELL WALL INVERTASE* (*CSCW1*), *ACID INVERTASE* (*CitAI*) y *SUCROSE TRANSPORTER* (*CitSUT2*) aumenta en el flavedo y albedo del fruto afectado en relación con el fruto sano. Es de destacar que la expresión de *CitSPSs* aumenta durante el desarrollo del fruto. Del mismo modo, los transcritos de la ADP glucosa pirofosforilasa y almidón sintasa reducen su expresión en los frutos bufados respecto de los sanos, mientras que los que codifican para su ramificación la aumentan. Los transcritos relacionados con la degradación de la amilosa del almidón son más abundante en los frutos *bufados* que en los frutos sanos. Finalmente, los cambios detectados en los transcritos de la síntesis de rafinosa indican que la concentración de este azúcar y la de galactinol aumenta en los tejidos del fruto *bufado*.

Todos los cambios señalados, histológicos, bioquímicos y moleculares, no solo están asociados a las células de albedo, sino también a las subepidérmicas, como se ha visto. De hecho, la alteración está determinada más por la viabilidad de las capas externas de la corteza que por las propiedades de los tejidos más profundos del mesocarpo. Esta conclusión está respaldada por la influencia que la regulación del intercambio de agua a través de la corteza tiene sobre el bufado. Temperaturas y HR elevadas y lluvias abundantes, así como los suelos arenosos, se han relacionado con la aparición de este desorden fisiológico. Asimismo, fertilizaciones elevadas o tardías de N contribuyen a un crecimiento prolongado del fruto y, por tanto, de sus células, y lo hacen más propenso al *bufado* de su corteza. La deficiencia de fósforo agudiza los síntomas.

10.2.2. Control

La aplicación de ácido giberélico (GA₃), en pulverización foliar, a la concentración de 20 mg/L, retrasa la aparición de esta alteración (Fig. 10.3 A), permitiendo prolongar el periodo de recolección con el fruto en buenas condiciones.

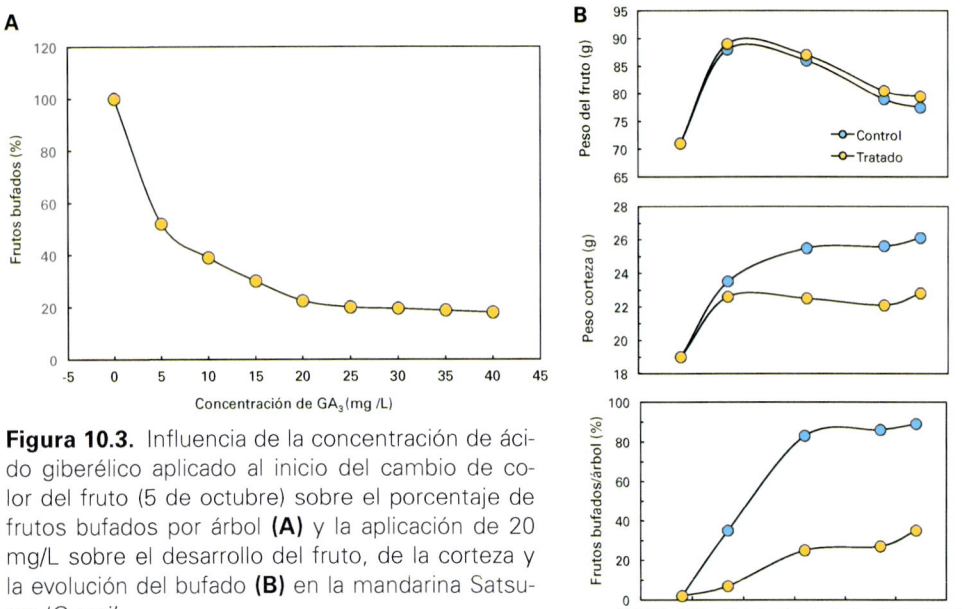

Figura 10.3. Influencia de la concentración de ácido giberélico aplicado al inicio del cambio de color del fruto (5 de octubre) sobre el porcentaje de frutos bufados por árbol **(A)** y la aplicación de 20 mg/L sobre el desarrollo del fruto, de la corteza y la evolución del bufado **(B)** en la mandarina Satsuma 'Owari'.

La adición de un compuesto nitrogenado, preferiblemente fosfato biamónico o nitrato amónico, y de Prohidrojasmon, un derivado sintético del ácido jasmónico (n-propildihidrojasmonato), a concentraciones de 1,5 %, 1,8 %, y 50 mg/L, respectivamente, refuerzan la acción del AG.

La respuesta a estos tratamientos depende, en gran parte, de la época de aplicación, alcanzándose la máxima eficacia cuando se efectúa poco antes del cambio de color del fruto (Foto 10.3 C).

El GA₃ no modifica el peso del fruto, pero inhibe el crecimiento de su corteza, lo que debe estar directamente relacionado con la prevención del bufado (Fig. 10.3 B), ya que dicho crecimiento es característico de los frutos afectados.

Estos tratamientos conllevan un retraso en la entrada en color del fruto, retardando la pérdida de clorofilas y la síntesis de carotenoides (Foto 10.3 D). En los frutos tratados, los genes de síntesis de clorofilas, *CitGGDR*, *CitCHLM*, *CitPORA*, *CitCS*, y *CitCAO*, retrasan su pérdida de expresión, lo que mantiene elevados los niveles de estos pigmentos en el flavedo. Del mismo modo, la expresión de *CitLCYb2* y *CitHYb*, los dos genes clave en la biosíntesis de las ββ–xantofilas, se mantiene constantemente baja durante la maduración. Con ello, las rutas ε,β– y ββ– de síntesis de carotenoides son retardadas, manteniendo así un elevado nivel de luteína y previniendo la acumulación de ββ–xantofilas (véase Cap. 6; apts. 6.3.2.2 y 6.3.2.3).

Este retraso en la coloración del flavedo puede evitarse, en parte, con la aplicación de ANA y ABA. Estas hormonas reducen la expresión de los genes de biosíntesis de clorofilas, mientras que aumentan la de los de biosíntesis de carotenoides.

El tratamiento da lugar a un aumento rápido de la concentración de GA en los tejidos del flavedo y una reducción simultánea en los niveles de ABA y azúcares, acompañados por una reducción en la tasa de degradación de las clorofilas. Ello, junto con la reducción del crecimiento de la corteza, sugiere que el GA_3 retarda o revierte la senescencia de la corteza del fruto.

10.3. Colapso del albedo *(creasing)*

10.3.1. Descripción. Causas

El *colapso del albedo* de los cítricos es un trastorno caracterizado por la aparición de múltiples grietas en el albedo, dando como resultado una corteza arrugada, con bultos y depresiones, y débil (Foto 10.4). Esta alteración también se conoce como *creasing* y *clareta*. Aunque puede encontrarse en todas las naranjas y mandarinas, son especialmente sensibles a este desorden fisiológico los frutos de las naranjas navel ('Washington' navel y 'Navelina'), de las mandarinas clementinas y Satsumas y algunos híbridos ('Fortune'). Los frutos afectados no se comercializan y su incidencia causa importantes pérdidas económicas.

Fotografía 10.4. Árbol de mandarina Satsuma afectado de *creasing* **(A)** y frutos de mandarina Clemenules **(B** y **C)** y naranjo dulce 'Washington' navel **(D** y **E)** mostrando síntomas externo e internos en el albedo.

No se conoce bien el momento en que empieza a agrietarse el albedo, aunque los estudios histológicos indican que los primeros síntomas pueden detectarse cuando el periodo de división celular ha terminado, 9-10 semanas después de la antesis. A partir de ese momento, el crecimiento en grosor del albedo se detiene, mientras que el endocarpo crece rápidamente y lo presiona, con lo que debe acomodarse al aumento del diámetro del fruto mediante el alargamiento tangencial de sus células. Pero, si se han producido defectos en la lámina media (Foto 10.5) (por insuficiente nutrición hidrocarbonada o mineral, estrés hídrico, excesiva competencia entre frutos jóvenes, etc.), la cohesión entre las células del albedo se debilita y puede provocar su separación por efecto de la tensión mecánica que le produce el crecimiento continuado del endocarpo.

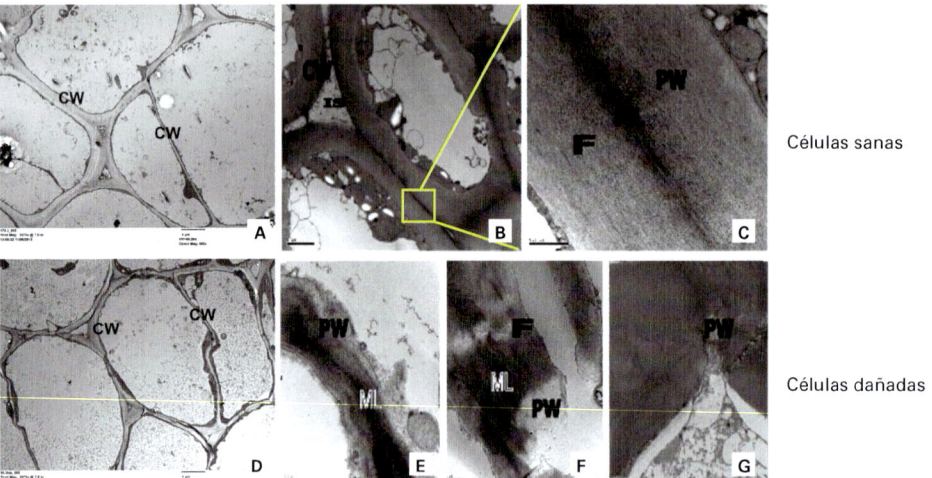

Fotografía 10.5. Ultraestructura del albedo de naranja dulce mostrando la lámina media y la pared primaria intactas **(A - C)** y descompuestas por *creasing* **(D - G)**. La fotografía C muestra la ampliación de la zona remarcada en B. CW: pared celular; PW: pared primaria; F: microfibrilla, ML: lámina media; IS: espacio intercelular. Fotografías B, C, E, F y G tomadas de Li *et al.* (2009). Las fotografías A y D son propias.

Storey y Treeby (1994) demostraron que, cuando esta tensión en la corteza no se ve adecuadamente acompañada de su crecimiento, se forman grietas en el albedo (Foto 10.6 A). Las células que delimitan las grietas se separan por la lámina media, dejando sus interconexiones sobresaliendo (Foto 10.6 B). A medida que la corteza se estira y sus células se distorsionan (Foto 10.6 C), el material de la pared celular se extiende entre las células adyacentes como si fuera un gel (Foto 10.6 B) y forma unas estructuras deformes a modo de brazos en los extremos de las células (Foto 10.6 D). A veces, la separación de estos brazos celulares apenas produce daños, de modo que las células conservan su turgencia (Foto 10.6 E), pero con frecuencia la mayor parte de ellas sufren daños irreparables, pierden su turgencia y las paredes celulares colapsan (Foto 10.6 F). Por tanto, las grietas se forman en el albedo por la pérdida de conexión entre las células más que por

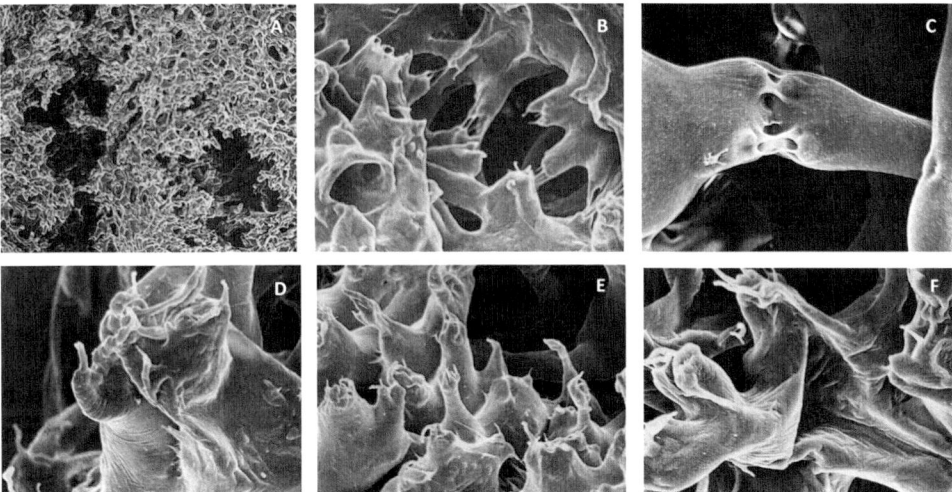

Fotografía 10.6. Albedo de frutos de naranjo dulce mostrando síntomas de clareta. Las grietas **(A)** se originan por la separación de las células **(B)** por la lámina media **(C)**. Las células separadas presentan deformaciones a modo de brazos **(D)** y se mantienen turgentes **(E)** o se colapasan **(F)**. Tomado de Storey y Treeby, 1994.

una fractura directa de las paredes celulares. El punto más débil de la matriz de albedo, por tanto, es la lámina media que une las células, de modo que las fracturas no se desarrollan entre las capas radiales de las células, que sería la ruta natural más probable, sino a través de las capas de células y los espacios aéreos en una dirección tangencial (Foto 10.7), normal a la dirección del estrés (presión del endocarpo). Estos espacios irregulares de aire, a su vez, tienden a desviar su progreso y explican la disposición irregular de las grietas. A medida que la fisura se ensancha, la tensión se centra en su extremo y facilita su avance y ensanchamiento.

La consecuencia de ello es el desarrollo de pequeñas grietas que progresan durante la fase lineal del desarrollo del fruto (Foto 10.7) y se hacen visibles durante la maduración (Foto 10.4); su severidad aumenta con el tiempo de permanencia del fruto en el árbol. Además, cuanto mayor es la cosecha, mayor es el porcentaje de frutos afectados y mayor su incidencia individual. Esta correlación positiva entre incidencia y severidad implica que un retraso en la recolección aumenta la cantidad de frutos afectados no comercializables.

Las cadenas celulares situadas en las zonas afectadas sufren menos interrupciones que en las zonas sanas, particularmente en las proximidades de los haces vasculares, de modo que las roturas ocurren con mayor frecuencia en las zonas más alejadas de estos. Pero, aunque se pueden observar algunas diferencias entre frutos de árboles repetidamente afectados y sanos, las diferencias son tan leves y tan difíciles de definir que es prácticamente imposible reconocer con certeza las diversas situaciones.

Con todas estas observaciones, dos fenómenos principales se han relacionado con la incidencia del *creasing*: la lisis de la pared celular y el descenso de su contenido en polisacáridos, en particular de sustancias pécticas.

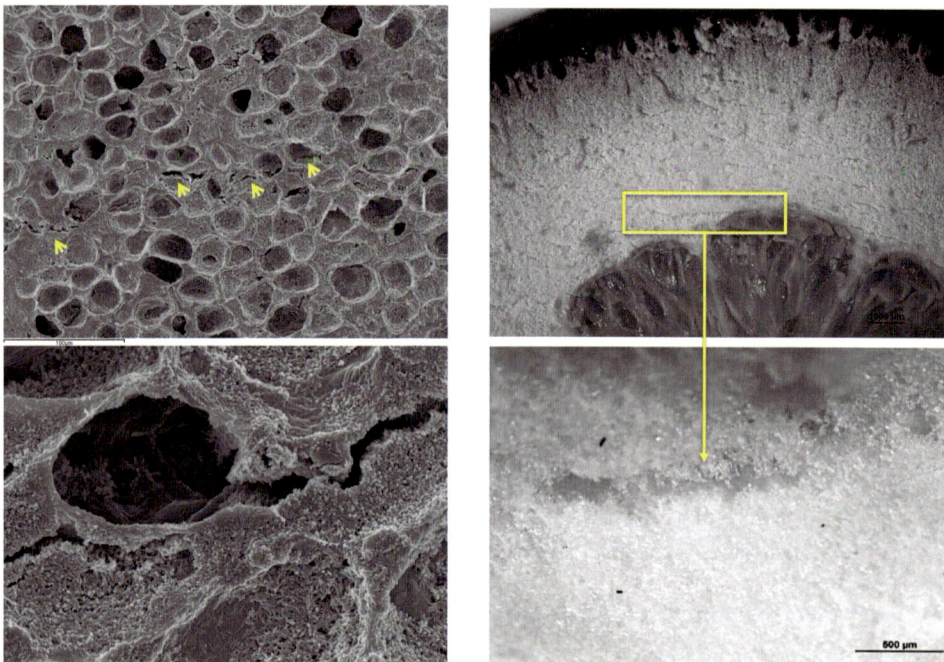

Fotografía 10.7. Grietas en el albedo *(creasing)* de un fruto de naranjo dulce 'Navelina' de 17 mm (izqda.) y 36 mm (dcha,) de diámetro. Las flechas y el rectángulo delimitan las grietas.

La pérdida de pectinas y celulosa en las paredes celulares del tejido de la corteza de la naranja dulce se ha asociado con la aparición del *creasing*. De acuerdo con ello, esta alteración podría deberse a cambios en la estructura de los componentes de la pared celular, como las pectinas y los compuestos fenólicos, y en la actividad de algunos enzimas involucrados en su degradación.

Así, el albedo es degradado eficientemente por la actividad enzimática que actúa sobre el ácido poligalacturónico, principal constituyente de las pectinas de este tejido.

En la naranja dulce 'Valencia' las pectinas hidrosolubles aumentan con el tiempo en la corteza de los frutos, al mismo tiempo que lo hace la actividad de la pectin-metil-esterasa (PME) y tiene lugar una disminución correlativa de las pectinas insolubles. Este proceso ocurre a un ritmo mayor en los frutos afectados de *creasing* en comparación con los frutos sanos (Fig. 10.4), y su incidencia se ha relacionado con un aumento en el nivel de actividad pectolítica en el albedo, lo que provoca cambios en la estructura de la corteza.

Las poligalacturonasas (PG) y celulasas también se hallan asociadas a la actividad de la pared celular y juegan un papel importante en la despolimerización de la pectina y en la hidrólisis de la celulosa, respectivamente, durante la maduración del fruto. Las PG liberan galactosa de la pectina y las celulasas están implicadas en la hidrólisis de los enlaces 1,4-β-D-glucosídicos de la celulosa y hemicelulosa y de los β-D-glucanos. En la naranja dulce la actividad de la PME y endo-1,4-β-D-glucanasa es mayor en el albedo del fruto afectado, en comparación con el fruto sano, y correlaciona con la pérdida de su firmeza y la incidencia del *creasing*. En resumen, la actividad de la PME, exo- y endo-PG y endo-1,4-β-D-glucanasa en el albedo del fruto afectado está asociada a una mayor pérdida de pectinas y celulosa en las paredes celulares del albedo y, en consecuencia, los niveles de pectinas hidrosolubles aumentan en el albedo, lo que provoca el relajamiento de la pared celular y la formación de grietas.

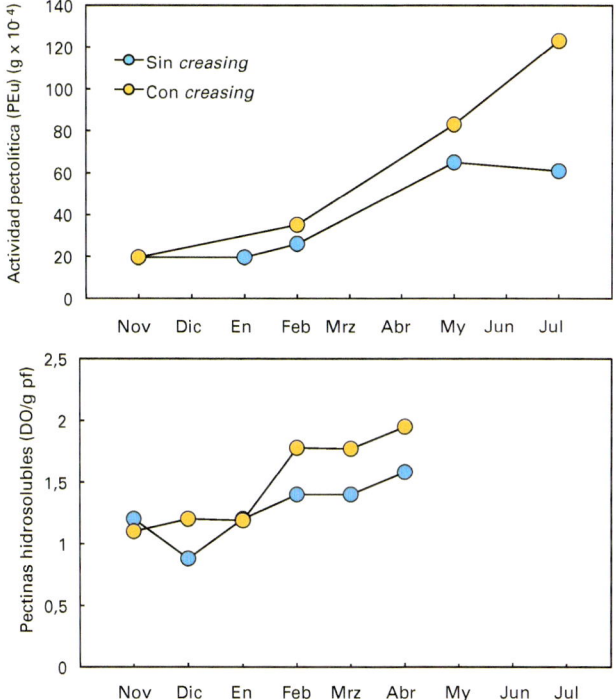

Figura 10.4. Evolución de la actividad pectolítica y de pectinas hidro-solubles en el albedo de naranjas 'Valencia' late sanas y afectadas de *creasing*. Tomado de Monselise *et al.,* 1976.

Los fenoles y el almidón también están involucrados en la firmeza e integridad de la pared celular, disminuyendo en los frutos afectados de *creasing* en comparación con los frutos sanos.

Otros enzimas modificadores de la pared celular son las expansinas, que incluyen α-expansinas, β-expansinas y otras expansinas similares, y pueden mejorar el estrés producido por la relajación de los componentes de la pared celular. En algunos frutos (tomate) se ha demostrado una estrecha correlación entre la expresión de las expansinas y la despolimerización de polisacáridos, y en los frutos cítricos, durante su desarrollo, se ha observado una mayor expresión del gen *Ct-Exp1* en los afectados de *creasing* que en los frutos sanos, por lo que el aumento en su expresión puede acelerar la aparición de la alteración, ratificando que la mayor pérdida de pectina y celulosa en las paredes celulares del albedo debe ser la causa del *creasing*.

Por tanto, la pérdida de firmeza del fruto se debe, principalmente, a la degradación de la pared celular y a la pérdida de adhesión entre paredes de células vecinas tras la disolución de la lámina media. A pesar de ello, es difícil predecir con absoluta certeza la tendencia del metabolismo péctico y, por tanto, de la evolución del *creasing*, pero parece razonable sugerir que dicha degradación es el último paso de un proceso más largo en el curso del cual los cambios son más rápidos y más profundos en los frutos de los árboles generalmente afectados de *creasing* que en los de los no afectados; todo ello indica la dificultad del control agronómico de esta alteración.

Los periodos secos seguidos de otros lluviosos y las temperaturas elevadas en verano y suaves en otoño e invierno parecen ser favorables al *creasing*. Pero, más que los valores absolutos, correlaciona significativamente la amplitud térmica de estos periodos, de modo que, cuanto mayor es esta, mayor es la incidencia.

10.3.2. Control

Aunque son múltiples las causas que originan el *creasing*, la facilidad con que los frutos afectados hidrolizan las pectinas podría estar relacionada con la formación adecuada de las fracciones pécticas. Una de las principales causas de este problema puede ser la falta de formación de ureidos, necesarios en la formación de ácido galacturónico, un componente esencial de las pectinas. El molibdeno actúa como cofactor en la síntesis de ureidos, y podría jugar un papel importante en el desarrollo del *creasing*. Este elemento mineral es un componente importante de los enzimas xantina deshidrogenasa y xantina oxidasa, que convierten la xantina en ácido úrico como parte de la síntesis de ureidos. Por tanto, es probable que niveles bajos de este elemento afecten la formación de la pectina y, en consecuencia, de los componentes pécticos generales de la pared celular. El contenido en Mo del fruto correlaciona negativa y significativamente con la incidencia de *creasing*, habiéndose establecido un valor umbral de 0,2 ppm para la aparición de la alteración. Aunque, en general, es notable una tendencia a su disminución cuando se aplica Mo por vía foliar, esta no suele ser significativa.

El enzima ácido urónico oxidasa contiene azufre en su estructura y de ahí la importancia que los niveles adecuados de este elemento podrían tener en la protección frente al *creasing*. Sin embargo, su aplicación foliar en campos con tendencia al desarrollo de la alteración no resulta eficaz.

El zinc también se ha relacionado con este desorden fisiológico ya que su contenido afecta el metabolismo de los carbohidratos de varias maneras, entre ellas afectando su deposición en la pared y, por lo tanto, en la síntesis de pectina. Tras esta, las cadenas de pectina requieren de su unión y reticulación.

En este proceso el Ca^{2+} juega un papel importante, habiéndose encontrado una correlación negativa y significativa entre su contenido en el fruto y la incidencia de *creasing*. Es más, su transporte lejos del fruto y acumulación en las hojas suelen acompañar la aparición de la alteración. La aplicación foliar de nitrato de calcio (0,5 %) en la etapa de división celular aumenta el contenido de Ca en la corteza del fruto y reduce, levemente, la expresión de los genes de síntesis de PG, celulasas y PME, y la incidencia del *creasing*. En coherencia con ello, los tratamientos con ácido etilenglicoltretracético (EGTA), un agente extracelular quelatante de Ca^{2+}, o con $LaCl_3$, un bloqueador de los canales de Ca^{2+} de la membrana plasmática, es decir, con inhibidores de la absorción de calcio, aumentan su expresión y, con ello, la tasa de incidencia del *creasing*.

El contenido en K de las hojas se ha relacionado, asimismo, con la alteración. Si los suelos tienen un bajo contenido en K asimilable, la aplicación al suelo de fertilizantes potásicos es recomendables para reducir su incidencia, efectuando los oportunos ajustes en la dosis. En general, la concentración foliar de K no debe ser inferior al 0,7 % (p.s.), pero, en los casos en los que aparece *creasing* o en los que se producen frutos de pequeño tamaño, es conveniente incrementarla hasta niveles próximos, e incluso superiores, al 1 % (p.s.). No obstante, las aportaciones de K por el suelo se muestran ineficaces cuando el contenido en K asimilable en este es alto o su textura es de tipo arcilloso e interfieren en la eficiencia de su absorción por la raíz. Las aplicaciones foliares de KNO_3 (4 %) al inicio de la fase lineal de crecimiento del fruto tienen un efecto más rápido y eficaz para controlar el *creasing* que su aplicación, o la de sulfato potásico (K_2SO_4), al suelo. Estos tratamientos, sin embargo, suelen perder eficacia cuando la fertilización potásica al suelo es muy eficiente, lo cual, normalmente, se manifiesta por un alto nivel de K en las hojas.

Se ha encontrado una correlación negativa entre la presencia de este desorden y el contenido de P en el suelo y en las hojas. Pero también se ha observado, en algunos casos, que la concentración de P en la corteza de los frutos que presentan la alteración es mayor que en la de los sanos. Así pues, el porcentaje de frutos afectados de *creasing* aumenta cuando la concentración de fósforo en las hojas se incrementa del 0,10 al 0,16 % (p.s.); por encima de este nivel no se aprecia ningún efecto del P en la alteración. Este efecto puede explicarse porque un bajo nivel de P aumenta el grosor de la corteza y con ello la incidencia de *creasing* es menor. En todo caso, la respuesta a la fertilización fosforada dependerá muy estrechamente de las reservas de fosfatos disponibles en el suelo, ya que, si estas son suficientes para cubrir las necesidades de P de la planta, no se debe esperar, al menos a corto plazo, una respuesta a la disminución del aporte de P, como medio para controlar el *creasing*. La aplicación de P, especialmente si no va acompañada de la de potasio (K), agrava el problema.

Los efectos del nitrógeno sobre el *creasing* son erráticos, aunque en algún caso se ha observado que altas concentraciones de nitrógeno (N) reducen la incidencia de la alteración, posiblemente como consecuencia del incremento del grosor de la corteza. Sin embargo, en otros muchos casos, una fertilización nitrogenada abundante tiene un efecto inconsistente. Esto indica que, posiblemente, el efecto del N sobre el *creasing* es indirecto y está afectado por diversas variables de clima, suelo y condiciones de cultivo.

En este sentido, también se ha investigado la participación de las poliaminas en el *creasing* aplicando putrescina (PUT) y guanilhidrazona (MGBG), un inhibidor reversible de la S-adenosil metionina-descarboxilasa en su biosíntesis. Su aplicación reduce los niveles endógenos de PUT libre, espermidina (SPD), espermina (SPM) y poliaminas totales en el albedo y flavedo. Los experimentos llevados a cabo indican que la aplicación foliar de PUT (500–1000 µM) durante el cuajado o en las primeras fases del crecimiento lineal del fruto aumentan la concentración de poliaminas libres endógenas (PUT, SPD, SPM y poliaminas libres totales) en el albedo y flavedo y reduce el porcentaje de frutos de las naranjas navel afectados de *creasing*, mientras que la aplicación de MGBG (1000 μM) lo aumentó significativamente. Probablemente, la inhibición de la biosíntesis de poliaminas con la aplicación de MGBG reduce los niveles de poliaminas libres endógenas y aumenta, con ello, la incidencia de la alteración. Estos resultados sugieren la participación de las poliaminas en la aparición del *creasing*.

Los cambios descritos en la pared celular también pueden ser consecuencia de desequilibrios endógenos hormonales. El hecho de que la alteración se origine en los primeros estados de desarrollo del fruto, esto es, durante la fase de división celular, se manifieste inmediatamente antes o durante la maduración y progrese con el tiempo de permanencia del fruto en el árbol indica la posibilidad de que las hormonas vegetales (sobre todo giberelinas, citoquininas y auxinas) estén involucradas en su desarrollo. Así, los frutos que producen cortezas gruesas y rugosas se caracterizan por sus mayores niveles de giberelinas y citoquininas al inicio de su desarrollo. En apoyo de ello, la aplicación exógena de GA_3 reduce la incidencia de este desorden, al tiempo que mantiene compacto el albedo, mejorando la firmeza y resistencia de la corteza.

La aplicación foliar de GA_3 (10-20 mg/L) tiene dos épocas de mayor eficacia: en la fase de rápido crecimiento del fruto (julio-agosto en el HN), y al inicio del cambio de color del fruto (septiembre-noviembre). La aplicación en cualquiera de estos periodos reduce significativamente el porcentaje de frutos afectados por *creasing*, siendo ligeramente más eficaz el primero (Fig. 10.5), y no mejorando la eficacia la repetición de ambos tratamientos. La aplicación en julio tiene la ventaja de que no altera el cambio de color, mientras que el tratamiento en otoño retrasa la desverdización natural del fruto al inhibir la degradación de la clorofila y la acumulación de carotenoides (véase Cap. 6, apts. 6.3.2.2 y 6.4).

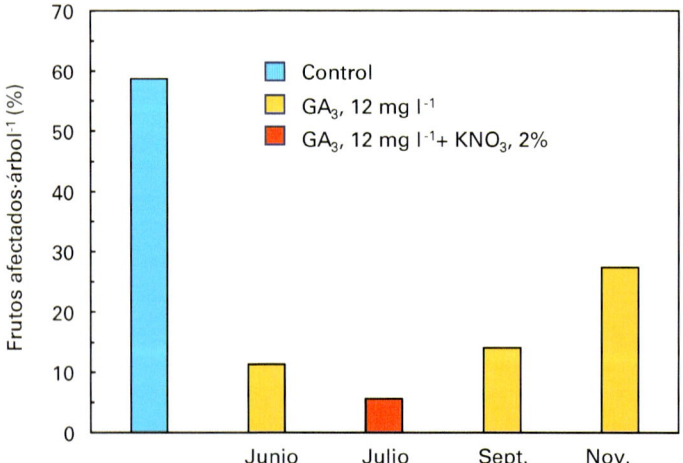

Figura 10.5. Efecto de la aplicación de ácido giberélico y nitrato potásico en el control del *creasing* de la naranja dulce 'Valencia' late. Influencia de la época de aplicación.

El tratamiento con AG para el control del *creasing* puede potenciarse con la adición de nutrientes. La aplicación conjunta de GA_3 (10- 20 mg/L) y KNO_3 (2-4 %) o $Ca(NO_3)_2$ (2-4 %) mejora, en algunos casos, su eficacia (Fig. 10.5). Los tratamientos con GA_3 no aumentan el tamaño del fruto ni el espesor de su corteza, y tampoco tienen efecto sobre la calidad interna del fruto, lo que indica que esta hormona actúa directamente sobre la corteza.

Finalmente, y con independencia del contenido nutricional, el portainjertos puede ser un factor agronómico de importancia en el desarrollo del *creasing*. Teniendo en cuenta el porcentaje de frutos por árbol que muestran algún grado de incidencia, los estudios al respecto han permitido clasificar los portainjertos de menor a mayor capacidad para inducir la alteración en el siguiente orden: naranjo dulce < mandarino Cleopatra < *P. trifoliata* < citrange Carrizo = citrange Troyer < limón rugoso < lima Rangpur. La razón que se ha dado sobre esta influencia deriva, por una parte, de la acción que el portainjerto tiene sobre el tamaño del fruto, y, por otra, del hecho de que la incidencia del *creasing* varía de acuerdo con este. Los frutos más pequeños son los menos afectados y sus síntomas, cuando los tienen, menos severos que los frutos más grandes, y los frutos más grandes, dado que su corteza es, a su vez, más gruesa, disimulan los efectos del *creasing* y sus pérdidas comerciales son menores. Son, por tanto, los frutos de tamaño medio, característicos de la variedad, los más afectados. Es de destacar que, en general, el portainjerto no interacciona con el año en relación con la incidencia y la severidad de la alteración.

10.4. Colapso de la corteza *(rind breakdown)*

10.4.1. Descripción. Causas

Esta alteración, conocida también como *rind breakdown*, se caracteriza por la presencia inicial de depresiones sobre el flavedo (Foto 10.8 A) que evolucionan formando zonas secas de color marrón rojizo que recubren gran parte de la corteza del fruto (Foto 10.8 E). Los naranjos dulces del grupo navel son los más sensibles, particularmente los de maduración tardía ('Lane late', 'Navelate'…), para los que supone pérdidas muy importantes, aunque un desorden similar ha sido descrito en la naranja dulce 'Shamouti', en el pomelo 'Marsh', en los limones 'Verna' y 'Fino', en las mandarinas 'Fallglo', Clementinas y Satsumas, y en los híbridos 'Mineola', 'Nova', Fortune', entre otros. Algunos autores denominan también a esta alteración *peel pitting*, pero, dado que las condiciones ambientales que lo provocan, la sensibilidad varietal, y, sobre todo, los síntomas generales son diferentes, en este texto se tratan separadamente, como dos desórdenes distintos, reservando esta denominación para el *picado de la piel* (véase apt. 10.7).

Su incidencia varía entre años y entre huertos e incluso entre frutos de un mismo árbol. Estos aparecen alrededor de todo el árbol, pero su proporción es mayor entre los situados en la cara NW. Asimismo, es mayor entre los frutos situados en el exterior de la copa y su incidencia aumenta en la cara del fruto expuesta a la atmósfera. Todo ello indica la aleatoriedad y variabilidad en su aparición y su dependencia de las condiciones climáticas anuales o geográficas.

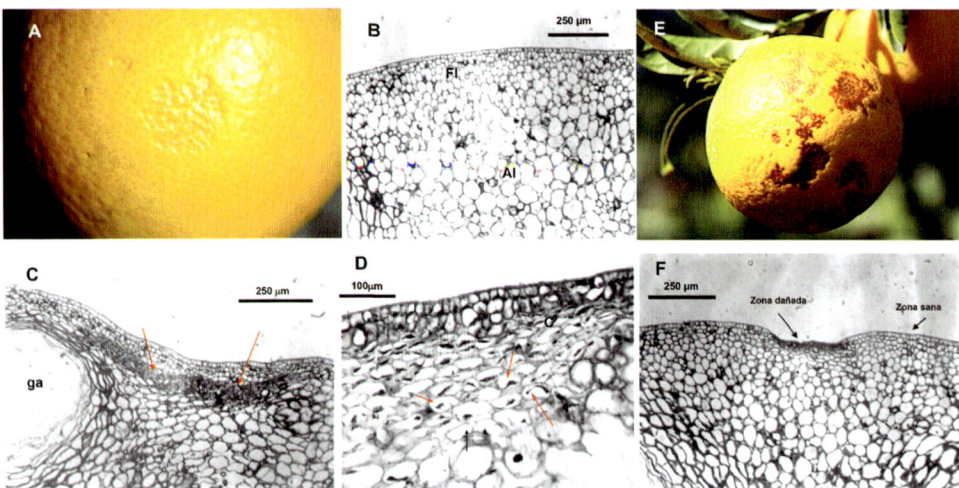

Fotografía 10.8. Frutos de naranjo dulce 'Navelate' con síntomas iniciales **(A, C, D)** y bien desarrollados **(E, F)** de colapso de la corteza *(rind breakdown)* en comparación con un fruto sano **(B)**. C: grupo de células colapsadas en la zona externa del albedo y más profunda del flavedo (flechas). D: células del flavedo y el albedo con el citoplasma colapsado (flechas). F: células epidérmicas e hipodérmicas aplastadas hundiendo la superficie de la corteza. Fl: flavedo; Al: albedo; ga: glándulas de aceites.

En general, el *colapso de la corteza* se desarrolla progresivamente durante el otoño y el invierno, pero en ocasiones aparece de modo inmediato. Los estudios de Agustí *et al.* (2001) demuestran que, en condiciones de clima mediterráneo, los primeros síntomas aparecen pocos días después de un periodo de condiciones meteorológicas anómalas: tres días consecutivos de altas temperaturas, con valores mínimos de 18 °C en diciembre, y baja HR, 59 %, provocaron una elevada evapotranspiración, de hasta 5,5 mm día^{-1}; a continuación, y durante otros tres días, la temperatura bajó hasta valores mínimos de 6 °C y la HR aumentó hasta el 80 %, reduciéndose la evapotranspiración hasta 1 mm día^{-1} (Fig. 10.6). Estos cambios, además, coincidieron con un periodo de fuertes vientos (25 km h^{-1}) de dirección S-SE, cálidos y secos, que contribuyeron a intensificar la evapotranspiración. En años posteriores, los daños aparecieron tras un periodo de condiciones climáticas como el señalado, lo que permite concluir que la aparición de los síntomas iniciales de la alteración coincide con días de alta temperatura, baja HR y alta tasa de evapotranspiración, seguidos de un periodo de baja temperatura, alta HR y baja evapotranspiración.

En el caso de la aparición postcosecha de esta alteración, que en este caso también recibe el nombre genérico de *cold pitting* (véase apt. 10.7.1), son también los cambios bruscos de HR los desencadenantes del proceso. Así, en frutos del cv. 'Navelina' almacenados a temperatura constante (20 °C), la transferencia desde una HR del 45 % al 95 % aumenta la incidencia de la alteración, independientemente de la pérdida de peso que experimente el fruto; y su aparición es tanto más rápida cuanto más tiempo ha estado almacenado el fruto a baja HR antes de la transferencia (Fig. 10.7). A las 12-24 h de

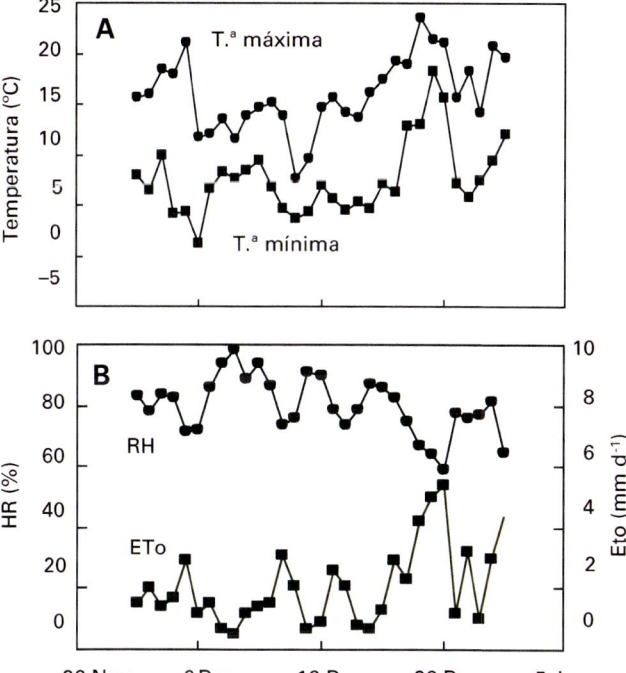

Figura 10.6. Temperatura media máxima y mínima diaria **(A)** y humedad relativa y evapotranspiración **(B)** previas a la aparición del colapso de la corteza *(rind breakdown)* en un campo con una incidencia de 55,1 ± 3,8 % de frutos afectados. Tomado de Agustí *et al.,* 2001.

realizada esta, se registra un marcado estímulo, transitorio, de la tasa respiratoria y de la producción de etileno de los frutos. Por otra parte, el potencial hídrico de los tejidos del flavedo y albedo se reduce cuando el fruto se almacena a una HR del 45 %; tras su transferencia a una HR del 95 % la recuperación es más rápida en el flavedo que en el albedo

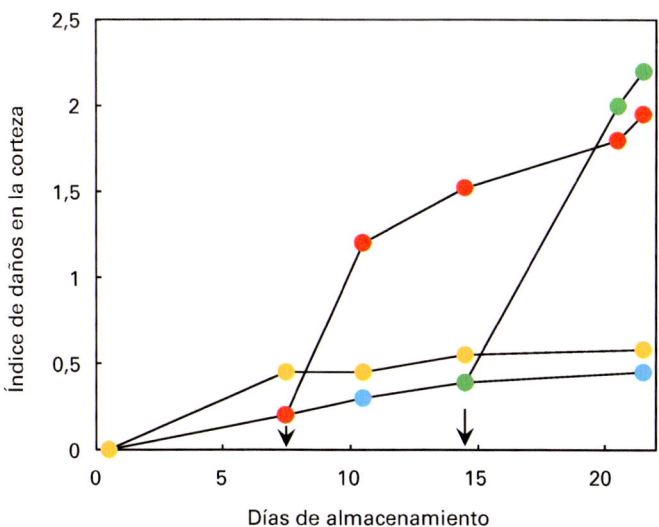

Figura 10.7. Índice de daños de colapso de la corteza *(rind breakdown)* en la corteza de naranjas 'Navelate' almacenadas a 20 °C y 45 % (●) o 95 % (●) de HR, y de frutos transferidos a HR 95 % después de 7 (●) y 14 (●) días almacenadas a 45 % HR. Las flechas indican la fecha de transferencia. Tomado de Alférez *et al.,* 2003. Índice de daños en la corteza = Σ (Escala de daños (0-3) x n.º frutos de cada escala)/ frutos totales.

y cuanto menos tiempo haya permanecido a la HR del 45 %. Los cambios térmicos, sin embargo, no promueven el desarrollo de la alteración, sea cual sea la HR de almacenamiento (cambios entre 12 °C y 30 °C y HR del 45 % y el 95 %, en los experimentos de referencia). En todo caso, la susceptibilidad del campo del que procede el fruto es determinante del desarrollo postcosecha de la alteración. La temperatura y tiempo límites a los que conservar los frutos cítricos para evitar la aparición de este tipo de alteraciones han sido estudiados comercialmente (Tabla 10.1).

Tabla 10.1. Temperatura y duración (meses) de la frigoconservación recomendadas para evitar la aparición de alteraciones en los frutos cítricos. Influencia varietal

Especie/cultivar	tª (°C)	Duración	Especie/cultivar	tª (°C)	Duración
Pomelo	12-13	2-3	Naranjas		
Lima	9-10	1,5-2,5	Navelina	2-3	2,5-3,5
Limones			W. navel	2-3	2,0-2,5
Verna	13-14	4-5	Navelate	3-4	2-3
Fino	11-12	3-4	Lanelate	2-3	2,5-3,5
Híbridos			Blanca Comuna	2-3	2,5-3,5
M. Fortune	9-10	1,0-1,5	Salustiana	2-3	3-4
M. Nova	9-10	0,5-1,0	Valencia	2-3	3-4
T. Mineola	9-10	0,5-1,5	Mandarinas		
T. Ellendale	5-6	2,0-2,5	Clementinas	2-3	1,0-1,5
T. Ortanique	5-6	2,5-3,0	Satsumas	4-5	1,5-2,5

Tomado de Martínez-Jávega *et al.,* 1999.

Los primeros síntomas de *rind breakdown* se inician en la zona de transición entre el flavedo y el albedo (Fotos 10.8 C, D y 10.9 D). Las células epidérmicas, las capas más externas del flavedo y las más internas del albedo aparecen intactas durante varias semanas sin ningún síntoma de colapso y necrosis, de modo que son las células subepidérmicas las dañadas, mostrando alteraciones estructurales importantes bordeando, en ocasiones, las glándulas de aceites que permanecen intactas, al menos durante las primeras etapas de la alteración (Foto 10.8 C). La observación al SEM de una zona sana y afectada revela que la alteración comienza en las capas más profundas del flavedo y las más externas del albedo (Foto 10.8 B, D). Las células afectadas están vacías y sus paredes aparecen retorcidas y aplastadas (Foto 10.9 B, E), formando una lámina de células colapsadas entre las células intactas de la zona externa del flavedo y profunda del albedo. La alteración progresa en ambas direcciones, hacia el exterior del flavedo y el interior del albedo, alcanzando finalmente la epidermis (Foto 10.8 F).

El citoplasma de estas células se desorganiza y aparece como una masa de material colapsado en el centro de la célula (Foto 10.8 D), su plasmalema y tonoplasto carecen de funcionalidad y, consecuentemente, el área afectada pierde la capacidad osmorreguladora de sus células y el contenido de líquidos celulares, con lo que las células no pueden resistir el colapso, se contraen, y deprimen el flavedo y, por tanto, la superficie del fruto (Foto 10.8 F). Esta degradación citoplasmática, la posterior rotura del tonoplasto y la oxidación enzimática del contenido vacuolar, rico en sustancias fenólicas, se han relacionado con la aparición de las áreas necróticas de color marrón oscuro características de los estados más avanzados del *colapso de la corteza* de las naranjas navel (Foto 10.8 E).

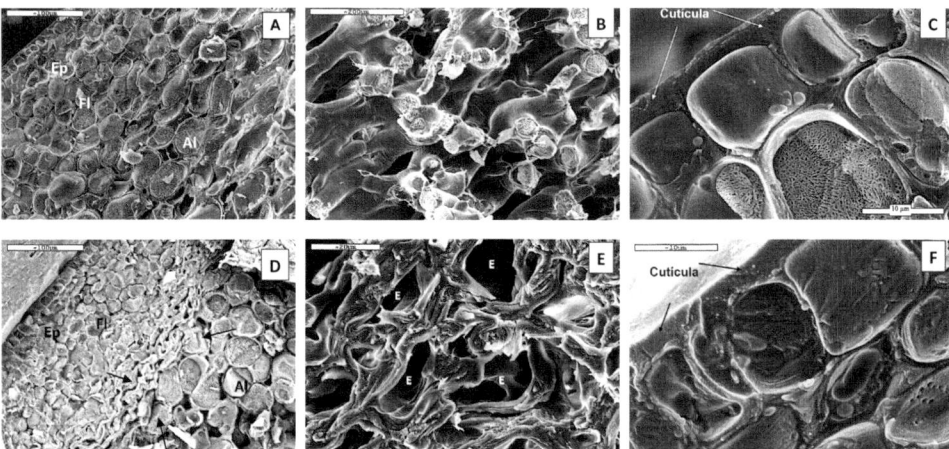

Fotografía 10.9. Flavedo, albedo, epidermis y cutícula de frutos sanos **(A, B, C)** y afectados de colapso de la corteza (*rind breakdown*) **(D, E, F)** de naranjo dulce 'Navelate'. En los afectados, las células más internas del flavedo están vacías y aplastadas (flechas, D) en comparación las de los frutos sanos (A), y las del albedo tienen, además, las paredes retorcidas y aplastadas, pero no fracturadas, formando grandes espacios aéreos (E); la epidermis y la cutícula no son afectadas por la alteración (C, F). Al: albedo; Fl: flavedo; Ep: epidermis; E: espacios aéreos. Tomado de Agustí *et al.*, 2001.

En contraste con los síntomas descritos para el *creasing* (véase apt. 10.3.1), las células del albedo no se separan por su lámina media, sino que forman una masa de tejido con grandes espacios aéreos, con daños irreversibles y pérdida de turgencia, que provocan el colapso celular, de modo que es esta pérdida de turgencia la causa de la alteración y no la separación entre células o la fractura de las paredes celulares. Bajo este punto de vista, una pérdida excesiva de agua podría explicar la apariencia aplastada que muestra la corteza en las zonas afectadas (Foto 10.8 A, F).

La resistencia que la cutícula presenta a la transpiración de agua a su través depende de la cantidad, composición y estructura de las ceras que la componen. La morfología de la superficie de la cera en las zonas sanas y dañadas de un mismo fruto con síntomas iniciales de *colapso de la corteza* es similar. En ambos casos, la lámina de cera es de estructura amorfa y muestra pequeñas placas de alta densidad. Pero la superficie de la zona dañada, además de deprimida, es de perfil ondulante y rugosa. La cutícula también presenta una morfología normal sin síntoma alguno de rotura cuando se compara la de zonas dañadas con zonas sanas (Foto 10.9 C, F); su espesor, además, permanece constante, independientemente de la incidencia de la alteración.

Por otra parte, la permeabilidad al agua de las cutículas extraídas de frutos maduros apenas cambia en el transcurso del tiempo y tampoco muestra diferencias entre las zonas dañadas y sanas de los frutos afectados. La razón de ello es que la epidermis de los frutos afectados permanece intacta hasta los últimos estados de desarrollo de la alteración y, además, la morfología de las ceras de la cutícula no es alterada por ella. Ello ratifica que no es la temperatura el agente causal directo del *colapso de la corteza,* ya que, si fuera así la epidermis sería el primer tejido afectado, como ha sido señalado para otras alteraciones en los cítricos, y el ritmo de secreción de ceras desde sus células habría sido modificado. Por tanto, el *rind breakdown* provoca el colapso de las células subepidérmicas sin afectar la morfología ni la permeabilidad de la cutícula. No parece probable, por tanto, que el fruto pierda agua hacia la atmósfera.

Para determinar de qué modo pierde el agua el fruto se defoliaron algunas ramas de árboles proclives a la alteración y cuando las condiciones ambientales también lo eran. La ausencia de síntomas de la afección en los frutos de estas ramas apoya la hipótesis de que la pérdida de agua desde estos debe ser hacia el resto de la planta, y que ello es la causa de la alteración.

La corteza de los frutos situados en las ramas defoliadas tiene un mayor contenido en agua que la de los situados en ramas sin defoliar, tanto en valor absoluto como en valor relativo al peso de la misma (Tabla 10.2). La defoliación reduce la pérdida de agua hacia la atmósfera y como consecuencia el flujo de esta desde las células epidérmicas del fruto a la corriente de transpiración también se reduce. Consecuentemente, la defoliación mantiene valores más altos de potencial hídrico en la corteza del fruto y reduce significativamente la proporción de frutos afectados de *rind breakdown* (Tabla 10.2). Ello concuerda con el hecho de que el albedo y flavedo de los frutos procedentes de parcelas con una reducida incidencia de la alteración presentan un mayor potencial hídrico que el de frutos procedentes de parcelas más afectadas y, como se ha dicho, su menor susceptibilidad al desarrollo postcosecha de la alteración. La defoliación, por tanto, refuerza la hipótesis de que son las relaciones hídricas fruto-planta el factor responsable de la aparición del *colapso de la corteza.*

Tabla 10.2. Peso, contenido en agua y potencial hídrico de la corteza de frutos de naranjo dulce 'Navelate' procedentes de ramas defoliadas (15 noviembre) y con hojas y proporción de frutos afectados de colapso de la corteza (2 febrero)

	P. seco (g)	P. fresco (g)	H_2O (%)	Ψ (MPa)	F. afectados (%)
Ramas control	12,1 ± 0,7	43,6 ± 1,6	72,1 ± 0,3	-1,45 ± 0,04	49,2 ± 2,8
Ramas defoliadas	12,6 ± 0,8	48,5 ± 2,1	74,1 ± 0,4	-1,33 ± 0,03	31,1 ± 2,3

Tomado de Agustí *et al.*, 2004.

La influencia del patrón en la intensidad de la alteración y la cuantía de frutos afectados confirma esta hipótesis. Así, los árboles injertados sobre el patrón citrange Carrizo poseen una mayor incidencia que los injertados sobre mandarino Cleopatra y estos, a su vez, que los injertados sobre naranjo amargo (Fig. 10.8), y la severidad de la alteración sigue el mismo orden. Este distinto comportamiento se debe a la diferente capacidad de los patrones en el transporte de agua y su intercambio gaseoso con la atmósfera. Ni en el número de tráqueas ni en el de radios en el pedúnculo del fruto es afectado por el patrón, pero sí el diámetro medio de las tráqueas, superior en el citrange Carrizo al del mandarino Cleopatra y este, a su vez, al del naranjo amargo. Ello es coincidente con la marcada influencia que el patrón ejerce sobre la tasa de transpiración foliar, la conductividad hidráulica radicular, y el balance hídrico del fruto, que sigue el mismo orden en todos los casos citrange Troyer > mandarino Cleopatra > naranjo amargo. Dado que el agua del fruto refluye hacia la corriente de transpiración de la planta, el patrón más proclive a perder agua debe ser el que produce frutos afectados en mayor proporción. El hecho de que el albedo y el flavedo de los frutos de los árboles injertados sobre c. Carrizo presenten la mayor reducción de su potencial hídrico bajo condiciones de estrés hídrico, apoya la hipótesis de que es la transpiración la que provoca el bajo contenido en agua del fruto y es el factor responsable de esta alteración.

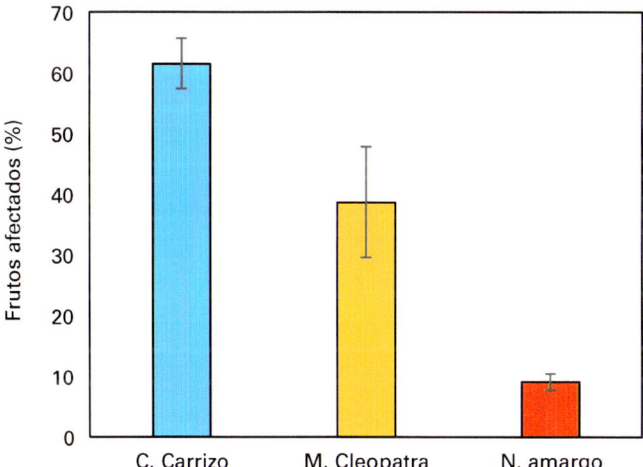

Figura 10.8. Influencia del patrón sobre el porcentaje de frutos de naranjo dulce 'Navelate' afectados de colapso de la corteza (*rind breakdown*). Tomado de Agustí *et al.,* 2003.

En la naranja navel se ha obtenido mediante clonación molecular un gen, *CsNAC*, perteneciente al dominio *NAC*, que aumenta su expresión a baja temperatura (4 °C) y es suprimida por la alta temperatura (40 °C). De este dominio se han identificado 45 genes y dicho gen es miembro de la subfamilia *NAC*-estrés. Se ha demostrado que los miembros de esta subfamilia son inducidos también por la sequía y el estrés salino, de modo que funcionan como reguladores positivos en la respuesta de las plantas a múltiples estreses abióticos para aumentar su tolerancia.

El gen *CsNAC*, junto con los que codifican para la proteína de unión al Ca⁺⁺, la cisteína proteinasa y la expansina se han relacionado con la manifestación del *colapso de la corteza*, de modo que su expresión es más alta en la corteza de los frutos afectados que en la de los frutos sanos.

10.4.2. Control

La aplicación de sustancias antitranspirantes ha mostrado una cierta eficacia en el control de esta alteración. La aplicación de cera de abeja, a una concentración del 1 % antes de la aparición de los primeros síntomas, reduce entre un 30 % y un 40 % el porcentaje de frutos afectados. Dado que el *colapso de la corteza* no produce rotura de las capas céreas ni de la cutícula, la acción de estas sustancias hay que buscarla a través de las hojas. En efecto, su aplicación al árbol completo reduce la transpiración foliar y, por tanto, la pérdida de agua del fruto hacia el resto de la planta, haciendo compatibles la ausencia de roturas en la cutícula con la eficacia de la cera de abeja.

La elección del patrón adecuado es un factor que se debe tener en cuenta como medida indirecta de control previa al establecimiento de una plantación de una variedad sensible al *rind breakdown*.

10.5. Oleocelosis

10.5.1. Descripción. Causas

La *oleocelosis* de los cítricos está causada por la liberación de aceites esenciales tras la rotura de sus glándulas situadas en el flavedo. Los síntomas de esta alteración incluyen, también, el hundimiento y necrosis de la epidermis adyacente a las glándulas de aceites intactas, y la protrusión de estas. Los aceites se infiltran en los tejidos de la corteza, a través de la cutícula o de la epidermis rota, y los dañan (Foto 10.10). Primero afectan a las ceras y la cutícula, y, a continuación, a las células epidérmicas y subepidérmicas. Las células afectadas colapsan, la membrana pierde su contacto con la pared celular, los plastos se fusionan y forman una gran masa, única, densa, que contiene muchos amiloplastos, y finalmente las paredes celulares de la zona afectada se rompen y deforman, provocando la torsión y superposición de células (Foto 10.10).

Con la extravasación de aceites esenciales aumenta la actividad de la fosfolipasa D, disminuye la fosfatidilcolina y el fosfatidilinositol y mejora el contenido de ácido fosfatídico, lo que indica que la gravedad de la degradación de la membrana celular aumenta a medida que se desarrolla la *oleocelosis*. La actividad de la lipoxigenasa también mejora, lo que provoca la disminución de la proporción de ácidos grasos, saturados e insaturados, y la acumulación de especies reactivas de oxígeno (ROS). El malonildialdehído y la fuga de electrolitos aumentan debido al mayor contenido de peróxido de hidrógeno (H_2O_2) y anión superóxido (O_2^-). Sin embargo, otros estudios indican que ambos tipos de ácidos grasos aumentan en la corteza de los frutos dañados, como lo demuestra el aumento de la expresión de los genes *FAD2* y *SAD6*. El primero aumenta la acumulación de ácidos grasos insaturados, y el segundo cataliza la síntesis del ácido oleico, monoinsaturado, a partir del ácido esteárico, lo que se ha interpretado como una reacción de la corteza para resistir la dispersión del agua y reducir así el daño causado por la *oleocelosis* y mejorar su tolerancia.

Pero el hecho es que, con la acumulación de ROS en la corteza, la peroxidación de los lípidos destruye la estructura de la membrana celular, provocando un desequilibrio fisiológico en la corteza y la formación, a medida que evoluciona la alteración, de las manchas verdes o amarillo-marrones (Foto 10.10). De este modo la corteza pierde agua y los monómeros y oligómeros de cutina y los productos de descomposición oxidativa de los lípidos de la membrana se transportan al exterior de las células por difusión simple. También se ha relacionado la *oleocelosis* con la presencia de terpenos y sesquiterpenos tóxicos de los aceites esenciales, lo que provoca un desequilibrio fisiológico en la corteza del fruto, y con la toxicidad de algunos metabolitos intermedios ligados al metabolismo de la clorofila.

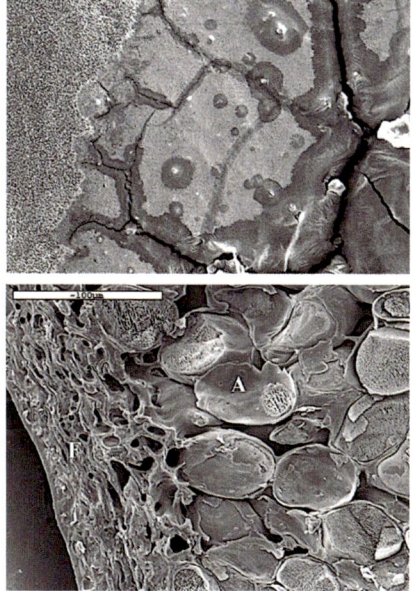

Fotografía 10.10. Futos de mandarina clementina 'Marisol' afectados de oleocelosis. Difusión del aceite esencial desde las glándulas rotas y por las grietas de la corteza, y rotura de las células del flavedo. A: albedo; F: flavedo.

La *oleocelosis* también afecta a la capa cérea de la cutícula sin apenas alterar su espesor. En la corteza de los frutos afectados, el contenido total de alcanos aumenta, lo que se atribuye a la peroxidación lipídica de la membrana por la acumulación de ROS, y el de aldehídos disminuye, lo que indica que la alteración afecta principalmente a la morfología y composición de la cera epicuticular, pero tiene poco efecto sobre su contenido total. En la corteza dañada, los genes de síntesis *KCS6* y *MYB96* reducen su expresión, mientras que *PAS2* la aumenta. Por otra parte, los transportadores *LTPs* tienen niveles de expresión significativamente más altos en las cortezas afectadas, probablemente porque el daño de la membrana plasmática inhibe el transporte de cera desde la membrana plasmática a la pared celular y promueve el transporte entre los liposomas. Pero el resultado final es que el contenido total de cera epicuticular aumenta en los frutos con *oleocelosis*, lo que indica que su acumulación es causada no solo por la vía de su síntesis, sino también por la transformación de otros componentes de la cutina y los lípidos de membrana. Finalmente, los frutos afectados se arrugan y hunden su corteza, formando pliegues y grietas en la cera cuticular, lo que acelera su senescencia y agrava los daños.

La sensibilidad de las diferentes variedades de cítricos a la *oleocelosis* depende de la estructura y el grosor de la cutícula y de la capa de cera; las capas más gruesas de la cutícula y la cera pueden, por una parte, impedir el movimiento del aceite sobre la superficie de la corteza y, por otra, proteger al fruto de los daños mecánicos.

La *oleocelosis* se ha relacionado con las condiciones atmosféricas. La existencia de HR alta en el momento de la recolección aumenta la predisposición del fruto a esta alteración, ya que, cuando la corteza está turgente, las glándulas sobresalen y su rotura es más fácil. En frutos recolectados, la modificación brusca de las condiciones de almacenamiento, sobre todo temperatura y HR, puede sensibilizarlos a la alteración.

10.5.2. Control

No existe un control conocido de esta alteración.

Sin embargo, dada la mayor incidencia de *oleocelosis* en frutos recolectados húmedos, con la piel bien turgente, un modo indirecto de proteger al fruto es esperar a recolectarlo cuando las condiciones ambientales de humedad, si las hay, remitan y la corteza se seque. Asimismo, y para las variedades más sensibles, conviene no golpear el fruto durante su recolección, transporte, manipulación, selección y envasado.

10.6. Granulación

10.6.1. Descripción. Causas

La *granulación* es un desorden fisiológico de los frutos de algunas variedades de cítricos que se desarrolla con la maduración y se agrava si se mantiene el fruto en el árbol y tras la recolección. Esta alteración se detecta, mayoritariamente, en la naranja 'Valencia', y, con menor frecuencia, en las naranjas del grupo navel ('Washington navel' y 'Lanelate'). Los pomelos (en los que recibe el nombre de *ricing*) y las mandarinas, son menos proclives a ella.

La *granulación* se presenta bajo dos formas: *a)* en el extremo peduncular del fruto solo, característicamente en las naranjas 'Valencia', mandarinas e híbridos, y *b)* en el extremo peduncular inicialmente y avanzando hacia el centro del fruto a medida que este madura, en las naranjas navel (Foto 10.11 A, B). En muchos casos, también es un problema de postcosecha, aumentando su incidencia con el tiempo de conservación del fruto. Tanto si aparece en el árbol como si lo hace tras la recolección, no puede ser detectada externamente.

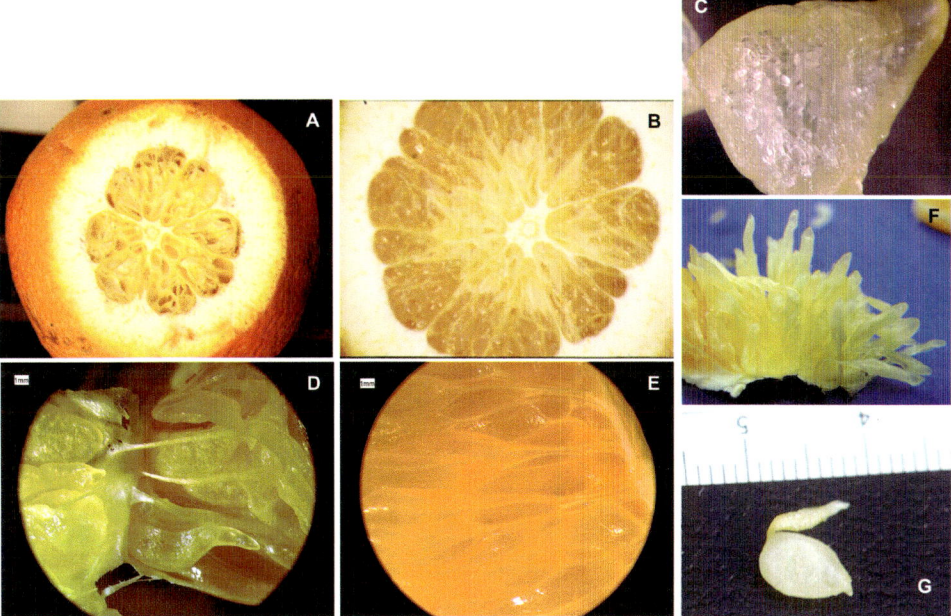

Fotografía 10.11. En las naranjas navel la granulación se inicia por la zona peduncular **(A)** y alcanza zonas más profundas del fruto alrededor de los haces vasculares **(B)**. El agua de las vesículas se gelifica **(C)** y estas dejan amplias cavidades aéreas **(D)**, en comparación con los frutos sanos **(E)**, y toman un aspecto blanquecino **(F)**, volviéndose firmes, duras y secas **(F** y **G)**.

Las condiciones ambientales condicionan su aparición y evolución. Así, en zonas con temperatura media moderada, pero consistentemente baja a finales del invierno, y HR baja, la incidencia de la *granulación* es elevada en variedades tardías, en las que el fruto se encuentra todavía por recolectar. Sin embargo, en España, en zonas relativamente próximas con diferencias marcadas en la temperatura y la HR de otoño-invierno, estas no parecen ser la causa de la alteración. Por otra parte, en suelos ácidos, la alteración se presenta más extensamente y con mayor intensidad. La textura arenosa del suelo también se ha relacionado con la alteración; la escasa capacidad de retención de agua y el bajo calor específico de estos suelos hace que se calienten con facilidad y anticipen su actividad vegetativa coincidiendo con su aparición, lo que junto con las necesidades hídricas durante la brotación agrava la alteración. Y ello es coincidente con la mayor inducción a la *granulación* detectada en los patrones que inducen mayor vigor. En este sentido, los árboles injertados sobre Limón rugoso (*Citrus jambhiri*), *C. macrophylla, C. volkameriana* y *Poncirus trifoliata* presentan una mayor incidencia que los injertados sobre mandarino Cleopatra (*C. reticulata*) o citrange Carrizo (*C. sinensis* x *P. trifoliata*).

La posición del fruto en el árbol y su tamaño determinan también la incidencia de esta alteración. Los frutos situados en la cara N, en general, se hallan afectados en mayor cuantía que los situados en la cara S, sobre todo en aquellas parcelas con un mayor grado de afección, y lo mismo ocurre al comparar los de la parte superior de la copa con los de la parte inferior. Por otra parte, los frutos de las parcelas más afectadas poseen, a su vez, una *granulación* más intensa, y los árboles con menos cosecha y, por tanto, con frutos de mayor tamaño, desarrollan más intensamente la *granulación*; estos frutos acumulan mayor cantidad de materia seca en su pulpa y aumentan la sensación de sequedad.

El agua de las vesículas afectadas de *granulación* se halla gelificada (Foto 10.11 C) y, por tanto, no está disponible como zumo. En consecuencia, las células de su interior se colapsan y dejan amplias cavidades aéreas (Foto 10.11 D, E). Esta separación entre células permite la penetración del aire, lo que confiere a las vesículas un aspecto blanquecino volviéndolas, al mismo tiempo, duras, firmes y secas (Foto 10.11 D, F, G) como consecuencia del espesamiento y endurecimiento de sus paredes. La consecuencia es una pérdida de rendimiento en zumo de los frutos afectados. Además, el contenido en azúcares, ácidos orgánicos y carotenoides desciende en las vesículas afectadas, lo que contribuye a que el zumo de estos frutos sea insípido, mientras que la concentración de elementos minerales aumenta, particularmente la de calcio y magnesio.

Las vesículas de los frutos afectados de *granulación* son, además, de gran tamaño (Foto 10.11 G) y sus células, asimismo, muy grandes y de paredes secundarias engrosadas. Este mayor tamaño celular se ha relacionado con un crecimiento anormal de las vesículas afectadas, bien desde su origen, bien como consecuencia de un nuevo crecimiento celular durante el desarrollo de la alteración. En apoyo de esta segunda hipótesis se ha demostrado, en las vesículas de frutos afectados de pomelo y pummelo, la síntesis *de novo* de algunas sustancias, particularmente pectina, celulosa, hemicelulosa y lignina; esta última raramente se detecta en las vesículas de los frutos sanos.

En la naranja dulce 'Lane late' algunos genes de la familia *CsPME* (*CsPME6*, *CsP-ME16*, *CsPME20*, *CsPME36*) se expresan específicamente en las vesículas de zumo, y once de ellos lo hacen diferencialmente en los frutos afectados de *granulación* en comparación con los no afectados, lo que indica que están relacionados con ella. De entre ellos, además, *CsPME1*, *CsPME3* y *CsPME6* se expresan durante las primeras fases del desarrollo de la alteración, lo que indica que podrían estar involucrados en su origen. *CsPME3* se localiza en la pared celular y actúa modificando su estructura durante la granulación de las vesículas de zumo. El estudio molecular de la alteración ha revelado que el factor de transcripción *CsRVE1* (*REVEILLE1*) induce su expresión con el frío y a continuación se une al promotor de *CsPME3* activando, por tanto, su expresión, lo que conduce a la modificación de los componentes de la pared celular y a la *granulación*.

El origen de esta alteración se ha relacionado con un incremento de la respiración de los frutos. Los frutos de naranjo dulce y los segmentos y vesículas de mandarinas afectados de *granulación* presentan mayor tasa respiratoria, evidenciados por un aumento en la fijación de O_2 y síntesis de ATP. Esta última se ha relacionado con el engrosamiento y modificación de las paredes celulares, explicando así el mayor contenido (2 o tres veces superior) en celulosa, hemicelulosa y pectina de las vesículas de los frutos afectados de *granulación* en comparación con las de los frutos sanos. Y se ha detectado, también, una mayor actividad peroxidasa y glucosidasa en las vesículas dañadas.

10.6.2. Control

La aplicación de 2,4-D y ANA, se ha mostrado eficaz en algunos casos para el control de la *granulación*, y particularmente el ácido giberélico (15 mg/L). La aplicación de este también se ha mostrado eficaz para reducir la *granulación* en los frutos almacenados. En todos los casos, sin embargo, los resultados se han mostrado erráticos.

La aplicación de algunas sales minerales, como sulfatos de Fe, Zn y Mn o nitrato cálcico, también se han utilizado para su control.

En las parcelas con daños históricamente predecibles lo recomendable es anticipar la recolección antes de que se inicie la brotación.

10.7. Picado de la piel *(peel pitting)*

10.7.1. Descripción. Causas

El *picado de la piel* o *peel-pitting* se inicia con pequeñas lesiones sobre la corteza del fruto, profundas, inicialmente aisladas, que coalescen hasta ocupar áreas relativamente amplias de coloración marrón oscuro, sin afectar las glándulas de aceites esenciales (Foto 10.12).

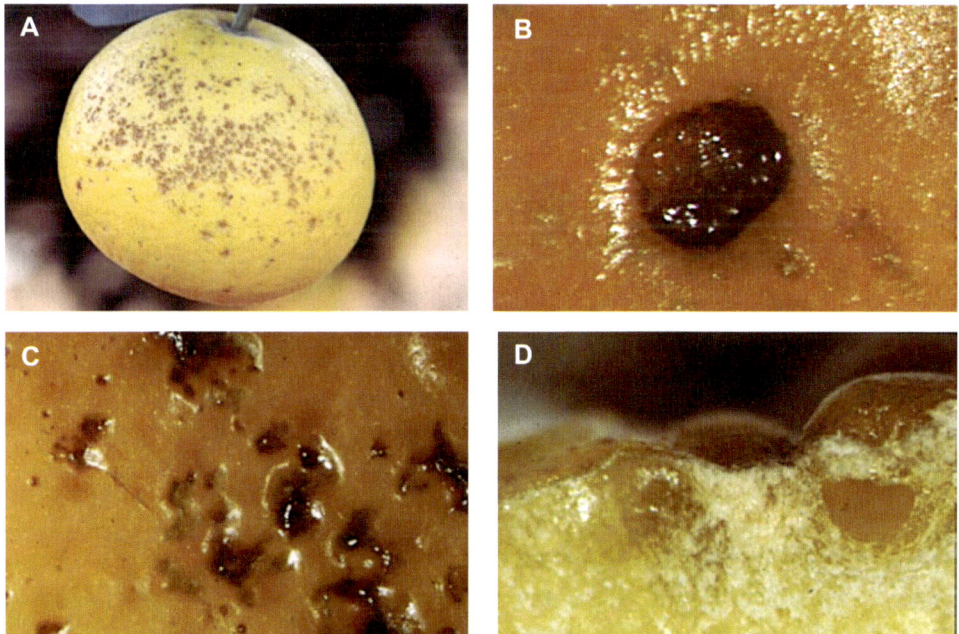

Fotografía 10.12. Fruto de pomelo 'Marsh' afectado de picado de la piel (*peel pitting*) **(A)**. Las lesiones son profundas y están inicialmente aisladas **(B)**; con el tiempo se unen formando amplias áreas de afección **(A, C)**, que no afectan a las glándulas de aceites esenciales **(D)**.

Este desorden fisiológico está relacionado con las condiciones de frigoconservación postcosecha, siendo las bajas temperaturas la causa de su aparición en pomelos, limas, limones e híbridos, denominándose entonces *rind breakdown* o *cold pitting* (véase Tabla 10.1). Existe una dependencia varietal de su incidencia que determina no solo la intensidad con que se presenta, sino la época en que aparece. Algunas variedades son tan sensibles que sufren de esta alteración en el árbol, antes de la recolección, y es en este caso cuando se denomina *peel pitting* o *picado de la piel*.

En las condiciones de clima mediterráneo se inicia a mediados del invierno. Su aparición se presenta con rapidez en el tiempo, evolucionando lentamente a continuación hasta los síntomas más graves. Su distribución es irregular, con gran variabilidad entre parcelas y aún dentro del mismo árbol, de modo que los síntomas más intensos se presentan en la cara exterior de los frutos situados en la parte del árbol orientada al norte (HN). Vientos fuertes (≈ 25 m s^{-1}), de dirección predominante N-NW, con HR bajas (40-45 %) y temperaturas relativamente bajas (≈ 15-18 °C máx.; 4-10 °C mín.) se han señalado como las condiciones climáticas previas a la aparición del *picado*.

En las zonas con ligeros síntomas de *peel pitting* (<10 % de superficie afectada) solo un número reducido de células epidérmicas se ve afectado. Su citoplasma está completamente desorganizado y aparece como una masa compacta en el centro de la célula (Foto 10.13 A) que se tiñe intensamente con azul de anilina, lo que indica una fuerte reacción con proteínas característica de síntomas de degeneración. Sin embargo, la cutícula no muestra daños ni signos de ruptura.

Las áreas moderadamente afectadas (10-50 % de superficie afectada) envuelven un número elevado de células epidérmicas y, también, hipodérmicas que presentan en su citoplasma síntomas semejantes a los descritos en el caso anterior (Foto 10.13 B); la cutícula tampoco se ve afectada.

La corteza de los frutos con síntomas severos (> 50 % de superficie afectada) muestra una superficie ondulada en correspondencia con la forma de las células epidérmicas e hipodérmicas dañadas, aplastadas, y con sus paredes plegadas, pero no rotas. Estas células están vacías o con su citoplasma degenerado, como en los casos anteriores. También en este caso la cutícula conserva su estructura continua, aunque adaptada a la superficie ondulada de la corteza (Foto 10.13 C).

Las ceras epicuticulares de las zonas sanas de la corteza del fruto observadas al SEM muestran una estructura cristalina con una alta densidad de pequeñas plaquetas dispersas en la superficie e incrustadas en una capa de cera amorfa (Foto 10.13 D). La morfología de las ceras superficiales de las zonas sanas y dañadas con síntomas leves y moderados de *peel pitting* es indistinguible, pero la de las zonas con síntomas severos presenta áreas deprimidas, en correspondencia con su forma ondulante (Foto 10.13 E), que a mayores aumentos muestran una aparente morfología rugosa con pequeñas áreas desprovistas de estructuras cristalinas (Foto 10.13 F).

La respuesta a las bajas temperaturas se detecta inicialmente en las membranas y en ciertos organelos celulares. La invaginación y la ruptura parcial del plasmalema y el tonoplasto, su dilatación, la microvesiculación del retículo endoplásmico rugoso y la hinchazón de los plastidios (Foto 10.13 B) son los cambios ultraestructurales más notables. Estos cambios conducen a una rápida degradación del citoplasma y, finalmente, a la muerte celular. La rotura del tonoplasto y la oxidación enzimática concomitante del contenido vacuolar, rico en sustancias fenólicas, dan lugar a alteraciones del metabolismo de las ceras, causantes de la pérdida de su estructura cristalina observada al SEM, y a las lesiones profundas y oscuras sobre la corteza del fruto (Foto 10.13 E, F). Estos cambios en las propiedades fisiológicas de la cutícula y las membranas modifican el balance hídrico de las áreas lesionadas. Estas se hallan desprovistas de ceras de estructura cristalina y ello aumenta la permeabilidad cuticular, lo que facilita la pérdida de agua de las células epidérmicas e hipodérmicas de la corteza, que llegan a vaciarse o colapsar su citoplasma (Foto 10.13 B), siendo esta la causa que se ha sugerido como responsable de la aparición del *peel pitting*. La pérdida de volumen deprime el área afectada y, en consecuencia, aparecen las lesiones profundas, características de la alteración (Foto 10.12; 10.13 E, F), y la muerte de amplias áreas de la corteza.

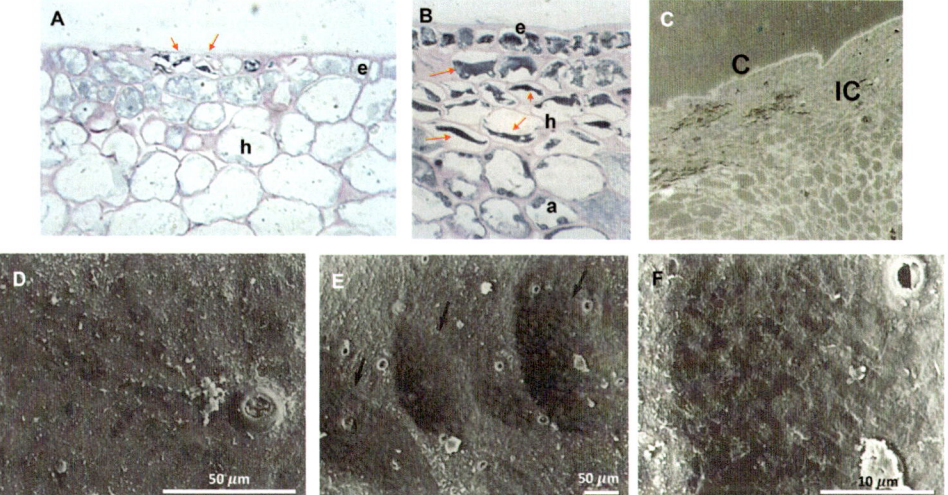

Fotografía 10.13. Secciones transversales de la corteza de frutos afectados de picado de la corteza (*peel pitting*). Los frutos con síntomas leves presentan un número reducido de células de la epidermis con el citoplasma colapsado (flechas) en el centro de las células **(A)** y los síntomas severos afectan también a las células de la hipodermis **(B)**. La cutícula no muestra signos de rotura y se adapta a la superficie ondulante de la corteza **(C)**. Distribución de las ceras epicuticulares embebidas en una capa amorfa sobre la superficie de frutos sanos **(D)** y afectados **(E)** mostrando las zonas ondulantes (deprimidas; flechas) de morfología rugosa y desprovistas de estructuras cerosas cristalinas **(F)**. e: epidermis; h: hipodermis; a: amiloplastos; C: cutícula; IC: células afectadas.

Los síntomas descritos también aparecen tras el almacenamiento continuo del fruto a baja temperatura (4 °C). Pero en este caso la rapidez en manifestarse la alteración depende de la especie y del estado de maduración del fruto en el momento de su recolección. Así, el periodo de máxima sensibilidad al *peel pitting* por almacenamiento en frío coincide con el de ocurrencia natural del desorden en el campo y también con los valores más bajos de temperatura diaria. La naranja 'Shamouti", el pomelo 'Marsh', las mandarinas 'Nova', Fortune', y 'Ortanique', y el limón 'Villafranca', entre otras, son muy sensibles a desarrollar la alteración durante su frigoconservación.

La pérdida de agua descrita en los frutos previa, su recolección o durante su frigoconservación se debe al aumento de la permeabilidad cuticular por acción del frío. El estudio de esta en cutículas aisladas indica un aumento constante desde finales de noviembre hasta mediados de enero, lo que coincide con el aumento de los síntomas de *peel pitting,* y en estas fechas es mayor la de los frutos afectados que la de los frutos sin síntomas. La barrera contra la difusión de agua a través de la cutícula depende de la cantidad, composición y estructura de las ceras cuticulares. Dado que las bajas temperaturas modifican el patrón de secreciones de cera de las células epidérmicas, los frutos que contienen cantidades más bajas de ceras son más susceptibles a la alteración, por lo que la permeabilidad depende de las bajas temperaturas más que de la edad fisiológica de la corteza.

El mayor valor de permeabilidad de las cutículas de los frutos afectados de *peel pitting* indica importantes cambios estructurales en las células epidérmicas e hipodérmicas. Se requiere de un mayor número de estratos celulares externos de la corteza para asegurar el metabolismo de lípidos necesario para mantener la permeabilidad cuticular y, por lo tanto, el estado osmótico de los tejidos.

Las primeras respuestas ultraestructurales al tratamiento con frío son la invaginación y la rotura parcial de membranas, tales como el retículo endoplásmico rugoso y el tonoplasto. Dado que el retículo endoplasmático está involucrado en la biosíntesis de ceras, las funciones fisiológicas de la cutícula pueden verse afectadas incluso antes de que se presenten los síntomas de descomposición del citoplasma en las áreas con daños de *peel pitting*.

Por lo tanto, las bajas temperaturas inducen la ruptura de los estratos celulares más externos de la corteza. Las células epidérmicas sufren un proceso de deterioro que finalmente implica también a las células hipodérmicas. La alteración provoca depresiones de la superficie de la corteza y pérdida de las estructuras cristalinas de la cera, probablemente por la interrupción de su metabolismo, modificando la función fisiológica de la cutícula que, a su vez, aumenta drásticamente su permeabilidad al agua. La sensibilidad de la corteza al *peel pitting* durante el almacenamiento en frío también correlaciona con valores elevados de permeabilidad cuticular en el campo.

Los daños por frío en los frutos son desencadenados por la producción descontrolada de especies reactivas de oxígeno (ROS), que provocan estrés oxidativo dañino para los componentes celulares a través de la peroxidación de lípidos, la oxidación de proteínas y la degradación de polisacáridos. En los cítricos, la aparición de síntomas de *peel pitting* se debe a la peroxidación lipídica combinada con la reducción de la actividad de los mecanismos antioxidantes como resultado de la sobreproducción de ROS.

Pero los frutales subtropicales, como los cítricos, han desarrollado mecanismos protectores contra el daño oxidativo, como antioxidantes enzimáticos, antioxidantes liposolubles o asociados a la membrana, y antioxidantes solubles en agua, para eliminar las ROS. De entre los sistemas antioxidantes enzimáticos, catalasas, ascorbato peroxidasa, glutatión reductasa y superóxido dismutasa son los más destacados en los cultivos. Asimismo, la acumulación de las denominadas *heat shock proteins* (HSP) mejoran la resistencia al frío en los tejidos de la corteza del limón.

Las HSP juegan un papel importante en la respuesta celular a una amplia gama de condiciones estresantes y son importantes en la recuperación y supervivencia de los organismos tanto vegetales como animales, y se inducen en estos por acción tanto del frío, para temperaturas inferiores a 5 °C, como de las altas temperaturas, hasta 100 °C. Estas proteínas evitan la agregación de proteínas desnaturalizadas y favorecen la traslocación de dichos compuestos a los orgánulos. Por lo tanto, son importantes para las poblaciones naturales que están expuestas a entornos estresantes prolongados u ocasionales. Los primeros suelen ser procesos adaptativos a entornos hostiles y conducen a cambios irreversibles, mientras que los segundos son reversibles. Estos cambios afectan la composición de los lípidos de la membrana, las reservas de energía, e inician la respuesta al estrés. Además, protegen los tejidos frente al frío mediante la estabilización de proteínas y membranas, lo que permite el replegamiento de proteínas y el mantenimiento de la homeostasis celular. La baja variación en los genes *HSP* y su presencia universal muestran su importancia evolutiva y el papel en la protección de las células durante o después de una situación de estrés.

Resulta de gran importancia la demostración de que la exposición del fruto a un choque térmico previo de 35-37 °C aumenta la tolerancia del tejido sensible al enfriamiento posterior a 2 °C. En esta tolerancia están involucradas las HSP sintetizadas por acción del choque térmico, que persisten en la célula durante el periodo de mantenimiento del fruto a baja temperatura.

Es poca la información sobre el control genético en condiciones campo, y la que hay deriva de los conocimientos en condiciones de conservación postcosecha. De ahí que los estudios moleculares sobre esta alteración tengan que ver con la frigoconservación del fruto.

Así, la acumulación de jasmonatos inducida por las bajas temperaturas puede proteger del frío al fruto de diferentes especies durante su frigoconservación. En este sentido, se ha encontrado una buena correlación entre los niveles de expresión relativa de los genes relacionados con su síntesis y el índice de afección de frutos por el frío (IC), en este caso de *peel pitting* en la mandarina 'Fortune' almacenados a 2 °C.

El ácido jasmónico (JA) se sintetiza a partir del ácido linolénico mediante la acción sucesiva de enzimas localizados en el cloroplasto, peroxisoma y citoplasma. El ácido linolénico se convierte en *cis*-(+) – 12-oxo-fitodienoico (OPDA) en el cloroplasto por la acción secuencial de una lipoxigenasa (LOX), y los óxido alenos sintasa (AOS) y ciclasa (AOC). En el peroxisoma, a partir del OPDA, mediante la acción de la reductasa del ácido 12-oxo-fitodienoico (OPR) y tres reacciones de β-oxidación-reducción en las que intervienen la acil-CoA oxidasa (ACX), la proteína (MFP) y la L-3-cetoacil CoA tiolasa (KAT), se sintetiza JA. La conversión, reversible, en metil-jasmonato (MeJA) y jasmonoil-isoleucina (JA-Ile) tiene lugar en el citoplasma, donde se catabolizan también con la participación de los citocromos P450 CYP94B3 y CYP94C1.

Algunos de estos genes que participan en el metabolismo y la señalización de los jasmonatos son sensibles al frío y se expresan de modo diferencial a 2 °C frente a 12 °C. Estos genes se han dividido en dos grupos, aquellos cuya expresión es inducida o reprimida durante todo el periodo de almacenamiento, y los que se expresan mayoritariamente a 2 °C frente a 12 °C durante los primeros días de almacenamiento. Dentro del primer grupo destaca la alta correlación positiva de IC con la expresión de *CsLOX1*, *CsAOS* y *CsOPR2*, y la correlación negativa con *CsAOC3*. La regulación de la represión de este último por efecto del frío podría ser la causa de la alta sensibilidad de la mandarina 'Fortune' al frío. En el segundo grupo existe una alta correlación negativa con la expresión de *CsLOX2*, tanto en los primeros días como en etapas prolongadas de almacenamiento, y con la de *CsLOX5*, *CsOPR3*, *CsKAT2* y *CsCYP94C1* en respuestas tempranas.

Un estudio exhaustivo de la regulación transcripcional del metabolismo del JA se ha realizado en relación con la tolerancia al frío inducido por el calor en la mandarina 'Fortune'. Se evaluaron los cambios en la expresión de algunos genes relevantes durante el almacenamiento del fruto a 2 °C después de ser acondicionada térmicamente (37 °C durante 3 d), ya que la mayoría de los genes relacionados con el JA están regulados por el calor, y aquellos regulados por el estrés por frío en el fruto precalentado, con respecto al no precalentado, podrían ser relevantes para la tolerancia al frío inducido por el calor. De hecho, los niveles de expresión de estos genes regulados positivamente por el calor (37 °C) continuaron aumentando cuando el fruto precalentado se transfirió a la baja temperatura (2 °C).

Los principales efectos de calor + frío, en comparación con el frío, se encontraron en la expresión de genes que participan en la biosíntesis del cis (+) 12-oxo-fitodienoico (OPDA) (*CsLOX5*, *CsAOC3*), del jasmonoil-isoleucina (JA-Ile) (*CsJAR1*, *CsCYP94B3* y *CsCYP94C*) y los implicados en la percepción y señalización de JA (*CsOPR3* y *CsKAT2*).

10.7.2. Control

En el campo, la aplicación de nitrato cálcico, a una concentración del 2 %, antes del cambio de color del fruto, y en todo caso antes de que se den las condiciones climáticas favorables a la aparición del *peel pitting*, se ha mostrado eficaz en el control de esta alteración en la mandarina 'Fortune'. El pinolene (di-1-p-menteno), un antitranspirante de origen natural, a una concentración del 1 % (m.a.) y aplicado en la misma época, también se ha mostrado eficaz. En ambos casos, la incidencia se reduce entre un 20 % y un 60 %, así como la severidad del daño, dependiendo de la localización de la parcela, condiciones climáticas, condiciones de tratamiento, etc.

El calcio es un elemento mineral relacionado con los procesos metabólicos adversamente afectados por las bajas temperaturas, y su aplicación se ha mostrado eficaz en la reducción de los daños que el frío produce sobre el fruto de diferentes especies frutícolas. Su aplicación como $Ca(NO_3)_2$ no altera la evolución de la deposición de ceras epicuticulares sobre la corteza del fruto ni el espesor de su cutícula, pero sí la permeabilidad cuticular, que se reduce significativamente. La acción del pinolene también se ha demostrado a través de una reducción de la permeabilidad cuticular (Fig. 10.9). En los frutos tratados, esta sigue una tendencia similar a la de los no tratados, pero con valores significativamente más bajos. La reducción alcanza valores del 10-25 % durante los meses de noviembre y diciembre y hasta el 50 % en enero, permaneciendo prácticamente estable hasta finales de febrero. En ambos casos, por tanto, su aplicación antes del cambio de color del fruto confiere a su corteza una mayor dificultad para transpirar y, consecuentemente, reduce la incidencia de la alteración. Estos tratamientos no alteran las características internas del fruto.

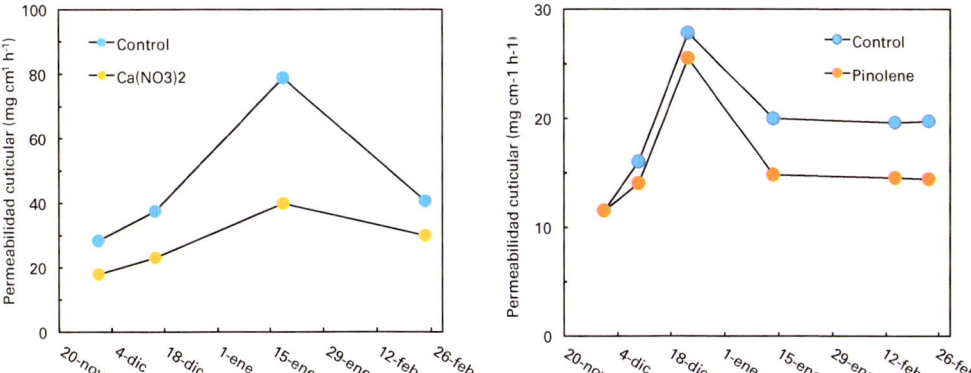

Figura 10.9. Efecto del nitrato cálcico (2 %) y el pinolene (1 %) sobre la permeabilidad cuticular de la mandarina 'Fortune'. Tratamientos efectuados antes del cambio de color del fruto. Tomado de Zaragoza *et al.*, 1996, y Agustí *et al.*, 1997.

En postcosecha, como se ha dicho, la exposición a un choque térmico de alta temperatura antes de la friconservación del fruto aumenta la tolerancia de sus tejidos al IC. El tratamiento puede efectuarse por inmersión en agua caliente (50-54 °C, 2-3 min) o con aire caliente y húmedo recirculado (35-39 °C, HR 95-100 %, 2-3 días). Esta técnica recibe el nombre de *curado*. El *preacondicionamiento* a temperaturas medias de 15-25 °C, durante 2-7 días antes de la frigoconservación, también permite conservar naranjas, limones y pomelos a 2 °C durante 15-20 días sin alteraciones. La interrupción de la frigoconservación con calentamientos hasta 20 °C, 5-6 h, 1-2 veces por semana, reduce también la aparición de síntomas de *peel pitting*.

Dado que la mayoría de los genes relacionados con la síntesis de ácido jasmónico y ácido salícico (AS) están regulados por el calor (véase apt. 10.7.1), la presencia de estos compuestos podría ser la razón de la eficacia de los tratamientos de calor + frío. Por eso se ha experimentado con tratamientos con JA y AS para controlar la incidencia de esta alteración. La aplicación de una concentración 10 µM de MeJA y 2 mM de AS reducen la incidencia de *peel pitting*, y la combinación de los dos tratamientos mejora los resultados. En el limón se ha demostrado que el tratamiento suprime la acumulación de ROS en el flavedo, lo que retrasa la peroxidación lipídica de la membrana, al mismo tiempo que mejora su actividad antioxidante y aumenta la actividad de *CAT*, *APX* y *GR*, y la acumulación de HSP, y ello resulta en una mayor tolerancia al frío. El aumento en la actividad de estos enzimas antioxidantes, junto con las HSP, podría ser el modo de acción por el cual el MeJA y el AS transmiten tolerancia al frío a los frutos cítricos.

10.8. Rajado del fruto *(Splitting)*

10.8.1. Descripción. Causas

El *rajado* de los frutos o *splitting* consiste en el agrietamiento de la corteza que se produce en los frutos durante su desarrollo. Los grandes espacios intercelulares del albedo absorben parte de la presión ejercida por la rápida expansión de la pulpa, mientras que el flavedo se estira y adelgaza. Pero, en algunos cultivares propensos a rajarse, este no puede acomodarse al aumento en el volumen de la pulpa y, en consecuencia, la fruta se agrieta por la zona de la corteza estructuralmente más débil.

Generalmente, esta alteración se inicia por la zona estilar y puede evolucionar hasta la zona ecuatorial y alcanzar la zona peduncular, pero algunas veces la ruptura de la corteza se inicia por la zona ecuatorial del fruto (Foto 10.14). La pulpa no suele verse afectada por el *rajado*, pero, como queda expuesta al exterior, suele ser atacada por hongos, lo que origina pudriciones.

Fotografía 10.14. El rajado del fruto (*splitting*) se produce por la zona de la corteza estructuralmente más débil. Generalmente se origina por la zona estilar **(A, F),** pero también puede hacerlo por la zona ecuatorial **(B y E),** o perpendicularmente a esta **(C y D)**. A: mandarina 'Nova', B y F: mandarina 'Fortune', C: naranja 'Navelina', D: *Fortunella margarita,* E: tangor 'Ortanique'.

Aunque por lo general los frutos se rajan cuando todavía no han iniciado el cambio de color, en algunas variedades de recolección tardía puede producirse una vez superada la maduración.

Esta alteración se ha relacionado con factores anatómicos, fisiológicos y ambientales, y sus interacciones. En los cítricos, los factores anatómicos que la favorecen son la presencia de un extremo estilar abierto en el ovario, la forma achatada del fruto, y el grosor de la corteza. Por otro lado, los frutos de un mismo árbol, individualmente considerados, difieren en su sensibilidad al rajado, lo que indica que los factores endógenos juegan un papel crucial en su incidencia. Además, el rajado varía considerablemente entre años y parcelas, sugiriendo una relación relevante con factores ambientales. Entre estos, la humedad del suelo, la lluvia, la humedad relativa, la temperatura y la exposición a la luz solar son los más importantes. Finalmente, una amplia variedad de factores culturales, independientes de las características clonales, influyen y contribuyen tanto al inicio como a la severidad del rajado de los frutos en los cítricos. Estos incluyen desequilibrios nutricionales, suministro irregular de agua y una elevada cosecha.

El *splitting* de la mandarina 'Nova' y la naranja 'Valencia' es más frecuente en regiones cálidas que en zonas frescas. La razón es que el fruto expuesto a un clima cálido durante el periodo de crecimiento rápido desarrolla una corteza más delgada, de ahí que experimente niveles más altos de rajado en comparación con el expuesto a temperaturas más bajas. En estas áreas cálidas, la tasa de crecimiento del fruto también es más alta durante la etapa de crecimiento lineal del fruto, especialmente la de la pulpa, lo que puede llevar a que esta ejerza una mayor presión sobre la corteza y, por tanto, a que se inicie el rajado.

La mandarina 'Ellendale' cultivada en regiones húmedas es más proclive al rajado que la cultivada en zonas secas. La razón, también en este caso, es que en las regiones húmedas se desarrolla una corteza más delgada que en las regiones secas y, por tanto, la probabilidad de que el fruto se raje es mayor.

Pero la mayor incidencia se asocia con primaveras secas seguidas de un periodo húmedo durante la etapa del desarrollo lineal del fruto. En este sentido, en la naranja 'Washington navel', el rajado aparece después de un suministro de grandes cantidades de agua tras un periodo de sequía, durante el cual, las células, fortalecidas prematuramente, son incapaces de reaccionar al reabastecimiento repentino de agua en la pulpa, de modo que esta ejerce una elevada presión sobre la corteza en crecimiento y conduce a su eventual rajado. Los cítricos producidos en áreas de veranos lluviosos tienen una mayor propensión a rajarse.

El rajado del fruto se correlaciona positivamente con el porcentaje de arena en el suelo, e inversamente con el de arcilla y limo, de modo que, en condiciones de suelo arenoso, ligeras variaciones en la humedad del suelo aumentan significativamente su incidencia.

Para determinar la contribución de los factores climáticos en la incidencia del *splitting*, Mesejo *et al.* (2016) estudiaron, durante 6 años y en 5 campos de mandarina 'Nova' localizados en áreas climáticas distintas y con suelos diferentes de España y Uruguay, la influencia sobre esta de la textura y humedad del suelo, y las condiciones climáticas, temperatura media, evapotranspiración (ET0, mm d^{-1}) y precipitación (mm). Solo las variables humedad del suelo, a 60 cm de profundidad, año y textura del suelo resultaron estadísticamente significativas. Cuanto más variable fue la humedad del suelo, mayor fue el porcentaje de frutos rajados, y este correlacionó inversamente con los porcentajes de arcilla y limo, y positivamente con los de arena (Fig. 10.10 A). La incidencia de rajado, por tanto, se halla relacionada con el estado hídrico del árbol.

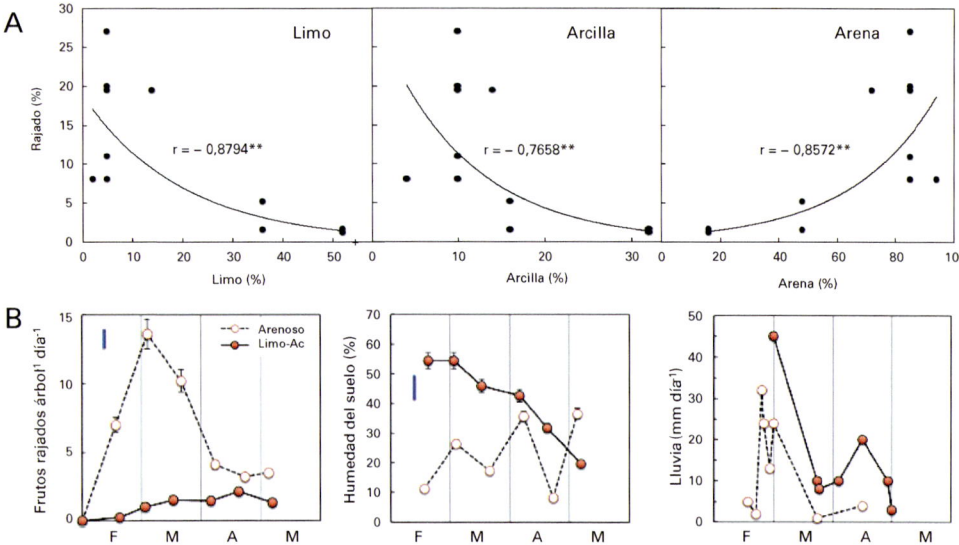

Figura 10.10. Relación entre la textura del suelo y la incidencia de rajado **(A)** y su evolución, la de la humedad del suelo y la lluvia en dos parcelas de mandarina 'Nova' con suelo de diferente textura **(B)**. Tomado de Mesejo *et al.* (2016). La barra vertical indica el ES.

En este sentido, y dado que para un mismo árbol la tasa de crecimiento del tronco y la del fruto se hallan estrechamente relacionadas, el seguimiento de la primera permite conocer el estado hídrico del árbol y saber cómo este condiciona el crecimiento del fruto. En general, en los cítricos y en las condiciones de clima mediterráneo, el diámetro del tronco y el del fruto aumentan desde las 5 pm hasta las 9 am (16 h d^{-1}), incrementando el fruto su diámetro a razón de 45 μm h^{-1}; por el contrario, disminuyen entre las 9 am y las 5 pm (8 h d^{-1}), cuando la transpiración alcanza su punto máximo, y el fruto reduce su diámetro 72 μm h^{-1}. Esta tendencia, sin embargo, puede variar dependiendo de las condiciones climáticas, y cuando ello ocurre y el tronco no se contrae, el fruto cambia su patrón natural y crece continuamente a su máxima tasa de crecimiento (55,9 μm h^{-1}, en promedio) durante 46 h. En estas condiciones, la tasa de rajado de frutos aumenta de 6 a 10 frutos por día. Por otra parte, cuanto más intensos y frecuentes son los cambios en el crecimiento y contracción del tronco, particularmente estos últimos, mayor es la incidencia de rajado, coincidiendo con cambios en la temperatura media, la ET0 y la precipitación. Esto se debe a que el flujo del xilema se correlaciona positivamente con el gradiente de potencial de presión entre el tallo y el fruto durante las primeras fases de su desarrollo. La contracción es causada por el reflujo del xilema.

Esta presión de turgencia es la que impulsa la expansión celular y provoca la variación diurna del crecimiento del fruto, mostrando, lógicamente, una fuerte disminución de su peso fresco por la mañana y un marcado aumento por la noche. Pero esto no siempre se manifiesta en condiciones de cultivo. Por ejemplo, el hecho de que los frutos de los árboles que crecen en condiciones extremas de suelo arenoso sean más sensibles al rajado se debe a su alta sensibilidad a las variaciones del estado hídrico de los árboles. Así se explica que, al final del verano, un solo día de lluvia de 5 mm pueda inducir el crecimiento continuo del fruto durante más de 40 h, dando lugar a una presión hidrostática de la pulpa que puede exceder la capacidad de la corteza para sostenerla, causando el *splitting* del fruto. Por contra, una lluvia de 100 mm en el mismo periodo, pero en condiciones de suelo limo-arcilloso, no induce la apertura del fruto (Fig. 10.10 B).

La cosecha también se ha relacionado positivamente con la incidencia de *splitting*. En general, el grosor de la corteza del fruto disminuye con el aumento de la carga de frutos por árbol. La razón de ello puede deberse a una reducción del contenido de K en los brotes fructíferos con el aumento de la cosecha. Por consiguiente, en los cultivares proclives a la alteración, todo aquello que contribuye a aumentarla (rayado de ramas, tratamientos con GA₃, etc.) conlleva un mayor número de frutos afectados.

El desarrollo de una corteza débil y delgada también está ligado a desequilibrios nutricionales. En la naranja 'Navelina' ello ocurre a medida que aumenta el contenido foliar de P y se ha encontrado una reducción del número de frutos con *splitting* cuando aumenta el de K; asimismo, en las naranjas 'Hamlin' y 'Valencia', la incidencia aumenta cuando el contenido foliar de K es bajo.

La falta de semillas correlaciona con una disminución del grosor de la corteza y, como resultado, con una mayor incidencia de rajado. La polinización y la formación de semillas aumentan el contenido de giberelinas de los frutos débilmente partenocárpicos, y es posible que este aumento del contenido endógeno conduzca a un aumento del grosor de la corteza. Ello conduce a un posible papel hormonal en la regulación del rajado del fruto.

El control genético de esta alteración apenas ha sido estudiado en los cítricos, no así en otras especies frutícolas. Los genes potencialmente relacionados con el rajado de los frutos han sido revisados por Santos *et al.* (2023). En la cereza, una especie muy sensible al rajado del fruto, los genes implicados en el metabolismo de la pared celular regulan su extensibilidad y determinan el tamaño y la forma celular y, en consecuencia, afectan el rajado. Entre estos genes se incluyen β-galactosidasa (β-Gal), endo-β-1,4 glucanasas (EGasa), xiloglucano endotransglicosilasa/hidrolasas (XET/XTH) y expansinas. Las expansinas se han asociado con una disminución en la incidencia de rajado porque regulan el crecimiento del fruto favoreciendo la extensibilidad de las paredes celulares y, con ello, la expansión celular (véase Cap. 5, apt. 5.1). Así, la expresión de *Paβ-Gal* es mayor en los cultivares de cerezo más resistentes al *splitting* y en el litchi se han identificado hasta 9 genes *Lcβ-Gal* cuya reducción de la expresión se ha relacionado con la incidencia de *splitting*. En la manzana, el rajado se produce, principalmente, cuando la expresión de *MdEXPA3* es menor en la epidermis que en la pulpa. En la cereza, la expresión del gen *PaEXP1* aumenta durante el desarrollo del fruto y en el litchi se han identificado 5 genes *LcEXP* cuya represión correlaciona con el aumento de la alteración. También en el litchi se ha demostrado la expresión de los genes *LcXET* con la resistencia al *splitting*, siendo más determinante *LcXET1* que *LcXET2* y *LcXET3*. El gen *PaPEL.4*, relacionado con el metabolismo de las pectinas, presenta altos niveles de expresión en la piel de las cerezas de cultivares susceptibles a la alteración.

Las acuaporinas (véase Cap. 7, apt. 7.2.2.4) transportan agua, y la absorción de agua está asociada con el agrietamiento inducido por la lluvia. En el cerezo la expresión de la mayoría de los genes relacionados con su actividad desciende tras un tratamiento con agua, pero el gen *PaPIP2;1* aumenta su expresión en variedades susceptibles al *splitting*. En el manzano, el gen *MdPIP2A* aumenta su expresión en el fruto durante su desarrollo previniéndole del rajado, y en el litchi 4 genes (*LcAQP,1*; *LcPIP,1*; *LcNIP,1* y *LcSIP,1*) relacionados con el transporte del agua muestran diferencias de expresión entre los frutos rajados y sanos.

10.8.2. Control

Dado que la incidencia de la alteración se halla relacionada con el estado hídrico de la planta, el manejo cuidadoso del riego durante los periodos de crecimiento del fruto para evitar fluctuaciones en el contenido de agua del suelo puede resultar clave para controlar el *splitting*. En condiciones de suelo franco-arenoso, el aumento de la frecuencia de riego en septiembre (HN), sin aumentar la cantidad total de agua, modifica significativamente el estado hídrico del árbol y reduce el rajado de frutos. Los frutos de los árboles regados todos los días muestran menos microfisuras y más pequeñas en el extremo estilar que los de los árboles regados cada dos días.

En relación con ello, un modo indirecto de proteger al fruto de esta alteración lo constituye la elección del portainjertos. El número de vasos del xilema en el pedúnculo del fruto no varía por efecto de este, pero sí su diámetro, lo que tiene importancia dado que los vasos más grandes del xilema están relacionados con una mayor conductancia hidráulica en las raíces que da lugar a diferentes flujos másicos de agua hacia la copa, afectando notablemente las relaciones hídricas del árbol. Por lo tanto, cuanto más grandes son los vasos del xilema, mayor es la inestabilidad del estado hídrico del árbol, lo que da lugar a una contracción-expansión diaria más pronunciada del fruto. En un experimento con diversos portainjertos y variedades, el diámetro medio de los vasos xilemáticos del pedúnculo de los frutos de los árboles injertados sobre citranges Carrizo y C-35 fue entre un 8 % y un 15 % mayor que el de los injertados sobre el mandarino Cleopatra, FA-5 y *P. trifoliata*. Paralelamente, la proporción media de frutos afectados en los primeros osciló entre el 9 % y el 16 % y en los segundos entre el 3 % y el 5 %, dependiendo de la variedad (mandarina 'Nova' > mandarina 'Clemenrubí' > naranja navel 'Chislett').

En conclusión, las fluctuaciones en el estado hídrico del árbol, debidas a la interacción entre la humedad del suelo, el portainjerto y las condiciones climáticas, conducen a cambios bruscos en la tasa de crecimiento del fruto que pueden provocar su rajado.

La aplicación foliar de elementos minerales y fitohormonas, al inicio de la fase de elongación celular, resulta exitosa en general. En la variedad 'Ehime Kashi 34' (*C. nishinoka* x *C. shiranui*), tratamientos al suelo con una solución de K (2 %) reduce la incidencia de *splitting* de un 31 % a un 5 %, y en la mandarina 'Nova' la aplicación foliar de una solución de Ca(NO$_3$)$_2$ (2 %), dos veces, separadas unos 15-20 días, la reduce de un 30-35 % a un 8-10 % (Tabla 10.3). El efecto del K se ha relacionado con un incremento en la acumulación de aminoácidos y glucósidos en la pulpa, y de hormonas (principalmente GA) en la corteza, pero no en la pulpa, lo que puede ser el factor clave; el Ca aumenta la resistencia de la corteza.

Tabla 10.3. Efecto de la aplicación foliar de Ca(NO$_3$)$_2$ (2 %), GA$_3$ (20 mg l^{-1}) y 2,4-D (20 mg l^{-1}) sobre la incidencia de rajado *(splitting)* en la mandarina 'Nova'. Valores de tres experimentos y expresados como porcentaje de frutos afectados por árbol. Aplicaciones realizadas dos veces durante el mes de julio (Valencia, HN). Todas las diferencias son estadísticamente significativas

Tratamiento	Frutos rajados (%)		
	Exp. I	Exp. II	Exp. III
Control	36,4	30,8	15,2
Ca(NO$_3$)$_2$	8,6	10,7	11,7
Control	32,6	16,9	17,9
GA$_3$ + 2,4-D	16,2	5,6	5,6

Tomado de Almela *et al.*, 1994.

La aplicación de una mezcla de ácido giberélico (20 mg l^{-1}) y 2,4-D (20 mg l^{-1}), dos veces, también separadas unos 15-20 días, reduce la incidencia de *splitting* en la mandarina 'Nova' en un 50 % o más, dependiendo de las condiciones de cultivo (Tabla 10.3).

10.9. Golpe de sol *(sunburn)*

10.9.1. Descripción. Causas

En los críticos, algunas variedades, como la mandarina 'Oronules', y particularmente su mutante 'Clemenrubí', la naranja 'Navelina', el híbrido 'Murcott', y la producción estival de limones (*verdelli*), son especialmente sensibles al golpe de sol. Los síntomas de este desorden consisten en una pérdida inicial de clorofila que, progresivamente, se va extendiendo en superficie, seguida de una rotura de la pared de las glándulas de aceites esenciales que, con el tiempo, se encogen y deterioran, al mismo tiempo que la cutícula se arruga y rompe, todo lo cual provoca la aparición de una zona decolorada, a veces necrosada, reseca y rodeada de una aureola amarillenta, cuando el resto de la corteza sigue todavía verde (Foto 10.15), acompañada, en algunos casos, de un aplanamiento asimétrico de la zona del fruto expuesta al sol y que llega a deformarlo (Foto 10.15 D).

En verano, la corteza de los frutos cítricos alcanza una temperatura entre 5 °C y 7 °C superior a la temperatura máxima atmosférica. Los modelos de predicción de quemaduras solares en la mandarina Satsuma 'Nichinan 1 gon', utilizando un túnel de gradiente térmico, mostraron síntomas de *sunburn* para un umbral de temperatura de la corteza de 46 °C durante más de 3 h. Cuando se utilizó inmersión en agua a alta temperatura por un intervalo de 10 min y con los frutos todavía en el árbol, los síntomas aparecieron 9 días después del baño a 47 °C; pero, cuando el agua estaba a una temperatura de 49 °C o superior, los síntomas aparecieron el mismo día de la inmersión. El estrés producido aumentó la permeabilidad de la membrana celular y, con ello, el grado de colapso celular en la corteza. Del mismo modo, la conductividad eléctrica de la corteza dañada por las quemaduras solares fotooxidativas (originadas por la PAR) era aproximadamente el doble que la de la corteza no dañada, lo que destruyó la integridad de la membrana, aumentando la pérdida de electrolitos.

Fotografía 10.15. Daños producidos por golpe de sol (*sunburn*) en naranja Navelina **(A)**, mandarina Clemenrubí **(B)**, pomelo Star Ruby **(C)**, mandarina Oronules **(D)** y pummelo Chandler **(E)**.

Por lo tanto, en la mandarina Satsuma 'Nichinan 1 gon' el umbral de temperatura en la aparición de *sunburn* es, aproximadamente, de 47 °C. No obstante, los modelos de análisis de regresión múltiple para la temperatura de la corteza, la temperatura del aire y la radiación solar (UV) indican que esta última tiene un efecto más fuerte (aproximadamente 1,5 veces) que la temperatura ambiente en el aumento de la temperatura de la corteza.

En condiciones de estrés térmico los niveles de clorofilasa y clorofila-peroxidasa aumentan; en consecuencia, el contenido en clorofila *a*, *b* y total de la corteza disminuye a medida que aumenta la severidad de los síntomas. Por el contrario, el de carotenoides aumenta, dependiendo de la variedad, lo que se interpreta como el papel protector de estos de los daños producidos por estreses externos, como el golpe de sol.

El contenido en flavonoides de los frutos sanos tiende a reducirse a medida que el fruto madura. Estos compuestos juegan un papel esencial en la protección frente a la radiación ultravioleta, y en los frutos afectados de *sunburn* el flavonoide rutina duplica su contenido al mismo tiempo que el de naringina se reduce, pero, en su conjunto, los flavonoides aumentan ligeramente como consecuencia del estrés.

Por otra parte, los polifenoles totales y el malondialdehído, un indicador de la oxidación de los lípidos, también aumentan en la zona dañada. Del mismo modo, la acumulación de los radicales superóxido (tales como las especies reactivas al oxígeno, ROS) en la corteza de los frutos afectados de golpe de sol es prácticamente el doble que en la de los frutos sanos y es proporcional a la sensibilidad de la variedad a esta alteración. Durante el desarrollo de la alteración, la actividad del enzima dihidroascorbato reductasa mantiene su actividad, pero, cuando su severidad es elevada, el enzima se degrada. Por otra parte, bajo las condiciones que promueven el *sunburn* y la síntesis de ROS, la de glutatión también lo hace y cuando la alteración es severa este tiende a desaparecer en la corteza del fruto. Pero la actividad catalasa no presenta cambios durante el desarrollo del desorden. Por tanto, el poder antioxidante reductor se incrementa con el avance de la alteración. Sin embargo, en condiciones de alta intensidad luminosa, cuando las ROS se sintetizan en altas cantidades, se pueden acumular si fallan los sistemas antioxidantes o si el órgano no está adecuadamente protegido, y ello provoca la destrucción del aparato fotosintético.

Las altas temperaturas combinadas con mucha luz producen daño fotooxidativo en la corteza expuesta al sol al causar fotoinhibición en los complejos de PSII, tanto en el lado donante como en el aceptor. La ruta de los carotenoides y el sistema antioxidante se regulan positivamente en respuesta a este estrés, pero esta regulación positiva no proporciona suficiente protección contra el daño fotooxidativo. Además, en situaciones en las que la capacidad de utilización del CO_2 fijado es muy baja y la luz irradiada muy intensa se produce una sobreproducción de ROS por parte de los fotosistemas durante el golpe de sol por fotooxidación. Así, en los frutos afectados de *sunburn*, el H_2O_2 y el malondialdehído se acumulan y aparece una mayor actividad de enzimas antioxidantes que en los sanos. Estos resultados también indican que en condiciones de altas temperaturas combinadas con una alta intensidad de luz el sistema antioxidante no puede hacer frente a la fotooxidación inducida. La degradación de macromoléculas y la recuperación y traslocación de nutrientes que tiene lugar como consecuencia de este estrés externo promueven la activación de genes antioxidantes y relacionados con la defensa, que provocan la muerte celular. En la mandarina Satsuma 'Nichinan 1 gon' la acción de un estrés extremo provoca el oscurecimiento de la corteza, esto es, el *sunburn*. Para superarlo, el contenido en carotenoides, antioxidantes y flavonoides, y polifenoles totales aumenta justo antes del endurecimiento de la piel. Y del mismo modo que en la manzana, la actividad lipoxigenasa y el contenido en malondialdehído, que indican el deterioro de la membrana celular y la peroxidación de los lípidos, se incrementa.

En el momento de la recolección, el contenido en SST y la acidez de la pulpa descienden ligeramente. Los azúcares reductores apenas son modificados, pero la sacarosa desciende en los frutos afectados. También lo hace ligeramente el ácido cítrico, mientras que el ácido málico no se altera. Además, la corteza de los frutos afectados de *sunburn* es considerablemente más dura que la de los frutos sanos, y la coloración, menos intensa.

10.9.2. Control

En condiciones de cultivo es muy difícil encontrar plantaciones en estrés hídrico dado que el riego es, generalmente, el adecuado. Sin embargo, en algunas variedades sensibles, la presencia de frutos afectados de golpe de sol suele ser importante aun en dichas condiciones. La explicación a ello es que, como se ha visto, esta alteración se halla relacionada con una baja conductancia estomática y HR ambiente, de modo que cuando se dan las condiciones que la provocan, alta radiación solar y elevada temperatura, aquella se reduce y el fruto queda afectado aun en ausencia de estrés hídrico.

Dado que la alteración es consecuencia de factores ambientales, las técnicas para combatirlo se basan en mejorar las condiciones ambientales, esto es, reducir la incidencia de la luz o mejorar la disipación del exceso de energía y temperatura. En este sentido se han desarrollado técnicas como el sombreado y la ventilación natural, el enfriamiento por evaporación, redes de sombra o láminas reflectantes y el embolsado del fruto. En los cítricos, el sombreado y el uso de sustancias reflectantes son las más utilizadas.

El uso de mallas de sombreo reduce, por una parte, la incidencia luminosa y, por otra, la temperatura, sin embargo apenas ha dado resultados positivos y solo en casos muy determinados ha reducido la incidencia de *sunburn* en variedades muy precoces, aunque sin alcanzar los niveles de significación estadística. Tampoco el color de la malla se ha mostrado determinante en la respuesta.

La utilización de reflectantes, como el caolín, reduce la temperatura de la copa al reflejar las radiaciones infrarrojas, UV y PAR. Asimismo, estas sustancias aumentan la conductancia estomática en las hojas de pomelo, aunque reducen la fotosíntesis debido a la fotoinhibición.

El caolín y su mezcla con quelatos de Cu se han utilizado en Egipto con resultados satisfactorios, reduciendo el porcentaje de frutos afectados en un 60 % en la mandarina 'Murcott' y un 30-35 % en la mandarina 'Balady', respectivamente. Productos a base de carbonato cálcico o caliza cristalina actúan formando una capa sobre el fruto que le protege de la luz, reflejándola. En España e Italia y otros países, el uso de antirreflectantes no ha dado resultados satisfactorios.

Algunos antitranspirantes como la cera carnaúba también se ha utilizado con resultados relativamente satisfactorios, y la mezcla de esta con arcilla tixotrópica, que se altera químicamente para hacer que su superficie sea lipófila, también se ha ensayado, pero no en los cítricos.

Dada la dificultad para controlar esta alteración, se aconseja, en aquellos casos de sensibilidad conocida, modificar el hábito vegetativo de la planta con la poda, primero de formación y más tarde de mantenimiento, eliminar las ramas débiles, poco pobladas de hojas, y provocar la brotación con pinzamientos, de modo que el fruto quede protegido y se dificulte su exposición directa al sol.

Bibliografía consultada

Abadalla KM, Badawi AM, Tewfik AA. 1984. Anatomical aspects of creasing development in citrus rind. *Proceedings of the International Society of Citriculture,* 1: 267-270.

Agustí M, Almela V. 1991. *Aplicación de fitorreguladores en Citricultura.* Ed. AEDOS, Barcelona, España. 269 pp.

Agustí M, Almela V, Guardiola JL. 1981. The regulation of fruit cropping in mandarins through the use of plant growth regulators. *Proceeding of the International Society of Citriculture* 1: 216-220.

Agustí M, Almela V, Guardiola JL. 1988. Aplicaciones de ácido giberélico para el control de alteraciones de la corteza de las mandarinas asociadas a su maduración. *Investigaciones Agrarias, Producción y Protección Vegetal* 3: 125-137.

Agustí M, Almela V, Zaragoza S, Gazzola R, Primo-Millo E. 1997. Alleviation of peel pitting of 'Fortune' mandarin by the polyterpene pinolene. *Journal of Horticultural Science* 72: 653-658.

Agustí M, Almela V, Juan M, Alférez F, Tadeo FR, Zacarías L. 2001. Histological and physiological characterization of rind breakdown of 'Navelate' sweet orange. *Annals of Botany* 88: 415-422.

Agustí M, Almela V, Juan M, Mesejo C, Martínez-Fuentes A. 2003. Rootstock influence on the incidence of rind breakdown in 'Navelate' sweet orange. *Journal of Horticultural Science and Biotechnology* 78: 554-558.

Agustí M, Guardiola JL. 1980. Empleo del ácido giberélico para mejorar la conservación de las Clementinas en el campo. *Publicaciones de la Consellería de Agricultura del País Valenciano,* 2. 12 pp.

Agustí M, Martínez-Fuentes A, Mesejo C. 2002. Citrus fruit quality. Physiological basis and techniques of improvement. *Agrociencia* VI (2): 1-16

Agustí M, Mesejo C, Reig C. 2020. *Citricultura,* 3.ª ed. Ed. Mundi Prensa, Madrid, España. 488 pp.

Albrigo LG. 1977. Rootstocks affect Valencia orange fruit quality and water balance. *Proceeding of the International Society of Citriculture* 1: 62-65.

Alférez F, Agustí M, Zacarías L. 2003. Postharvest rind staining in Navel oranges is aggravated by changes in storage relative humidity: effect on respiration, ethylene production and water potential. *Postharvest Biology and Technology* 28: 143-152.

Almela V, Zaragoza S, Primo-Millo E, Agustí M. 1994. Hormonal control of splitting in 'Nova' mandarin fruit. *Journal of Horticultural Science* 69: 969–973.

Alquezar B, Mesejo C, Alférez F, Agustí M, Zacarías L. 2010. Morphological and ultrastructural changes in peel of 'Navelate' oranges in relation to variations in relative humidity during postharvest storage and development of peel pitting. *Postharvest Biology and Technology* 56: 163-170.

Arpaia ML, Kahn TL, El-Otmani M, Coggins CW Jr, DeMason DA, O'Connell NV, Pehrson JE. 1991. Pre-harvest rind stain of 'Valencia' orange: histochemical and developmental characterization. *Scientia Horticulturae* 46: 261-274.

Bartholomew ET, Sinclair WB, Turrell FM. 1941. Granulation of Valencia oranges. University of California. Agricultural Experimental Station. *Bulletin* 647. 33 pp.

Bower JP. 2004. The physiological control of *Citrus* creasing. Acta Horticulturae 632: 111-115.

Breia R, Mósca AF, Conde A, Correia S, Conde C, Noronha H, Soveral G, Gonçalves B, Gerós H. 2020. Sweet cherry (*Prunus avium* L.) PaPIP1;4 is a functional aquaporin upregulated by pre-harvest calcium treatments that prevent cracking. *International Journal of Molecular Sciences* 21: 3017.

Burns JK. 1990. Respiratory rates and glycosidase activities of juice vesicles associated with section-drying in citrus. *HortScience* 25: 2-47.

Burns JK, Archor DS. 1989. Cell wall changes associated with "section-drying" in stored late-harvested grapefruit. *Journal of the American Society for Horticultural Science* 114: 283-287.

Chen L-S, Li P, Cheng L. 2008. Effects of high temperature coupled with high light on the balance between photooxidation and photoprotection in the sun- exposed peel of apple. *Planta* 228: 745-756.

Coggins CW Jr. 1981. The influence of exogenous growth regulators on rind quality and internal quality of citrus fruits. *Proceeding of the International Society of Citriculture* 1: 214-216.

Coggins CW Jr, Eaks IL. 1964. Rind staining and other rind disorders of navel orange reduced by gibberellins. *California Citrograph* 50: 2-47.

Davies WJ, Bacon MA, Thompson DS, Sobeih W, González-Rodríguez L. 2000. Regulation of leaf and fruit growth in plants growing in drying soil:exploitation of the plants' chemical signalling system and hydraulic architecture to increase the efficiency of water use in agriculture. *Journal of Experimental Botany* 51: 1617-1626.

DeCicco V, Intrigliolo F, Ippolito A, Vanadia S, Guiffrida A. 1988. Factors in Navelina orange splitting. *Proceeding of the International Society of Citriculture* 1: 535–540.

de Oliveira TM, Cidade LC, Gesteira AS, Coelho Filho MA, Soares Filho WS, Costa MGC. 2011. Analysis of the *NAC* transcription factor gene family in citrus reveals a novel member involved in multiple abiotic stress responses. *Tree Genetics and Genomes* 7: 1123-1134.

Ding Y, Chang J, Ma Q, Chen L, Liu S, Jin S, Han J, Xu R, Zhu A, Guo J, Luo Y, Xu J, Xu Q, Zeng YL, Deng X, Cheng Y. 2015. Network analysis of postharvest senescence process in citrus fruits revealed by transcriptomic and metabolomic profiling. *Plant Physiology* 168: 357-376.

Erickson LC. 1957. Compositional differences between normal and split Washington navel oranges. *Journal of the American Society for Horticultural Science* 70: 257-260.

Fan J, Gao X, Yang YW, Deng W, Li ZG. 2007. Molecular cloning and characterization of a NAC-like gene in 'Navel' orange fruit response to postharvest stresses. *Plant Molecular Biology Reporter* 25: 145-153.

Felicetti DA, Schrader LE. 2008. Photooxidative sunburn of apples: Characterization of a third type of apple sunburn. *International Journal of Fruit Science* 8, 160-172.

Fischer G, Orduz-Rodríguez JO, Talamini do Amarante CV. 2022. Sunburn disorder in tropical and subtropical fruits. A review. *Revista Colombiana de Ciencias Hortícolas* 16: e15703.

Fishman S, Génard M. 1998. A biophysical model of fruit growth: simulation of seasonal and diurnal dynamics of mass. *Plant, Cell and Environment* 21: 739-752,

Gambetta G, Telias A, Arbiza H, Espino M, Franco J, Rivas F, Gravina A. 2002. 'Creasing' en naranja 'Washington' navel en Uruguay. Incidencia, severidad y control. *Agrociencia* VI (2): 17-24.

Gao X, Li ZG, Fan J, Yang YW. 2006. Screening and expression of differentially expressed genes for peel pitting of citrus fruit. *Acta Horticulturae* 712: 473-479.

García-Luis A, Agustí M, Almela V, Romero E, Guardiola JL. 1985. Effect of gibberellic acid on ripening and peel puffing in 'Satsuma' mandarin. *Scientia Horticulturae* 27: 75-86.

García-Luis A, Duarte AMM, Kanduser M, Guardiola JL. 2001. The anatomy of the fruit in relation to the propensity of citrus species to split. *Scientia Horticulturae* 87: 33–52,

Gilfillan IM, Stevenson JA. 1977. Postharvest development of granulation in South African export oranges. *Proceeding of the International Society of Citriculture* 1: 299-303.

Glenn DM. 2012. The mechanisms of plant stress mitigation by kaolin-based particle films and applications in horticultural and agricultural crops. *HortScience* 47: 710-711.

Goldschmidt EE, Galili D. 1992. Fruit splitting in 'Murcott' tangerines: Control by reduced water supply. *Proceeding of the International Society of Citriculture* 2: 657-660.

Goldschmidt EE, Goren R, Even-Chen Z, Bittner S. 1973. Increase in free and bound abscisic acid during natural and ethylene-induced senescence of citrus fruit peel. *Plant Physiology* 51: 879-882.

Goto A. 1989. Relationship between pectic substances and calcium in healthy, gelated, and granulated juice sacs of Sanbokan (*Citrus sulcata* Hort. *ex* Takahashi) fruit. *Plant and Cell Physiology* 30: 801-806.

Guardiola JL, Agustí M, Barberá J, Sanz A. 1981. Influencia del ácido giberélico en la maduración y senescencia del fruto en la mandarina Clementina (*Citrus reticulata* Blanco). *Revista de Agroquímica y Tecnología de Alimentos* 21: 225-239.

Holtzhausen LC. 1981. Creasing: formulating a hypothesis. *Proceeding of the International Society of Citriculture,* 1: 201-204.

Huai B, Wu Y, Liang C, Tu P, Mei T, Guan A, Yao Q, Li J, Chen J. 2022. Effects of calcium on cell wall metabolism enzymes and expression of related genes associated with peel creasing in *Citrus* fruits. *Peer Journal* 10, e14574.

Hussain Z, Singh Z. 2015. Involvement of polyamines in creasing of sweet Orange [*Citrus sinensis* (L.) Osbeck] fruit. *Scientia Horticulturae* 190: 203-210.

Hwang YS, Huber DJ, Albrigo LG. 1990. Comparison of cell wall components in normal and disordered juice vesicles of grapefruit. *Journal of the American Society for Horticultural Science* 115: 281-287.

Ibañez AM, Martinelli F, Reagan RL, Uratsu SL, Vo A, Tinoco MA, Phu ML, Chen Y, Rocke DM, Dandekar SM. 2014. Transcriptome and metabolome analysis of *Citrus* fruit to elucidate puffing disorder. *Plant Science* 217-218: 87-98.

Jiang F, Lopez A, Jeon S, Tonetto de Freitas S, Yu Q, Wu Z, Labavitch JM, Tian S, Powell ALT, Mitcham E. 2019. Disassembly of the fruit cell wall by the ripening-associated polygalacturonase and expansin influences tomato cracking. *Horticulture Research* 6: 17.

Jifon JL, Syvertsen JP. 2003. Kaolin particle film applications can increase photosynthesis and water use eficiency of 'Ruby Red' grapefruit leaves. *Journal of the American Society for Horticultural Science* 128: 107-112.

Jona R, Goren R, Marmora M. 1989. Effect of gibberellin on cell-wall components of creasing peel in mature 'Valencia' orange. *Scientia Hoticulturae* 39: 105-115.

Joshi M, Baghel RS, Fogelman E, Stern RA, Ginzberg I. 2018. Identification of candidate genes mediating apple fruit-cracking resistance following the application of gibberellic acids 4 + 7 and the cytokinin 6-benzyladenine. *Plant Physiology and Biochemistry* 127: 436-445.

Kasai S, Hayama H, Kashimura Y, Kudo S, Osanai Y. 2008. Relationship between fruit cracking and expression of the expansin gene *MdEXPA3* in 'Fuji' apples (*Malus domestica* Borkh.). *Scientia Horticulturae* 116: 194-198,

Kim M, Park Y, Yun SK, Kim SS, Joa J, Moon Y-E. 2022. The anatomical differences and physiological responses of sunburned Satsuma mandarin (*Citrus unshiu* Marc.) fruits. Plants 11: 1801.

Knight TG, Klieber A, Sedgley M. 2002. Structural basis of the rind disorder oeocellosis in Washington navel orange (*Citrus sinensis* L. Osbeck). *Annals of Botany* 90: 765-773.

Kuraoka T, Iwasaki K, Ishii T. 1977. Effects of GA$_3$ on puffing and levels of GA-like substances and ABA in the peel of Satsuma mandarin *(Citrus unshiu* Marc.). *Journal of the American Society for Horticultural Science* 102: 651-654.

Lafuente MT, Sampredo R, Romero P. 2023. Transcriptional regulation of jasmonate metabolism and signaling by thermal stress and heat-induced chilling tolerance in 'Fortune' mandarin. *Postharvest Biology and Technology* 203: 112399.

Lal N, Sahu N. 2017. Management strategies of sunburn in fruit crops – a review. *International Journal of Current Microbiology and Applied Sciences* 6: 1126-1138.

Lee T, Zhong PJ, Chang PT. 2015. The effects of preharvest shading and postharvest storage temperatures on the quality of 'Ponkan' (*Citrus reticulata* Blanco) mandarin fruits. *Scientia Horticulturae* 188: 57-65.

Li J, Chen J. 2017. Citrus Fruit-Cracking: Causes and Occurrence. *Horticultural Plant Journal* 3: 255-260.

Li Z, Wu L, Wang C, Wang Y, He L, Wang Z, Ma X, Bai F, Feng G, Liu J, Jiang Y, Song F. 2022. Characterization of pectin methylesterase gene family and its possible role in juice sac granulation in navel orange (*Citrus sinensis* Osbeck). *BMC Genomics* 23: 185.

Li WC, Wu JY, Zhang HN, Shi SY, Liu LQ, Shu B, Liang QZ, Xie JH, Wei OZ. 2014. *De novo* assembly and characterization of pericarp transcriptome and identification of candidate genes mediating fruit cracking in *Litchi chinensis* Sonn. *International Journal of Molecular Sciences* 15: 17667-17685

Li J, Zhang P, Chen J, Yao Q, Jiang Y. 2009. Cellular wall metabolism in citrus fruit pericarp and its relation to creasing fruit rate. *Scientia Horticulturae* 122: 45-50.

Lim PO, Kim HJ, Nam HG. 2007. Leaf Senescence. *Annual Review of Plant Biology* 58: 115-136.

Lu W, Wang Y, Jiang Y, Li J, Liu H, Duan X, Song L. 2006. Differential expression of litchi *XET* genes in relation to fruit growth. *Plant Physiology and Biochemistry* 44: 707-713.

Ma G, Zhang L, Kudakas R, Inaba H, Furuya T, Kitamura M, Kitaya Y, Yamamoto R,Yahata M, Matsumoto H, Kato M. 2021. Exogenous application of ABA and NAA alleviates the delayed coloring caused by puffing inhibitor in *Citrus* fruit. *Cells* 10, 308.

Marowa P, Ding A, Kong Y. 2016. Expansins: roles in plant growth and potential applications in crop improvement. *Plant Cell Reports* 35: 949-965.

Marschner, H. 1986. *Mineral nutrition of higher plants*. Academic Press LTD, San Diego, California, EEUU. 674 pp.

Martínez-Jávega JM, Navarro P, Cuquerella J, del Río MA. 1999. Aplicaciones del frío en postcosecha de cítricos: panorama actual. *Levante Agrícola* 348: 253-262.

Martínez-Jávega JM, Saucedo C, del Río MA, Mateos M. 1992. Influence of storage temperature and coating on the keeping quality of 'Fortune' mandarins. *Proceedings of the International Society of Citriculture* 3: 1102-1103.

Mesejo C, Reig C, Martínez-Fuentes A, Gambetta G, Gravina A, Agustí M. 2106. Tree water status influences fruit splitting in Citrus. *Scientia Horticulturae* 209: 96-104.

Minessy FA, Nasr TAA, El-Shurafa MY. 1969. Citrus fruit temperature in relation to sunburn. *Proceedings of the Conference on Tropical and Subtropical Fruits:* 245-252.

Mohamed HM, Omran MAA, Mohamed SM. 2019. Effect of foliar spraying of some materials on protecting Murcott mandarin fruits from sunburn injuries. *Middle East Journal of Agriculture Research* 8: 514-524.

Monselise SP, Weisewr M, Shafir N, Goren R, Goldschmidt EE. 1976. Creasing of orange peel – physiology and control. *Journal of Horticultural Science* 51: 341-351.

Morandi B, Manfrini L, Losciale P, Zibordi M, Corelli Grappadelli L. 2010. Changes in vascular and transpiration flows affect the seasonal and daily growth of kiwifruit (*Actinidia deliciosa*) berry. *Annals of Botany* 105: 913-923.

Munné-Bosch S, Vincent C. 2019. Physiological mechanisms underlaying fruit sunburn. *Critical Review in Plant Sciences* 38: 140-157.

Nagy S, Marshall M, Wardowski WF, Rouseff RL. 1985. Postharvest creasing of Robinson tangerines as affected by harvest date, pectinesterase activity and calcium content. *Journal of Horticultural Science* 60: 137-140.

Nakajima Y. 1976. Studies on dry juice sacs of Hyuganatsu (*Citrus tamurana* Hort. Ex Tanaka) in late stages of fruit development. *Journal of the Japanese Society for Horticultural Science* 44: 338-346.

Pan Z, Liu Q, Yun Z, Guan R, Zeng W, Xu Q Deng X. 2009. Comparative proteomics of a lycopene-accumulating mutant reveals the important role of oxidative stress on carotenogenesis in sweet orange (*Citrus sinensis* [L.] Osbeck). *Proteomics* 9: 5455-5470.

Park Y, Yun SK, Kim SK, Joa J, Kim M. 2023. Decision support strategy for preventing sunburn: Precise prediction of sunburn occurrence reflecting both biotic and abiotic factors in late-maturing citrus orchards. *Scientia Horticulturae* 309, 111662.

Petracek D, Montalvo L, Dou H, Davis C. 1998. Postharvest pitting of Fallglo tangerine. *Journal of the American Society for Horticultural Science* 123: 130-135.

Petracek PD, Wardowski WF, Brown GE. 1995. Pitting of grapefruit that resembles chilling injury. *HortScience* 30: 1422-1426.

Pozo L, Kender WJ, Burtns JK, Hartmond U, Grant A. 2000. Effects of gibberellic acid on ripening and rind puffing in 'Sunburst' mandarin. *Proceeding of the Florida State Horticultural Society* 113: 102-105.

Rabe E, Van Rensburg PJJ. 1996. Gibberellic acid sprays, girdling, flower thinning and potassium applications affect fruit splitting and yield in the 'Ellendale' tangor. *Journal of Horticultural Science* 71: 195-203.

Rodríguez J, Anoruo A, Jifon J, Simpson C. 2019. Physiological effects of exogenously applied reflectants and anti-transpirants on leaf temperature and fruit sunburn in citrus. *Plants* 8: 549.

Rodríguez-Gámir J, Intrigliolo DS, Primo-Millo E, Forner-Giner MA. 2010. Relationships between xylem anatomy, root hydraulic conductivity, leaf/root ratio and transpiration in citrus trees on different rootstocks. *Physiologia Plantarum* 139: 159-169.

Sabehat A, Weiss D, Lurie S. 1996. The correlation between heat-shock protein accumulation and persistence and chilling tolerance in tomato fruit. *Plant Physiology* 110: 531-537.

Saleem BA, Hassan I, Singh Z, Malik AU, Pervez MA. 2014. Comparative changes in the rheological properties and cell wall metabolism in rind of healthy and creased fruit of Washington Navel and Navelina sweet orange (*Citrus sinensis* [L.] Osbeck). *Australian Journal of Crop Science* 8: 62-70.

Santos M, Egea-Cortines M, Gonçalves B, Matos M. 2023. Molecular mechanisms involved in fruit cracking: A review. *Frontiers in Plant Science* 14: 1130857.

Sato K, Ikoma Y. 2017. Improvement in handpicking efficiency of Satsuma mandarin fruit with combination treatments of gibberellin, Prohydrojasmon and ethephon. *The Horticultural Journal* 86: 283-290.

Schrader LE. 2011. Scientific basis of a unique formulation for reducing sunburn of fruits. *Hort Science* 46: 6-11.

Schrader LE, Zhang J, Sun J. 2003. Environmental stresses that cause sunburn of apple. *Acta Horticulturae* 618: 397-405.

Shiraishi M, Mohammad P, Makita Y, Fujibuchi M, Manabe T. 1999. Effects of calcium compounds on fruit puffing and the ultrastructural characteristics of the subepidermal cell walls of puffy and calcium-induced non-puffy Satsumas mandarin fruits. *Journal of the Japanese Society for Horticultural Science* 68: 919-926.

Shomer I, Erner Y. 1989. The nature of oleocellosis in citrus fruits. *Botanical Gazette* 150: 281-288.

Shomer I, Chalutz E, Lomaniec E, Berman M, Vasiliver R. 1988. Granulation in pummelo [*Citrus grandis* (L.) Osbeck] juice sacs as related to sclerification. 6th International Citrus Congress 3: 1407-1415.

Shomer I, Chalutz E, Vasiliver R, Lomaniec E, Berman M. 1989. Sclerification of juice sacs in pummelo [*Citrus grandis* (L.) Osbeck] fruit. *Canadian Journal of Botany* 67: 625-632.

Siboza XI, Bertling I. 2013. The effects of methyl jasmonate and salicylic acid on suppressing the production of reactive oxygen species and increasing chilling tolerance in 'Eureka' lemon [*Citrus limon* (L.) Burm. F.]. *Journal of Horticultural Science and Biotechnology* 88: 369-276.

Siboza XI, Bertling I, Odinho AO. 2017. Enzymatic antioxidants in response to methyl jasmonate and salicylic acid and their effect on chilling tolerance in lemon fruit [*Citrus limon* (L.) Burm. F.]. *Scientia Horticulturae* 225: 659-667.

Sørensen JG, Kristensen TN, Loeschcke V. 2003. The evolutionary an ecological role of heat shock proteins. Ecology Letters 6: 1025-1037.

Storey R, Treeby MT. 1994. The morphology of epicuticular wax and albedo cells of orange fruirt in relation to albedo breakdown. *Journal of Horticultural Science* 69: 329-338.

Syvertsen JP. 1981.Hydraulic conductivity of four commercial citrus rootstocks. *Journal of the American Society for Horticultural Science* 106: 378-381.

Treeby MT, Storey R, Bevington KB. 1995. Rootstock, seasonal, and fruit size influences on the incidence and severity of albedo breakdown in Bellamy navel oranges. *Australian Journal of Experimental Agriculture* 35: 103-108.

Van den Ende B. 1999. Sunburn management. *Compact Fruit Tree* 32: 13-14.

Van Noort G. 1969. Dryness in navel fruit. *Proceedings of the First International Citrus Sympossium* 3: 1333-1342.

Vercher R, Tadeo FR, Almela V, Zaragoza S, Primo-Millo E, Agustí M. 1994. Rind structure, epicuticular wax morphology and water permeability of 'Fortune' mandarin fruits affected by peel pitting. *Annals of Botany* 74: 619-625.

Wager VA. 1939. The navel-end-rot, splitting, and large navel-end problems of Washington navel oranges. In: *Plant Industry Series 45. Science Bulletin* 192. Government Printer, Pretoria, South Africa.

Wang L, Chen S, Kong W, Li S, Archold DD. 2006. Salicylic acid pretreatment alleviates chilling injury and affects the antioxidant system and heat shock proteins of peaches during cold storage. *Postharvest Biology and Technology* 41: 244-251.

Wasternack C, Strnad M. 2018. Jasmonates: news on occurrence, biosynthesis, metabolism and action of an ancient group of signaling compounds. International Journal of Molecular Sciences 19: 2539.

Xu J, Cao Q, Deng L, Yao S, Wang W, Zeng K. 2016. Mechanisms of membrane lipid metabolism in citrus fruit at low ripening stage in response to oleocellosis. *Food Science* 37: 262-270 (en chino, con abstract en inglés).

Zacarías L, Alférez F, Gariglio N, Almela V, Agustí M. 2003. Rind breakdown in Navelate oranges: influence of rootstock. *Proceeding of the International Society of Citriculture* 1: 512.

Zaky MA, El-Baowad AA, Mohamed SA. 2018. Impact of spraying some chemical substances on controlling sunburn of Balady mandarin fruits. *Egyptian Journal of Horticulture* 45: 229-236.

Zaragoza S, Agustí M. 2001. Factores que inciden en la presencia de *granulación* en la variedad de naranja 'Lanelate'. *Actas de Horticultura* 28: 105-110.

Zaragoza, S, Almela V, Tadeo FR, Primo-Millo E, Agustí M. 1996. Effectiveness of calcium nitrate and GA3 on the control of peel pitting of 'Fortune' mandarin. *Journal of Horticultural Science* 71: 321-326.

Zheng Y, He S, Yi S, Zhou Z, Mao S, Zhao X, Deng L. 2010. Characteristics and oleocellosis sensitivity of citrus fruits. *Scientia Horticulturae* 123: 312-317.

Zhou X, Wang Z, Zhu C, Yue J, Yang H, Li J, Gao J, Xu R, Deng X, Cheng Y. 2021. Variations of membrane fatty acids and epicuticular wax metabolism in response to oleocellosis in lemon fruit. *Food Chemistry* 338: 127684.

Textos y monografías generales

Agustí M. 1999. Preharvest factors affecting postharvest quality of citrus fruit. En*:* M. Schirra (Ed.) *Advances in postharvest diseases and disorders control of citrus fruit*. Trivandrum, India, pp. 1-34.

Agustí M, Almela V, Juan M. 2004. *Alteraciones fisiológicas de los frutos cítricos*. Ministerio de Agricultura, Pesca y Alimentación, Madrid, España. 126 pp.

Cutuli G, Salerno M. 1998. *Guida illustrata alle alterazioni dei frutti di agrumi*. Edagricole, Bologna, Italia. 226 pp.

Erickson LC. 1968. The general physiology of citrus. En: Reuther, LD Batchelor, HJ Webber (Eds.), *The Citrus Industry*, W Vol. II. University of California, pp. 86-1212.

Petracek PD, Kelsey DF, Grierson W. 2006. Physiological peel disorders. En: WF Wardowski, WM Miller, DJ Hall, W Grierson (Eds.). *Fresh Citrus Fruits*, 2.ª ed. Florida Science Source, Inc. Longboat Key, Florida, EE.UU. pp. 397-419.

Primo-Millo E, Zaragoza S, Agustí M. 2020. *Alteraciones de los frutos cítricos en el campo*. M. V. Phytoma-España S.L., Valencia, España. 60 pp.

Roger S. 1988. *Defectos y alteraciones de los frutos cítricos en su comercialización*. Comité de Gestión para la Exportación de Frutos Cítricos, Valencia, España. 153 pp.

Salerno M, Cutuli G. 1992. *Guida illustrata di patología degli agrumi*. Edagricole. Bologna. Italia. 212 pp.

ÍNDICE DE FIGURAS

las hojas en plantones normalmente regados (C) y sometidos a déficit hídrico (D) cultivados en contenedor sobre un medio de arena gruesa. **A:** conductancia estomática (gs); **B:** tasa de transpiración (E); **C:** tasa de asimilación neta de CO_2 (Aco_2). El eje de abscisas representa los días sin suministro de agua (d-0… .d-9).   315

Figura 9.15. Efecto de la falta de agua (D) sobre la concentración de ácido abscísico (ABA) en raíces, fluido xilemático y hojas de plantones cultivados en contenedores sobre un medio de arena gruesa. El eje de abscisas representa los días sin suministro de agua (d-0…d-9). Valores comparados con plantones regados (C).   316

Figura 9.16. Alteración de los componentes del potencial hídrico **(A)** y reducción del contenido en agua (B) de las hojas en plantones cultivados en condiciones de déficit hídrico sobre un medio de arena gruesa. El eje de abscisas representa los días sin suministro de agua (d-0….d-9). PH: potencial hídrico; PO: potencial osmótico; PT: potencial de turgencia.   317

Figura 10.1. Influencia de la época de aplicación del ácido giberélico (GA_3, 10 mg/L; **(A)** y de la adición de sales nitrogenadas **(B)** en el control de las alteraciones asociadas a la senescencia de la mandarina 'Clemenules'. En A los frutos se dejaron en el árbol hasta bien avanzadas las alteraciones; en B la fecha de recolección siguió criterios comerciales. AF: Fosfato amónico (1,5 %); AN: nitrato amónico (1,5 %). El cambio de color se produjo los primeros días de noviembre.   326

Figura 10.2. Evolución del crecimiento de la corteza de un fruto sano y otro bufado de mandarina clementina 'Oroval'.   328

Figura 10.3. Influencia de la concentración de ácido giberélico aplicado al inicio del cambio de color del fruto (5 de octubre) sobre el porcentaje de frutos bufados por árbol **(A)** y la aplicación de 20 mg/L sobre el desarrollo del fruto, de la corteza y la evolución del bufado **(B)** en la mandarina Satsuma 'Owari'.   330

Figura 10.4. Evolución de la actividad pectolítica y de pectinas hidrosolubles en el albedo de naranjas 'Valencia' late sanas y afectadas de *creasing*. Tomado de Monselise *et al.*, 1976.   335

Figura 10.5. Efecto de la aplicación de ácido giberélico y nitrato potásico en el control del *creasing* de la naranja dulce 'Valencia' late. Influencia de la época de aplicación.   338

Figura 10.6. Temperatura media máxima y mínima diaria **(A)** y humedad relativa y evapotranspiración **(B)** previas a la aparición del colapso de la corteza *(rind breakdown)* en un campo con una incidencia de 55,1 ± 3,8 % de frutos afectados. Tomado de Agustí *et al.*, 2001.   341

Figura 10.7. Índice de daños de colapso de la corteza (*rind breakdown*) en la corteza de naranjas 'Navelate' almacenadas a 20 °C y 45 % (●) o 95 % (●) de HR, y de frutos transferidos a HR 95 % después de 7 (●) y 14 (●) días almacenadas a 45 % HR. Las flechas indican la fecha de transferencia. Tomado de Alférez *et al.*, 2003. Índice de daños en la corteza = Σ (Escala de daños (0-3) x n.º frutos de cada escala)/ frutos totales.   341

Figura 10.8. Influencia del patrón sobre el porcentaje de frutos de naranjo dulce 'Navelate' afectados de colapso de la corteza (*rind breakdown*). Tomado de Agustí *et al.*, 2003.   345

Figura 10.9. Efecto del nitrato cálcico (2 %) y el pinolene (1 %) sobre la permeabilidad cuticular de la mandarina 'Fortune'. Tratamientos efectuados antes del cambio de color del fruto. Tomado de Zaragoza *et al.*, 1996, y Agustí *et al.*, 1997.   357

Figura 10.10. Relación entre la textura del suelo y la incidencia de rajado **(A)** y su evolución, la de la humedad del suelo y la lluvia en dos parcelas de mandarina 'Nova' con suelo de diferente textura **(B).** Tomado de Mesejo *et al.* (2016). La barra vertical indica el ES.   360

ÍNDICE DE FOTOGRAFÍAS

Fotografía 5.2. Aspecto del mesocarpo interno o albedo. Las células adquieren una morfología cilíndrica con brazos que se unen entre células vecinas dando lugar a grandes espacios intercelulares.   147

Fotografía 5.3. Diversidad de tamaños, formas y colores de los frutos cítricos.   148

Fotografía 5.4. Sección transversal de una semilla inmadura (**A** y **B**), estados iniciales del desarrollo del embrión zigótico (**C** y **D**) y nucelar (**E**), y embriones nucelares en diferentes estados de desarrollo (**F** y **G**). TI y TE: tegumentos interno y externo; Nu: nucela; Enp: endospermo; EZ: embrión zigótico; ENu: embrión nuclear; Ch: chalaza.   157

Fotografía 6.1. Partes de un fruto maduro de naranjo dulce.   160

Fotografía 6.2. Fruto con un segundo verticilo carpelar (**A**, **B**) que desarrolla un fruto secundario (**C**) envuelto por el fruto principal y del que asoma por la zona estilar (navel) (**D**).   161

Fotografía 6.3. Estructura del pericarpo. Células de la epidermis y la hipodermis del epicarpo (**A**) y del mesocarpo (albedo) (**B**), y aspecto esponjoso del mesocarpo (**C** y **D**) de un fruto maduro. pc: pared celular; v: vacuola; c: citoplasma; ei: espacio intercelular; m: mesocarpo. Paneles A y B tomados de Martínez-Alcántara *et al.*, 2015.   161

Fotografía 6.4. Morfología de los lóculos o gajos de mandarina. **A**: vista frontal; **B**: vista lateral; **C, D** y **E**: vesículas de zumo en el interior del lóculo mostrando su unión con la parte dorsal de la membrana del lóculo (E), de la que se originan, formando el endocarpo.   163

Fotografía 6.5. Sección transversal del pedúnculo del fruto maduro. Per: peridermis; Cx: córtex; MD: meristemo de dilatación; FNF: floema no funcional; Fb: fibras esclerenquimáticas; FS: floema secundario; Cb: cámbium; XS: xilema secundario. Tomada de Martínez-Alcántara *et al.*, 2015.   164

Fotografía 6.6. Efecto de las aplicaciones exógenas de hormonas sobre la pigmentación del flavedo de frutos de mandarina 'Clemenules'. **A**: tratamiento con etileno (Et) en cámara de desverdización (10 mg/L durante 24 y 48 h); **B**: tratamiento con ácido giberélico al inicio del cambio de color (10 mg/L de GA_3). C indica frutos sin tratar.   178

Fotografía 6.7. Pigmentación del flavedo y las vesículas de zumo en las naranjas navel (**A**) y sanguinas (**B**) y en las mandarinas clementinas (**C**).   195

Fotografía 6.8. Pigmentación del flavedo y las vesículas de zumo de los pomelos 'Star Ruby' (**A**) y 'Marsh' (**B**), y del limón 'Eureka' (**C**).   195

Fotografía 6.9. Glándulas de aceites esenciales en el fruto al inicio del desarrollo (**A**), y maduro (**B**), y sus correspondientes cortes histológicos (**C** y **D**). Epi: epicarpo; Mes: mesocarpo; End: endocarpo; GA: glándulas de aceite. Paneles A, C y D tomados de Martínez-Alcántara *et al.*, 2015.   199

Fotografía 6.10. Zona de abscisión (**A**) de frutos de naranjo dulce (ZA-C) y su morfología (**B-D**). Evolución de la zona de separación en el naranjo dulce con los síntomas iniciales en sus células de acumulación de sustancias de naturaleza amorfa que no se observan en las células parenquimáticas del cáliz y de la corteza del fruto (B); con el tiempo, la degradación de la pared celular y la lámina media se completan y la línea de separación comienza a ser visible y efectiva (**C**) y a extenderse a lo largo de la ZA-C, originándose una expansión de las células parenquimáticas próximas al cáliz y de las de los haces vasculares de la parte del fruto (**D**). Deposición de lignina (tinción con floroglucinol) en las células de la ZA-C de la parte del cáliz que quedan en la planta para sellarlas y protegerlas del medio ambiente (**E**). ZA-C: zona de abscisión C, CF: corteza del fruto, DF: disco floral, SP: sépalos, HV: haces vasculares. Las flechas blancas

ÍNDICE DE TABLAS